U0160773

Food for Life

The New Science of Eating Well

更明智的食物选择

选什么才好，怎么吃才对

[英] 蒂姆·斯佩克特 著
(Tim Spector)
罗晓 译

中信出版集团 | 北京

图书在版编目（CIP）数据

更明智的食物选择：选什么才好，怎么吃才对 /（英）蒂姆·斯佩克特著；罗晓译 . -- 北京：中信出版社，2024.3
ISBN 978-7-5217-6289-1

I. ①更… II. ①蒂… ②罗… III. ①食品营养－营养学 IV. ① TS201.4

中国国家版本馆 CIP 数据核字（2024）第 006488 号

更明智的食物选择——选什么才好，怎么吃才对
著者：［英］蒂姆·斯佩克特
译者：罗晓
出版发行：中信出版集团股份有限公司
（北京市朝阳区东三环北路 27 号嘉铭中心 邮编 100020）
承印者：嘉业印刷（天津）有限公司

开本：787mm×1092mm 1/16　印张：36　字数：498 千字
版次：2024 年 3 月第 1 版　印次：2024 年 3 月第 1 次印刷
京权图字：01–2024–0626　书号：ISBN 978–7–5217–6289–1
定价：88.00 元

服务热线：400–600–8099
投稿邮箱：author@citicpub.com

献给我的孩子们，苏菲、汤姆，和我们的地球。

食物的选择 1

食物 2

食物表格和小提示 3

前言

为什么要在意食物?

写这本书感觉就像是开启我自己的菲利斯 · 福格(《八十天环游地球》的主角)冒险之旅——乘坐一个热气球出发。而我只随身携带着一张营养科学世界的地图,打算在特定时间内完成此次旅程,但我并不清楚这趟特殊的旅程会有多少曲折。我对食物和营养的好奇心始于 2011 年在意大利山区的一趟旅程。当时我的血压骤然升高——而两周前一切都还好好的,我非常担心我患了脑肿瘤或者多发性硬化症,甚至脑卒中——反正没一个听上去是好事儿。随后我被视歧和焦虑困扰了数周之久。所幸,几个月后我就完全康复了。不过这件事算是提醒了我,同许多遭遇这种生命转折时刻的人一样,我以此为契机重新审视我的健康和营养状况。作为一个流行病学家,我的职责就是关注大规模人群的健康状况;而这是我第一次因为自己的健康警报,开始关注作为一个个体的健康状况。

在旅程的第一阶段，我了解了肠道微生物组[①]的概念。在《饮食的迷思》一书中，我概述了我们的肠道微生物组在身体中扮演的核心角色，而在《饮食真相》一书中我介绍了个性化营养的概念。两本书都揭示了我们是如何被不科学的饮食建议以及一般性的膳食指南误导的。当然，这类膳食指南和建议通常没什么人真的会遵循。相反，我经常被读者问起的，都是一些关于个人饮食和食材选择的问题。比如，是不是黑面包[②]总是更好的选择？野米（一种长粒米，也叫菰米）真的更加健康吗？我能吃全脂酸奶、奶酪或者喝豆奶吗？这些问题奠定了我们所缺失的那部分知识的根基：一个更具有实操性、更积极的营养指南。这个指南不应过多聚焦于食物的坊间传闻，而是应该利用新科学认知了解不同食物类型和具体食材，以及它们被我们吃入后在我们身体里发生的非同寻常的事情。

这本书就是为食物爱好者打造的一本饮食与营养指南。我会告诉大家我们需要知道的关于食物的一切，以及如何在海量的信息中择优选取一条清晰又具备实操性的膳食之道——不仅仅是为自己的健康，也是为了地球的健康。我会介绍新食品科学中真实的复杂体系，不过不用担心，你不是非要有一个化学专业的学位才能解读这个体系。我会用其中关于重要化学物质的最新科学知识来解读具体的食物，以及我们肠道里数以千亿计的菌群——解密它们是如何以一种独特而高度个性化的方式与身体进行互动的。我还会从理论上探讨最新

① 肠道微生物组包含肠道菌群、真菌、病毒、寄生虫在内的所有共生微生物，其概念比肠道菌群要广。——译者注

② brown bread，对应白面包，并不能直接认为黑面包就是全麦面包，也可能只是添加了谷物来调节口感。——译者注

的科技是如何让我们用家用试剂盒就能检测基因、肠道微生物组、血糖以及血脂反应的。

为了写这本书，我做了许多研究工作。在这个过程中，我由衷地感恩我们能接触到如此多样的食物和饮品，而我似乎更钟情于传统的手工食物和全天然食物——尤指那些超大型流水线生产的加工食品之外的食物。面对满满的超市货架，我们大多数人都拥有前所未有的选择，然而也迷失在这数量巨大的选择之中，以至于我们每周的食品采购和每天的午餐还是那几样。

我们已经丧失了那种从觅食、种植和生产食物中维系健康和福祉的固有纽带，因此需要重新了解作为“治未病”药物的食物。数百年来，我们都深谙食物与健康密切相关。“西方医学之父”希波克拉底就意识到食物对人来说是把双刃剑，它应该被充分尊重。我在伦敦国王学院的科研小组和个性化营养公司 ZOE①，以及我们在美国的合作伙伴，都强调在新冠病毒全球大流行期间，对食物的简单选择竟然会影响确诊后的重症率甚至死亡率[1]。事实上，有高达 50% 的常见疾病可归因于不良的膳食。也就是说，如果都吃得健康又科学，我们就能预防或者延缓约 50% 的慢性病，其中包括心脏病、关节炎、痴呆症、癌症、2 型糖尿病、自身免疫病以及不孕不育症等。如今全球有超过 2 亿人存在超重和肥胖的问题，这个数字有史以来首次超过了遭受饥

① ZOE 由本书作者、伦敦国王学院的蒂姆·斯佩克特（Tim Spector）教授，数据科学领袖乔纳森·沃尔夫（Jonathan Wolf）和企业家乔治·哈德吉奥乔（George Hadjigeorgiou）在伦敦共同创立，是一家致力于食品、生活方式和健康交叉领域的个性化营养公司。它能够为消费者提供个性化的健康报告，根据用户的生理特征量身打造每周的营养计划，并为用户提供餐食反馈和营养指导，为消费者提供个性化营养服务。——编者注

荒和体重过低的人数。营养过剩如今是个真正的问题了。实际上，饮食与大多数常见的疾病都有千丝万缕的联系，要么是直接相关，要么就是通过肥胖影响。[2] 就预防这些常见的疾病以及保持健康而言，我们对食物的选择几乎是最重要且可控的一个因素。通过有意识地选择食物，以及现代医学的加持，我们在维系健康上拥有了前所未有的可能性。而解锁这个可能性的关键，就在于驾驭我们的肠道微生物组，以及信任有依据的信息，而不是依赖坊间的饮食偏方、听信营销广告，或者迷信被鼓吹能治百病的“神油”。

无数饮食方面的书已经就食物的美味特性和烹饪的科学进行了详述。而其他许多书则基于一些别样的饮食模式，承诺能让我们减肥、长寿甚至改善大脑活力。如今我们知道，没有哪种饮食模式适合所有人，正如没有所谓的超级食物或者绝对有害的食物。接下来大家会明白，除了极个别的食物，没有哪种食物能用简单的好或坏来定义。只要是真正的天然食物，就没有什么绝对不好的食物，因而也没有什么食物能奇迹般疗愈身体或者能“排毒”。在谈及营养科学时，我们不该再去寻找“作恶”的具体食物或者“神奇药丸”。本书致力于做一些不一样的工作，其目的也不是教大家吃什么，尽管我会分享一些日常生活中的饮食小技巧和灵感。相反，我真正想做的是观察日常生活中我们吃的不同食物的细节，并解读相关的最新科研成果，来让大家做出理智的选择。

*

许多读者都想知道如何吃可以控制体重，然而我们都被“最佳途径是计算热量”这个说法洗脑了。且不论我们很少能算准确，就算计算准确，也不意味着吃同等热量的面包、酸奶、超加工食品或者完整的天然食物会对我们的代谢和胃口有一样的影响，或者说早餐和午餐吃同样的食物会有完全一样的影响。

遗憾的是，在食品工业中，那些生产“控卡餐”的公司，以及无数“原始饮食”模式的追随者所宣传的均不属实。计算热量一直以来都是营养学研究的一大执念。正如计算食物中的宏量营养素——脂肪、蛋白质和碳水化合物的量一样，这种计算让我们完全忽略了身体代谢食物的复杂性以及每个人对每一餐食物的反应的差异性。

然而，食物的配料表和标签仍依赖过时的概念，会突出热量的重要性，并且毫无必要地故意复杂化。举个例子，以下是某种食物的成分：

水、植物油、果糖、蔗糖、葡萄糖、淀粉、胡萝卜素、生育酚、核黄素、烟酰胺、泛酸、生物素、抗坏血酸、棕榈酸、硬脂酸、油酸、亚油酸、苹果酸、草酸、水杨酸、可溶性膳食纤维、嘌呤、钠、钾、锰、铁、铜、锌、磷、氯化物、色素、绿原酸、原花青素、二氢黄酮、二氢查耳酮、氢氰酸，50 千卡每 100 克。

有人可能觉得这种食物是人造黄油、方便面、番茄酱或者沙拉酱，大概率不会猜到这其实只是一个普通的苹果所含的物质。

苹果看起来可能是一种颇为简单的食物，它能提供大量维生素、膳食纤维，能做苹果派，更因“每天一苹果，医生远离我”而闻名。而食物的标签只能告诉我们这么多，实际上作用极为有限。因为世界上没有两个完全一样的苹果，正如没有两个人在吃下苹果后的反应是完全相同的。更何况是把苹果煮熟吃、与脂肪一起吃，或者用冷链储藏运至世界各地呢？因此，我们还有很多关于食物的问题需要解决，这远比沉迷于计算热量更有意义。

这个理论上的苹果标签，大家不会在超市的苹果货架上看到，这也提醒我们，苹果这种司空见惯的食材竟然如此复杂，而前面列出的仅仅是我们目前所知的其中的化学成分。我们通过颜色，以及其连带的记忆、情感与滋味来体验食物，倾向于以非黑即白的视角看待食品科学与营养学。我们经常会把食物与单一的化学成分联系起来，比如橙子与维生素 C、香蕉与钾元素、咖啡与咖啡因、沙丁鱼与 ω-3 脂肪酸。事实上，大多数食物都包含了数百种我们知之甚少的化学成分。直到有了高分辨质谱[①]测定方法的助力，食物的复杂性才被我们逐渐知晓。这种方法明确指出，在我们吃的各类食物中，发现了至少 26 000 种不同的化学物质。然而，现代营养学数据库仅仅收录了 150 种营养素——都是在食品基质[②]中被研究过，并有着一定生理功能的单体化学物质，我们对它们多少了解一点。[3]在过去，当谈及大蒜的时候，我们往往关注赋予大蒜刺激味道的大蒜素这一单一物质，而忽略了我们近来才分析出的另外 4249 种化学物质。这种全面研究营养学的大数据新方法尚处于起步阶段，但它很快会以更高的精准度为我

---

① 一种分析化学技术，能通过读取混合物中呈现的质谱来推定其分子式，继而知道一种混合物中含有哪些化学物质。分辨率越高，获得的信息越精确。——译者注

② 原文为 food matrix，根据美国农业部的定义，食品基质是指食物中包含的营养物质和非营养物质及其分子间的关系。作为一个完整的整体，它包括两个维度：营养成分含量与天然的结构。——译者注

们揭示食物复杂的化学体系。

我们对单个营养素、化学物质以及矿物质的关注是有缘由的，它源于第二次世界大战后，那是一个大规模闹饥荒、民众营养不良以及食物配给有限的时代。如今虽然大多数国家不再有坏血病、营养不良导致的失明以及蛋白质缺乏等问题，但是对此恐惧的心理仍然存在。尽管我们大多数人已经不怎么缺乏某些营养素，但是依旧会有无数的科普文章、视频、书籍和产品来帮助我们把维生素 D、螺旋藻或者镁元素补充到完美的水平。这种对营养素的沉迷在过去 20 年孕育出了一个价值 300 亿美元的市场。很讽刺的是，知道如何安排饮食的健康人是不需要任何此类营养素补充剂的，就算它们背后有确凿的科学证据证明其有效性。

食品科学领域出现的许多问题都缘于我们对食物特点的过度简单理解，以及对食物的反应。我希望能重申食物的这种复杂性和奇异之处，并向大家展示如今我们对食物已知的部分，以及未知的部分。

*

与传统的科学（如物理或者化学）相比，营养学是一门非常新的学科，它的正式学位课程教育直到 20 世纪 50 年代才有。目前营养学的研究依旧缺乏科研经费、必要的支持和认知度，不过这也意味着营养学还有极大的探索空间。正因如此，如今它或许是最令人兴奋和发展最快的一门科学。而近几十年来，食品工业的发展填补了学术独立资助的大部分空白。

现在我们可以摒弃很多让食品工业受惠却早就不合时宜的理论，

比如：所有热量都有同等影响，低热量食物对人有益，高脂食物不健康，人工甜味剂是健康的，超加工无害论，以及维生素补充剂与食物一样有益等。

在缺乏科学证据的情况下，“一招鲜，吃遍天”的饮食建议会告诉我们吃鱼比吃红肉更健康。而曾经被妖魔化的盐和咖啡，如今则被发现在正常摄入量范围内是安全的。因为近年来的几项研究指出咖啡中含有的植物化学物质对人体有益，而这些物质在过去都被忽视了。[4]

我们曾认为超加工食品之所以不健康，是因为它含有太多的脂肪、糖和盐。因此，如果改善其配方，降低上述这三种成分的含量，那就没有什么健康问题。而我们长期忽略了一个事实：这些由多种化学物质制成的超加工食品，往往让我们更加饥饿、过量进食，增加患病和过早死亡的风险。如今科学研究和媒体都开始强调超加工食品对我们的健康有恶劣影响，尤其是对儿童。[5] 我参与咨询研讨的 2021 年英国《国家食品战略》（National Food Strategy）报告（由亨利 · 丁布尔比发布），就提出了对缺乏营养素的超加工零食征收“零食税”的建议。很遗憾，该建议在第二年被英国政府否决了。我们正处于食物健康危机之中，是时候认真行动起来了。

我们理应接受和拥抱食物的复杂性，以及我们每个人对食物的不同反应。我们必须抛弃那些像健康食物准则一样的建议，同时不再被食品工业影响胃口——这不仅增加了它们的利润，而且增加了我们的腰围。这个倡议是基于我和团队在伦敦国王学院和 ZOE 所得到的突破性结论：我们在世界上最大规模的深度营养干预研究（ZOE PREDICT 研究）中给予受试者食物，并观测他们独特的个体反应。这项研究由来自几所世界顶尖大学的学者牵头，经费则由我参与创立的个性化营养公司 ZOE 提供，为的就是了解食物的复杂性。[6] 这种个体性也充分体现在那些所谓的“蓝色地带”（人均寿命最长的地区）长寿居民所采取的不同饮食模式中，这些饮食模式中碳水化合物、鱼类、奶类和肉类的摄入量迥异，但共同点就是几乎没有超加工食品。[7] 我们过去对营养有如此深的误解，其中重要的原因之一就是缺失了身体版图非常重要的那块——我们的肠道微生物组，而它恰恰是理解我们与食物之间有着个性化交互的关键。

我们对营养和消化的传统观念，也是我在医学院所学的知识，如今依旧广为流传，实则亟待更新。能指导我们健康饮食的最佳方案，其实是不再教条地按照热量、脂肪、碳水化合物、蛋白质或某几种维生素的含量对食物进行分类。

这场革命或许已经悄然开始。ZOE 的团队于 2020 年对来自美国和英国顶尖机构的 13 位营养学教授进行了调查，让他们对 105 种常见的健康食物进行打分排名。结果表明，50% 的食物的评分达到了高度一致：大多数水果和蔬菜都被认为对健康最有益并得了高分，而那些超加工零食、廉价的油炸食物、加工肉类、高糖食物和饮料则统一被打了低分。而关于其他常见的食物，如牛奶、酸奶、低脂乳制品、瘦肉、蛋类、果干以及代糖甜饮料，他们没有达成共识，而且打分差异较大。这项调查如果在十年前开展，营养学专家们将达成更大的共识。这说明，很多营养学专家的观点发生了转变，他们对食物的看法与过时的膳食指南不一样了，这场革命也许真的开始了。

所有专家都同意吃植物性食物是健康的，那么问题来了，为什么他们并不认同所有的碳水化合物都是健康的呢？毕竟这是植物的主要化学成分。同样地，这缘于我们急于对食物成分进行简化。“碳水化合物”实际上是一个被滥用了的总称，从科学上来说，它包含植物中所有类型的糖、淀粉和纤维。这三种碳水化合物对身体都有不同的作用，然而我们却糊里糊涂地把它们混为一谈。无论是科研机构还是学者，都在高碳水化合物饮食对身体有利还是有弊这个问题上存在很大分歧。大多数由美国主导的膳食指南（包括英国）都给出了较高的碳水化合物推荐摄入量。然而，一个涵盖五大洲（主要是在中国和其他发展中国家）18 组人群的大型观察性研究（PURE 研究）得出了截然相反的结论。[8] 过度简化的队列研究表明摄入过多或过少的碳水化合物都会增加死亡率，而碳水化合物占总能量的 50%~55% 通常是最合适的。[9] 然而，这无法解释很多地区的原住民几乎不吃任何植物却很少生病的现象，比如因纽特人、萨米人和提斯曼人。这或许说明，不同于蛋白质和脂肪这些必需营养素，碳水化合物在某些特定的环境下并非人类必需的。但可以肯定的是，我们的确不知道在传统的因纽特人膳食中加入植物是否对他们的健康有利（那些移居到大城市的因纽特人因为加工食品和较差的医疗条件而变得不健康，而且寿命较短）。[10] 因此，我们与其在碳水化合物的比例上争论不休，还不如着眼于其来源和质量。不信大家去看看有益于健康的地中海饮食与长期纯素饮食，其较高的碳水化合物比例，以及优质、全天然食物的摄入与长寿息息相关。

饮食中脂肪的推荐摄入量，也同样被过度简化了。大多数官方的膳食指南一直在告诉我们，要把饱和脂肪酸的摄入量控制在总能量的 10% 左右，这个推荐量是基于早已过时的 50 多年前的流行病学研究。关于饱和脂肪酸与心脏病的最新研究数据基本没有得出一致的结论，甚至一些近年来的研究还证明，饱和脂肪酸可能有益健康。[11] 饱和脂肪酸由多种链长不一、类型不同的脂肪酸组合而成，因而有不同的特性，比如在不同温度下软硬度不一样，而且在体内发挥的作用也不一样。一些饱和脂肪酸含量很高的超加工肉类可能与心脏病风险相关，而其他饱和脂肪酸含量高的食物，如全脂乳制品、瘦肉和黑巧克力则与心脏问题无关。特级初榨橄榄油也含有较多的饱和脂肪酸，但它同时富含其他类型的脂肪酸以及数百种化学物质，这样的特点使它成为人们能吃到的最健康的食物之一。因此食物远不只是某几种单体化学物质的组合，而是有着复杂基质和结构的体系。

*

我之所以如此重视本书，是因为我希望把食物置于远比减重或者增重工具更重要的地位，而在最广泛的意义上思考食物与健康的关系：个体的健康、社会的健康乃至整个地球的健康。我难以在此罗列所有的科研结果，以及把关于日常小酌的所有细碎证据一一呈现，否则这本书将会变成一本极为冗长的大部头。不过，我在最后一章对饮品等液体食物进行了浅尝辄止的叙述。然而，这么多关于食物营养的证据、争议、历史与个人兴趣，值得用一本书来讲述，请细细品读，了解关于食物的一切吧。

如今我们更加意识到食物的选择对气候变化、环境污染以及生物多样性减少的影响，从为了获取棕榈油而砍伐森林，到畜牧业产生的甲烷，再到塑料瓶和包装带来的无处不在的污染。尽管我们大多数人并非大型跨国公司的负责人——他们需要为自己的生产行为负责，但我们能为减少温室气体做的最重要的事，并非放弃开车或者减少旅游，而是改变我们的饮食。比如我们习以为常的红肉和牛奶，消耗了地球太多的资源，而且我们日益增长的需求进一步拉低了这类食物在当地的价格。地球的健康显然也会直接影响我们，比如气候变化造成的自然灾害、人口增加与全球疫情大流行、农药和除草剂、畜牧业抗生素的使用对空气和海洋的污染及其附带的危害，以及食物和新鲜食材多样性的减少、局部淡水资源匮乏等。我们迫切需要把环境因素纳入选择食物时的考量。一旦我们改变了思维模式，并开始把每日的一蔬一饭作为与未来交换财富的一笔笔日常小交易，就能为自己和所爱的人投资。若是足够聪明、眼光长远，我们甚至能为地球做一笔好的投资。

*

若在我开始从事医学研究时写这样一本书，我估计无法完成。一个前景广阔且令人激动的食品科学领域正在向我们敞开怀抱，它融合了医学、营养学、生物学、化学和食品历史学等学科。我们如今有充足的工具和动机去了解我们与食物之间的个性化关系，以及为何我们对食物的反应各不相同。学校的饮食教育在过去的四十年中都没有什么起色，而且通常围绕着热量和体重讨论，或者只是教你如何做一个纸杯蛋糕或布朗尼，却在控制日益严重的儿童进食障碍和高肥胖率等方面毫无建树。我希望这一切将有所改变。

我希望本书能帮助读者避开那些食品标签的陷阱，不再轻信吹得神乎其神的产品广告，不再单纯地把食品理解为热量、碳水化合物、脂肪和蛋白质。我也鼓励大家去尝试新的食物，让选择多样化，尝试不同的植物和风味食物。本书会让大家更容易理解食物，并知道该如何选择。我还在第三部分附加了食物表格，以便大家为每周食品采购做计划。当你从本书中对食物真相获得更充分的了解后，我衷心希望你能通过主宰自己的饮食而成为独一无二的自己。

1

食物的选择

什么是微生物组?

我们都需要更加了解肠道健康及其对身体健康的影响。[1]但这绝不仅仅是关注偶尔出现的腹泻、腹胀、便秘或者反酸这样的肠胃小毛病，也要关注我们肠道微生物组的健康——它是由数千种不同菌属构成的一个大群落，其中 99% 都定植在我们的大肠（结肠）内。据估计，人体肠道菌群的细胞数量与我们自身的细胞数量是差不多的（肠道菌的数量还更多些，和自身细胞数量的比例大约是 1.3∶1），这实际上意味着我们是“半人半菌”。很多人长期忍受着肠道不适的症状，如肠易激综合征，却不知道自己肠道微生物的情况以及它们对健康的影响。好在这种情况正在改变。通过最新的基因测序工具，如今我们可以准确地对肠道微生物进行检测和分型，继而评估肠道微生物组的健康程度。我们也开始研究肠道微生物组的基因和代谢产物，了解它们对人体健康的多重影响。

过去十年，尽管这种基因测序技术的花费下降至原来的 1/20 左右，但如果要用鸟枪法测序①（shotgun sequencing）做一个高标准的基

① 鸟枪法测序又称霰弹枪测序，是一种对长链 DNA 测序的方法，即先将基因组分为数百万个 DNA 片段，然后用一定的算法将片段的序列信息重新整合在一起，从而得到整个基因组序列。——译者注

因测序，依然需要花好几百英镑①。所幸，我在伦敦国王学院和ZOE的团队设计了一个便宜且有趣的替代方案，能为所有愿意尝试的人提供一个肠道健康检测的快照。不过我要提醒一下，你的便便会变成蓝色。作为大型队列研究PREDICT的一部分，参与者需要吃一个用食用色素染成亮蓝色的玛芬蛋糕，目的就是观察这种蓝色的色素在肠道待多久才被排泄出来。蓝色是最容易辨认的，它在体内转运耗时越短，肠道就越健康，反之则不健康。当这个"蓝色便便"挑战为人所知后，它的热度远超我们最初的预期，使得医生正在使用的通过检测粪便来判断肠道健康的传统方法大为逊色。[2] 亮蓝色玛芬蛋糕在消化道内停留的平均时长为29小时，然而也有一些人要过四五天才能排出蓝色的便便。通常来说，大约24小时的转运耗时是健康的（我的是18~19小时），并且会生成一个肠道微生物组状态以及有益菌和有害菌的比例的快照。一般来说，更短的肠道转运时间与更低的2型糖尿病风险以及更好的血糖控制能力、更少的内脏脂肪有关。但是转运时间太短（低于8~10小时）则意味着你可能有肠道感染或者其他健康问题。这个检测比单纯计算每周排便次数以及观察大便的软硬度更好。尽管这项检测只能得到相关性结论，而非因果关系，但它依旧清晰地证明健康的肠道就应该有更短的转运时间，且没有便秘问题。你可以参考我们网站上的食谱来自制染色食物，并给自己和家人做测试，测试结果和详情可以比对网站上的信息。[3]

目前的研究重点是我们肠道中有至少40万亿个细菌，但肠道中的微生物花园中还活跃着其他形式的生命。病毒同样在消化功能和健

---

① 1英镑≈ 8.2元人民币（2023年1月17日）。——编者注

康方面扮演了一定的角色，且数量是细菌的5倍，但是目前我们还无法准确地检测到它们。这些能吃掉细菌的病毒对我们意义重大，因为它们能在细菌数目过多的时候帮助我们控制总量。我们同样拥有很多天然的真菌，其中最著名的就是酵母菌。除了酿造啤酒和发酵面包用的酵母菌，很多念珠菌也欢快地住在我们体内。尽管有些健康行业从业者误导人们消除这些细菌，但实际上它们在人体内起到了减少慢性炎症和保持良好免疫力的重要作用。还有一些体型大得多的寄生虫也是人类肠道的常客，在热带居住的人体内尤为常见。有时寄生虫会因为与人类竞争同一食物来源而导致一些健康问题，但是它们同样能帮助我们减少过敏和慢性炎症。过去我们不认为西方人的肠道里有很多寄生虫，但是随着检测方法的改进，我们发现了越来越多的寄生虫。最近我就发现自己体内竟然有一种叫“人芽囊原虫”的永久定居的寄生虫，而有这种寄生虫的人在英国只占25%，在美国仅有4%。令人惊喜的是，这种寄生虫实际上让我（和其他一些人）更瘦，以及内脏脂肪更少，所以我非常热切地想知道如何吃才能讨这些小家伙的欢心。实际上它们存在于大多数非发达国家居民的肠道里，且很可能在我们所有人的祖先体内就存在。

肠道微生物组中的单个微生物相当于一个小型化工厂或者药厂。我们自身的消化道壁细胞只能产生大约20种消化酶来帮助消化食物，而数量上有绝对优势的肠道微生物包含的基因数量是我们自身细胞的200倍，能产生数千种我们自身无法制造的化学物质。这些物质从出现在口腔唾液里就开始工作了，在食物消化的主要场所——胃和小肠里也发挥着重要作用，直到最后来到大肠——在这里会有更长的时间去消化那些难消化的植物纤维。这些微生物以自身生产的化学物质为工具，把食物分解成其他物质的过程，就是所谓的发酵。

最新的科研证据告诉我们，每周都要吃种类丰富的植物性食物（我们团队的研究认为每周最好吃30种植物），但是很少有人讨论不同种类的食物以及不同加工方法的利弊。我们所知的很多关于肠道健康的信息都很浅显，大多来自高纤维食品的广告词，或者酸奶包装上对活菌的宣传语。“益生菌”这个词的定义是能活着直达肠道、成功定植并能对宿主健康发挥有益作用的细菌。这个东西在超市货架的各种商品标签上无处不在，它被添加到各种食物中，甚至包括甜饮料和巧克力。可想而知，不是所有的健康宣传都属实，有的甚至还相当荒谬。比如很多益生菌酸奶中都添加了糖或代糖，以及其他多种添加剂，而这很容易把益生菌带来的那点潜在好处抵消了。还有某些名为益生菌酸菜（如德国酸菜）的产品，为了延长保质期，生产者会将其腌在醋里，而这样做会杀死所有微生物。我们知道，食物中的一些有益菌株相当脆弱，而另一些菌株则更加强健，不容易在食品加工过程中死亡，比如发酵酸面包和红酒中的那些菌株。[4]

膳食纤维也一样，它们有很多种类并能给各种微生物提供食物，而如今我们知道还有一类只能被微生物利用的异常重要的植物化学物质——多酚。多酚本质上是一种植物化学物质，用于抵御恶劣天气或者某些特定摄食者的攻击。食物中的多酚含量差异巨大，哪怕在同一种蔬菜中，仅仅因为颜色不同，多酚的含量就能相差10倍之多。多酚也会被食品加工过程或加热破坏。通常来说，生长在充满压力的环境中的植物会含有更多的多酚。植物利用多酚来抵御压力的机制有两个：一是避免它们的种子在成熟前就被哺乳动物吃掉，二是帮助自身抵御强风或者日晒，以及微生物和害虫的侵扰。有些遍布全球超市的植物（比如球生菜），它们保质期较长，而且运输时不容易损耗，所以人们大量培育。然而这类蔬菜生长环境较好，味道寡淡，几乎不含多酚。所以在多酚被标在食品标签上之前，你需要好好为你的肠道微生物组的健康考虑，充分了解多酚等化学物质。

在流行病肆虐的时代，我们开始前所未有地重视免疫系统。一些人对新冠病毒几乎完全免疫，或者即使感染了也无症状；一些人感染后迅速发展成重症，甚至死亡；还有一些人在感染并痊愈后留下了相当多的后遗症，如疲劳和其他神经系统症状，皮肤、肺部及肠道问题。这些症状短则持续数日，长则持续数月、数年甚至更久。其中在北欧和北美地区确诊病例中有着最高的死亡率，而非洲发展中国家的确诊病例较多，死亡率却相对低一些。这里的差异性部分是由于发展中国家的确诊病例上报率更低，以及感染者更加年轻，但是相比一些高收入国家，低收入国家养老院上报的确诊病例中依然有更低的死亡率。这说明饮食和环境也会影响新冠感染的结果。[5]

在某种程度上，我们的免疫功能由我们的基因以及我们从小成长的环境卫生共同决定，这是我们无法改变的，但越来越多的证据表明饮食对免疫功能也有影响。我们的免疫功能会随着年龄增长、肥胖而衰退，它还与 2 型糖尿病等疾病有关，所有这些都会影响我们的肠道健康。正因为肠道微生物与免疫系统相辅相成，所以在实验室里饲养的无菌小鼠没有正常的免疫功能。免疫功能能协助我们分辨究竟是可口的食物还是有毒的入侵者，吃下去的每一种蛋白质、病原菌和寄生虫，都需要经过免疫系统检验。我们所说的“免疫力”决定了我们是否会对花生蛋白过敏（花生的过敏原），以及我们对抗致病性微生物和寄生虫的能力。免疫系统反应过度会导致过敏反应、敏感症状甚至自身免疫病（如乳糜泻），而反应迟钝或消极怠工的免疫系统则会增加疾病风险。因此，免疫系统微妙的平衡就需要由高质量、多样化的膳食和一个强健且多样的肠道微生物系统共同造就。

我们体内的微生物也会通过分解膳食纤维来制造化学物质，为身体免疫细胞提供能量并与之互动。这些免疫细胞大多数都在消化道内壁上，它们能作为感应器，把关键的白细胞指派到感染处对抗感染，发动初始的 T 细胞进行攻击以中和被感染的细胞，并且激活一些反应较迟钝的 B 细胞来制造抗体，而这就形成了对同一种入侵者的记忆。因此在下一次感染中，免疫细胞能快速出击，这都多亏了记忆 T 细胞和记忆 B 细胞。[6]

我喜欢把肠道微生物组想象成一座美丽的花园，它拥有形成一个丰富多彩的植物天堂的所有必要元素。我们吃下去的食物成为滋养这座花园的泥土，尤其是那些被称作“益生元”的食物——其中的膳食纤维以及其他无法被小肠消化的部分（包括一些脂肪酸、类似母乳中的寡聚糖以及多酚）就成了肠道微生物的食物。那些微生物本身就像是种子，只有在土壤足够肥沃的时候才会萌发。一座健康、朝气蓬勃的微生物花园才有繁花、绿叶和茂草，它们给这个微生态系统带来氧气、水和其他必要的化学物质。如今我们已经知道这些由肠道微生物制造的化学物质就是所谓的“后生元”。在益生元、益生菌和后生元之间存在着一种微妙的平衡，正如贯穿本书的思路——我们吃的食物就是决定这个内在花园的关键。

当我们吃的食物单一或者常吃超加工食品时，我们的免疫系统就会受影响。一旦我们面临新冠病毒等感染时，脆弱的免疫系统要么反应过慢或者无力，要么反应过激，继而导致自发的“细胞因子风暴”——类似过敏反应。我们对于新冠病毒还处在了解认知阶段，但在 2020 年我们开展了一项研究，其中 ZOE 的新冠感染研究小组的应用程序数据表明，有 8% 的感染者（其中 1/6 是儿童）出现了皮肤红疹的症状，看上去和食物过敏反应类似；还有约 1/6 的人出现了严重的腹泻，而大多数患者在感染后长达数周的时间内，在其排泄物和唾液中还能检测出病毒；甚至有大约 10% 的患者难以摆脱该病毒，并出现了长期困扰人的不良症状，还有约 2% 的人的症状持续了 3 个月以上。这部分患者孱弱的免疫系统在病毒面前无力招架，导致他们肠道、肺部和神经系统中的病毒难以被清除。我相信膳食和肠道健康是影响免疫系统的主要因素，事实上，如今已经有一些公开研究支持这个观点。

2021 年，我们对超过 75 万人进行了大型的 ZOE 新冠病毒研究，其中包括一项详尽的日常饮食营养调研。通过分析这些数据，我们得出了非常有意思的结论：质量较差的膳食与较高的新冠病毒感染风险相关，即使考虑其他风险因素，如年龄、社会阶层、贫困状况、其他疾病、性别以及肥胖程度等，这一关联依旧存在。较差的膳食甚至与新冠病毒感染后的重症率以及住院率有更强的相关性。当仔细研究较差的膳食时，我们发现其中明显缺乏有利于肠道健康的食物。新冠疫情为我们敲响了警钟，提醒我们要为了自己的免疫系统好好吃饭。

除了要与病毒做斗争，我们还需要一个稳定的免疫系统来防止食物过敏——如今这在年轻人中成了流行病，实则是免疫系统对无害食物的过激反应。此外，免疫系统还能密切监测细胞癌变的早期迹象，甚至能在我们毫无察觉的情况下识别并消灭早期的微肿瘤。仅仅在数年前，转移性黑色素瘤或者肺癌还几乎是快速致命的绝症，而如今最新针对肿瘤的免疫治疗药物能精准地让免疫系统锁定肿瘤细胞。这些堪称“奇迹”的药物如今让患者不用做传统化疗，也不用担心副作用，挽救了超过 1/3 的晚期肿瘤患者。

我牵头做了一个叫作 PRIMM 的跨国研究，招募了 200 多位正在接受免疫治疗的转移性黑色素瘤患者，这个实验见证了饮食之于免疫治疗的重要性:能让这些患者的一年存活率翻倍。[7]这都得归功于食物、肠道微生物和免疫系统之间的联系，也为很多人服用一些未经证实的草本补品（诸如姜黄）来帮助抗癌提供了理论支持。所有这些新的科学证据都在提醒我们，应该对饮食与其他疾病之间的关联保持更开放的态度。

我们为何喜爱食物?

在过去 100 万年里，食物一直影响着人类演化的进程。比如当我们学会烹煮食物后，我们的消化道因为食物更好消化变得更短了。得益于营养素的进一步富集，我们的大脑也变得更大，尤其是那些与食物感知相关的神经变得更加发达。作为杂食者，我们必须拥有一个良好的辨食系统——能分辨哪些食物能吃、哪些食物有风险，以及哪些食物能让我们受益更多。这就是为什么我们从小就本能地厌恶那些暗示着危险的苦味或酸味食物，而天生喜欢甜的、高脂肪、高能量或者咸鲜味的食物。食物或植物的气味、质地、颜色或者形状本身，就能提示我们它们可能含有哪些化学物质以及味道大致如何。味道这个词其实表达并不精准，它经常与风味这个词混用。实际上味道形容的是一种综合的食物体验。如今，人类对食物的这种本能反应在婴儿身上表现最为明显，甚至在接触食物之前就存在，但随着年龄增长，我们会习得性地克服许多遗传特质。我们都知道幼小的孩子往往挑食，但是 2 岁以下的幼儿依然非常容易接受爸爸妈妈给的大多数新食物，也能克服最初对西蓝花这类苦味蔬菜的厌恶。

视觉吸引力

为何你决定吃一个苹果而不是一块饼干，为何你从篮子里挑了这个苹果而不是其他的呢？好像我们的感觉就是如此，那到底又是什么影响我们的决定呢？是不是因为这个苹果更红、更有光泽，看上去更好吃？为什么我们会把某种颜色与美味程度联系起来？是数百万年的进化让我们认识到那些颜色鲜艳的水果含糖量可能更高，因而能给我们带来甜味、宝贵的能量和营养素。而果树们也在演化中极尽所能地让果子长得更大更美，以求动物能吃下果实，并把种子散播到更远的地方。经过几个世纪，果农们将现代苹果的始祖——一个小小的酸苹果培育成7000多种不同的苹果，其中体积最大的是原始品种的10倍。所以，我们都会有意无意地去观察食物的颜色、大小和任何损伤、发霉、被虫咬的痕迹，以及新鲜程度，以便选出最好、完熟和新鲜的水果。我们只需要看一眼（甚至想起来）有光泽的红苹果，就能垂涎三尺并感到饥饿，这都多亏了大脑中负责联系食物与味觉记忆的区域。农夫、商家和广告商都熟知这一心理，并且学会了通过操纵它来忽悠我们。比如很多看上去有光泽的苹果实则已经存放了好几个月，只不过它们在还未成熟的时候就被摘下来，然后在仓库里储存几个月，在临售卖前才会用乙烯进行人工催熟。大多数超市里的苹果都经过了清洗和抛光，而这会除掉苹果天然的防护层。为了让苹果看上去光亮且完熟，人们还会给苹果上一层果蜡。

我们的大脑有高达50%的部分用于在视觉上判断食物，而负责品尝的只是很小一部分。这是因为我们的视觉和记忆需要做大量工作，帮助我们把感官融汇到一个非常小的范围内判断食物，以便在大多数情况下不至于大“吃”一惊。我至今仍记得在20世纪80年代，我在里克·斯坦餐馆第一次吃罗勒冰激凌，我以为那是开心果冰激凌。当时吃第一口的时候感觉并不愉悦，不过现在那种类似抹茶冰激凌的味道对我的大脑来说已经司空见惯了，并且我很享受这味道。

对于那些没有固有颜色的东西，我们会发觉自己非常难以理解其性质。比如在橙子于16世纪被葡萄牙人和西班牙人引入欧洲之前，“橙色”这个词在语言体系里是不存在的，而西班牙语中的“naranja”这个词既表示橙子，也指代橙色这种新颜色。一个黄色的柠檬并非真正的“黄色”，它只是一种能反射出特定波长的光的水果，这种光被眼睛感知后，特定的信号会被传给大脑，最后在大脑中被转化成“黄色”这个图像。人造黄油在被发明之初还保留着暗沉的灰色，必须将其染色才会变成亮黄色。至今橙色和黄色的食用色素都是最常用的，因为它们能让食物看上去更诱人。相反，通常没有什么食物会被染成蓝色（除了前面我提及的亮蓝色玛芬蛋糕），这是因为天然的水果或蔬菜很少有蓝色的，因此我们天生不太放心吃蓝色的食物。

我们人类生来就比其他物种更擅长辨别颜色和色调。许多其他物种的世界是黑白的，而我们能辨别大约500万种颜色和34万种色调，这很可能帮助了我们的祖先选择正确的食物。但是我们很难验证这一点，因为我们缺乏必要的词汇来形容第1.1万种深红色。

气味、味道和风味

我们甚至更擅长分辨食物的风味。凭借400个嗅觉受体，我们就能捕捉成千上万种漂浮的天然化学物质，分辨出万亿种不同气味组合。我们的大脑非常娴熟地把这些信号转化成味觉画像，并终身储存在其味觉库——前额叶皮质，就比例而言，人类的前额叶皮质比动物更大。这对我们分辨食物起到关键的作用。想象一下，我们能分辨烤煳的吐司、烧焦的橡皮、熔断的保险丝或是煳了的烤鸡，我们还能嗅出数百种不同花草的芬芳。我们的大脑不仅能觉察到微小剂量的化学物质，还能分别感受出不同浓度化学物质的不同味道。比方说，有一种气味化学物质由于浓度不同，会被识别成热带水果、柚子，或一旦浓度变高，就会散发出令人非常不愉悦的气味。为了便于理解，我们可以把气味或味觉想象成一幅点彩画——由成千上万单个色彩的点融合在一起，形成了整体的感知。

显然嗅觉与味觉在大脑中的预判会给我们的唾液腺和胃发出指令，让它们准备好迎接一顿美食。更好的食欲会带来更强的刺激，这种信号会沿着迷走神经从大脑传递到"第二大脑"——庞大的消化道神经网络和消化道壁上的神经元，它与猫的大脑差不多一样大。我们甚至仅靠想象一个红苹果就能刺激唾液分泌，好比巴甫洛夫的狗。因此只要一想到苹果，就能刺激消化系统，分泌和食欲相关的激素和胃酸。

口腔的主要功能就是快速筛查食物，决定要吐掉还是吞下食物，它已经进化形成一个相当复杂的防御机制，让我们免于中毒。因此我们的舌头可能对那些黏糊糊或者质地不寻常的食物格外敏感，从而可以防止吞下苹果里的那条虫子。当你咬下苹果的那一瞬间，大脑会期望听到"咔嚓"的一声脆响，否则它会迅速把这个苹果识别为应该被吐掉的食物，因为声音越脆就意味着苹果越可口，哪怕味道相差无几。许多苹果就是根据脆度进行筛选育种的，这与以风味育种是一个道理，比如一种叫蜜脆苹果（honeycrisp）的品种就会让你的大脑非常期待听到那一声"咔嚓"。食品商家也深谙此道，因此他们会利用人们喜欢清脆的口感来设计早餐麦片，在包装和储存上狠下功夫。

当咬下第一口食物后，我们的味觉受体和嗅觉受体都会被激活，以感知和强化食物的风味。唾液会包裹每一口食物，它包含水分、盐、黏液和许多酶，让食物释放香味物质。随着你进一步咀嚼，食物暴露在唾液中的表面积也会增加，它的风味会越发浓烈。我们通过触觉感知到的苹果形状或质地也能影响味觉。比起那些棱角分明的食物，圆润的食物或者标签通常给人的感觉更甜。比如当吉百利（巧克力品牌）在不改变配方而仅仅是把招牌牛奶巧克力的边角变得更柔和时，就受到了老顾客的称赞："你们的巧克力变了！它更甜、更丝滑了。"如果你把苹果切成带尖角的小块，它尝起来似乎没有切成半圆状的苹果那么甜，这是因为我们的视觉感知和舌头的感知改变了。

包括苹果在内的一些食物含有产生"涩味"的化学物质。这既不是味觉，也不是嗅觉，而是一种让舌头和口腔具有收敛感和干燥感的触觉。当你吃一个略酸的苹果或者青香蕉，喝干苹果酒[①]或者某些特定的红酒和红茶时，会有这种感觉。这种涩涩的口感缘于一种叫单宁的多酚类化学物质，它能让我们唾液中的蛋白质变性并凝固，让舌头表面变得更加粗糙。咬一口带涩味的苹果或者抿一口干苹果酒可能很愉悦，但是如果这种感觉在口腔中停留的时间过长，则适得其反。浓红茶跟牛奶之所以如此般配，就是因为牛奶中的蛋白质能中和红茶的涩感，喝下去时不会刺激到舌头上的蛋白质。

当评价食物的味道和风味的时候，其实我们并不知道是哪种感官在起作用。我们被大脑愚弄，认为视觉和味觉最重要。我们有五种

① 干苹果酒是指以苹果为原料酿造的酒精饮料，其中的糖较彻底地发酵成酒精，与之对应的是较甜的普通苹果酒。——译者注

基本味觉：甜、酸、苦、咸、鲜。尽管专家尚未达成一致看法，但我们能感知的味觉确实比这五种还要多。我们常常认为是苹果的样子吸引了我们，其实是其香味之于新鲜度的意义被低估了。古希腊人认为气味才是最基础的感觉，因为大脑会误导我们把嗅觉当作从口腔感知到的味觉。我们还有表达的问题，因为我们难以描述浮现在脑海中的上千种芳香化学物质，而这还受到文化和语言的影响。

还有一个关于舌头不同区域有特定味觉受体的说法。这个说法始于 1901 年一位德国科学家画的舌头分区图，而它在 20 世纪 40 年代被哈佛大学的埃德温 · 波林教授带火了。实际上，除了舌头中间有一小块秃的区域，其余地方都遍布味蕾（长得像微型洋葱）。这些味蕾并非具有高度特异性的味觉受体，却能感知多种味道。我们的大脑会误导我们给这些味蕾分区，以便更清楚地接收信息。正如我的大脑经常会让我觉得在舌头后部有针对啤酒的特异受体，并且在大热天口渴时会变得尤其敏感。在某种程度上，基因只能通过味觉受体数量和敏感度的差异性来解释这个问题，但无法进一步说明人们为何会有味觉以及偏好的差异。此外，我们身体的其他部位也有味觉受体，如制造胰岛素的胰腺、小肠，甚至男性的睾丸，这说明味觉受体很可能还有其他不为人知的特性。

我们的舌头和味蕾特别擅长快速辨别苦味，从而形成一种识别出有毒植物的保护机制。因此，咬一口没熟的青李子或者是小酸苹果会立马让我们面露苦色——就像婴儿吃苦味食物一样。一些人对苹果的酸味和苦味尤其敏感，另一些人反而会更喜欢吃涩爽的翠玉青苹果，而不是更甜的嘎啦苹果，甚至还有一些人喜欢细细咀嚼专门用来酿酒的西打苹果，而这是大多数人都会浅尝即吐的品种。若感知苦味和酸味是防止我们中毒的主要防御机制，那为何总有人对小剂量的苦欲罢不能呢？其中一个原因就是，不像大多数动物，我们人类早在6000万年前就无法自行制造维生素C，因此自发寻找有酸味的植物、苹果和柑橘类水果是人类摄入维生素C的重要途径。另一个原因则是我们出乎意料地在进化过程中喜欢上了发酵食物的酸味，比如发酵的牛奶和奶酪，或许我们也需要为了肠道微生物的健康而减少一点对中毒的恐惧。

早在1931年，我们就发现了苦味基因。这源于一场实验室的恶作剧：一位化学家发现他所在实验室的同事中有1/3的人无法尝出一种名为PTC（苯硫脲）的物质的苦味，而1/5的人非常厌恶这种苦味。到了2000年，更加令人兴奋的是，我们进一步发现了控制这个反应的两个基因（名为TR1和TR2）。[1]跟我一样，大多数科学家都愿意相信最好的味觉科研方法就是研究舌头上的味觉受体，并找出背后的少数编码基因。但我们错了，生物学远比这些复杂。

我们所有人的嗅觉和味觉感知有着天壤之别，有20%的人对苦味有着特异的敏感度，且往往对甜味和气味更敏感。这部分人被称为“超级味觉者”，他们往往不喜欢喝咖啡、红酒，吃黑巧克力、辛辣食物、西蓝花等十字花科蔬菜或者菠菜。基于同卵双胞胎（细胞内基因都一样）的研究指出，只有为数不多的基因控制了人们对气味的感知，也就是说环境因素、养育方式和偶发因素在这方面都起到了作用。当对双胞胎的食物偏好打分时，我们发现对苦味和辛辣（如酒精、奎宁、大蒜）的偏好受基因影响最大，但大多数差异都还没办法解释。很多基因上的差异可以通过持续接触这类食物渐渐被消减，尤其是在生命的早期。

你可以在家里做一个简单有趣的小实验，有没有人协助都能做。把不同种类的小块食物放在盘子里，然后闭上眼睛或者戴上眼罩，并且捏紧鼻子，然后用叉子去品尝每一块食物。我最近就做了这个实验，结果让我非常惊讶。我竟然无法分辨出哪一块是苹果，哪一块是红甜椒，也分不清蜜瓜、大蒜、洋葱、香肠或者奶酪。在我吃的10种食物中，只有两种我能尝出来，分别是酸酸的柠檬和有辣味的辣椒。我让另外三个朋友也做了同样的测试，结果是一样的。这个实验充分证明，我们品尝食物的关键在于嗅觉，而不是味觉。

跟着鼻子走

食物通常由数千种可食用的化学物质组成，其中许多物质会随着时间、物理加工和烹饪而变得分子量更小，成为挥发物。我们在靠近食物的时候，就能闻出这种挥发物的气味。这种极为重要的生存技巧让我们免于吃到不新鲜的肉和腐烂的植物。狗的鼻子天生就是为了觉察气味而存在，难怪我们经常惊叹于它们能嗅出箱子里的可卡因。这种直接的嗅觉被称为“鼻前嗅觉”，其实我们人类的嗅觉也挺灵敏。我们的头部和鼻子也是专门为了分辨不同的气味而存在的，但这种嗅觉被称为“鼻后嗅觉”（在鼻子后方感应）。比如我们在咀嚼苹果、闭上嘴巴呼气的时候，带着苹果气味的分子就会被呼出的气从口腔带到上前方的鼻腔中，鼻子里的嗅觉受体就能感知到苹果的味道了。我们的味蕾和鼻腔通道正是为此而存在的。人类的生理结构允许我们非常近距离地接触咀嚼食物时释放出的气味物质，它们快速被鼻腔里的嗅球捕捉到并收集反馈给大脑，然后被发达的前额叶皮质记住。

气味是唯一一种能直接与大脑连接的物质，像一个传输速度超快的宽带网。这就赋予了我们为数百种化学物质快速构建气味图像的能力。如果观察一下狗的进食状态，你会发现它们几乎没有细品食物风味这个环节。对它们来说，摄入食物最大的乐趣就是最初嗅到的气味，而不是那种满口食物的美味体验。我们总认为猫有超能力和第六感，但它们其实连甜味或香味都感觉不出来。老鼠也有超强的鼻前嗅觉，甚至能感知到食物是否缺乏必需氨基酸等关键营养素。当然，它们肯定无法与我最爱看的电影《料理鼠王》中雷米主厨（主角老鼠）的赏味技能相提并论。

我们都有过因重感冒或者鼻窦炎而嗅觉失灵的体验。新冠病毒就会袭击嗅觉受体上的神经细胞，这影响了近 1/4 有感染症状的患者，甚至有 1% 的患者的嗅觉失灵会持续 6 个月以上。根据 ZOE 应用程序上的数据，我的研究小组第一个提出在所有 20 种相关的症状中，嗅觉失灵是感染新冠病毒最好的预测指标。[2] 我们努力让这个症状被英国以及世界其他各国收录在官方的新冠病毒感染症状列表上。新冠病毒的长期影响，还包括味觉和嗅觉障碍，它们极具破坏性，且往往会导致患者出现抑郁问题。

吸烟和年龄的增长是削弱嗅觉和味觉灵敏性与分辨能力的最主要因素，通常 75 岁以后会下降。但我们能做的比想象的要多得多：让自己持续暴露在多种气味中使我们的鼻腔形成更多的嗅觉神经纤维，这样就能训练和保持我们的嗅觉了。

随着年龄增长而渐渐失去嗅觉的原因可能是早期痴呆症，这是因为大脑中记录与食物相关记忆的部分出现了损伤，又或者是与大脑的其他部位失去了连接。即便是很微弱的嗅觉失灵也可能是死亡的预兆。在 2014 年，一项研究对 3000 位年龄在 57~85 岁的美国受试者进行了调查，并用 5 种经典气味——玫瑰、皮革、鱼、橙子和薄荷测试他们的嗅觉灵敏度，而且随访五年。结果发现，那些有嗅觉障碍的人的死亡风险是其他人的四倍。所以，无论是什么原因，嗅觉和味觉对人类来说都至关重要。虽然还不知道答案，但是我们仍在研究嗅觉失灵与新冠感染长期后遗症之间的关系。

关于人类的味觉机制，还有很多未知的领域。在舌头表面不同区域定植着不同种群的微生物，它们与唾液中的微生物共同影响我们的味觉，因此很多人觉得在服用抗生素期间味觉有所减弱。温度也会改变味觉。如果吃刚从冰箱里拿出来的食物，其甜味没那么强，相反，一杯稍稍回温的碳酸饮料会变得甜滋滋的。在飞机上，食物也会因为机舱里较低的气压而变得寡淡，原因是气压低会减少食物中挥发性气味分子的释放，也减弱了你鼻子里嗅觉受体的接收能力。所以航空公司通常会选择更甜的水果和口味更重的飞机餐来弥补这一点。当然，这种嗅觉减弱并非都是坏事，想想在长途航班的机舱里，周围人的肠道排气或者臭袜子就明白了。

听肠道的话

大多数超加工食品都含有糖、盐、脂肪的混合物，通过人类志愿者的反复测试，被配以完美的比例，以便精准地击中人的愉快中枢。而大脑一旦被这种混合物挑逗，就会产生让人感觉良好的神经递质（如多巴胺），它在饱腹感信号和消化道激素甚至肠道微生物面前战无不胜。[3]

这三种关键的物质——糖、盐、脂肪，再加上“松脆”的口感，被用来将廉价、乏味、毫无营养价值的基础原材料进一步制作成令人上瘾的食物。[4] 近来添加的增味剂、人工甜味剂、糖醇以及其他神奇的化学物质都被用来增强这种令人愉悦的大脑反馈机制，并进一步破坏我们正常的饱腹感反馈回路。因为没有任何天然的食物含有这种令人欲罢不能、具有成瘾性的物质，所以我们并未进化出停止疯狂摄入超加工食品的保护机制。结果就是，我们在变得肥胖的同时却营养不良，这在吃超加工食品长大的儿童身上表现得尤其突出。

脑－肠轴和肺－肠轴能回答很多关于饮食质量与健康的问题，借此也有望改善世界上最常见和最致命的一些健康问题。我们的嗅觉和对食物的感知不仅是饮食体验的重要组成部分，而且能预测我们的整体健康。

最新的证据表明，我们的肠道微生物实际上会告诉我们该吃什么，甚至引导我们渴求某种食物。说白了，它们的工作就是直接给大脑发送化学信号，然后鼓动我们去吃它们生存所需的食物。所以，如果你的肠道里住满了不健康的微生物，就会让身体陷入一个恶性循环，因为你会不停地被迫去吃那些有利于不健康菌群生长的食物，这反过来让你更加不健康。一个很鲜明的例子就是肉食者和素食者肠道微生物之间的差异性。当我们说肠道微生物组种属的“好”“坏”时，实际上是在说那些能帮助降低炎症反应或者增强炎症反应的微生物。炎症是我们对创伤、压力或者异物（包括食物中的蛋白质）的正常反应，实际上是身体的自愈过程。急性炎症就好比一个能瞬时加热的比萨炉，能被打开或者关闭。而慢性（长期）低度炎症就像是一团在闷烧的火，从不熄灭，所以它会给身体各处带来微小而持续的压力，并且与我们目前已知的所有慢性病有关。肉食者的肠道中往往生活着更多的促炎微生物，这些微生物本身就更渴望肉食；反之，大量吃植物食品的人的肠道中有更多低促炎反应的有益微生物，他们想吃动物性食物的欲望也更小。令人担忧的是，微生物与食物的这种选择倾向会被超加工食品影响，因为超加工食品不仅色香味俱全，还能让我们感觉良好，从而欺骗我们的肠道菌群，引诱我们不停地吃。

什么才是真正健康的食物?

大多数人在读了本书后就会知道，通常来说吃植物食品更加健康。在大多数国家[①]，平均而言，严格素食主义者和纯素食主义者会更加健康且寿命更长一点。我们往往认为吃鱼也很健康（尽管缺乏证据），但关于吃肉，分歧就很大了。

吃肉被认为会增加患心脏病和癌症的风险，主要是因为其中的饱和脂肪酸含量。然而，随着饱和脂肪酸有害健康的传言变得不那么多，关于红肉不健康的证据也没那么有说服力了。流行病学研究一致发现，吃低质量的加工肉，如廉价的香肠、火腿和汉堡，尤其是超加工食品和速食餐，会增加患心脏病、癌症和死亡的风险；而吃白肉[②]（如鸡肉）的风险相对会小很多，但依然有显著差异[③]。吃鱼却没有这样的风险，这就是为什么鱼普遍被认为是更加"安全"的动物性食

① 这个研究结果在中国并不一致。——译者注

② 白肉是指非哺乳动物的肉类，如鸡、鸭、鹅（禽类），但要注意英文研究中的白肉不包括水产品。——译者注

③ 流行病学中的显著性差异是专有名词，特指两组数据之间的差异有统计学上的意义，而不是由数据抽样误差引起的。我们可以简单理解为有显著差异的数据才有比较大小的意义。——译者注

品。这个数据在美国人中的相关性最强，因为美国居民摄入了数量巨大且质量相对低的肉类；相反，亚洲人中则没有这种相关性，因为他们摄入的肉类数量较少。出现这种差异的原因尚不清晰，可能是加工肉中的硝酸盐和亚硝酸盐超标，也可能仅仅是当你吃了太多肉时植物食材的多样性就减少了。

在英国政府的诸多“健康饮食”推荐中，只有每天吃超过五种蔬菜和水果那条建议能真正有效降低死亡率。[1] 那是因为在庞大的可食用植物王国中，我们只吃了极小的一部分。这些可食用植物真的都有益吗？我们还需要进一步去了解这些植物的特性，以及为什么吃某些植物比另一些更健康，而绝不是只关注其中的膳食纤维和热量。

植物如工厂

我们吃的大多数膳食其实都来自植物，即使很多时候我们根本没有意识到。比如你在炖菜里加入的草本香料、作为零食吃的花生、每天早上的咖啡、炒菜里的豆腐、汉堡里的酸黄瓜，都是你每天吃的植物——所以不要只盯着菠菜和胡萝卜了。植物有什么共性吗？它们在进化的过程中都会利用太阳能并转化土壤中的营养素，制造用作能量和助力生长的糖，同时产生氧气，这就是光合作用。植物从藻类身上传承了这项技能，而藻类在30亿年前从一类聪明的细菌身上沿袭了这个能力。这种细菌曾经发生突变，可以制造类似叶绿素的物质，如今遍布各种植物中。植物没有腿或者翅膀，一直被困在有着同样的营养和四季变换的环境中。它们得无条件接受土壤给予的所有矿物质才能活下来，因此自己就进化成一座复杂的化工厂，其中成千上万种酶能够制造或解构它们需要的任何化合物。相比之下，人类制造出的化学物质为数不多，因为我们可以依赖双腿、眼睛和鼻子去主动寻找我们需要的任何营养素。我们的肠道微生物跟植物很像，演化出了这种制造化学物质的惊人能力，这是因为无论我们吃下去什么食物，它们都需要像植物一样无条件适应环境并生存下去。

我们至今对植物生产的数千种化学物质都知之甚少，非常值得做更多的工作来了解它们。对植物而言，其首要目标无非保存自身，直到能结出果实或种子，以促进自身繁衍以及物种存续。许多化学物质的存在就是为了保证结果和育种的完美契机，此外还需要一些防御机制来保证这些果子不会在错误的时间被别的动物误食。因为植物的叶片暴露在阳光下，所以需要生产具有保护性的多酚来防止树叶细胞被晒伤。植物还必须阻止寄生虫和真菌以它们为生，或者是阻止昆虫和哺乳动物以它们为食，所以这些叶片里的多酚一方面以色素的形式充当了防晒霜，另一方面为植物筑起了一道有毒性威慑的防线。多酚对人体有益，但是过量则有害，比如生物碱中的刺激物尼古丁和咖啡因、阻止凝血的香豆素（存在于薰衣草和丁香中），很多水果种子里的氰化物可能有毒；还有补骨脂素，能在生长于恶劣环境中的欧洲防风和芹菜中找到，这种化学物质会破坏皮肤细胞中的 DNA（脱氧核糖核酸），但也能治疗银屑病；当然还有菌菇，很多品种都含有数百种毒素，其中一些还是致命的。

植物的不同部位都有不同作用，因此也含有不同的营养素和具有保护性的化学物质。长得最快的叶子和嫩芽最需要保护，所以它们含有最高浓度的多酚。它们同样含有最多的风味物质，这也是我们喜欢用草本植物的嫩芽来调味的原因。有时这些部位的颜色会特别暗沉或是明亮，似乎在提醒我们注意它们的化学秘密。我最爱的一种水果是血橙，盛产于西西里岛和美国加利福尼亚州，就清晰地展现了多酚与其生存之间的关联性。血橙的皮呈饱和度很高的深红色，是因为其中含有大量名叫原花青素的多酚。血橙制造这种物质，就是为了帮助自己在西西里岛温差极大的环境中成功越冬。[2]

“吃出一道彩虹”如今已经被滥用了，但它的确是一条非常有用的营养建议。“吃出一道彩虹”应该等同于吃多种多样、色彩丰富的蔬菜和水果，这意味着摄入种类丰富的多酚。深紫色的茄子、亮红色的甜椒、鲜绿色的西葫芦、明黄色的桃子都含有强大的植物化学物质，它们都有利于我们的整体健康。我们只需要保证吃的是天然、完整的彩色食物，而不是把这些食材进行巴氏灭菌后制成果昔，还添加不少香精和色素。

某些被热捧的植物还有抗衰老、增强免疫力、抗癌或者抗氧化等多种功效。更确切地说，就是某种营养素被人为地赋予了解决问题的“超能力”，比如镁元素能解决失眠和腿抽筋的问题。实际上，这些必需的营养素很容易就能从食物中获取，而其他大多数营养素仅仅是被保健食品厂商当作市场营销的好工具罢了。事实上，健康食物给我们带来的好处不可能只是基于某种营养素，而是由数百种与肠道微生物组相互作用的化学物质组成的。我们的身体有一套出色的全天候的防御体系，可以抵御疾病、衰老和肿瘤，它一直都在孜孜不倦地对身体进行例行的保护，比如修复一些小的基因突变、消灭不听话的细胞，或者发送修复信号来制造新的蛋白质和生成小血管。科学研究表明，当我们年逾 60 岁，大多数人的身体里都会有数不清的微肿瘤。当然，它们从来都没机会发展成致命的癌症，这一切都多亏了人体内有效的免疫监测系统。可是，具备多重防御机制的免疫系统会随着年龄的增长而变得难以为继。肠道微生物组在所有的机制中都扮演了重要的角色，我们的身体还需要一些微量营养素和微生物来维系一些对生命至关重要的基本化学反应。

维生素的迷思

维生素 C（抗坏血酸）就是一个能解释富含维生素的食物有利与弊两面性的经典例子。我们都知道，柑橘类水果富含维生素 C，而辣椒、卷心菜、黄甜椒、羽衣甘蓝、西蓝花、抱子甘蓝和欧芹则是鲜为人知的维生素 C 来源。正如很多其他水果的先祖一样，早期的橙子、葡萄柚、柠檬和酸橙会酸到你怀疑人生，而且难以下咽。古罗马人喜欢用柑橘皮或者柑橘汁给食物或者饮品增添风味，有时也将其作为药物和解毒剂使用。17—18 世纪，记载在册的船员有近 50%——约 200 万人直接或间接死于坏血病。1749 年，在发现维生素 C 之前 200 年左右，一位名叫詹姆斯 · 林德的海军军医完成了一项或许称得上史无前例的"对照试验"后，发现柑橘类水果能帮助预防坏血病。12 名患坏血病的海员参加了这项试验，他们被分成六组后，分别接受了如下可能的"治疗方案"：用稀硫酸烧掉肠胃中的"腐败物"（这在当时被广泛认为是个可行的偏方），喝 6 勺醋，喝 1 夸脱（约 1.1 升）果醋，喝半品脱（约 285 毫升）海水，喝辣大麦水，吃橙子或柠檬。最后，喝海水和用稀硫酸的都不成功，只有吃水果和喝果醋的那两组海员症状有所改善。林德医生于 1753 年把这个发现记录了下来，后来很快离开了海军，成为一名私人执业医师，而他的这个发现因此沉寂了数十年。

林德医生的"柑橘疗法"在 1795 年终于面世，这直接让英国成了当时柑橘种植和贸易战中的霸主。所有的英国水手都得到了一定量的酸橙（这也是“英国佬”一词 Limey 的由来）。尽管酸橙并不是补充维生素 C 的最好来源，但是很皮实且非常适合运输。有了它的助力，英国的海军士兵变得更健康，英国也因此在接下来的一百年内成为海上霸主。

自 1927 年被发现以来，维生素 C 一直被鼓吹能治百病，并且被人们极尽可能地加入各种加工食品中。人们认为，既然它能治疗坏血病，那么剂量再大点儿岂不是能增强我们的免疫力，帮助我们抗感染、抗癌和抗衰老。伊文 · 卡梅隆医生在 1976 年发表了一项有瑕疵的研究，该研究表明，超大剂量的维生素 C 能防治癌症。[3] 尽管没有其他研究人员能证实这个效果，但食品行业显然对这个理论趋之若鹜，这直接把橙汁和其他果汁推上了畅销宝座，还带火了化学合成的维生素 C 补充剂，因为当时所有人都被鼓动要补充维生素 C，某些情况下还应该大剂量补充。终于，科学证据还是来了，一项纳入超过 29 项研究、总参与人数超过 1.1 万人的荟萃分析表明，额外补充维生素 C 不能有效防癌、减肥或者提高免疫力，也无助于预防感冒，缩短感冒病程，哪怕是缩短几小时。最近一项利用 ZOE 应用程序开展的大型人群试验表明，维生素 C 补充剂并不能帮助人们预防新冠病毒感染，但在全球疫情暴发期间仍被疯狂抢购，因为它依旧被认为是能把我们从任何类型的感染中拯救出来的灵药。[4, 5] 可以说，任何吃大量蔬菜和水果的人，根本不用吃维生素 C 以及任何其他可疑的膳食补充剂，因为在这种情况下吃维生素补充剂非但没好处，还可能伤害身体。这些被单独从食品基质中分离出来的营养素是非天然的，很有可能导致严重的后果。比如超剂量的维生素 E 会诱发癌症，孕期吃过多的维生素 A 会导致胎儿发育异常。

维生素 D 则是另一个明星单品，也同样被广泛地添加到很多食物中。我以前对它也很热衷，在工作的医院对补钙和维生素D进行了长达25年的研究，还认为它可促进骨骼健康，并为此撰写了30多篇相关论文，但后来我发现真实的数据难以支持该理论。这是一种被炒作得最火、研究得最多的维生素，在过去数百年内都被认为有治疗和预防意义，而真相是这些健康宣传的背后基本没有高质量的理论支持。压死骆驼的最后一根稻草来自一项我参与的超大型遗传学研究，有超过50万人参与，研究内容是基因与骨折的关联。研究发现，无论是吃维生素D，还是喝牛奶（摄入钙），都与骨折的风险没有关系。把这些关于维生素D和钙补充剂的研究，包括那些质量较差的研究汇总分析后得出的结论是，它们无法预防骨折和摔倒（骨密度太低的两种常见结果）。[6]相反，超剂量服用维生素D补充剂在一些研究中还与增加摔倒和骨折的风险相关，而服用正常剂量的钙补充剂在一些遗传学研究中，则会在一定程度上增加患心脏病的风险。[7]所以，除非真的缺乏这两种营养素，又或者几乎是居家不出门，你可以尝试用补充剂。否则，更安全的补维生素D的方法是每天花15分钟在户外晒晒太阳。在冬天，天然食物提供的维生素D含量往往被低估了，这些食物包括脂肪丰富的鱼类、蛋黄、晒干的菌菇（香菇和双孢蘑菇）以及营养强化食品①。此外，食物中的维生素D不容易受到烹饪的影响。

---

① 营养强化食品是指人为地给食品加入某种营养素，此处特指强化了维生素D的产品。在我国，营养强化需要遵循《食品营养强化剂使用标准》（GB 14880—2012），其中批准能加入维生素D的产品主要是乳粉、豆粉、即食谷物、碾压燕麦、饮品、果冻和膨化食品。如果你想知道买的食品有无强化营养素，需要仔细阅读包装上的配料表。——译者注

代谢压力、血糖波动和食品基质

即使是一个完熟的苹果，它也绝不是只含有碳水化合物，还包含一些蛋白质、饱和脂肪酸、少量的多不饱和脂肪酸和单不饱和脂肪酸。胰脏是在肝脏旁边的一个小器官，它的作用之一是生产消化酶。这些酶能把碳水化合物和复合糖分解成单糖（如葡萄糖和果糖），而这些单糖能直接进入血液。胰脏还分泌胰岛素，以调节葡萄糖和蛋白质进入血液以及其他器官的速度。蛋白质的主要消化途径就是被胰腺分泌的蛋白酶分解，变成碎片后被吸收。任何到达小肠的脂肪都会被肝脏制造的一种叫胆盐的物质分解。胆盐能让脂肪溶于水，以便被血液和胆固醇吸收。胆固醇是脂肪吸收、重新利用或者储存的主要形式。

我们的肠道微生物在消耗脂肪方面扮演了很重要的角色。它们会制造一种能够把胆汁转化成“活性胆盐”的酶，这种酶能进一步分解过剩的脂肪，使其更难被消化道吸收，最终归宿是洗手间的下水道而不是你的血管。你的血液里有多少好与坏的脂肪，以及你会排出多少脂肪，取决于你的肠道微生物组中特定菌种的组合。倘若在饱餐一顿后，脂肪进入你的血管并停留太久，其中一些较小的脂肪颗粒就会激扰血管壁，导致炎症。这个炎症反应会进一步导致动脉内壁变得毛糙，身体会释放出让脂肪更多地储存在毛糙处的信号[①]。

食物中的大多数宏量营养素，比如糖、脂肪和蛋白质都会在肠道的中段——小肠被吸收。营养素的吸收程度以及后续在血液中的代

① 这就是动脉粥样硬化形成的过程。——译者注

谢对我们的健康至关重要，当然影响程度也因人而异。这种人与人之间巨大的差异取决于我们所吃的食物的成分和复杂性（我称之为“食品基质”），更取决于我们独特的新陈代谢，而这正是个性化营养的底层逻辑。在过去的五年里，我和我的团队做了很多与食物相关的研究工作，发现每一种食物对血糖的影响都不一样，这与食物本身的构成和你吃多少有关。在过去几年里，我们都依赖一种叫作“血糖生成指数（GI）”的粗糙评估方法。如果某种食物的GI值比较高，就大概率意味着吃它会让你血糖飙升。

尽管餐后血糖短时的升高是很正常的反应，但我们如今认为，血糖飙升或者是出现快速升高又马上下跌的大波动是不健康的——血糖飙升后又骤降会让我们感到更加饥饿，容易导致下一餐过量进食。[8] 这主要取决于食物的成分和结构，以及你是如何进食或者咀嚼的。一旦食物在口腔中被咀嚼，其中的糖（葡萄糖）和脂肪就会被释放出来并进入血液，影响我们的血糖和血脂水平。用大白话来说，进食方式决定了我们血液中糖和脂肪的量。一些小型研究表明，吃完整的食物，并且细嚼慢咽会更有利于胰岛素、血脂和血糖的反应；反之，吃加工食物，或者狼吞虎咽都会对血糖和血脂反应不利[9,10]，因为咀嚼是给身体充分的时间对吃下去的食物做出反应的重要途径。一个最佳的例子就是吃苹果与喝苹果汁的差异，与吃苹果相比，喝用等量苹果榨的果汁（不额外加糖）后的血糖峰值是前者的三倍。若是把苹果研磨成类似于宝宝果泥或者果昔吃下去，其中的糖就会以更快的速度进入血液，因为含有淀粉的苹果细胞壁被破坏后淀粉提前被分解了。这就意味着血糖会升得更高，而食物更少能到达结肠。再比如，同样是吃三明治，一个是酸面包夹传统发酵的切达奶酪，另一个是经过深加工的白面包夹再制干酪（“塑料奶酪”①），消化前者时所消耗的能量就比后者要高 50%。[11]

这种食品基质效应在坚果的脂肪中也有充分体现。我们吃完整的坚果，吸收的脂肪就比吃加工食物坚果粉中的脂肪要少。如果改变坚果的食品基质，比如把整颗扁桃仁碾磨成扁桃仁粉后，哪怕吃的量相等，也会产生截然不同的血脂反应（脂肪）和能量吸收率（热量）。与血糖类似，如果餐后 6 小时血液中还有着较多的血脂在流动，就不利于新陈代谢，会引发如前所述的较低水平的炎症反应。久而久之，这种累积的压力就会导致不可逆的病变，诸如心脏病、2 型糖尿病和体重增加。这说明不同种类的食物及不同的食用方式对健康的影响是巨大的，而这些都无法体现在它们的热量数值或脂肪含量上。

我们组织的 ZOE PREDICT 营养干预研究形成的第二大研究报告，于 2021 年发表在学术期刊《自然医学》上，我们首次披露了肠道微生物与健康的关联，以及改变其摄入频率的特定食物。[12] ZOE PREDICT 研究始于我与人共同创立 ZOE 之初，在美国麻省总医院、伦敦国王学院、斯坦福大学医学院和哈佛大学陈曾熙公共卫生学院的科学家的帮助下，我们共同的愿景是探索不同的食物如何对我们每个独立的个体产生不同的影响。我们还分别发现了 15 种好的食物和 15 种不好的食物，它们对所有人的健康都有着高度一致的影响。尽管我们尚不知道其中的机制，但是非常肯定的一点是，肠道微生物能通过与食物的互动和发酵食物来控制我们体内糖和脂肪的代谢速率——我

---

① 原文为 plastic cheese，意思是形似塑料片的再制干酪。奶酪分为两种，一种是原制干酪，是用传统发酵工艺制作的，成本和营养价值都较高。再制干酪又称加工干酪，是指以原制干酪为主要原料（我国要求不低于 20%），粉碎后加入乳化剂、稳定剂、增稠剂等加工而成的产品，属于超加工食品。——译者注

们可以从血糖的峰值和对新陈代谢的影响中看出来。无论你的身体怎么样，只要你的肠道微生物有足够的多样性，而且其中好菌群与坏菌群的比例适当，就意味着在吃同样多的碳水化合物或脂肪的情况下，你受到的负面影响更少。好好喂养你的肠道微生物，就意味着它们能替你制造更多的代谢产物（如丁酸盐）和其他短链脂肪酸，以及维生素 K、生物素、叶酸（孕期很重要）、维生素 B_6 以及少量的维生素 B_{12} 等重要的维生素，它们都对维持良好的免疫系统起着重要的作用。

吃出健康的肠道

来自世界各国的公民科学家[①]在五年间收集了超过 1.1 万例样本后，美国、英国的肠道项目组发表了其首份报告。该报告指向了一个非常靠谱的“肠道健康饮食”方法，这比你去实践原始人饮食、果素主义、素食主义甚至严格素食主义等各种饮食法更有效。这个方法就是看你每周吃下多少种不同的植物[13]，每周吃 30 种不同的植物大致能达到最佳效果。我们在研究结果分析中调整了所有可能存在的偏差，比如受教育程度、年龄、社会阶层、吸烟、饮酒、便秘、子女数量、养宠物与否、体重、疾病状况、用药状况。所有的数据还是有力地指向了同一个因素——你日常吃的植物的多样性。

为什么植物种类的多寡如此重要呢？我们从小受到的饮食教育

① 原文 citizen scientist，是个专有名词，注意与我国“民间科学家”或“民科”这个公认略带贬义的词严格区分。公民科学家是指在流行病学的真实世界研究中，需要非常多人力协助收集、整理资料，这部分工作通常由来自社会各界并未严格受过学术训练的公民来承担。他们承担了科学工作者的职责，特称为公民科学家。——译者注

就是——“每日一苹果，医生远离我”“吃胡萝卜保护视力”“吃菠菜力气大”“吃西蓝花让你活得长”。若果真如此，岂不是每天光吃这些食物就能很健康了？然而，这显然不是我们能决定的，挑剔的肠道微生物对此就有异议了。它们其实会更加希望你一周的某天吃了苹果、西蓝花和胡萝卜，而剩下的几天里把剩下的 27 种植物老老实实吃个遍。当然，还包括种子、坚果、草本香料和香辛料这些我们通常吃得很少、平时不会列入食物清单的食物。在传统的营养学模式中，食物的能量、糖、脂肪和蛋白质被比作构建身体的基石，而植物纯粹是用来提供维生素 C 和饱腹的粗纤维的，这个说法毫无道理。实际上每一种植物，以及植物的特定部分，都含有独特的化学物质、结构和风味，自然也在滋养肠道微生物方面起着特定的作用。所以，真正起作用的是植物的多样性。

食物的消化之旅进行到小肠阶段之后，大多数深加工和精细处理的食物都被吸收殆尽了。而那些我所说的“真正的”食物，因为拥有膳食纤维搭建的完整结构（如苹果的残渣）进入大肠（结肠）中。大肠总长度只有 1~2 米，事实上比小肠还短。在医学院的时候，我学习到的医学知识告诉我食物在大肠中的消化过程乏善可陈，仅仅是吸收食物残渣中的水分，并让大便成形。然而那些发生在结肠里的事，以及究竟哪些食物最终到达了结肠，才是我们需要了解的。在大肠中，苹果中大多数多酚会被微生物释放出来，要么直接被微生物利用，要么会被转化成一些更加复杂的多酚类化学物质。这些化学物质（如槲皮素、儿茶素或者绿原酸）可以帮助身体对抗癌症、抑郁、2 型糖尿病或者心脏病，还能帮助我们预防肥胖。在一项有 2000 对双胞胎参加的观察性研究中，我们发现那些吃了更多含有多酚的食物的受试者，其肥胖风险要比吃得少的受试者低 20%，即使考虑摄入膳食纤维这一因素，这个差异依然存在。[14] 在对该观察性研究随访超过 10 年后，我们发现膳食纤维摄入量本身也是预测体重的一个因素，这就说明摄入多酚与摄入膳食纤维是影响我们健康的两个独立因素。[15]

一些多酚可以直接被微生物当作能量消耗掉，这能让它们更好地繁衍并产生对我们的健康有益的副产品——短链脂肪酸，其小小的分子作用很大。当接触到我们的肠道壁细胞时，短链脂肪酸会为这些细胞供给能量，实际上是在供养肠道壁细胞，让它们能够再生。肠道壁细胞会给免疫细胞发送关键的信号，让体内的炎症反应维持在一个较低的水平，并抑制过敏反应。它们还会作用于我们的大脑和胃肠激素，抑制食欲。丁酸盐就是短链脂肪酸中一个很好的例子，它有助于维持肠道壁的完整性，把肠道的内容物与肠道供血系统隔离开，避免发生我们熟知的“肠漏”。这层单细胞肠道壁屏障非常脆弱，而且会反复发生感染。低营养的膳食和较大的压力都能破坏这层屏障，并导致肠道内的物质“漏”到血液循环系统中去，引发更大的炎症反应和损伤。如果你曾受到炎症性肠病（如克罗恩病、溃疡性结肠炎，或者是严重营养不良）的困扰，就会真实地感受到“肠漏”的影响，如今它是很多普通人的主要健康问题。现在我们虽然知道不健康的食物和慢性压力会导致肠道壁渗透性增加，并导致我们健康状况不佳，但在就医时它经常被过度诊断，被推荐使用虚假的“奇迹疗法”来治疗。

食物中多酚类色素的强大力量在本书中会被反复提到，这是因为食物中的多酚能解释很多植物食材现有和潜在的益处。植物会在形状、大小、颜色和味道上将其中含有的多酚表现得淋漓尽致。如今兴起了一股吃复古品种植物的风潮，比如紫色的胡萝卜或者土豆，它们拥有更高含量的多酚。但同时我们能趁机抛弃一些寡淡的品种，因为它们在大规模的种植中已经失去了这些多酚。我们的舌头和口腔也能为我们提供关于多酚含量的线索。多酚是植物的防御性化学物质，因此它们尝起来通常是苦涩的，比如浓郁的红酒、优质红茶或者橄榄。我们的祖先通过屡败屡战的经历总结出经验：那些杀不死你的，终将使你更强大。我们也要有这个觉悟。

拥有多样化且平衡的肠道微生物组对健康至关重要，而且越来越多的证据表明它们能控制我们的食欲。比如肠道中有种特定的微生物发觉口粮不足了，就会向宿主的大脑发出“继续吃，别停”的信号。反之，如果一类微生物饱餐了一顿，而且数量翻了一番，它们就会告诉大脑：“请别再吃苹果了。”这个信号传导过程需要 20~30 分钟，与我们吃饭后感受到的饱腹时间差不多。[16] 我们的肠道微生物有它们自己的需求并能自我调节。如果肠道微生物组的平衡被打破了，或者超加工食品吃得太多了，我们体内这种精密的能量信号感应系统就会失灵，继而导致我们超重或肥胖。因此，让肠道微生物组保持平衡的关键，就是吃尽可能多样的全植物食品以及少量发酵食物。

无论是对健康有益还是丰富食物滋味和增加食物复杂度，发酵食物都比我们想象的重要得多。我所说的发酵食物特指那些用微生物生产（过去也叫“冷烹饪”），并且能在最终产品中找到活性微生物的食物。虽然许多食物的生产过程都利用了发酵过程，比如酸面包、酱菜、巧克力、咖啡、红酒和啤酒等，但是能在最终产品中找到活性微生物的食物很少。这类食物中比较著名的有原制奶酪、酸奶、发酵豆制品、开菲尔、康普茶、德国酸菜和辛奇[①]（韩式泡菜）。我把德国酸

---

① 即 kimchi，原本常见译名为韩式泡菜。2021 年 7 月 22 日，韩国文化体育观光部将韩式泡菜（kimchi）的中文译名正式定为“辛奇”，相关修正案从 2021 年 7 月 22 日开始实施。因此本书均用“辛奇”这一官方指定名称。——译者注

菜和辛奇称为“泡菜兄弟”，这种在家就能轻松自制的含有天然益生菌的食物越来越流行了。这类食物含有活性微生物，吃它们能增加肠道微生物组的多样性。

不过目前尚没有确凿的证据表明哪些发酵食物要比其他的更好一些，而我们往往从消费量看出，酸奶虽然广受欢迎而且被研究得相对充分，但其实效果有限。我们现在也知道发酵食物中的微生物是可以活着直达结肠的。尽管可能它们只停留很短一段时间——所以要经常补充，让它们有时间在肠道制造有益的产物，助益我们的新陈代谢。为了让微生物以最佳的状态在肠道微生物花园里工作，我们需要一套组合拳，其中包括经常补充含有益生菌的食物，以及含有多种益生元的食物。

健康膳食的五大要点

1. 有益于健康的食物，同样有益于你的肠道微生物。
2. 尽量多吃各种植物。我推荐一周吃够 30 种。
3. 优先选择那些富含多酚和膳食纤维的植物性食物。
4. 经常吃发酵食物。
5. 吃完整、天然的食物，尽可能保留最佳的食品基质，不吃超加工食品。

什么是不健康的食物?

想要定义什么食物不健康其实出乎意料地难，但不健康食物肯定包括那些在生物学上对我们毫无益处的食物。有一条通则，就是工厂制造的食物通常缺乏膳食纤维、植物多酚或益生菌，所以经常吃或过量地吃必然是不利于健康的，比如甜甜圈、米饼，以及大多数蛋白棒。另一条通则是如果一种食物在肠道上端就被快速吸收，并且很快进入血液，比如油脂或糖类，而几乎不能进入结肠，那么也是不健康的。这类食物会让我们的血糖飙升再骤降，并增加身体难以正常代谢的血脂，还会导致我们过度进食和产生慢性炎症反应。[1] 尽管也有天然的食物被归为此类，比如蜂蜜和某些甜水果（蜜枣、无花果等），但上述两类食物大多数是超加工食品。

那么，我们要如何定义“超加工食品”呢？很多食物都会以各种方式进行加工，包括我最爱的黑巧克力、生牛乳奶酪、酸奶和面包。这些食物的加工过程也包括发酵，对我们的肠道微生物是有好处的，所以我不建议大家“一刀切”地摒弃这些食物。我真正担心的是那些在工厂被大批量制造，并加入了大量添加剂的食物（无论标签上有没有写），这些化学物质可能会以难以确定的方式相互作用并损害我们的身体。

超加工食品的概念是2018年由一位名叫卡洛斯·蒙特罗的巴西科学家提出的。他留意到，尽管消费数据显示人们购买的糖和盐越来越少，但奇怪的是膳食调研结果显示他们吃下去的糖和盐越来越多，这是吃了更多的工业化食品造成的。[2] 该词最广为接受的定义来自蒙特罗科学家团队（见本书第537页NOVA表格）：

> “超加工”一词是指由食物的原料或者其他有机来源合成的工业食品配方，它们通常只含有极少量食物原料，或者不含有完整的食物，可以即食或者加热后食用。这类食物富含脂肪、盐和糖，缺乏膳食纤维、蛋白质、各种微量营养素和其他生物活性物质。

考虑到加工食品中的营养素和能量水平，这个定义会随着食品加工的不同程度而更新出更多版本。食品工业也不得不采用这个定义来评估产品的质量，避免其生产的食品被归类为“超加工食品”。

判断是不是超加工食品最简单的办法就是看是不是由各种复杂的化学物质，以及无法还原食材本身的提取物制作而成的，比如使用的是土豆淀粉，而不是土豆。例如，薯片这种容易吃上瘾的爆款“土豆片”，并不是真的土豆脆片，而是由脱水土豆、大米粉、小麦粉以及完美配比的糖、油、盐和诱人的调味料混合而成——再加热熔成泥，最后烘烤、切片而成。它拥有符合空气动力学的形状，以及至少12种配料，已经不是简单的土豆片了。它与其他流行的零食（薯圈、玉米片）一样，实际上没有任何来自原料植物中的维生素和其他营养素。此外，代餐和瘦身奶昔也同样不含有任何“真实食物”的食品基质。

判断超加工食品的一个实用方法，就是看配料表里有没有我们平时在厨房里几乎用不上的配料，如高果糖玉米糖浆、氢化植物油、未酯化的植物油和水解蛋白，或者那些仅仅让食物尝起来更美味和看上去更诱人的添加剂。目前有超过 2000 种食品添加剂被允许用在食物中，可以使用的酶的种类甚至更多。这些添加剂包括增味剂、色素、乳化剂、乳化盐、甜味剂、增稠剂、消泡剂、膨松剂、碳酸钙、发泡剂、食用胶、光泽剂。超加工食品的标签上通常会有超过 10 种这样的添加剂。我在本书的最后部分列出了部分常见的超加工食品，供大家参考。

超加工食品就是为高利润（用了低成本原料且保质期长）、便捷性（开袋即食）、高适口性（成瘾性）而设计的产品。研究表明，超加工食品有着高度的适口性，因而会导致我们过量食用。在一项随机对照的研究中，20 位体重稳定的受试者被邀请来参与试验，分别被提供了不限量的超加工食品，或者是同样不限量的非加工食物，试验时间为两周。当受试者放任吃超加工食品时，他们每天平均要多吃 500 千卡的食物，并且在实验第六天受试者就平均增重了 1 千克。[3] 接着轮到他们吃非加工的天然食物，并遵循同样的条件进行为期两周的试验。受试者每天平均吃下 2400 千卡的食物，且在两周内平均减重 1 千克。尽管受试者吃下了过量的超加工食品，但是他们都认为两类一样好吃。我们吃食物时所获得的愉悦感，一部分来自食物本身能让我们感觉到吃饱，这被称为饱腹感。20 世纪 90 年代的许多研究指出，有着相同热量、相同血糖负荷（GL）① 的食物带来的饱腹感差异

① 血糖负荷（glycaemic load，GL）= [GI × 单位食物中含有的可消化碳水化合物（克）]/100，它代表了食物中碳水化合物对血糖的影响总量，包括升糖幅度和总碳水化合物含量两个因素。——译者注

巨大。而食品制造商正是利用了这个差异让我们能吃下更多他们“精心”制作的食物。即使是同一大类食物，比如不同类型的面包，它们带来的饱腹感也相差很大。我们在 ZOE PREDICT 研究中发现，那些习惯性吃大量超加工食品的人，通常饱腹感不强，并且天然食物吃得更少；他们的血脂情况更差，而且有着更高水平的炎症反应，这或许能解释为何超加工食品与心脏病有强相关性。[4]

美国人和英国人日常饮食摄入的能量有 50% 以上都来自超加工食品，在 2000 年初，这个比例还只有 30%。这类食物通常只含有很少的优质蛋白、膳食纤维和植物多酚，因为那些植物原材料的营养素和外皮在加工过程中被完全剥离了。这个过程需要化学天才的参与，才能将那些与原始食材毫无相似之处的精加工原料制作成味道像天然食物的产品，而且有不错的口感。聪明的食品化学家用了数千种化合物（乳化剂）让食物黏合在一起，或者使食物有了真实的质感（加“卡拉胶”或者甲基纤维素），接着利用化学合成的香精和增味剂来让我们觉得自己在吃培根或者菠萝，而实际上两者皆不是。这些化学物质不仅搅乱了我们的肠道微生物，还让我们对这类适口的食物上瘾，继而吃到停不下来。关于超加工食品导致过度进食的机制，目前科学证据尚不充分：可能是其中的添加剂和化学物质直接影响了肠道微生物或者大脑，也可能是因为质地柔软、能量密度更高、口感更愉悦，而且不用怎么咀嚼就能轻松吞咽，导致我们进食的速度加快，继而干扰了我们大脑感知饱腹的天然信号。关于超加工食品，另一个问题就是其中的糖极容易被吸收，并能造成更大的血糖波动。ZOE PREDICT 研究表明，血糖大幅度波动会让人更容易饿，并最终导致过量进食。[5] 在美国，针对这种机制的临床试验一直在开展，我觉得与上述因素都脱不了干系。

超加工食品的摄入量在21世纪持续增加，至今已经占美国儿童膳食总能量的67%。[6]在过去十年间，全球超加工食品的销量也在持续增长，在南亚甚至翻了一番。[7]在美国、英国、加拿大和澳大利亚这几个国家，超加工食品供应量大，并且价格低廉，消费量也遥遥领先，而其消费量与这几个国家日益增长的肥胖率有明显关联。证据表明，只要从膳食中移除这部分超加工食品，就会对健康大有裨益。近来的临床试验比较了拥有同样能量和营养结构的不同食物对健康的影响，发现人们吃超加工食品会比吃类似的天然食物多25%的量。[8]最近的一项模拟实验发现，如果美国青少年能少吃超加工食品，就能在数年内降低约50%的儿童肥胖率。[9]

在意大利和葡萄牙，人们获取的大部分能量都来自“真正的食物”，仅有约10%的能量来自超加工食品，因此这两个国家有着较低的肥胖率和更加健康的寿命（一种衡量健康长寿的方法，而不仅仅是更长的寿命）。关于超加工食品，最离谱的一点就是它们总是在食材（如全谷物）的核心成分被去除后，被做成切片面包，然后添加类似的营养素，并包装成一种“健康”的食品卖给消费者。

传统的营养学目前尚不能评估超加工食品的所有弊端，这就给了食品厂家很多可乘之机。他们把超加工食品当作“健康”食品，以具有误导性的营销方式让缺乏认知的消费者买单。然而，超加工食品中某些特定的成分对健康的损害已经确凿无疑了，比如氢化植物油或者反式脂肪酸。这种固体油脂是在20世纪70年代通过改变脂肪酸中的几个化学键被研发出来的，能延长人造黄油、饼干、美味小吃和快餐的保质期，让其数月都保持质地柔软、不发霉，也不会变干。它对健康的影响就在于我们的身体无法处理这种新式脂肪，因此炎症反应时有发生，并导致数百万人因心脏病而过早死亡。许多国家在21世纪初就已经完全禁止使用反式脂肪酸了，而英国和美国至今都允许少量使用，这可能是因为食品行业的大力游说。其实哪怕剂量很小（占每天能量摄入的 1%~2%），反式脂肪酸也能大幅度增加慢性炎症、高血脂、心脏病，以及猝死风险高达三倍，这还不算额外诱发的癌症风险。有人每天有高达 10% 的能量都来自反式脂肪酸，其实早在 20 世纪 80 年代，就有关于反式脂肪酸对健康有危害的报告发布，可大都被当作耸人听闻的消息而忽视掉了。2019 年，英国出台了食品中反式脂肪酸需要限制在 2% 以内的限令，并且提出了预包装食品需要更合理地标注反式脂肪酸含量的倡议，但依旧不采取完全禁止反式脂肪酸的措施。事实上，专家们已经在反式脂肪酸没有安全剂量这一点上达成了共识。新的固化液态油脂的方法包括酯交换法，无论生产商怎么宣称这种方法健康，科学研究都没有足够的证据支持这种油脂的长期安全性。

硝酸盐的问题也让很多人担忧，这种担忧最初是由美国的一项观察性实验的结果引发的。它（通过食物问卷评估）指出硝酸盐与肉类摄入有关，是过早死亡或诱发心脏病的一个风险因素。在很长一段时间内，人们都很难解释硝酸盐和健康的关系，事实上，与之相关的健康假说更是一周一变，这很可能是因为我们总想将食物中单一的成分与因果关系联系起来，而不去考虑食物作为一个整体的复杂性。

硝酸盐主要存在于甜菜、绿叶菜和水果等植物中。它们首先会被口腔里的细菌分解为亚硝酸盐，随后肠道微生物会将其转化成亚硝胺。了解这些不同的代谢产物是知道我们该担心什么的关键所在。基于我们现有的知识，富含硝酸盐的天然食物对健康有利，而那些人为添加的或者是因为加工而产生的亚硝酸盐则通常没有好处。关键点还在于，硝酸盐丰富的食物往往也富含其他有益物质，如多酚和膳食纤维，因此总体来说具有保护性作用。得益于会在“血管壁内衬”中被转化成一氧化氮，这种硝酸盐对心脏健康有利。一氧化氮能维持血管健康，避免血栓堵塞引发的脑卒中和心脏病。因此多吃富含硝酸盐的食物能抵御多种慢性病，并且能使患消化道癌症的风险降低 26%。[10] 通过动物实验发现，在改善血糖和胰岛素平衡方面，膳食中的硝酸盐跟降糖药二甲双胍一样有效，而且在保护心脏和肝脏方面更有优势。简而言之，硝酸盐是植物的天然组成部分，与植物中的膳食纤维、多酚、益生菌一样，都与植物融为一体。所以当我们在吃植物中的硝酸盐时，我们实际上在吃比硝酸盐多得多的东西，而这个整体效应是有益的。

亚硝酸盐就完全是另一回事了。它主要存在于加工肉类和豆类产品中，由硝酸盐经过加热或改变而来。这些深加工食品中的亚硝酸盐与更高的癌症和其他疾病风险相关，这可能是因为这类食品缺少多酚的保护作用。最后一点，在超加工、高温加热和储存的过程中，肉类中添加的亚硝酸盐会与蛋白质中的胺类形成亚硝胺。当食物中的硝酸盐因为加工被转化成亚硝酸盐（以及亚硝胺）后，就变得对我们的身体毫无益处了。

在一定程度上，加工肉中的亚硝胺背了致癌的锅，因此招致了少吃加工肉的呼声。一项在法国进行的大型观察性人群研究表明，尽管乳腺癌增加的风险有 1/3 能归因于加工肉里的亚硝胺，但是实际上更大的风险来自我们肠道中亚硝胺水平的增加。另一项针对超过 50 万美国人的研究（NIH-AARP 研究），则预计了因为食用加工肉而产生额外的死亡风险中，有 50% 都能归因于其中的亚硝酸盐。[11] 这再一次说明，完整的食物尽管含有硝酸盐，但对健康起到的是保护作用，而深加工的肉类和奶类则会因为含有亚硝酸盐和亚硝胺而增加健康风险。所以问题的关键不在于硝酸盐本身，而在于我们所吃食物的加工程度。

肉类中较高的铁含量也被认为（尤其是素食主义者）是增加心脏病或其他健康问题风险的原因。实际上，有一种名为血红素、在人体内负责运输氧气的含铁化合物，它能改变我们利用氮元素的方式，并在一些大鼠实验中被发现与癌症相关。然而，关于铁元素的人群流行病学研究的结果往往相互矛盾，即使发现铁元素有一定的作用，也很可能是由实验偏差的干扰所致。要想妥善处理这个矛盾，就得找到影响血红素铁水平的那个基因，将其作为变量控制好后，招募拥有同一基因型的受试者作为高血红素铁水平与健康结果的研究对象（这种方法叫孟德尔随机化）。有一项针对 5 万名试验对象的研究就用这个方法排除了基因偏倚，发现与此前高血红素铁有害的猜想恰恰相反，实际上高水平的血红素铁对心脏还有轻微的保护作用。因此，饮食中的铁过量有害似乎只是个谣言。

最后，我们做的最不健康的事情就是通过喝可口可乐、百事可乐或芬达等含糖碳酸饮料摄入过量的糖。如今我们发现这与肥胖、2 型糖尿病和心脏病的风险都密切相关。[12] 与添加糖和盐一样，为了呼应减糖需求，越来越多的食品厂商开始使用人工甜味剂。这些东西在面世之际被当作神奇的产品受到热捧，但很可悲的是，这只是我们一厢情愿。大多数人工甜味剂——糖精、三氯蔗糖、阿斯巴甜、安赛蜜等都是在实验室里被制造出来的，而且常常是科学家在做石油燃料实验过程中失败的副产品。

其他甜味剂是一些半天然的糖醇，比如口香糖中的木糖醇，或者是从选择性基因育种的植物中提取的甜菊糖苷。观察性研究指出，喝这些人工甜味剂饮品与普通含糖饮品一样，都会增加肥胖和其他疾病的风险。更有力的证据来自大规模的临床试验，其表明人工甜味剂饮料对减肥并没有明确的好处，哪怕它们的确含有更少的热量。这个结果提醒我们，它们一定会对我们的代谢造成不良的影响，继而抵消少摄入的能量。这个机制主要还是在于甜味剂干扰了肠道微生物，让它们失去了多样性并且生成了异常的化学物质，从而扰乱了我们正常的新陈代谢，导致我们对 2 型糖尿病有了易感性。另一个关于饮用这类代糖饮料的问题，在于其诞生之初就是为了让我们对甜味保持较高的阈值——即使把糖换成了代糖，我们依然嗜甜。[13] 这对儿童而言尤其是个大问题，因为他们会寻找各种甜食。这些人工甜味剂并非真正的惰性物质，尽管许多食品公司把它们包装成很健康的代糖产品，然而真相并非如此。

食物和饮品如何被吃喝下去也是决定它们是否“健康”的重要因素。随餐喝一杯含糖量很高的橙汁，或者在喝咖啡时吃一块巧克力，很可能比把它们单独作为三餐之间的加餐对我们身体的危害更小。尽管这两种情况下的食物热量是一样的，但是单独摄入这类零食会让血糖产生更大的波动，继而在接下来的 12 个小时更易感到饥饿，最终导致我们暴饮暴食。[14] 原因如我们所见，食品公司在利用具有误导性的健康食品标签，力推一系列廉价而美味的超加工食品和零食，消费者则整日在血糖和血脂“飙升—骤降”循环和餐后炎症的泥淖中挣扎，最终深陷体重增加和 2 型糖尿病风险升高的困境。

五大不健康食物

1. 超加工食品——高脂、高糖和高盐，还有其他防腐剂和添加剂。
2. 含有人工甜味剂的食物和饮料。
3. 高度精制的碳水化合物——它们通常也是超加工食品，膳食纤维含量很低。
4. 让你餐后血糖和血脂飙升且缺乏天然食品基质或膳食纤维的食物。
5. 含有大量添加糖或者低质量油脂的零食——不要理会所谓的“健康”标签，这些标签可能会声东击西地表示它们含有蛋白质或者“天然”糖。

食物真的能“增强”你的免疫力吗？

随着新病毒的出现和日益增长的食物过敏率，我们越来越重视自身的免疫系统，它是身体用来抵御外敌的天然防御机制。我们如今明白，免疫系统比我们过去所理解的要聪明和复杂得多，它还是对抗衰老、癌症以及其他很多常见疾病的关键。直到最近，我们都还觉得每个人的免疫系统非常相似，不过具有高度复杂性，并且会随着年龄的增长而变化。随着科技的发展，我们才有机会深入了解它，知道人与人之间实际上差别巨大。

2015 年，我与来自美国国立卫生研究院的研究小组一起工作时，我们进行了一项具有里程碑意义的双胞胎研究——研究基因与环境如何影响我们血液中 8 万种不同的免疫细胞。我们发现，有超过 2/3 的免疫细胞完全受到基因的控制，而留给环境因素的发挥空间并不大。[1] 然而，与此同时，在加利福尼亚州进行的另一项双胞胎研究探索了较小范围的免疫细胞，不过重点放在它们如何动态地应对外来入侵和化学物质。[2] 这个研究的结果与我们的研究恰好相反：环境因素比基因因素重要得多。因此，鉴于两项研究都是正确的，我们越来越明白搞清楚免疫细胞如何在真实情景中做出反应，可能比知道它们在静息状态下的表现重要得多。这也说明我们的免疫系统如何反应，在很大程度上受到了环境因素（诸如饮食）和肠道微生物的影响。所以，令人欣慰的是，我们的免疫力有提高的空间。

我们出生时非常脆弱，除了通过母亲的胎盘传递我们的抗体，以及在出生时接触到的微生物，没有形成真正的微生物组或者免疫系统。在出生后的最初几周，我们依赖母乳中的免疫细胞，并且利用母乳中的益生菌和益生元来着手建立自己的微生物花园，否则一场普通的感冒都可能把我们杀死。在生命早期，我们的身体就知道哪些微生物是危险的，而哪些是有益的，包括那些我们在被挤出产道的混乱过程中遇到的，以及从母乳中获取的微生物。我们的免疫系统能轻松应对一些感染、皮肤创伤或者痤疮，能屏蔽入侵者，以免它们在体内复制扩散，并将其杀死，最后产生脓液——死掉的细胞。

另一些病毒感染则难对付多了，这是因为这种微生物小得多，而且善于通过接管我们自身的细胞进行自我复制。我们每年都会感染某几种感冒和流感病毒，并且很少真正对其完全免疫，因为这些病毒经常发生轻微的变异从而产生新的变种，总是比我们的免疫力略胜一筹，从而确保它们自己的生存。正如我们在小时候几乎都得过一次由病毒感染引发的水痘，尽管它还可能以带状疱疹的形式复发，但绝大多数人都不会再得第二次了。我们自然而然地获得了避免重复感染的免疫力，这是因为我们的免疫系统在经历一次感染后已经升级，有能力击退第二波攻击。疫苗接种就是一种人工免疫增强术，它利用一个减轻了毒性或者被改良过的更加安全的病毒来诱导我们的免疫系统做出回应，以此增强免疫力。针对新冠病毒开发的新技术，能直接诱导我们的细胞自发制造病毒的某些片段，继而让免疫系统识别并产生必要的抗体来完成免疫强化过程。史上第一个强化免疫力的临床试验要追溯到17世纪的中国。在那个天花肆虐的年代，朝廷就知道把病人身上结的天花疮痂放在鼻子上来获得免疫力。奥斯曼帝国的居民也定期通过接种来预防天花病毒，而玛丽·沃特利·蒙塔古夫人在土耳其旅行时发现了这一做法，并率先在自己的孩子身上做实验。1721年，她将这个接种技术带回英格兰，招募了六名死囚作为“志愿者”，把天花患者的皮肤组织和脓液接种到他们的静脉里。随后他们都产生了一过性症状，并活了下来，这都归功于他们健康的免疫系统和小剂量的接种。

免疫防御有两种形式。第一种是靠人类与其他动物共有的先天免疫系统。它的存在如重剑无锋，任何被它感知到的威胁都会与血液中流淌的白细胞相遇，并触发急性炎症反应来限制感染造成的损伤。过敏性皮疹就是这样形成的：白细胞首先冲锋陷阵，到达感染现场并产生化学物质来改变血管渗透性，继而在局部渗透出体液并造成红、肿、热、痛等常见炎症反应。第二种叫适应性免疫，它复杂且缓慢得多，通常要大约7天才能起作用。有几种特异性的白细胞分别叫T细胞、B细胞和自然杀伤细胞（NK细胞）。它们要么像刺客一样直接瞄准危险，要么产生抗体去中和病毒[①]，然后形成带有记忆力的细胞来防御未来可能的袭击。这些细胞平时以休眠的状态等待下一波感染，因此像新冠病毒，我们通常会在6个月内对同一种毒株的病毒产生抵抗力。因为我们的身体可以迅速而精准地应对第二次袭击，所以同种毒株难以得逞。聪明的免疫系统可以保护我们免受严重的感染和死亡，但有时它也会反应过度，给我们带来食物过敏和一些自身免疫病，如

① 中和病毒是指B细胞晚期产生了中和性抗体，能联合病毒，阻止病毒联合宿主细胞上的病毒受体，防止感染进一步扩散。——译者注

乳糜泻、1型糖尿病、类风湿性关节炎等，这些都是由免疫系统错误地攻击自身细胞引起的。从20世纪70年代起，我们见证了越来越多的食物过敏和自身免疫病的发生，这可能要归因于我们生活在更无菌的环境，更少有机会与尘土、大自然和昆虫亲密接触，使用了更多的抗生素，以及饮食质量低、缺乏多样性和充斥着超加工食品。上述所有因素都给肠道微生物造成了不良的影响，并最终波及免疫系统。

尽管教科书告诉我们，人类主要的免疫器官在淋巴结、脾脏和骨髓内，然而事实证明，我们最大的免疫器官是肠道——免疫细胞分布于大部分小肠和大肠壁上，覆盖面积超过25平方米。因此，免疫系统与肠道微生物保持着亲密而稳定的接触，共同滋养着肠道壁的细胞，并通过发送化学信号来调整免疫反应。某些特定的细菌在外壳上有着一些小小的包裹（细菌外膜囊泡，OMVs），这些小包裹里装载了微小的脂肪颗粒，它们能够穿越肠道屏障，把正确的信号传递给免疫系统。它们是与一些特定的白细胞——树突状细胞[①]和调节性T细胞[②]的联络专员。这两类细胞会与其他免疫细胞相互作用并触发保护性反应。

直到不久前，我们还没有考虑到为什么我们的免疫系统在生命早期就知道不攻击那些友好的微生物，或者一块肉和花生中的外来蛋白质了。我们现在终于明白，肠道微生物每天都在做与肠道壁中的免疫细胞交流并帮助免疫系统分清敌友的重要工作。

在20世纪80年代，我们发现了由人类免疫缺陷病毒（HIV）感

① 树突状细胞是抗原呈递细胞，其作用是激活适应性免疫功能，相当于免疫上调按钮。——译者注

② 调节性T细胞是具有负调节机制的淋巴细胞，可以避免免疫反应过度，是免疫下调按钮。——译者注

染引起的严重免疫缺陷病——艾滋病，它往往会导致患者患癌。而且相较于免疫系统健康的人，癌症在艾滋病患者身上的扩散速度要快得多，因此免疫系统与各类疾病之间具有明确的关联性。我们现在也意识到体内细胞的每一次复制都会产生一些 DNA 突变，一旦突变积累多了，就会在全身产生微小的肿瘤细胞。幸亏我们的免疫防御系统会把这些突变的细胞认作“异己”，并将其摧毁。但是，这些巡逻、捕捉癌细胞的免疫细胞会被疾病、不良膳食或者一些免疫抑制剂削弱，此时这些微小的肿瘤细胞将不受监控，它们就可能危及生命。

这种能够激活免疫系统的方法启发了我们，并带来了医学界的巨大突破——免疫疗法，也就是利用我们自己的免疫细胞有选择性地杀伤癌变细胞，而非无差别地对待所有复制的细胞。这种方法正在多种肿瘤治疗领域替代传统的化疗。一种叫“免疫检查点抑制剂”的新型药物通过破坏肿瘤细胞的隐形装置来发挥作用，从而让肿瘤细胞在我们的天然免疫防御系统中显形。这种通过增强免疫防御的免疫疗法，大大提高了一些患晚期黑色素瘤、肺癌、肾癌、前列腺癌以及乳腺癌等实体癌的人的生存率。免疫检查点抑制剂还能让转移至大脑、肝脏和骨骼里的癌细胞在几个月内消融，收获治愈的奇迹，正如在美国前总统吉米·卡特身上发生的一样[①]。遗憾的是，只有约 1/3 的患者适合免疫疗法。

一些小规模的研究表明，这可能是由患者肠道微生物的差异所致。在 Seerave 基金会的帮助下，我组织了一个跨国团体来进一步探究这个假说。在从接受免疫治疗的恶性黑色素瘤患者处收集了数百份

① 美国前总统吉米 · 卡特于 2015 年诊断出晚期恶性黑色素瘤。他先经历了脑部放疗，再接受了帕博利珠单抗药物的免疫疗法后，同年年底经医学影像扫描显示体内已无肿瘤病灶。——译者注

肠道微生物样本后，我们终于在 2021 年找到了答案。[3] 肠道微生物组的不同组成是决定生存率的关键因素，而这个因素正是由膳食决定的。

我们的免疫系统不仅帮助我们对抗感染和癌症，还能帮助我们延缓衰老。因感染新冠病毒或者流感死亡的 85 岁以上老年患者中，90% 都归因于随年龄而降低的免疫力。我们自己的研究和其他一些研究也表明，肠道微生物组的构成会随着年龄增长而逐渐变化，并在 75 岁以后急转直下。那么，衰弱和老化的免疫系统又是如何加速衰老的呢？人类所有的细胞里都有线粒体，它们就像迷你电池，源自细菌，能够产生能量供细胞使用，并把氧气转化成氢①。在这个转化过程中，会产生一些副产品——氧自由基。它们到处飞扬，如同焊接金属时飞溅的火花。太多的氧自由基会导致炎症，对其他细胞造成损伤和压力，因此它们通常在产生后即被免疫系统快速清除，但这种清除氧自由基的能力也会随着年龄增长而衰弱。

我们的免疫系统也在不断提醒身体做一些关键修复，但细胞里的 DNA 在每次复制的时候难免会发生变异，继而导致复制和转录错误。在我们年轻的时候，健康的免疫系统和 DNA 修复机制都很高效，但随着年龄的增长，它们开始变得不灵敏了。随着越来越多受损的细胞要同时处理，免疫系统会变得不堪重负，因此修复的速度和质量都会逐渐下滑。免疫系统在检测细胞的损伤和启动修复方面渐渐开始出错，这就是我们衰老及患癌的风险会随着年龄增长而增加的原因。然而这

① 原文为氧气转化成氢，此处需要说明，这是指线粒体中的三羧酸循环和电子传递链中的反应。这种反应能把能量从氧气分子传递到具有还原能力的氢上，最后氧气变成水，氢的能量以 ATP 的形式供给，而不会产生氢气。——译者注

种衰退的速度也因人而异，那些超重和肥胖的人衰退的速度更快。

过去五年，我与数千对双胞胎一起，通过测量他们血液中一种与年龄相关、黏附在免疫细胞上的“聚糖”来判断其免疫系统的年龄。通过分析血液中一种名为 IgG 的抗体上附着的具有促炎作用的聚糖数量，并且将其与同龄人的样本进行比较，我们就能估计出受试者的生物学年龄。这种“糖化年龄”测试是我的同事戈登·劳柯研发的。根据测试，我的生物学年龄比实际年龄小 15 岁，所以我爱死了这个测试！这让我们能对健康的免疫系统进行很不错的总结测试，而超重或患心脏病、高血压或糖尿病以及一系列自身免疾病或肿瘤的患者的测试结果往往不佳。我们最近还发现，减重能帮助改善这个代表年龄的免疫标记物。[4] 在新冠肺炎大流行期间，相较于体重正常的人群，肥胖人群甚至无法从疫苗中获得同等的保护力。具体的原因目前还不太明确，但这大概与膳食质量和肠道微生物有很大的关系。

关于食物强化免疫力的话题，还有很多值得探讨之处。但是真正有效的“增强免疫力”的手段，只能通过一场感染或者接种疫苗来获得对特定致病源的免疫。所以与其尝试越过免疫系统本身精妙的平衡去“增强”它，不如将目标设为支持和平衡我们的免疫系统。所谓“增强免疫力”的食物清单通常包含各种浆果、麦芽、菌菇、绿茶、坚果、种子、菠菜、西蓝花和各种含有益生菌的酸奶，以及富含特定维生素的食物。而“增强免疫力”的膳食建议则包括吃丰富的膳食纤维、每天六份以上的蔬果和大量蛋白质——无论是蛋白粉还是更优质的高蛋白食物（如小扁豆、藜麦或者豆腐）。鱼类（尤其是脂肪丰富的鱼）也在清单上，还有每天满满一勺混合种子、橄榄油或者牛油果油，以及各种香料，尤其是大蒜、姜、辣椒和姜黄。还有人说，肉桂有助于对抗炎症和感染，迷迭香能避免细胞损伤，豆蔻含有必需营养素锌，而锌对免疫系统有利。

这些建议听上去都不错，而且感觉也有道理。但问题在于，如果你继续推敲这类大胆且经常被重申的饮食建议，就会发现它们如无本之木，缺乏适当的临床试验或者任何确凿的科学支持。更加普遍的现象是，这些建议多出自小型的人工实验室，它们能证明的仅仅是植物提取物、坚果能改善免疫细胞、干细胞、血管内皮细胞，抵御癌细胞或者病毒、微生物，而且只在培养皿里有点效果。这是收集证据成本最低、最简单的方法，但也是最不可靠、最不具备临床循证效力的方法。

直到 20 世纪 80 年代，科学家对人类细胞的功能有了更多的了解，抗氧化剂这个词才被创造出来。这个词被广泛使用，但极少有人（包括大部分医生）知道它的真正含义。科学家们发现食物中的许多化合物和维生素能减少正常细胞活动中释放的有害氧自由基，并且能加速其清除。1986 年，有位科学家认为包括维生素 C 在内的许多天然维生素可以直接作用于血管对抗这种有害的氧化反应，其作用机制是通过防止脂肪和低密度脂蛋白胆固醇与氧气接触，减少斑块的堆积以及避免动脉内壁变得毛糙。[5]

但是这个理论有两个问题。第一个问题是当细胞被单独拎出来放在实验室的条件下，大多数食物中的化学物质都能像抗氧化的海绵一样，把其中的自由基吸干净。第二个问题是自由基的存在并非毫无道理——我们体内绝大多数的反应都具有进化的意义，而自由基在体内会帮助我们对抗感染，并召集白细胞在感染处对抗入侵物，修复组织。自由基过多固然不好，但自由基太少也很危险。如今抗氧化剂这个词已经过时，因为它难以准确形容成百上千种各显神通的化学物质。自此，科学综述也开始质疑这类过往的人群研究结论，认为这些结果中的健康获益并不能归因于抗氧化物这个单一因素。[6]除了几种具有特定作用的关键维生素（如维生素 K 和维生素 A），大多数抗氧化剂仅仅是植物的提取物，或者是植物中的多酚。而如前所述，这些物质只有在作为整体植物性饮食的一部分被吃下去时才有意义。我们认为大多数植物多酚并非直接作用于免疫系统，而是通过作用于肠道微生物群落来给肠道壁上的免疫细胞释放关键信息。

锌就是一个很有趣的例子。它是很多超加工食品中的常客，并被宣传具有“增强免疫力”的健康作用。支持这个说法的最初是 20 世纪 80 年代的一个小型研究，其研究对象是患有罕见的严重的锌缺乏症和免疫细胞异常的一群人。研究人员后来对分离的免疫细胞进行了一些实验室测试[7]，但显然这些研究仅仅能告诉我们缺锌会导致免疫问题。不知为何，食品厂商还是让食品法规部门认同了“添加锌能增强免疫力”这个说法，而无视人们是否真的存在罕见的锌缺乏症。近期的研究甚至都没有发现轻度缺锌的人有任何严重的免疫问题。虽然没有任何研究表明额外补锌有助于预防疾病，但这种健康宣传一旦传播出去，就覆水难收。添加硒也有类似的宣传，但同样缺乏确凿的证据。

新冠病毒大流行使维生素有益免疫系统健康再次成为人们关注的焦点。2019 年，常规维生素补充剂的销量已经非常高，在英语国家和部分北欧国家，大约 50% 的家庭会购买维生素补充剂。而新冠肺炎流行加上媒体对维生素补充剂能防病毒的炒作，让其销量在 2020 年 3 月一飞冲天。在 2020 年第一波疫情期间，我们用 ZOE 的应用程序开展了一项有史以来最大的补充剂与新冠肺炎感染关系研究，调研了美国和英国约 200 万感染者的状况，并询问他们在感染前至少 3 个月内是否服用常规的维生素补充剂。在调整了潜在的偏倚因素后，我们发现无论是服用锌、维生素C，还是大蒜提取物补充剂，都对预防新冠肺炎不起作用。我们还分析了维生素D、ω-3鱼油、复合维生素和益生菌的作用。对男性而言，它们都不能预防新冠肺炎。但是，同样的情况下女性的感染风险降低了7%~27%，其中益生菌的保护作用最强，而维生素D的作用最弱。[8]

要解读这个结果并非易事，因为作为一项观察性研究（而非设计良好的临床对照试验），它的结果可能是由某种形式的偏倚引起的，当然也可能说明男性和女性的免疫系统不同，因而与免疫相关疾病的患病率也不一样。得益于女性自身的生殖系统，以及她们需要与一个异体胚胎共处并滋养保护它，因此绝经前女性的免疫系统通常会比男性更强。在匹配了年龄和体重因素后，女性循环系统中的B细胞更多，因此在大多数情况下都会有更大的抗感染优势，但也比男性更容易患自身免疫病。[9]我们的ZOE应用程序研究也同样发现女性打疫苗的副作用比男性更大，因为她们的免疫系统反应更加强烈。免疫系统的性别差异以及女性更强健的免疫力或许能说明男女对膳食补充剂的不同反应，但还需要更多的研究来阐明个中差异的机制。

我对维生素D补充剂的看法招致了很多批评。实际上，在过去的25年里，我时常给患者开具维生素D处方，甚至自己也服用。在随后数年的科学研究中，我才发现人们体内维生素的水平不同是由他们的基因差异所致。尽管很多人宣称维生素D能预防百病——从骨质疏松、癌症到抑郁症，但至今也没有设计良好的临床试验获得支持此类说法的证据。尽管如此，我总是对新资料和长期慢性病研究的结果持开放的态度。一项纳入39项质量不一的随机对照试验的荟萃分析表明，维生素D补充剂能将呼吸道感染的风险平均降低3%~11%。[10]我自己的研究团队则发现服用维生素D补充剂能稍微降低新冠肺炎感染的风险，与前面的研究结果类似。但在临床试验中，给新冠病毒感染者注射较高剂量的维生素 D 并不起作用。[11] 简而言之，维生素 D 补充剂的作用微乎其微，如果有作用，也只对女性有用。经常晒晒太阳并且吃富含维生素 D 的食物，大概率比吃补充剂更有效。

我们在与新冠病毒相关的研究中发现，作用最大的补充剂是益生菌补充剂。这令我始料未及，因为我们不知道人们在服用哪种益生菌，而市面上的益生菌产品无论是质量还是含有的活菌数量都有巨大的差异。然而通过研究我们依然发现，在英国、美国和瑞典的女性中，服用益生菌降低了 27% 的新冠病毒感染风险。鉴于这只是一项观察性研究，我们很可能高估了其作用，又或者忽视了一些选择偏倚，但它的确可能是有效的，尤其是我们知道肠道微生物在免疫系统中发挥如此重要的作用后。益生菌会调节宿主的肠道微生物，并可能产生抗病毒的代谢产物，这些代谢产物会与宿主肠道相关的免疫系统相互作用。结果就是免疫力提高了，包括对季节性流感疫苗和新冠肺炎疫苗有更好的免疫反应，由此体内产生了更多的保护性抗体和记忆性免疫细胞，以预防未来可能的感染。现在的研究还惊人地发现了肺－肠轴的存在。这是因为肠道微生物所制造的免疫相关的代谢产物会以某种形式被传送到肺，这很可能是由免疫细胞的流动完成的。这也能解释为什么一些研究发现益生菌既能降低呼吸道感染的风险，又能减少感染后的疾病严重程度，以及为什么特定的肠道感染会引发肺部疾病，这对于有基础肺部疾病（如囊性纤维化）的患者来说尤其危险。[12, 13]

我们过去认为，骨髓中的干细胞才是产生适量免疫细胞的关键，而证据表明肠道微生物组才是更加重要的那一环。最近，通过研究需要骨髓移植的肿瘤患者，我们了解到免疫系统和微生物系统之间的很多联系。这部分患者自身的免疫细胞都在治疗中被杀死，因而需要进行骨髓移植。在研究了超过 1 万份粪便样本，并把其中的微生物与血样中白细胞数量的改变进行比较之后，我们发现某些特定的微生物在帮助白细胞恢复到正常水平的过程中起到了关键作用。这些微生物要么直接作用于免疫系统，要么通过对骨髓中的干细胞发送信号来精准调控身体所需的白细胞数量。[14] 同一研究发现，当化疗患者通过一种叫作“自体移植”的技术来保存自身健康的肠道微生物组，并在接受化疗后将其移植回自身肠道时，他们的白细胞数量会更快地恢复到健康水平。

长期或慢性炎症反应可以被认为是免疫系统的一种过载或过激反应，会增加心脏病和肥胖等一系列代谢问题的风险，这背后的机制与肠道壁屏障、短链脂肪酸和一种叫“细胞因子”的促炎化合物三者之间复杂的交互有关。

“抗炎饮食”经常被营养学界以一种语焉不详的方式宣传，但我们确实知道肠道微生物组的构成是消除慢性炎症的关键。事实上，某些食物对炎症反应有保护作用，而另一些食物则对慢性炎症有刺激作用。在我们所做的 PREDICT 1 实验——ZOE PREDICT 的第一期队列研究中，我们让 1000 位健康人士填写了一份详细的饮食问卷。那些经常吃大量蔬菜的人体内的白细胞更少，这意味着他们的慢性炎症水平更低，因而感染疾病的风险也更低。我们也发现了一种叫“柯林斯菌”（collinsella）的肠道微生物，它能提高血液中的白细胞水平和增加炎症的风险，还与过度摄入超加工食品有关。[15] 这种柯林斯菌很喜欢以油炸淀粉类食物（如炸土豆）为食，并且在老鼠实验中导致老鼠过度食用薯片和薯条。[16]

出乎意料的是，尽管水果也富含膳食纤维和多酚，但在我们的研究中并未发现吃水果对预防炎症和心脏病有明显的好处。但这并不代表某些水果不健康，我们还需要做更多的研究来了解个中原因。目前可能的解释包括：人们吃了大量含糖量较高的水果，或者把水果榨成汁喝的，因为高糖膳食已被证明具有促炎效应。另一方面，也有可能是因为蔬菜中有一些特定的化合物，而水果中没有。还有一种可能是水果中硝酸盐的含量较低。我们日常膳食中的硝酸盐有60%~80%都来自蔬菜，这与改善心脏健康、增加体内一氧化氮、减少炎症反应以及提高免疫力相关。[17]

当我们在吃肉或者乳制品时，某些特定的肠道微生物会分解“胆碱”。这是一种在肉类和奶类中大量存在的必需营养素，分解后会变成无害的三甲胺和更加险恶的副产品——氧化三甲胺（TMAO）。这些烦人的化学物质会过度刺激免疫系统并诱发炎症反应，还会导致炎症和动脉壁毛糙，并引起血栓及其他心脏问题。[18]我们中有些人的肠道有相应的微生物帮助宿主对抗这种有害物质，另一些人则没有，这可能足以解释为何我们在高质量的肉类到底健不健康这个话题上难有定论。但一言以蔽之，肉类和奶类似乎对部分人有害，而对另一些人则不然。

肠道微生物组和我们的膳食密切相关，且与我们的免疫系统有着千丝万缕的联系。那些所谓“强化”免疫系统的食物，实际上就是对肠道友好的食物，众多对肠道友好的食物也同样可能对免疫系统有益。正如我们所知，免疫系统在多个方面都能起作用：从减少过敏、对抗感染，到帮助身体对抗衰老和癌症。因此，安排好自己的饮食就等于让你的肠道微生物组去助力你的免疫系统好好工作，其实就是这么简单。

强化免疫系统的五条重要建议

1. 吃含有益生菌的发酵食物。
2. 吃富含各种益生元纤维的食物，比如韭葱、洋葱、洋蓟（菜蓟）、卷心菜。
3. 吃富含多酚的食物，比如颜色丰富的蓝莓、甜菜根、血橙、坚果和种子。
4. 吃有助于抑制餐后炎症反应的食物，比如绿叶蔬菜。
5. 减少肉类和非发酵乳制品的摄入频率，偶尔吃吃就够了。

我们如何选择更好的食物？

我过去在医院病房工作的时候，早晨经常以一杯瓶装橙汁、一碗什锦半脱脂牛奶麦片和一杯代糖咖啡来开启漫长而忙碌的一日。在跨出大门之前，我已经吃了超市货架上四种不同加工程度的食品，其中不含任何完整植物的成分。这一天，我还会吃一份批量生产的美味金枪鱼三明治、一小包薯片和一杯果昔。一天中的大部分时间我都觉得又累又饿，但当时我将其归咎于工作性质。我可曾想过，这也许是我每一天、每一顿饭的选择都出了错导致的呢？我当然没这么想过，毕竟对食物的选择是综合了可获得性、便利性、味道和受教育水平这几个因素的一个巨大黑箱。而我做出的选择，对当时的我来说是最佳的，因为我显然考虑到了能吃的东西和进食时间两方面。

人们之所以没能选择健康的食物，也是出于多种复杂的原因，通常与他们的生长环境或者文化，以及过于敏感的味蕾或嗅觉有关。我们同样也受到食物环境的影响。如果你是在韩国吃刺激性的辛奇早餐长大的，很可能不会喜欢寡淡无味的早餐玉米片、吐司或者健康麦麸。我花了 30 多年时间才接受甜菜根这种食物。对一些食物的偏好或厌恶和基因有一定的关系，但大多数人都能克服；不过就海蜇或者油炸昆虫这样的食物而言，无论花多长时间适应，无论它们对身体多么有益，不少人都还是难以接受。

当人们相信自己在吃无麸质食物或者无乳糖食物时，会经常莫名地感觉更好，哪怕实际上他们是在不知情的情况下吃了麸质或者乳糖。比如我就经常谎称鱼柳是“海里的鸡柳”，哄我儿子吃，这招管用了好几年。其实我们的身体与大脑一直在交流，因此我们不能低估大脑的力量。在一项针对肠道健康的临床试验中，1/3 服用安慰剂的患者都觉得他们的肠道问题恶化了，而在他们吃了假止痛药后，疼痛感平均减轻了 30%。如果你相信一种食物会让你感觉不适或者更好，那么它真的会如你所想，至少短时间内如此。但是最危险的是，当读到很多关于某些食物有“风险”的信息后，我们会对所有食物都有一种“总有刁民想害朕”的错觉。

我们对食物风险的概念有着非理性的认知，部分缘于媒体的影响，以及确凿事实的缺乏。我们通常高估了过期食品、生肉、亚硫酸盐、麸质和乳糖的风险，或者是吃加热的剩菜、未经巴氏灭菌的生奶酪或者萨拉米香肠的危害。而我们很可能又低估了摄入农药或除草剂、感染致病菌的鸡肉和鸡蛋、用抗生素喂养的动物、零食或是人工甜味剂以及超加工食品中其他化学物质对身体的长期影响。我们还往往高估了维生素补充剂的好处，同时低估了任何标记为“健康补充剂”的潜在风险。

2018 年 3 月，在一次前往格鲁吉亚滑雪的旅途中，我乘坐的一架小型六座直升机在俄罗斯边境的山区坠毁。所幸我们奇迹般毫发无损地离开了燃烧的飞机残骸。在几个月后，我看到了导致莱斯特城足球俱乐部老板死亡的直升机坠毁的可怕画面。当时我想我再也不会乘坐直升机了，因为风险太大。然而，统计数据显示，2012 年之前的五年内，每飞行 10 万小时就有 4.4 起直升机事故，相当于每次直升机之旅发生事故的概率约为 0.004%。事实上，坐汽车出行 11 小时的风险与坐直升机 1 小时一样。但是我们都不自觉地低估了乘坐汽车的风险，只因为乘车太平常了。

与乘车的危险性相比，我们不应该为吃了未经巴氏灭菌的奶酪，喝康普茶，被花生米噎着，每晚喝一杯啤酒或红酒，往饭菜里额外加点盐，甚至是偶尔享用一片培根或者甜甜圈而担忧。然而，我们如今被告诫，喝酒没有最低安全量，所以我们不该喝酒。同样，走夜路回家也没有安全距离限制，但是没有人会告诉我们别走夜路。这些关于风险的告诫，在缺乏任何基准做对比的场景下，实则给人们带来了不必要的恐惧，并且扭曲了关于健康饮食和节制的更明智的信息。

大多数人都难以分辨不同类型的风险，比如，当得知吃培根会让我们患某些癌症的风险（人群风险）翻倍时，我们会被吓着，但如果换算成个人的患癌风险时，其实只是从原先的 1% 上升到 1.02%，大家一下子就没那么担心了。要知道，个人罹患癌症的风险与研究中特定人群中随意一个人的患癌风险差异巨大，所以理解这个差异尤为关键。

很多人之所以拒绝接种新冠肺炎疫苗，是因为听说接种后会有高达十万分之一的风险出现致命的血栓问题，然而人们面对相关风险要高上几倍的口服避孕药时，却能欣然接受，而死于新冠病毒感染的风险更高。之所以会有这种情况，都是因为这些风险并没有很合理地被传达给民众作为参考。而食物的害处和益处往往是以相对风险而非绝对风险描述的，因此评估食物对于每个人有多少风险就显得尤为困难。而且我们也不擅长权衡这种随时间变化的利弊关系，以及考虑到未来可能付出的代价，就很容易被绕进去。对于标签很清楚的食品，我们理应能在充分知情的情况下自由地做出选择，并决定自己愿意承担短期还是长期的风险。

如何营销一种神奇的食物

跟以往任何时候相比，如今更容易找到一篇质量堪忧或者是虚假的科学研究论文，而且是发表在看似知名的期刊上。人们总是笃信那些令人难以置信的神奇食品，促使这类虚假的科研背书发展成一个巨大的产业。举个例子，假设有一个果农团队代表运营的公司种植出一种小型浆果、坚果或者种子一类的产品，可惜并不好卖，原因可能是价格竞争激烈、消费动向变化，或者是吃起来太酸或太苦。在与公关团队讨论后，该公司决定投资一笔钱来起死回生。首先，他们与一个大学的营养实验室签订合约，并为产品立项做研究。实验室的工作人员很乐意为之，这既能给大学带来一小笔收入，稳住他们的工作不说，还能保底发论文给简历增色。而在此研究中出资并提供产品的公司，则往往会被列为研究论文的共同作者，尽管他们本来只应出现在不起眼的赞助者名单中。

这个实验室将其生产的纯化的浆果、坚果或种子的提取物滴到10~20个装有不同类别癌细胞的试管里，而这些细胞样本可以通过网购获得。与此同时，他们还会用一种他们认为无效的提取物，或者用一种含有较少活性物质的低浓度提取物来做对比测试。实验预期就是这种神奇食品的提取物能延缓部分癌细胞的生长。然而，即便这种提取物没任何实际效果，从统计数据来看，依然有一定的概率钻空子，比如它总是能随机地对某一类癌细胞起作用，最后的结果就是实验室会把这一个有效的结果汇报出来。即使实验室真的没能得出任何有意义的结论，他们可能会问公司再多要一笔经费并重复数次实验，直到得出一些确切的结论。这些实验通常在几周内就能完成，再花上几周就能把科研论文也写出来，而总经费通常不到 5 万英镑。

如果公司预算充足，它还能赞助一项在啮齿类动物身上开展的研究。实验人员会给小鼠喂养该食物的提取物数月，然后处死小鼠，观察提取物对肿瘤的作用。用于喂养实验动物的剂量通常都非常大，而且是非自然的摄入量。若是这样还没有观察到效果，他们则会用不同的小鼠重复实验，或者加大剂量，直到有效果。通常，这样的证据就足以写出一篇赚人眼球的通稿了，还能有针对性地在营销时对这个神奇的产品大肆吹捧一番。公司有时也会直接赞助专业的博主来发布产品。因此通过这一系列操作，果农们的产品销量攀升，并为公司赚取利润，而这些成本仅仅是其全国性营销费用的一个零头。在此过程中，任何负面的研究结果几乎都没有机会曝光或发表。

倘若这个公司真的对产品非常重视，并认为它需要更强力的背书，它甚至可能会资助开展一项小型的人体试验，比如对 10 个受试者进行为期几周的试验，大约花费几十万英镑。若是试验设计还需要设置一个安慰剂组，并在试验开始和结束时检测血液标记物，经费随随便便就会翻一番。如果该公司负担得起检测更多项血液标记物的费用，就有更多的机会获得一个或者多个指标，从而让试验结果往他们想要的方向发展。而这类研究通常因为花费实在太高而难以重复，所以对开展试验的研究人员来说，即使他们真的隶属于独立的研究机构，也难免会有意识地往有效的方向操作——一方面是为了发表论文，吸引更多的产品研究机会，另一方面是为了讨好赞助商。这些微妙的操作在小型试验中往往难以被察觉，因此很容易蒙混过关。

而在现实生活中，没有任何针对食品的研究能超越这个有限的测试阶段。

当你企图把一个研究得出的结果直接推广到人群中时，这个效用通常因为太大而不可信。比如一项研究表明，每天吃 12 粒榛子能降低死亡率，而一个科学家估计这么做能平均增加 12 年寿命，这显然非常荒谬。[1] 但这或许不能归咎于作者或记者，而是研究机构的公关部门实在太急着要把试验结果公之于众了。

如今有成千上万个食品学或营养学学术期刊都乐于接收这类由企业资助的论文，其中大多数是完全的线上期刊，或者仅仅在过去五年内纯为牟利而创立，其中一些期刊早就打定了偷工减料的主意。我有一位叫加里 · 路易斯的心理学家同事，他向克里姆森的线上出版机构投递了一篇论文。这是一家汇集了约 50 家学术期刊的线上出版商，其中还包括几家专注于肥胖和营养研究领域的期刊。这篇论文的题目是《在职业政客的样本中测试两个半球间的社会化理论》。令他惊讶的是，这篇论文在三天之内就完成了所谓的同行评审并获得通过，同时要求支付 581 美元出版费用。在他以没有经费为由拒绝付款时，出版商给出了 99 美元的一口价。而我这位同事则坚称他的研究是具有突破性的，并且大概率能给该期刊提升知名度。于是那个期刊同意免除这笔出版费用。论文几天后就发表了，该期刊随之名声大噪，只不过并非他们所期待的那样。

那个期刊的编辑早在审阅论文的时候就该觉察出些问题，比如那篇论文的建议评审者为 I.P. Daly 博士，而作者是来自“政客和粪便科学研究院”的杰瑞 · 杰 · 路易斯。这篇论文的研究结果表明，英国右翼政客更喜欢用右手擦屁股，并且文中受试者包括鲍里斯 · 约翰斯基、特雷莎 · 梅比和奈杰尔 · 法拉奇。[2] 该期刊最终把这篇论文从网站上删除了，但是想必克里姆森的期刊还在以同样“严苛”的学术标准继续运作。其实还有许多类似的诈骗性学术期刊都打着招募论文的幌子，每天发出数百封邮件骚扰学者（我平均每天都能收到两封这类邮件）。要是你能拿出1万美元，连论文都不用写，这些期刊会帮你杜撰一篇，甚至都不用考虑是哪个学科的论文。如今想成为一个有论文发表的“科学家”，那可太容易了。

但是让一个门外汉去评估科学的真实性非常难，即使是像我这样的业内学者，要去辨别一个期刊是否有真实的学术背景，也并非易事。有许多这类期刊都有与很多严谨知名的期刊相似的醒目标识和刊名。如今显然有很多“英国某某期刊”等变体机构实际上设立在巴基斯坦，而非英国本土。五年前，我在写上一本书并搜寻各种介绍椰子油的博客文章以及相关健康宣传资料时，就发现很多文章引用的学术参考文献都不存在。

如何判断一个神奇的发现

这种乱象并不能简单归咎于研究人员或者他们的赞助机构。媒体也总是热衷于独家报道那些有着定论的最新研究以博取流量，从而忽略了以往任何与之相悖的结论。质量堪忧的期刊往往喜欢发表一些耸人听闻的故事，还会被缺乏严谨态度的媒体作为头条大肆报道——毕竟编辑们知道他们的读者爱看什么。但当我们开始对“好得令人难以置信”或者耸人听闻的故事持怀疑的态度时，一切就有希望了。如今也有新的分析方法帮助我们审核数据的可信度。正是因为这类小型研究中没有一个能单独采信，因此我们需要将其合并在一起做荟萃分析，寻找相同之处或者不一致的地方，同时还要参考未发表的研究数据。为了提高研究结果的可信度，这类荟萃分析应该由独立的研究人员完成，并且需要严格遵循荟萃分析指南，来判断原文献的质量是否符合被纳入分析的标准。

另一个评估食物和健康关系的方法就是看大型的观察性流行病学研究。这些研究通常包括数十万人的样本量，并跟踪数年以研究疾病和死亡率，而非那种专门为了验证某一种食物的特定假说而设计的研究。如果食物选择与健康益处或风险相关，那么单独把一种食物与某种疾病关联在一起是很容易产生偏倚的。比如，吃番茄酱这个行为本身很可能与吃汉堡或者吸烟有关，或者选择有机食物本身就与更好的健康观念有关。不过这些大型研究已从过去的错误中吸取教训并不断改进，所以它们会经常通过数据校正来规避掉大多数（如果无法全部规避的话）所谓的混杂因素。如果你把多个跨国和跨洲的大型研究合并分析后还能得出一致的结论，这样结论的可信度就增加了。所以当你发现所有的研究结果都一致地指向同一个结论，并且这个健康效益还不能忽略不计的时候，就意味着这种神奇的小浆果或坚果可能真有奇效（这种情况实属罕见）。否则，你永远都该多问一句：和什么比呢？

食品标签和造假

在现代超市里，食品制造商深谙食品包装必须迎合消费者的感官。那些印着金色玉米田、奶牛怡然地吃草的画面的食品外包装，会诱使我们相信我们吃的是天然食物，而不觉得这其实是一堆毫不相干的化合物组合而成的超加工食品。我们还可能会被一些诸如低脂、低卡、富含维生素、无添加糖或者不含 ×× 的“健康标签”糊弄了。所有这些正面的信息都会让我们忽视对食品质量的思考。而如果是在传统的市场，我们则有机会去近距离看、闻、触摸食物本身，而不是轻信食品包装。有的别有用心的食品标签设计旨在让消费者相信该产品更加纯正、品质更高。在意大利，“DOP”这个标志（理论上）对产品的生产和产地均有严格规定。在法国，“红色拖拉机”这个标识则指向传统的工艺，而那些“品味大赏”“买手甄选”以及一些有蝴蝶结装饰的标识，更多是出于营销目的，而与加工方式和产地无关。

在超市里，我们只能借助食品标签来判断所含成分健康与否。调研数据表明，只有不到 50% 的消费者表示读懂了标签，而大多数人根本懒得看标签。许多政府设立了一种“易懂”版本的标签，以帮助消费者快速了解某种食物大体的健康利弊。其中最常见的就是红绿灯食品标签体系，这是由食品工业及利益相关者共同发起的一个志愿项目，旨在鼓励食品厂商生产出更加健康的食物（如减糖、减脂、减盐），同时希望能扭转部分消费者的选择，让他们少吃一些被认为不健康的成分。可惜的是，这套体系在设计的根本上就有缺陷，不仅仅因为它是一套自愿标识的系统，还因为在这套体系下，连无糖可乐都被归为很健康的“绿灯”食物。相反，一款未经巴氏灭菌的羊奶酪却以危险的“红灯”示众。这套体系完全未考虑食物加工过程、膳食纤维含量、多酚和其他营养物质的含量，因此无法帮助消费者做出正确选择。在智利，有些食品包装上印有类似香烟包装的那种警告性标签，可以提醒消费者要避开哪些食物，事实证明这反而有用得多。

食品配料表和安全信息标签通常被设计得非常难懂，字小不说，还刻意使用复杂晦涩的名词。偶尔它们也能派上点用场，比如告诉你这个食品产自哪个国家，以及总共用了多少种食品配料和添加剂。我来说一下阅读食品标签的小技巧。首先，“不含”或者“天然”这样的字眼都是食品厂商所追求的，因为“不含转基因”或者“不含麸质”这类标签会大大提升其销量，即使有些食物本身没有上述风险，比如肉类、乳制品甚至是瓶装水。“不含添加剂”这个词如今也越发常见，但是这类食品常常可能用一些更加新奇的配料替代原来令人警惕的配料。这些新奇的配料是天然存在的化学物质，因此不算“人工添加剂”，哪怕它们是在工业实验室里制造出来的。食品厂商依然在合法地使用过时的健康宣传，比如“低胆固醇”“富含锌”，而背后可能没有任何有利于健康的相关证据。

食品造假问题如今已经涉及全球范围内大多数食品类别，理论上食品标签应当在反食品造假的过程中起到关键作用。食品造假包括偷换和替代某些食品配料、伪造食品原产地或真实性，或者仅仅是在标签上做虚假的陈述。某些食品未标注所有成分，或者说能够掩盖其真正使用的配料，甚至从生产到你手上花了多少时间都能被隐藏。现烤面包和酒精类饮料通常都不需要任何食品标签。原产地标签也经常具有欺骗性：比如一瓶橄榄油可以合法地标识自己来自托斯卡纳，哪怕其中只有1%的油产自意大利，而其他99%都由来自世界各地的廉价葵花籽和植物渣中的油脂构成，质量和健康益处都大打折扣。[3]

有些食物造假丑闻广为人知，比如号称欧洲产的蜂蜜实则来自其他地方，用普通牛奶制作本应由水牛奶制作的马苏里拉奶酪，用廉价的人工饲养鱼肉冒充野生鱼肉制作寿司，未经发酵的假酸面包，掺水的牛奶，以次充好的鱼子酱，把马肉当牛肉卖等。其中有些食物的调包行为甚至通过钻法律的漏洞变成半合法的，而其他食物造假则纯粹是非法小作坊所为。在2014年，仅英国的食品工业就为此花费了

110亿英镑（有数据表明有20%的食物都是所吃非所见），而且在英国脱欧后，这种情况还会因为反食物造假人才网络资源减少而进一步恶化。随着全球食物供应网日益复杂，这个问题也会持续恶化。

食物供应链和“马肉门”

身处一个全球食品生产廉价化的世界，我们真不知道所吃的食物来自哪里。现在，某种加工产品可能就包含来自10多个国家的多种原料。在2013年的“马肉门”事件中，监管机构在数家超市售卖的廉价冷冻千层面和汉堡肉饼中，通过DNA测试发现，其中的肉实际上是马肉而非牛肉。这个消息让向来敏感的英国民众深感愤怒。然而没有人质疑明显不对劲的事实：为何牛肉汉堡的批发价要55美分（约4元人民币），一个肉饼能便宜到只要30便士（约2.7元人民币）？

涉事的千层面可溯源至整个欧洲，通过追查卢森堡、法国、罗马尼亚的公司，最终追溯到了一家爱尔兰肉类加工厂、一家丹麦食品生产商，以及一家设在伦敦的塞浦路斯食品包装商和波兰的肉类公司。爱尔兰的调查人员发现了千层面的肉酱中含有来自爱尔兰和波兰的宠物小马驹与退役赛马的肉。四年后，该团伙中有两个犯罪分子因走私30吨马肉来假冒牛肉被定罪判刑，这很可能只是全球食物造假的冰山一角。[4]

2017年加拿大的一项研究表明，每五根香肠当中就一根掺有与包装描述不一致的次品肉。一项对位于伦敦和伯明翰的60家印度咖喱餐馆进行的调查发现，有40%的羊肉咖喱样本中的羊肉被其他廉价肉替代或者掺杂廉价肉。[5]对英国2万家串烧烤肉餐馆进行的调查也发现了类似的问题，并且串烧烤肉质量差异巨大，比如常见的羊肉糜，在2015年对其进行基因检测后发现其中常常掺杂了鸡肉和猪肉，还有一些肮脏的微生物。接着，我们又听到了为全世界提供大部分肉制品的巴西公司的丑闻。在调查这个事件时发现，检查员长期受贿并签署了与原产地不符的虚假证书，或者把腐坏的肉当作新鲜肉放行。[6]结果就是，一些国家彻底禁售来自巴西的进口肉类产品。

问题并不只限于肉类。近期的报告揭露了全球有近50%的鱼类标签都不属实，其中还有些品种是造假的重灾区，比如我们以为自己吃的是多佛龙利鱼，实际上吃的是更廉价甚至是濒危的鱼类。[7]鱼肉造假的程度令人震惊，每年大约有1200万吨鱼类属于非法捕捞。举一个经典的例子，一位来自约克郡的印度连锁餐馆老板，就因为背着大厨偷偷把昂贵的扁桃仁碎换成了廉价的花生碎而被判刑六年，而他的这一行为导致一位对花生过敏的38岁顾客不幸丧生。当时他明确告知店家自己对花生过敏，却因为吃了掺假的、含有花生的“扁桃仁碎”诱发了过敏反应，在该餐馆就餐后一小时在家中离世。[8]

据一些研究食物造假的专家估算，我们吃的加工食品中有10%~20%都掺有假冒的廉价替代物，而这一产业的规模大到让合理的监管处于举步维艰的境地。供应链越长、越复杂，涉及的食品原料越多，造假的可能性也就越大。随着食品供应链延长，情况会更糟。此外，食品的加工程度越高，食品造假的机会也更多。

为了辅助对食品生产的监管，一些独立于政府监管部门的机构应运而生。比如“公平贸易认证”本来是用于保障种植香蕉和咖啡豆的农民能得到酬劳；“散养”标签是用来反映饲养的动物每天都有一段特定的自由活动时间；海鲜的“MSC认证”标签理应表示属于可持续捕捞。这些认证在设立之初，无疑都是为了减少不可持续生产而做出的诚恳努力。但正如其他规定一样，食品行业十分擅长钻空子，如今层出不穷的很多新认证都难以核查真伪。还有一种情况，即小型手工食品作坊往往没有足够的资金申请这些讨人欢心的认证，所以导致很多真正的有机草莓种植户无法获得有机认证，而远在摩洛哥的大型超市供应商却能轻松获得认证。

与其他很多国家一样，英国的食品工业也被几家零售商巨头垄断，它们控制了 80% 的市场，并凌驾于农民和消费者之上。如果我们更多地支持本地农产品，或者说从农户手中直接购买食物，那么对食物来源的掌控力就越强。这些年零售业也发生了翻天覆地的变化，拥有庞大物流能力的巨头公司（如亚马逊）能直接向消费者出售食品杂货。即便在网上订购诸如大米、盐、糖和厕所用纸等必需生活用品已经如此方便，我们也依然需要信任面对面把食物卖给我们的人。只要有机会，建议多去本地的街道或者农贸市场或者非连锁的质高价优的小商铺采购食物。因为我们越把时间和精力花在小而美、能提供高质量的原生态食物的生产商上，就会越了解他们，也越能把我们的饮食文化从超市里装满了超加工食品的冷冻柜中解放出来。

要做出正确的食物选择实属不易。所幸，我们应该能在不久的未来首次见证食品标签的大改革：在衡量食物加工方式、食材品质或者其对肠道健康的影响等方面都会有改变。与此同时，我们应当保持警惕，多方收集数据来帮助我们决定该把什么食物放进购物车。

更好地选择食物的五个关键

1. 谨记食品标签和认证均可能存在误导性。
2. 没有人能有十足的把握充分评估食物的风险。
3. 商业公司能够很轻易地制造数据和论文来支持他们不实的“健康”宣传，高明的营销手段更是为虎作伥。
4. 食品造假非常盛行且愈演愈烈：很多食物都是所吃非所见。
5. “不时不食”的原则可以帮助我们绕开食品标签，享受多样化和营养丰富的膳食。

储存、加工、烹饪是如何改变食物的?

从农场到餐桌，我们的食物经历了一条完整的加工链。我们极少能够在未经任何干预的情况下就吃到地里的食物。食物需要经历运输和加工才能被端上餐桌，因而其中的营养素和天然的结构——我们也称之为食品基质，就可能发生变化，甚至变得“面目全非”，而这显然会影响我们。

为什么食物的结构如此重要?

中学生物课告诉我们，植物与动物的细胞结构是不一样的。植物之所以如其所是，比如洋蓟、西葫芦和核桃，有赖于一种被我们低估的碳水化合物——纤维[1]。植物细胞壁是纤维的主要来源，而它本身

① 纤维是指对植物起到物理支撑作用的一大类碳水化合物，其中包括不可食用的木质素、纤维素等（比如竹子、棉花、麻绳中的纤维）；而下文的膳食纤维，则特指可食用的纤维，包括可溶性膳食纤维和不溶性膳食纤维两大类。——译者注

是很多植物性食物的“骨架”，包括蔬菜、谷类植物、谷物[①]和豆科植物。然而，大多数英国和美国的成年人都是从各种加工食品中获取大部分膳食纤维，而这类食物同时含有大量淀粉，很容易被消化成葡萄糖。大量吃这类快消化的淀粉会导致血糖（葡萄糖）值剧烈波动，这与 2 型糖尿病、肥胖和其他疾病风险升高都有关系。

来自伦敦国王学院和诺威治大学的同事比较了两种面包，分别是用鹰嘴豆和杜兰小麦制作的。这两种植物以不同方式把淀粉储存在种子或谷物中，颇具代表性。在小麦粒中，胚乳为发芽的植物提供淀粉和营养；鹰嘴豆则以叶状胚胎的形式储存淀粉——可称之为子叶。鹰嘴豆的细胞壁与小麦不同，膳食纤维含量更高一些。研究也表明，小麦和鹰嘴豆有着截然不同的消化特点，这主要是因为两者细胞壁结构的差异。小麦的细胞壁能够被淀粉酶分解，这是一种人体消化淀粉的主要酶。但是在鹰嘴豆中，细胞内的淀粉则不会被消化。因此研究人员改良了面包的配方，把一部分小麦粉换成了鹰嘴豆粉，此举就让参与血糖测试人员的餐后血糖值平均降低了 40%，尽管这两种面包中的膳食纤维、碳水化合物（也包括热量）几乎一样。[1]

食品加工技术也会改变植物细胞壁的结构和强度。一些加工技术能产生或者维持“细胞壁屏障”，这会大幅度降低淀粉的消化率。这部分不被消化的淀粉就被称作“抗性淀粉”，也属于膳食纤维的一种。针对用加工方式不同的鹰嘴豆粉制作的粥的研究，也观察到了植物细胞壁结构的改变能影响淀粉的消化率。冷冻铣削的处理会破坏鹰

① 谷类植物（cereal）和谷物（grains）的区别是前者更加广泛，包括谷物、加工谷物（如麦片）以及其他如苋科植物的种子（也称假谷物）。而谷物在生态学上特指谷类植物的种子。——译者注

嘴豆的细胞壁，使细胞中的淀粉更快被分解继而激发更大的血糖反应。而在燕麦粥中，燕麦的细胞则没有被破坏，保留了细胞壁屏障。我在佩戴动态血糖监测仪吃速溶燕麦片、燕麦片和钢切燕麦三种不同的食物时，亲历了血糖值稳步从大幅度波动到小幅度波动的变化，这都因为这些麦片的细胞壁结构不一样，虽然总膳食纤维量差不多。

这些研究对现有的膳食纤维衡量方法提出了重大质疑，因为目前的方法未能触及食物的加工方式及其进入人体后被消化的模式。它们还对人工添加膳食纤维，并以此在标签上做健康宣传的有效性提出了质疑。新的食品原料和加工技术能让富含膳食纤维的食物更有益于健康。不过有的加工方法仅仅是表面上对健康有益，这是因为一旦植物的细胞壁在加工和正常的消化中被破坏，膳食纤维就会失去大部分活性。因此，我们也不该默认果昔这类食物是健康的。

食物不仅会受到加工复配的影响，就连复热这个过程也同样能改变其结构，并让更多的可消化淀粉转化成抗性淀粉，从而在理论上使其更加健康。2014 年，当有人声称意大利面和土豆放凉了再复热能让餐后血糖值最多降低 50% 时，人们非常兴奋，因为这对糖尿病患者和减重人群有利。可惜的是，这个重要且影响力颇广的试验仅仅有 10 名意大利餐馆员工参与，被 BBC（英国广播公司）拍摄并制作成一档电视节目，但没有任何与之相关的资料发表。[2] 倒是全球的食品生产商迅速嗅到了商机，它们开始往各种食品里添加抗性淀粉，大打“健康牌”。事实上，只有动物实验支持这一说法，而人体试验的结果都令人失望。

存放和保存食物

虽然苹果等水果在存放数月后会渐渐脱去酸涩而味道更佳。但大多数水果和其他植物则会自然地腐烂，更重要的是，其中 50% 的多酚都会损失掉。要想让新鲜的蔬果和草本香料保存更长时间，秘诀就在于先去除塑料包装，用冷水冲洗后晾干。软质核果在冰箱里能存放较长时间，但是水果比蔬菜更喜湿，所以要把蔬菜和水果分开存放在不同的冰箱抽屉里。而香蕉、苹果和柑橘类水果可以在室温下存放，用牛皮纸袋包住，能让它们更快成熟（熟香蕉是巨大的乙烯工厂，能加速催熟周围的水果）。新鲜的草本香料与蘸水的厨房纸一同放在密封的容器中，就能在冰箱中存放数日。土豆则喜欢阴暗且干燥的环境，比如壁橱里。

人类在保存食物方面可谓穷尽心思，尤其是在冰箱被发明出来之前，从盐渍、真空、榨汁、发酵、腌制、急冻、罐装到干燥都尝试了。到了近代，食品厂商才开始用一系列化学防腐剂和包装来防止食物腐坏。把水果放在太阳下晒干来储存，这一方法流传数千年之久。许多成熟的水果水分含量高达 90%，除非把水分含量降到 25% 以下，否则会迅速腐坏。利用风来加速水分蒸发是个好办法，现代工厂则会结合干燥和真空速冻两种方法来避免加热的破坏，不过这样也会改变食物的结构。水果中的营养素，尤其是多酚，通常在干燥后能很好地留存，而且由于水分减少，其他营养素浓度还会提高十倍。但是干燥有得也有失，这取决于水果的种类和干燥方法，比如维生素 C 通常会因干燥而流失。水果被干燥后，为了“改善”口味、抗菌和延长保质期，厂商会额外添加糖，而糖本身也有重量，从而可以压秤抬价。冻干水果可能看上去挺健康，实则能令你血糖飙升。许多早餐谷物产品中，都含有号称既健康又“天然”的冻干水果和水果干，建议你不要被这样的宣传忽悠了。这些廉价的早餐谷物、格兰诺拉麦片、谷物棒、玛芬蛋糕和饼干，实际上是由蔗糖、玉米糖浆、明胶、淀粉、油脂和人工合成的“浆果”香精以及色素组合而成，是以假乱真的水果风味食品。[3] 这类食物大多不含任何天然的水果多酚。

罐头食品通常被认为是健康食品的最后一片净土，但它名声欠佳，实属冤枉。19 世纪早期拿破仑战争期间，一个名叫尼古拉斯 · 阿佩尔的法国人发明了罐头。后来，英国人彼得 · 杜兰德改进了制作方法。他服务于英国皇家海军后，就做成了如今我们熟知的不锈钢或者铝罐头。大多数水果或蔬菜都会在采摘后被迅速制成罐头。水果或蔬菜经过蒸或者用碱清洗以去皮，被切割后与盐水、清水、果汁或者糖浆一起被放入罐头中。接着对罐头进行密封，用蒸煮的方式对内容物进行灭菌，然后冷却。我们对罐头食品的误解多源于热加工会导致维生素 C 流失。罐头中的维生素 C 会损失大约 1/3，不过水果多酚反而会增加，甚至存放数月都如此。所以水果和蔬菜罐头其实要比我们想象的更有益于健康。

水果罐头里的糖浆和果汁也是顾虑之一，不过它们大多数都能冲洗掉。罐头盒中的金属浸入食物也是个问题，尤其在早些年使用铅制罐头的时候。如今绝大多数罐头的材质要么是铝，要么是用镀锡钢，罐头商还会使用由双酚 A（BPA）做成的环氧树脂涂层来防止食物被金属与微生物侵害。不过这种化学物质也并非完美之选。在动物实验中，研究者发现双酚 A 能控制与编码性激素相关的基因开关（通过表观遗传），从而影响生殖能力及行为，它属于被称作内分泌干扰物的化学物质。[4] 双酚 A 被广泛应用于大多数塑料制品中，其中最令人担忧的就是婴幼儿奶瓶中的双酚 A 可能与儿童肥胖相关。[5] 加拿大已经于2013年禁止使用双酚A，而美国和欧盟对此依然举棋不定。不过好消息是，罐头公司从善如流，到2018年，大多数罐头都已经改用丙烯酸和聚酯来做内膜，只有约10%的罐头包装还含有双酚A。其实对于绝大多数的食品包装，我们都无从知晓那些化学物质会对身体有什么影响，不过话说回来，除非你真的一瓢一饮都用微波加热过的塑料饭盒和塑料瓶，或者只吃罐头食品，否则不用太过担心。我从来不用塑料容器加热食物，因为在加热的过程中的确会释放出一定量的化学物质，所以比较好的办法就是把食物盛到其他安全材质的器皿中再加热。

制作果酱是另一种利用加热和加糖来保存水果的方法。这么做通常会破坏约90%的花青素（一种多酚），以及许多其他营养素（包括维生素C）。尽管果酱会让血糖飙升且缺乏膳食纤维，但还是有一些不寻常的特例，如树莓果酱，它能留存相当多的营养物质，比如鞣花酸等耐热的多酚，这种化合物由水果中的鞣花单宁转化而成。[6]

榨汁是另一种保存水果和蔬菜中营养物质的方法。一般市售橙汁在你喝之前往往已经存放了一年之久。在大约30年前，把水果榨汁来补充其中的营养素还是个很好的主意，因为能通过喝果汁增加摄入量，这对儿童尤为有益。果汁的出现也让水果销量略微上涨，不过也进一步强化了额外补充营养素（如维生素C）的好处，全然不顾其他的成分。因为对维生素的这种执念，我们淡化甚至忽略了果汁带来的蛀牙和肥胖等健康问题。如今我们开始意识到，喝一杯含有7勺白糖的甜水来补充那点维生素C是多么愚蠢，而这点维生素C实则能从数百种其他植物中轻松获取。此外，把水果的果汁与果肉分离，不仅失去了大部分让水果里的糖吸收更慢的纤维，而且失去了很多多酚。把整个水果变成果汁而不去渣，则能保留其中的膳食纤维和大部分多酚，这总比不吃水果要好，这就突出了水果中的膳食纤维对整体健康的重要性。[7] 即使如此，也不如吃完整的水果，因为机械地把水果中的纤维切成碎片会改变其结构，同时会破坏细胞壁，导致更多的糖被释放出来。这部分游离在细胞之外的糖会更快被人体吸收。我发现，同等重量的蓝莓如果以搅碎成果昔的方式吃，吃后 30 分钟的血糖会比直接吃蓝莓高很多。

相较于水果干，我们总是更喜欢吃新鲜的水果，因为它们不仅味道更好，而且更健康。1975 年，美国 80% 的水果都被本地居民消费了，但如今这个比例已经下滑至不足 50%。同时，英国进口的水果和蔬菜总价值比出口的多 100 亿英镑。现代的水果已经被培育成耐存放的品种，不过仍然有很多新鲜的水果，尤其是浆果类，还是得经过特殊加工处理才能延长保鲜期，否则在采摘后 48 小时就卖不出去了。在被摘下来的几分钟内，大多数植物（除了洋葱和土豆）的代谢和结构就开始发生改变：它们把存量的糖用完后，会启动优先消耗纤维（而非淀粉）的节能模式，这样就能延长保存时间。如果你吃过刚从树上摘下来的无花果或者李子，再去跟那些从千里之外运输过来的同类水果相比，就会发现其中的味道差异。

随着时间流逝，水果中的营养素和多酚含量都会下降。大型农场的收割现场都有冷藏柜，这样就能让新鲜采摘的水果在 2℃的条件下保存。他们会用塑料包装来减少水果耗损，随后用冷柜货车将其运输至加工厂，但整个过程都会对水果和环境本身造成相当大的损耗。在储存过程中，他们还会泵入二氧化碳（现在越来越多地用氮气）减少水果的呼吸。只有当浆果抵达终端商店，拆掉塑料包装后，时间才会重启。现在很多超市都会把浆果包装在充满氮气的气泡膜里来避免腐烂，减少风味物质的流失。如今还有一些水果的包装中会加入延缓水果成熟的酶制剂，不过这对食用者健康的影响尚不明确。

冷冻食品

冷冻食品不仅方便，而且有利于减少浪费。冷冻时长对食物质地和味道的影响远大于对营养素的影响，因为食物在贮存过程中会渐渐吸收其他的气味物质。真空袋有助于长时间保存食物，但是不太适合做一次性用品。坊间还有个传言：出于食品安全的考虑，千万别把解冻的食物复冻。这个传言造成了相当多的食品浪费。实际上，如果解冻的食物放在室温下小于2小时，放回去复冻通常没有大碍。

冷冻的肉和鱼类在保存味道和营养成分方面通常表现出色。在英国，有相当多用于制作寿司的鱼肉都是冻存了数月之久的。不过冷冻并不能杀死微生物——它们只是休眠了，并没有死去，所以冷冻的肉和鱼在吃之前必须妥善加热才行。

冷冻浆果中的营养成分也保存得相当完好。如果你打算自己冷冻水果，可以加少量糖来延缓水果变质的速度，并且最好把它们放在平底的盘子或容器里。有个反直觉的认知就是，小型水果解冻时间越短，其中的营养素和维生素流失得越少。因此，有微波炉就用微波炉，它们真的没有你想象中那样对身体不好。对于不少蔬菜来说，比如芥属蔬菜，冷冻不利于营养素的留存，不过冷冻菠菜是个能派上大用场的例外。相比于其他蔬菜，冷冻西蓝花和青豆甚至比新鲜的还好。但是我们最好能吃新鲜的胡萝卜，因为冷冻蔬菜虽然能保存一些必需矿物质和维生素，但β-胡萝卜素是个例外，胡萝卜的颜色就是因为这种多酚才有的。[8]蔬菜最好购买新鲜速冻处理的，这种方式会在急冻前用加热或者焯水的方法，把一种叫SFN（萝卜硫素）的有益酶灭活，以减少冷冻中的营养素损失。尽管我们仍甚少了解冷冻是如何影响植物中数百种其他多酚和植物化学物质的，但由于冷冻蔬菜不仅方便，还能减少食物浪费，所以建议大家在冰箱里囤上一些，以便随时享用。

鸡蛋能冷冻储存 6~12 个月的时间，不过必须去掉壳打散并放在模具里。此外，冷冻的整颗蛋黄还是一种能直接吃的绝佳美味。

虽然大多数食物都可以安全地冷冻储存 3~12 个月，但是那些结构脆弱的食物不行，比如生菜、苹果、牛奶、奶油和奶油酱，不然会分解或分离。

奶类储藏

奶类乳白的颜色来自脂肪球与酪蛋白结合反射出的宽频谱的光，因此稀薄的奶看上去偏灰。当你把奶类冷冻（最好不要这么做）后，就会清楚它是一种乳剂。其中的成分会回到原先的形态，脂肪球被破坏后，蛋白质会在解冻过程中与其分离。当你把非均质化状态的全脂奶静置于室温下，就会发现脂肪层浮在表面，撇除它就能变成奶油，如果进一步充分搅拌或者用机器搅打，就变成了黄油。游牧民族的祖先以及早期的农民采集并使用山羊、奶牛和骆驼等驯养动物的乳汁后，发现这种绵密浓稠的乳脂层要比原始的乳汁更耐储存。奶类非常容易被微生物破坏，若放置时间延长，乳酸菌就会滋生繁殖，让奶类酸化。而当酸度降低到一定程度（pH 值为 4.7）后，奶类中的酪蛋白就会凝结，酸奶就产生了。如果时间再久一点儿，酸奶就变成了奶酪。各种各样的乳制品一经推出就讨得人们的欢心，因为它们不仅是可以长期储存的美味能量来源，还可以长时间运输。

很多新妈妈也会把母乳挤出来并冷冻保存，尽管母乳中的能量和宏量营养素（碳水化合物、蛋白质、脂肪）不会因冷冻而发生显著变化，但其中的复杂成分还是会受影响。[9] 母乳中含有数百种不同的营养素，比如维生素、益生菌、益生元和免疫球蛋白。至于冷冻和解冻母乳后会对更为精微的化学平衡产生什么样的影响，我们尚不清楚。不过，无论如何冷冻母乳都比配方奶粉要好。

发酵食物：一种“亦存亦加工”的方法

微生物发酵既能保存食物，又能有益健康。通过发酵，可以把很多食物中的化合物和营养素以可消化的形式释放出来，而这都发生在食物抵达肠道末端前，因此给了肠道微生物很多滋养。我们的祖先可能是偶然发现蔬菜、水果或者谷物在湿润的环境下开始腐坏，随后空气或者土壤中的微生物（酵母和细菌）被食物的芬芳气味和糖吸引过来，发酵的大戏就此开幕。在密封罐中发酵植物，一开始会产生一些有异味的气体，看上去很像是在沸腾，接下来会产生令人愉悦的酸味，能让食物保持数月不腐坏。在发现微生物之前，人们一度认为这就是一种魔法，或是神赐的奇迹冷烹饪法。

在冰箱被发明以前，发酵工艺为蔬菜的保存贡献了重要力量。至今尚有超过 5000 种发酵食物遍布世界各地，其中有代表性的是在东欧和南欧流行的德国酸菜（发酵卷心菜）。在亚洲，堪称“韩国国菜”的辛奇，由大白菜、大蒜、辣椒以及其他多种蔬菜发酵而成，是韩国人早餐都会吃的食物。近年来，英国才拾起这门快要被遗忘的手艺。有的人吃过腌洋葱或者酸乳瓜，但多数都是泡在醋里，并经过了巴氏灭菌处理，所以里面根本没有任何活性微生物。不过，如今家庭自制泡菜和手工泡菜正变得越来越流行。

发酵的乳制品（如酸奶）早在几千年前就已经司空见惯了。发酵能自然分解乳糖，而这对早期普遍缺乏乳糖酶的人类祖先来说，是巨大的营养益处。一次偶然的机会，人们发现牛奶干燥后的残渣能制造一些颗粒状物质，这些颗粒中含有丰富的微生物和酵母，可以作为发酵剂制作开菲尔——一种发酵乳制品。不过，开菲尔含有的微生物种类要比普通发酵酸奶中发现的三四种丰富得多。还有不含奶类的开菲尔，它是以水为基底并加入各种无乳制品的原料共同发酵的。这类适合纯素食人群的无乳发酵食品已经上市了。在康普茶的制作中，用到了一种叫“母茶”的培养基，简称“红茶菌”（SCOBY），这是一种包含 30 多种细菌和酵母的混合物。发酵这个“冷烹饪技法”的发现还“解锁”了其他令人惊喜的复杂食物，比如咖啡和巧克力。它们的原材料咖啡豆在干燥和烘烤前都经历了天然发酵。在化学酵母被发明出来之前，我们制作面包和蛋糕也都是依靠微生物发酵。而如今酸面包突然翻红，不仅是因为它更好吃，更因为它含有有助于消化的营养成分。

生吃还是熟吃?

我们总是习惯性地认为生的蔬菜更健康，事实上要看具体情况。首先，我们要看蔬菜中的化合物、营养素或者维生素是否耐热。如果它们的确不耐热，还要看加热的程度。即便是稍微蒸过的蔬菜，也会损失 30%~50% 的维生素 C。随着烹饪时间增加，维生素损失还会加剧。微波炉在快速烹饪和加热食物方面堪称“神器”。总体来说，微波炉加热对食物中营养素、多酚和维生素的影响与其他传统炊具无异，但是由于加热效率更高，反而更有利于保存不耐热的化合物。

诚然，生吃蔬菜是保留水溶性维生素和营养物质（如维生素C和叶酸）的最好办法，然而很多其他的维生素和营养素只能在有脂肪的情况下释放、溶解和吸收。对于这类食物，最好的办法是与橄榄油或者黄油一起烹饪。研究表明，菠菜和胡萝卜在用油烹饪时，会释放出一些宝贵的β-胡萝卜素，但前提是要用高质量的烹饪油（如特级初榨橄榄油）。[10]洋葱放在沙拉里生吃味道就很不错，但是用橄榄油进行焦糖化处理别有一番风味，加一些小苏打还会让洋葱中天然糖分的焦糖化反应加速。焦糖化的洋葱和富含铁的蔬菜（比如黑甘蓝）一起吃，能提高身体对植物来源的铁的吸收率。生吃菠菜叶（羽衣甘蓝也行）越来越流行，但也可以煮或者蒸，营养都很棒。大力水手的粉丝们都知道，菠菜是铁元素的极好来源（尽管生蚝和杏干的含铁量更高），但是生菠菜中的草酸会影响铁的吸收，所以蒸熟的菠菜反而更好，最好加点儿特级初榨橄榄油，再配点儿新鲜的柠檬汁。

研究表明，在适度烹饪后，胡萝卜中的β-胡萝卜素含量是生胡萝卜的10倍。类似的还有番茄，烹饪会让有益于健康的番茄红素充分释放。瑞典甘蓝、芜菁和欧洲防风草也都是在烹饪后有着比生食状态下高出三倍的多酚。不过烹饪也有弊端，会将蔬菜当中重要的酶类灭活，比如黑芥子酶。黑芥子酶是激活另一种有健康益处的化学物质——萝卜硫素的酶，萝卜硫素来自这一类植物中的链反应。甜菜根等蔬菜中的萝卜硫素会因为烹饪而失活。幸好，萝卜硫素还存在于其他很多可生食的蔬菜（如洋葱、大蒜、卷心菜家族）中，会在它们被切碎后10分钟释放出来。如果想吃到萝卜硫素，你可以加一点切碎的洋葱或者大蒜，甚至只需要把一小片菜叶撒到菜肴上，就能更健康。这里再次强调一点，食物多样性是关键。

骨头汤和炖骨头健康吗？

骨头汤如今被网络上的人气博主们吹捧成让秀发健康、让肌肤无瑕、让骨骼强壮以及让人更轻松地摆出瑜伽体式“乌鸦式”的热门食物。然而大部分厨师觉得骨头汤不过是一个为了营销而编造的概念，只是传统的高汤。也就是说，骨头汤比高汤更寡淡，有更多的肉，几个世纪以来一直被当作传统的滋补食品。在2500年前的中国，就有关于骨头汤有益于健康的记载。任何人都能在家自制骨头汤。我们可以把一些动物的骨头放在锅里，加入一个洋葱、一根胡萝卜、一个番茄和一些芹菜，还可以根据个人喜好加点大蒜和香辛料，最后加水没过食材，盖上锅盖焖煮几个小时。如果把鸡架或者鱼骨也一并用上，这还是一个减少食物浪费的好办法。但骨头汤（高汤）究竟是否真的能补充胶原蛋白，让皮肤饱满或者对偏头痛有疗效，仍然不确定。而且，骨头汤在免疫过程中扮演的角色也不确切。在饭前喝一碗骨头汤，尤其是加了香辛料和新鲜蔬菜的汤，能补充膳食纤维和矿物质，似乎真能在短期内减少20%的能量摄入，因为汤的摄入与更低的肥胖风险相关。[11] 我就很爱喝一碗含香辛料的越南牛肉汤粉，而且不得不承认的是，感冒时来一碗丰盛的鸡汤真的能让人感到暖和又舒服。不过也有例外，市售高汤块我就不推荐了，因为它们通常含有大量的糖、盐、植物提取物和稳定剂等，而且基本上不含任何真正的蔬菜或肉。

有些杂蔬汤或者是炖杂蔬还加了豆类和谷物（如斯佩耳特小麦、小麦、大麦），在健康膳食中有一席之地。虽然植物在这个过程中都被煮熟了，但是那些耐热的水溶性维生素会随着汤被喝下，而不像白灼蔬菜里的水溶性维生素那样随着水而流失。杂蔬汤是集多种膳食纤维、多酚及完整的植物蛋白于一体的佳肴，能完全消除大家关于素食模式缺乏某些氨基酸的疑虑。它最大的亮点是多样性，有多种绿叶菜、全谷物、杂豆。不过，我们要少放盐，尤其要慎用市售的高汤块，同时还要注意避免放过多的富含淀粉的食材，如土豆、白米或者意大利面。

预包装的汤和罐头汤则没有上述任何真正蔬菜的益处。一罐市售蔬菜罐头汤里有将近 10 克糖，却仅有 2.7 克膳食纤维，其中的盐就占了我们每日盐摄入量的近 1/3。杯装汤因其标签上显示脂肪和糖的含量较低，竟被当作健康食品，实际上它不仅盐分含量超高，还有超过 15 种配料，其中包括谷氨酸钠和乳化剂这些对身体没有任何益处的成分。因此，自己在家随意用蔬菜制作的杂蔬汤肯定比市售的超加工罐头汤要好，不过也可以买一些相对健康的冷藏汤。

烹饪肉和鱼

烹饪肉和鱼的过程会增加数百种香味物质，这都是它们没被烹饪时所没有的。其中相当一部分风味物质来源于褐变过程，或者叫“美拉德反应”，这是肉中的蛋白质和少量糖类分子在温度超过 140℃后发生的反应。当肉发生褐变后，其中的香味分子会剧增，让人难以抗拒其诱惑。因此，肉和鱼的烹饪从来不会是同一种味道，而厨师也总是推荐在下锅煮肉类和蔬菜之前略微煎一下。

烹制肉类产生的数百种化学物质中，不仅有令人飘飘欲仙的香味物质，还有一些对人可能有害的物质。丙烯酰胺就是最广为人知的一种。它是由一种叫天冬酰胺的氨基酸与天然的碳水化合物在过度烹饪时形成的。英国食品标准局曾于2017年在媒体宣传活动上对吃烤焦的吐司、薯片、香肠发出警告，因为丙烯酰胺被世界卫生组织国际癌症研究机构列为"致癌物"。这个骇人听闻的故事始于几个在动物身上开展的实验。这些实验用了大剂量的化学物质，而不是用烤焦的吐司。人们还观察到在瑞士的一条运河边吃草的牛患上了某种神秘的疾病，并追溯到该疾病与当地河水中含有大量的丙烯酰胺有关。科学家们还在当地居民的体内发现了大量的丙烯酰胺。一项更加严谨的研究发现，住在数英里（1英里≈1.61千米）之外的居民体内也有同样多的丙烯酰胺，因此可以推测该物质来源于日常的膳食。尽管已有相关警示，但一项纳入了人体试验的综述依然表明，丙烯酰胺和癌症的相关性还不太明确。[12]

上了"烧烤毒素"黑名单的化合物还有多环芳烃类。同样地，关于多环芳烃的证据也只是来源于实验室研究，以及一些近期的观察性数据，比如消防员的患癌率较高。这些发现仅仅是基于样本量很小的研究数据，可信度并不高。除非你习惯了吃外层完全烧焦的肉，否则大可不必担心。要知道，我们每个人每天都暴露在数百种有害化学物质中，只有当它们与其他风险物质（如香烟烟雾）大量结合的时候，才会给我们带来严重的健康问题。实际上，世界卫生组织联合专家委员会在毒理学评估过程中，从来没有发现任何一种化学物质在动物实验中是完完全全与癌症风险无关的。在他们眼中，所有食物都有某种风险。尽管对世界卫生组织的报告持怀疑的态度，但我并不鼓励你天天吃烤焦的肉（或吐司），因为过度烹饪会破坏食物的风味，但你也大可不必焦虑到辗转难眠。

另一个危言耸听的传言与烹饪油有关，涉及烟点（加热到某个温度后会冒烟的点）以及油温过高后发生的一些化学变化。对橄榄油的诟病也正源于此：200℃的烟点是个健康隐患。对橄榄油烟点的担忧也来自实验室实验的结果。实验会把各种烹饪油加热到烟点，然后将其产生的化学物质分别加以分析。然而在日常生活中，炒菜过程中很少会把油加热到120℃以上[①]。如果你执意把油温加热到很高，比如用爆炒、油炸或者是用200℃以上的温度烤食物时，烹饪油的确会产生一些化学物质，其中就包括世界卫生组织列出的在实验室动物身上发现的潜在致癌物。有一些种类的橄榄油的烟点超过240℃，但都是经过深加工、用溶剂萃取的油脂，最好不要选择。对于烹饪油而言，更加重要的评估指标是暴露在空气中持续高温（110℃）加热时的稳定性。烹饪油中的饱和脂肪酸越少，多不饱和脂肪酸越多，它们就越容易分解成另一种分子，很多植物油也是如此。这些成分众多的混合物有着未知的健康风险，并可能破坏食物的结构、气味和味道。高质量的橄榄油含有大量的单不饱和脂肪酸，因而属于性质更加稳定的油。这也是我选择优质的特级初榨橄榄油作为烹饪油的另一个原因。此外，高质量的菜籽油我也会常备着。

几个世纪以来，人们以各种你能想象到的方式来烹饪食物，在试错与改进中一步步让食物变得方便和美味，却不是更健康。即使没有所谓的“最佳”烹饪法，也会有很多例外情况，但是许多研究表

① 这是作者在英国文化背景下的数据。据文献记载，中式烹饪的油温在112~177℃。——译者注

明，快蒸和微波（食物大小允许的话）是最佳的方法，急火快炒和慢烤则居中。从营养学角度来说，长时间煮食物是最差的做法。当然，你可能和我一样，觉得微波加热对食物的风味毫无改善，而且烹饪体验极差，所以还是应该坚持自己喜欢的烹饪法。而未来兼顾口味与营养的最佳烹饪方法很可能是真空包装的“低温水浴法”。

因为新冠肺炎的流行，我们见证了食物外卖需求的增长。不过坏消息是，很多研究表明经常吃外卖对身体不好，而且吃得越多，我们的总体死亡率也越高。[13]我们还需要一段时间才能知道所有的答案，不过还是探讨了一些评价食物优劣的可能机制——质地、添加剂、微生物的健康等。如今很多餐厅的食物经常添加糖、盐和奶油来尽可能地增强味道。与此同时，我们应该把吃外卖当成偶尔打打牙祭的选择，而非日常习惯。

*

总的来说，如何在家或者在公司准备食物，会在很大程度上影响食物的外观和味道。冷冻、罐装和干燥等现代技术能帮助我们在不破坏营养的同时长期保存食物。一条实用且普遍的准则就是，避免过度烹饪食物，并且在日常饮食中尽可能纳入各种各样的植物——生的、轻度烹饪的或者发酵的都可以。

保存和烹饪食物的五条最佳建议

1. 冷冻或者罐头水果和蔬菜较好地保留了其营养价值，这是一种能吃到非应季果蔬和减少食物浪费的极佳选择。
2. 不要用塑料容器来保存、加热和盛装食物，玻璃、陶瓷和木头材质的容器会更安全。
3. 大多数蔬菜都适合轻度烹饪，除了炖煮杂蔬汤，否则尽可能不要长时间煮蔬菜。
4. 尽量多在家吃饭，选择完整、未经加工的原材料，并使用高质量的特级初榨橄榄油来烹饪。
5. 发酵是一种集保存食物、增添风味和补充益生菌于一体的绝佳烹饪法。

如何吃才能拯救我们的地球？

如今，我们谈论食物时不可能不谈及环境和全球变暖。大多数预测都认为，如果我们不迅速改变生活方式，到2050年地球会失去大多数森林及生态栖息地，而我们会在这场混乱中耗尽食物。2018年的一份联合国报告就明确预测，如果要把全球变暖限制在2%以内，我们需要减少90%的肉类消费量，尤其是西方国家的牛肉消费量和全球的猪肉消费量，并且需要将从杂豆和豆科作物获取的蛋白质提高四倍。[1]英国在2021年《国家食品战略》报告中用了一整节内容来阐述如何更合理地利用土地，以及如何减少肉类的消耗。这些举措是改善人类和地球健康至关重要的一步。

饮食与气候变化

食物的选择在即将到来的全球变暖灾难中的作用已经成为焦点，2018年《EAT－柳叶刀报告》汇总了向植物性饮食转变有益于健康和改善全球环境的数据，标志着我们对饮食的思考有了重大转变。

我们目前饲养牲畜的方式占用了过多的土地，并扼杀了生态多样性。地球上有50%的可居住土地都被用作农业生产，还有80%的农田被用于饲养动物以生产肉类或者奶类，而只有48%的农作物为人类所食用。目前英国55%的可耕地都是牧场。大肆消耗宝贵的空间和资源来生产植物，制成动物的饲料，再把动物转化成人类可食用的蛋白质，是极其荒谬的低效体系——为了获得等量的蛋白质，生产牛肉比种植豌豆或大豆多占用100倍以上的土地。研究表明，如果全世界都采取纯素饮食模式，农业用地将从如今的40亿公顷减少到10亿公顷。据估计，生产肉类和乳制品的养殖农业就贡献了约1/4使全球变暖的有害温室气体。不过，准确的数据还存有争议，这里还不包括生产一块牛排需要消耗的农作物和水资源。

很多人对此感到有心无力，但其实我们所有人都可以有所作为。我们为延缓全球变暖所采取的意义最大的个人行动就是减少吃肉，哪怕减少一点点也是莫大的帮助。首先，我们可以从一天不吃肉开始，尤其是那些深加工的廉价肉。随着“糖税”政策的成功推行，在一些国家，征收肉类消费税的呼声渐高，而这个方案如果用于提升动物福利和减少肉的摄入总量，或许是行之有效的。摄入乳制品也引发了争议，尤其是超加工食品。也就是说，向植物性饮食转变需要提前进行缜密的计划，避免对经济产生负面影响。[2]

其实，最简单的减少个人碳足迹的方法是成为素食主义者。

但事情总是比我们想象的更复杂。关于食物对环境造成的影响，没有任何一种食物能够豁免于严格的审查。我们所有的食物选择都会对这个地球产生深远的影响，况且，让全世界的人一下子都采取植物性饮食是不现实的。然而，我们可以有意识地做出选择。如果按照碳足迹来排名，以每千克或每千卡蛋白质作为标尺，并以大豆蛋白为基准，牛肉的碳足迹要高37倍，羊肉或牛奶高15倍，猪肉高9倍，鸡肉则高6倍。[3]

即使都是牛这种动物，高质量养殖与低质量养殖的碳足迹也有云泥之别。在英国，养殖一头草饲奶牛的碳排放量是巴西草饲奶牛的1/5，这就说明选择食物和食物的来源都很重要。从环保角度来看，集约化养殖肉用鸡可能是最高效的一种产肉方法，但若是我们采用了这个标准，便不得不挥泪告别有机饲养的走地鸡。尽管人们还在被劝说着把肉换成鱼，而实际上野生鱼类同样面临着行将灭绝的局面。在膳食建议中，鱼类应当与肉类被一视同仁，除非鱼是部分人唯一的蛋白质来源，否则我们不应该强迫人们多吃鱼。我们目前消费的鱼类主要来自人工养殖场，这同样造成了巨大的环境负担。渔场对水体生态系统有破坏作用，还时常危害宝贵的土地和树木。相较于野生鱼，人工饲养的鱼对海洋小鱼（作为饲料）的消耗量要高三倍。当然，我们也可以选择吃廉价的虾。

替代性非乳制饮品和食品之所以快速增长，一方面是因为对动物福利的关心，另一方面则是因为人们愈加意识到食物的选择与气候变化之间的关联。在导致全球变暖的农业活动清单上，如果说生产肉类排在第一，紧随其后的就是生产乳制品的畜牧业。尽管总体来说一些替代性非乳制品在温室气体的排放方面表现更好，但环境成本依然很高，比如扁桃仁奶的生产就要用到大量的水资源，而且会伤害蜜蜂。很多种类的豆奶以及其他植物奶都是超加工食品，且含有十种以上的食品配料，因此它们并非解决乳制品问题的完美替代方案。

许多农作物对环境也有影响，并且能量利用非常低效。如果严格按照生产每单位热量的碳足迹来计算，黄瓜、芹菜、生菜和茄子都是倒数的几个，对全球变暖的影响比培根还要大。另一些研究对英国本土种植的每千克植物按照供能与碳排放进行了排名，最差（最低效）的是甜椒、黄瓜和芦笋，而最高效的农作物能效（比如苹果、梨和土豆），是上述作物的十倍。[4]由于变量因素太多，我们其实难以评价，但这些排名很好地阐释了不应当单一种植和鼓励多样化种植的原因。

吃当地的应季食物，是另一种有效减少你所选择的食物的环境成本的方法。某些食物的跨国物流显然消耗了巨量的资源，比如来自斐济的瓶装水，或者是一些热带水果。但不得不承认，在英国吃来自西班牙的大棚种植的番茄，要比吃本地低效农业产出的番茄更环保。同样地，很多夏季蔬菜和水果（含浆果）都能够安全地冷冻保存，以便冬天享用。

选择食物时，还需要考虑包装和食物浪费的风险。美国每天生产的食物总量是其居民消费量的两倍，大多数国家的食物浪费率都在25%以上，有的国家更多。食物浪费是一个充满矛盾的复杂问题，涉及很多因素，比如对食物分量大小的规定、打折定价、政府补贴以及保质期等。我们虽然不喜欢食物中的防腐剂，但它们的确减少了食物浪费，且早在古代就开始使用了。有机食物含有更少的杀虫剂和农药，但更贵，而且容易发霉，所以我们需要及时烹饪才行，比如把蔬菜变成汤。塑料包装能有效减少食物腐败，但它们对环境不利——每年至少有1400万吨塑料垃圾流入海洋，由此而产生的塑料微粒已经开始渗透进我们的食物链。尽管很多人都尝试着回收这些塑料，事实上，全球只有不到20%的塑料真正被做成了再生瓶，其余大部分被运去亚洲进行了“回收”——这是一个价值2500亿英镑的巨大产业的一部分。令人叹息的是，这部分塑料最后在一堆明火中结束了所谓的“回收”之旅。[5, 6]想要完全避免使用塑料几乎不可能，但是减少使用塑料很简单，从而可以减少废弃塑料的产生。除了不买塑料产品、抵制滥用塑料包装的商贩，尽力游说控制了全球商超的“四巨头”，让它们转而使用可持续的材料包装，也是有意义的。

还有一个更深的道德层面的担忧，就是关于食品加工工人的境遇。如果我们知道种植园充斥着虐待事件，还会买这些一包不到2便士的茶包吗？瑞士和比利时的巧克力巨头公司间接地雇用非洲童工为其采摘珍贵的可可豆，我们还会对其物美价廉的巧克力趋之若鹜吗？在泰国，相当一部分虾都是用奴隶船捕捞而得的，我们还想购买来自泰国的廉价虾吗？我们孜孜不倦地追求更加廉价的食物，导致食品的供应链变得更长且越发复杂，政府对此也逐渐失去有效监管，而完全听信生产商的一面之词显然是不明智的。如今食品市场被十几个跨国巨头主导，所以类似上述压榨劳动力的情况，以及消费者的道德困境只会愈演愈烈。

改吃有机食品是个好主意吗？

现在，食物中抗生素、除草剂和杀虫剂的残留问题日益严重。肉类以及部分鱼类中的抗生素被发现与过敏和肥胖问题有关。它们还要对抗生素耐药性的问题负责，因为有害的细菌会对抗生素产生耐受和抵抗。畜牧业和肉业使用抗生素已经有数十年的时间了，直到2006年欧盟禁止在饲料中添加抗生素作为助长剂。美国因为对工业更加友好，足足晚了11年才发布类似禁令。尽管欧盟对饲料中的抗生素加以限制，但是在很多国家它依旧被普遍用于“预防感染”，记载在案且与抗生素有关的食品安全丑闻有很多，而且抗生素的耐药性依然居高不下。近年来英国的一项调研让人重拾信心。这项 2017 年的市场抽检发现，只有不到 5% 的肉类中的抗生素水平超出检测阈值，过去三年法国的情况也与英国类似，这与公众对此有更多的认知不无关系。但还有很多进口肉的来源不明，而其他不少地方完全没有相关禁令。2017 年的数据表明，美国生产的肉中抗生素水平是英国的 5~16 倍，其中牛肉的问题尤为严重。更加讽刺的是，一份来自集约化家禽养殖业的报告显示，与 50 年前相比，由于农业、基因研究和育种方面的改善，如今使用抗生素对种植只有微不足道的益处。

政府的食品安全检查部门向民众保证，说杀虫剂的作用仅仅局限于破坏害虫的酶和基因系统，而对人类无害。即使这话不假，他们也从来没有测试过杀虫剂对人体肠道微生物的影响，而这方面的影响似乎已经逐步显现——哪怕对大多数人只有很小的影响。最近有一项 28000 名农民参与的观察性研究表明，与普通人相比，那些暴露在高浓度杀虫剂环境中的人患自身免疫病（如类风湿性关节炎）的风险增加了 40%。[7]

欧洲的执法机构（和美国的机构一样）会定期抽检农产品，并检测 212 种常见的农药的残留量，目的就是保障公共食品安全。但是有 3% 的食物（包括草莓在内）中的农药残留量经常被发现超出安全线。对菠菜、豆类、柑橘、胡萝卜、大米、梨和黄瓜的抽检，还发现了更加严重的问题。所以你有可能就是一个不幸被蒙在鼓里的消费者，你所购买的农产品来自一位打农药毫不手软的农户，以致你摄入的残留农药是安全限量的数倍。[8] 此外，许多进口的谷物都可能来自农药管理颇为宽松的国家。

近 50% 欧洲的农副食品都有农药残留的问题（美国更甚），其中草莓和燕麦等招虫子的植物最容易出现农药残留超标。超过 90% 的英国和美国居民的血液和尿液中能检出多达 60 种农药的残留。即使你在这方面很注意，也难逃低剂量农药残留的危害，因为水洗仅仅能去除部分农药。研究表明，有些农药成分甚至能抵御工业级清洗，还有许多化学物质能渗透皮肤，如噻苯达唑。这个问题并不仅限于几种浆果。2017 年，美国公布了最容易受到农药污染的几种水果，草莓位列榜首，梨、桃、樱桃和葡萄紧随其后。

欧洲和美国的监管机构一直在监测农作物的农药残留问题，以保证它们处于“安全”范围内。但是对农药残留设置的安全线是否适用于儿童和孕妇等弱势群体，一直是悬而未决的问题。在英国，4~6 岁的儿童能免费获得水果。而 2017 年的抽检发现，他们所吃的草莓、香蕉、苹果、梨、橙子和葡萄干中超过 80% 都检出了农药残留，虽然目前属于安全范围内。[9] 关于农药残留对健康的影响，动物实验的结果往往容易给人们制造健康焦虑，而要想把这些结果转到人类身上还是很有难度的。目前有超过 20 项质量良莠不齐的观察性流行病学研究关注孕期接触农药的情况，表明这与儿童心智发育迟缓和后期注意力缺陷等问题有关。[10]

草甘膦是世界上最受欢迎的喷洒型除草剂，我们每个人或多或少都接触过。它既能去除农田野草，也能用于对收割前的作物进行干燥与催熟。在一个民事诉讼案件中，一位美国加利福尼亚州的农业管理员因为患上了非霍奇金淋巴瘤而获赔 8700 万美元，因为陪审团裁决该病是他定期喷洒草甘膦（商品名为农达）造成的。2015 年，许多国家政府和世界卫生组织都改变立场，认为草甘膦是一种潜在的致癌物，并将其列入需要避免的化学品名单。然而在美国最常见的 10 种早餐食品中，依然能检出草甘膦，其中燕麦片的含量最高，甚至在一些有机品牌的产品中也能检出。[11]

虽然我们并不清楚因为食物而少量摄入这类农药是否会导致罕见的血癌，但可以肯定的是它一定会伤害我们的肠道微生物。因为农药残留会伴随我们一生，所以很值得我们关注，而且更讽刺的是，这个问题尤其困扰经常吃植物性食物的人。在最近的一项试验中，研究人员用含有常见的有机磷农药（二嗪磷）的饲料喂养小鼠，结果发现它对小鼠体内的微生物组及其代谢产物造成了明显的损伤，而且出于某些原因（也可能是小概率事件），这种情况更多地发生在雄性小鼠身上。[12] 二嗪磷会导致肠道中毛螺菌属微生物的数量减少，这类微生物对人类的免疫系统有着非常关键的作用。它还与抑郁症有关，这就意味着农药的摄入会增加轻微脑损伤的概率，并且非常难以检测出来。

农药和除草剂中的有效成分最初被认为对大型哺乳动物无害，但是它们可能会通过改变微生物的基因（如果与该农药和除草剂的目标生物有共同的微生物基因），继而给微生物的宿主（哺乳动物）带来麻烦。政府监管机构提出的所谓草甘膦安全限值也存在着大量的争议，因为予以支持的人体试验数据少之又少。在条件允许的情况下，这种化合物会在土壤中留存数月之久。美国食品药品监督管理局的研究指出，草甘膦在某种程度上已经渗入大多数食物中。

然而，毒性最大且常残留于食物中的杀虫剂是一类具有神经毒性的有机磷农药，如氯吡硫磷，又名毒死蜱。它实际上是一种不太知名的神经毒素——诺维乔克的低配版。诺维乔克曾被一位苏联间谍用于在索尔兹伯里进行暗杀活动。这类农药在一些地区被广泛使用，造成很多蜜蜂和其他昆虫迅速死亡。它们还会伤害鱼类和其他大型哺乳动物，尤其是水生哺乳动物，如海豚和海豹。人类也难以幸免：在农药喷洒工作者及其家人中，每年都会发生约 1 万例与之相关的死亡事件。剂量较低时，有机磷农药可能影响儿童的大脑发育，还可能造成类似 20 多位西方游客于 2011—2015 年在泰国廉价旅店离奇死亡的悲剧。

目前国际上尚未就这类化学品的安全限量达成一致，而且不同国家规定的合法用量也不同。在瑞典，有机磷农药从未获批使用。欧盟在 2008 年禁止在家庭中使用有机磷农药，并于 2018 年全面禁止。而在对农药管理较宽松的美国和南美洲国家，仍可以合法使用，并且常用于草地和高尔夫球场。关于有机磷农药对我们的身体及体内微生物的影响，我们知之甚少。

广泛使用除草剂和杀虫剂还是土壤中微生物多样性逐渐减少的原因之一。正如微生物之于人类本身一样，健康的土壤也需要有丰富的细菌和各种真菌混合共生，而这种微生物群落也会受到集约化农业、化学肥料、杀虫剂和除草剂的破坏。未来，在要面临的治理大面积土地污染的战斗中，我们或许需要借微生物之力，比如用假单胞菌属来消解与中和土壤中的化学物质。

因此，更讽刺的是，如果我们从善如流，通过全年吃各种各样植物来避免生病，反倒可能会让自己暴露在高于平均值的有害化学物质之中。

有机农业通常不会使用常规的除草剂、杀虫剂、转基因产品或者化学肥料。用有机方式饲养的动物也通常是自由放养的，且不使用常规的抗生素。不过关于在有机农牧业中能使用多少化学物质及其后续的标签都没有统一规定。所以，即使与超市里的其他同类蔬果相比，有机水果和蔬菜中的杀虫剂和除草剂的残留量是前者的 1/5，也依旧难以证明它们有哪些明显的健康益处。同样，我们也难以证明把所有食物的种植方式都变成有机种植，又会对环境有哪些益处，更何况这还有可能造成不增加土地的使用就难以弥补的农作物短缺问题。[13] 另一个更加乐观的观点是，新的可供选择的农业方法，如“免耕农业”①，就能有效地把碳保留在土壤中，以非温室气体的形式排放。而每三年种植一次“覆盖作物”还可以防止新生土壤中的杂草生长，这被证明是对环境有益的。

有机作物真的值吗?

人们对有机食品的态度可谓大相径庭。在奥地利，有机食品的拥趸要比素食者多出五倍。而在英国，素食者则比关心食物是否纯净的人多出五倍。相较于欧洲人，美国人对食物和土壤中的化学物质和添加剂没那么在意。

在我偶尔几次的英国超市购物中，我留意到有机蔬果区经常摆放着越来越小、越来越脏、越来越原生态的农产品。同样让人无法忽视的是，它们的价格通常是旁边被化学物质粉饰的“农药大户”的两倍。

有机食品的支持者说有机的农作物更好吃，也更有营养，但尚没有确凿的数据支持这个说法。在观察性流行病学研究中，我们几乎无法把人们选择有机食品和非有机食品这两种情况彻底分开，这就容易导致数据偏倚。虽然这些数据表明有机食品或许能减少过敏、肥胖、自身免疫病和癌症的风险，但都不是定论。

① 作为一种可持续农业方法，免耕农业是指在下一次播种前无须整地，而是直接将种子播种在作物的残余物之上。这个做法可以保持土壤结构，减少碳排放。——译者注

那些仅有的针对有机食品健康益处的人体试验尚无定论，但是一些在老鼠身上做的动物实验表明，有机食品能改善几种健康标记物的代谢产物指标，这种效果等同于吃了多酚含量更高的植物，不过这种差异相对较小。[14] 2014 年一项纳入了 324 项研究的荟萃分析同样表明，有机种植的植物中多酚含量显然更高，比普通植物高出 19%~69%。[15] 此外，有机植物中的矿物质含量也更高，有毒金属（如镉）的含量则更低，其中的农药残留仅为非有机样品的 1/4。那么该如何解释这个差异呢？或许是农药以某种方式弱化了植物本身的防御能力，有点儿像停止锻炼后，肌肉就会以肉眼可见的速度萎缩。还有另一种可能，是一些证据表明在传统农业中使用含氮的化肥会让植物得到充分滋养而竭力生长，导致多酚的含量减少。

一项以 5.8 万名比利时人为观察对象的研究表明，吃有机食品的人要更瘦一些，但是这种人群数据很可能是受到了健康饮食者本身的影响。荟萃分析中质量更好的证据表明，有机草饲的牛的肉含有更高水平的 ω-3 脂肪酸。[16] 更有意义的是，NutriNet-Santé 研究对 6.9 万名法国人进行了超过四年半后的随访，详细了解了摄入有机食品与癌症风险的关系。[17] 结果发现，经常吃水果、蔬菜、面包、面粉、鸡蛋、肉类和谷物类等 16 类有机食物的人，对某几种癌症的防御力会提高 25%。数据还表明，这个饮食习惯降低了女性绝经后患乳腺癌的风险，但绝经前则无此作用。尽管观察性试验受到健康饮食者的影响而产生偏倚，但在降低非霍奇金淋巴瘤的风险上还是颇具说服力的。两项更早的流行病学研究（也是纵向和观察性研究——有 68 万名女性参加，是英国最大型的队列实验）在对受试者进行 9 年随访后，也发现有机食品的摄入对特定种类的癌症有类似的预防作用。[18] 所以我们应该接受这样一种说法——长期吃有机食品可能会适度降低患某些癌症的风险。

在有更确凿的证据之前，我们迫切需要对有机食品和非有机食品实验给予适当的资助。欧盟每年的研究预算是1450亿欧元，但英国政府投入日常食物安全性的研究经费只是欧盟的1%左右，真是有点丢脸。

那么，我们能做些什么呢？为有机食品乖乖掏钱是一种选择，但你依然有可能吃到一些有农药残留的有机食品，而污染常常来自邻近的农场。虽然适量吃一点富含各种微生物的泥土，可能对提高你的免疫力和增加肠道微生物多样性是件好事，但这取决于泥土中含有哪些微生物。你必须权衡利弊。为了彻底去除食物上的化学污染物，人们往往费力清洗植物和种子，或者干脆去掉所有外皮。但这个做法会降低食物的营养和微生物价值，效果可能还是不尽如人意。

无论我们怎么清洗植物，还是会摄入一些微生物。至于不同的微生物是如何影响健康的，现在不得而知。不出所料的是，已有证据表明有机果蔬上的微生物与喷洒过农药的植物上的微生物截然不同。其中一项研究比较了11种水果和蔬菜，发现了极其不同的微生物构成，其中有机蔬果中含有的肠杆菌属（enterobacter）微生物更少，而这些菌类会导致一些胃部的健康问题。[19]

有机农业其实是一场对赌。传统的食品工业目前认为，如果不使用除草剂和杀虫剂的话，就需要更多的耕地，继而加剧水土流失和土地贫瘠化。颇为讽刺的是，有机农场的总产量要比普通农场低约25%，这就意味着有机种植反而需要更多土地。因此有机农业相对的获益还很难说，而且它是否能在规避转基因、基因工程食物等情况下依然存续下去，尚不确定。从长远来看，转基因技术在减少农药残留和化肥使用方面是有潜力的，但是在改变营养素产出并保护地球资源的同时，我们面临的最大挑战是避免给环境带来不同祸端，比如为了大量采集扁桃仁而间接破坏了蜜蜂的多样性，又或者是为了掩盖植物的口感而使用大量的化学添加剂，这反而会让它们比我们本想替代的肉和乳制品更加不健康。

*

虽然没有简单的解决方案，但是学习一些关于食物的知识很重要，这至少能让你得出自己的结论。了解食物从哪里来，食物包含什么成分，以及它可能被喷洒了什么农药等，在当下变得越发重要，而且将会是获取健康与良好觉知的最佳保险。

环境保护和减少全球变暖问题不是一场零和游戏。无论处于什么境况，经济状况和生活习惯有什么不同，我们大多数人都可以列出自己能做的十件事。

我今年的计划

1. 更多地了解与所吃的食物相关的道德伦理与环境问题。
2. 购买或者冷冻更多当季的蔬菜和水果。
3. 吃各种大豆类（有固氮作用）和杂豆类食物。
4. 将红肉的摄入频率减少至每月一两次，并且选择优质的本地有机产品。
5. 减少购买牛奶和乳制品的次数，选择发酵乳和传统奶酪。
6. 购买更多的有机水果和蔬菜。
7. 自己在院子里种些蔬菜和草本香料。
8. 让植物成为每餐的绝对主角，并学习更多的菜谱。
9. 通过多次少量购买来减少食物浪费，并用多余的菜做汤或蔬果汁。
10. 吃剩的食物用于在自家院子制作天然肥料（堆肥）。

为什么我们是独一无二的？

席卷全球的新冠肺炎大流行让我们知道，每个人对病毒的反应不同，症状不同，不同疫苗的副作用也不同。医学和制药业通常无视我们对药物的反应的巨大个体差异，视其为无伤大雅的刺激，而且觉得这些反应为明确的临床试验提供了确切的建议，是销售药物的绊脚石。结果是我们习惯于依赖“平均值”，即使它们常常具有误导性。当涉及营养及我们每个人对食物的反应时，情况尤其如此。这种标准化方案硬生生地把营养指南变成了热量需求，这种指南把成年人分成两种——男性和女性，而他们各自对营养素的需求只有宏量营养素和维生素。

直到最近，我们才认为个体对食物和药物的反应不一的主要原因可能是基因差异。我们每个人都有约 20000 个产生不同蛋白质的基因组及序列。经过了几千年，我们的部分基因发生了突变，使得部分人能够轻松地消化生牛奶，成功获得了喝酒不脸红、不会喝趴下等本领。其他基因也不同，所以有的人对咖啡因格外敏感，以至于喝咖啡后会出现心跳加快、失眠的反应。有的基因突变则更加个性化，比如有的人吃了芦笋后小便会有特殊的气味，类似于有点甜的腐烂卷心菜，还夹杂一点硫黄味。或许你是另外1/3完全闻不出这种气味的人，甚至是那1/10非得伴侣在自己之前小便才能勉强嗅出这种气味的人。

同样地，有1/6的人喝了甜菜根汁后，尿液会变成红色。这当然是无害的，但如果你对此没有心理准备，就会被像血一样的尿吓到。这种差异由我们的基因和肠道微生物共同所致，但为何我们的身体对芦笋、甜菜根的化学反应存在差异，仍然是个谜。此外，我们完全不知道这种尿液气味的突变有任何有利于进化的优势。[1]

消化意大利面的基因

人体内有种酶叫淀粉酶，它的工作是把意大利面或者米饭等食物中的淀粉在口腔和消化道上段分解成单糖。我的同事马里奥·法尔奇在一个临床试验中发现，DNA 中编码淀粉酶的基因 AMY1 有可能会让你更瘦。这种基因在人群中差异极大，而且与是否吃淀粉类碳水化合物食品相关，而且它可能是迄今为止发现的与体重相关性最大的基因。[2] 然而这个基因检测起来相当棘手，而且我们对其了解也不全面。但一项在瑞典开展的超过4000人参与的研究表明，AMY1 基因总体上对体重没有直接的影响，除非同时把受试者吃了多少淀粉类食物这个因素考虑进去。[3] 淀粉酶负责把富含淀粉的食物分解成单糖从而导致血糖飙升。那些身体内淀粉酶更少的人分解淀粉的速度会慢一些。如果你吃了大量的淀粉类食物，同时身体中淀粉酶不够多，就意味着你在血糖飙升前可以吃更多的比萨。另一方面，如果你体内有很多淀粉酶，还吃了一大碗米饭，就必然会让血糖短时间飙升。

你可以在家做一个简易的实验来测试一下你的淀粉酶基因。先准备一块干燥的小麦饼干放在嘴里，不要咀嚼，然后计时，看看你多久能感受到甜味。[4]如果时间在30秒以内，那么你很有可能携带多组AMY1基因（淀粉酶多）；如果超过30秒，意味着你携带较少的这种基因。当我们用这个实验测试了数千对双胞胎后，发现只有不到10%的人能够迅速感知到甜味，大多数人都不会那么快感知到甜味，包括我自己。我甚至在一分钟后才觉察出甜味，因此我携带的这种基因大概率更少。在消化道上端较少释放出糖分，从而留到肠道后端用以滋养微生物，这可能有助于你拥有小蛮腰。尽管这背后的科学研究还在如火如荼地进行，这个小实验也仅仅是随便测测，但它仍说明了我们对食物的反应是多么不同。

虽然基因控制了味觉感受器的数量或我们对食物的偏好，但环境因素还是在很大程度上能改变它们，因为我们进化成了杂食动物，而不是挑食的物种。许多人天生讨厌香菜，是因为他们对其中的一种化学物质非常敏感，而这种化学物质是香菜和肥皂中都存在的。但是研究也指出，如果我们在幼年就接触了美味的墨西哥食物和经常使用香菜的亚洲食物，大脑的反应是可以改变的。

双胞胎研究，包括我们自己所做的研究，都表明基因仅仅能对约50%的成年人肥胖风险负责，也就是说50%的肥胖归因于我们基因的不同。其中还有一些基因的组成是由我们的行为塑造的，比如对食物的选择——这跟生物学性状类似，都能遗传给后代。我们的行为和偏好都有很强的遗传性。[5]此外，针对婴儿双胞胎的研究则发现，基因和环境之间存在明显的交互作用，如果家庭环境或者饮食本身不健康，基因的影响会加倍放大；反之，若是家庭成员肥胖风险都很低，基因对肥胖的作用很小，饮食反而扮演了主要的角色。[6]

现在，你可能觉得我们的基因多样性才是个体代谢和对食物的反应有差异的主要决定因素，这正是我十年前所相信的。从那以后，我开始深入研究同卵双胞胎。尽管大量的双胞胎都很相似，但是要找到那些在常见疾病、心理状况、体重、食欲和食物偏好方面都迥异的双胞胎，并非难事。为什么会这样呢？家庭环境很难解释这一点，毕竟双胞胎通常在一起生活到至少 18 岁，有的甚至更久。我们在 2014 年发表的第一项针对双胞胎肠道微生物组的大型研究表明，尽管基因有一些影响，但是双胞胎之间的差异性远比相似性大。2021 年，我们利用更加深入的宏基因组测序更新了此项研究，发现双胞胎只有很小一部分的肠道微生物是一样的，仅仅比两个完全没有血缘关系的人多一点点。事实上，每个人都拥有独特的微生物亚型菌株。按比例来说的话，我们人类在基因上的相似性远超想象——共享约 99.7% 的基因变异，并且可能人均是亲五代表亲关系，但我们仅仅共享了约 25% 的肠道微生物基因。[7] 因此，比起人类基因，我们独特的微生物组及其产生的化学代谢物才是让每个人成为独一无二的个体的关键。

尽管我们生来携带遗传自父母的一整套基因，但我们的肠道微生物完全不是这回事。如前所述，我们出生时是无菌的，而在母亲的分娩过程中会通过口鼻获取第一批微生物，并在吃母乳以及与大人和环境接触的过程中持续获取微生物。这些微生物大约要花三年的时间才能稳定下来，而且会随着每一次感染、用药和饮食或环境的改变而改变。即使是双胞胎婴儿，其肠道微生物也有很大差别。随着年纪渐长，我们每一次服用抗生素或其他药物、每一次腹泻、吃的一饭一蔬都在某种程度上改变我们体内的微生物。甚至你住在哪里也起到重要作用——住在大城市还是乡村，是独居还是一大家子住一起，养宠物与否，个人和居住环境卫生状况如何。既然只有少数微生物受到了基因的影响，而绝大多数与基因无关，这就意味着环境和食物对我们至关重要。我曾在东非的灌木丛中待了一周时间，在此期间吃的都是当地的动植物，我发现我的肠道微生物发生了一过性的巨大变化，而在我回家后的两天内就恢复了。尽管会有这种短暂的变化，但我们大多数的微生物组都相当稳定，就像指纹一样，这些独特的微生物会伴随我们一生。

在 PREDICT Ⅰ期的队列研究中，我们以 1000 多名成年人为研究对象，其中包括数百对双胞胎，并持续两周观察他们对不同食物的反应。参与者的第一天是在医院度过的，他们要做详细的血液检测，并且在吃下一顿精心设计的试验餐后，接受反应测试。随后他们会回到自己的家中继续这项试验，并按照日程安排拿到试验餐，其余时间则自由进食。我们检测了一系列与营养健康相关的血液标记物和生理指标，包括血糖、脂肪、胰岛素、炎症、运动、睡眠和微生物组多样性等。这种细致程度的持续性监测能通过采用最新科技的可穿戴设备来实现，比如使用动态血糖监测仪和电子活动追踪设备，可以全天候监测研究对象的血糖值和活动情况。常规的指尖采血也能满足我们测血脂的需求。所有这些监测项目组成了数百万个数据点阵，需要利用复杂的机器学习技术（人工智能技术的一种）进行分析，以识别其中的模式，并且做出预测。

研究中最令我们惊讶的发现是，个体之间对同一份试验餐的胰岛素、血糖和血脂的反应竟然能有 8~10 倍的差异，甚至同卵双胞胎也存在巨大的差异。例如，有的双胞胎中的一位可能对饮食中的碳水化合物有着良好且健康的反应，但对高脂肪膳食反应不佳，而另一位的反应则恰好相反。这个结论告诉我们，每个人都如此独特，因而没有什么完美的膳食能适用于所有人。

正是基于这些双胞胎的研究结果，我们马上明白基因在决定我们对食物的反应方面只起到很小的作用，例如对血糖的作用小于30%，对血脂的作用小于5%。这些结果还说明，很多商业基因检测机构声称能根据基因结果来量身定制“适合个人基因的膳食”，这是几乎无效且具有误导性的。我们还发现，进食的时间对人的营养代谢的影响也存在着个体差异。对一部分人而言，一模一样的饭在早上吃引发的营养代谢反应就与在中午吃非常不同，对其他人而言则几乎没有差别。这就直接证实了根本没有什么“适合所有人的最佳进食时间表”。当然，饮食还是有一些共性，比如对于同一种食物，大多数人在上午吃时血糖反应会更加温和。但我是个例外，这就说明对于和我一样的少数人，尤其是年过五旬的人，吃一顿高碳水化合物的丰盛早餐可能比晚一点吃对身体的伤害大得多。还有大约1/4的人在拿玛芬蛋糕当早餐吃了三小时后，会有一个明显的血糖低谷，这会让他们觉得疲惫且饥饿，并促使他们全天多吃20%的食物，这相当于让他们一年增加10千克体重。了解这些事实可谓至关重要。

另一个惊人的发现则与一顿饭的构成有关，即它的热量、脂肪、碳水化合物、蛋白质和膳食纤维（宏量营养素）同样对每个人的餐后代谢反应有着高度个性化的影响。一些人能更好地处理碳水化合物而非脂肪，而另一些人则相反。我们从ZOE PREDICT研究中还发现，随着年龄的增长，我们对食物的反应也会相应地变化。对女性而言，这个变化最大的时间节点就是更年期。[8] 所以在我们三十多岁时行之有效的饮食方法，有必要在年岁渐长的过程中被重新审视和评估。

尽管每位研究对象都有着巨大的个体差异，但每一人在同一个时间段吃同样的食物的反应在数天内测试结果都具有高度一致性。这就意味着无论情况多复杂，精准预测确实是可行的。只要掌握了一个人的血脂、血糖和肠道微生物组评分，加上睡眠、进食节律等数据，就能够精准预测这个人对任何食物的反应，并对其饮食进行指导。ZOE 就开发了一套商业测试（目前在美国和英国的智能手机应用商店有售），这个产品能基于上述营养反应的结果为所有常见的食物给出个性化评分。[9] 对首批数百名根据该应用程序的建议改善饮食的用户的调研显示，在不计算热量的情况下，80% 的用户反映自己感觉更加有活力，也更不容易饿，并且平均减去了 4~5 千克体重。

人类是很复杂的，有很多事情都会影响我们的健康。有的事情我们无能为力，比如年龄或者基因序列，而另一些则事在人为，比如一餐一饮的选择，还有我们的肠道微生物组。如前所述，我们所吃的食物是由不同营养素组成的混合体，它们会以不同的方式影响身体和肠道微生物组，因此弄清饮食、代谢和健康之间的关系实非易事。一项在明尼苏达大学进行的深度研究连续 17 天测试了 34 位来自该大学的志愿者的粪便样本，结果表明营养成分相近的食物对肠道微生物的影响有着天壤之别。[10] 受试者选择最多的是咖啡、切达奶酪、鸡肉和胡萝卜等，但还有很多比较个性化的食物选择。研究者发现，虽然每个受试者的饮食都会对他们的肠道微生物产生影响，特定食物也会增加或减少某种特定菌株的丰富程度，但是跨人群之间并没有直接的相关性。比如，焗豆会让某个人的肠道微生物中的某个特定细菌的比例提高，但对另一个人几乎不起作用。有趣的是，尽管一些相似的食物（如卷心菜和羽衣甘蓝）对肠道微生物有着类似的影响，但在生态学上完全不相关；营养成分接近的食物（脂肪、碳水化合物、蛋白质含量接近），对肠道微生物有着显著不同的作用。

如前所述，在我们 2021 年开展的 ZOE PREDICT I 期研究中，我们研究了个体肠道微生物的组成，与他们的膳食以及糖尿病、心脏病和肥胖的健康标记物之间的关联。除了在明尼苏达大学研究中发现的个体差异，我们还是能从食物与微生物的关系中发现一些一致性，无论是在 ZOE 最初的用户中，还是在国外的很多其他群体中。如我所言，这让我们能初步拟定一个好坏食物清单，并据此给人们推荐要多吃或者少吃的食物，也就是所谓的“肠道建设者”或是“肠道抑制者”。这些信息可以进一步根据你肠道微生物的基本水平进行个性化定制。我们如今仍处在针对肠道微生物提出个性化营养建议的起步阶段，但随着持续不断地发现更多的微生物，相关业务会迅速发展，并且很快就能拓展到益生菌和益生元补充剂的个性化建议领域。

正如我们对食物颜色和气味的感知存在差异，我们需要知道每个人对食物的反应也是独一无二的。有的人在运动后消化食物的速度更快，而另一些人则是在运动前吃东西更有利于代谢。正如我们自身一样，我们的肠道微生物也有着进化了数百万年而形成的昼夜节律，这是不容随意篡改的。在与来自伯克利的研究团队一起工作的时候，我们发现睡眠的质量和时长都会对我们第二天的食物代谢产生重要影响。对大多数人来说，避免高糖早餐，而是吃含有脂肪或者高膳食纤维的早餐，对于轻松开启清醒的一天与保持精力都很重要。在不止步于仅仅知道吃什么，更勤于了解怎么吃的过程中，我们发现有的人不吃早餐，保持每天只吃两顿的确更合适，而对另一些人来说，这样会对健康少有裨益。延长空腹时间并压缩进食区间（或称“限时进食法”）开始流行起来，但不可避免的是，有的人觉得这样很自然，而另一些人会觉得很别扭。未来几年，我们会开发相应的测试，帮助人们了解自己，但是目前还需要更多试验，并保持开放的态度。

我们在感知饥饿和饱腹方面也很不同。有的人似乎天生就是“大胃王”体质，他们中的少数是由基因所致，而大多数不是。我们的身体有一套聪明的系统，能够通过肠道和脂肪细胞的激素来调控大脑的食欲中枢。那些极度肥胖的人通常食欲旺盛，这是因为与食欲相关的激素信号系统罢工了。而当他们接受了能救命的胃旁路手术后，发现血检结果和食欲在两天内都奇迹般恢复正常了。研究激素的医生（内分泌医生）声称这种剧变是由“食欲”激素的改变引起的。但胃旁路手术患者的肠道微生物也发生了剧变，所以我认为是因为消化道被手术重整了结构后，肠道的微生物也随之移居，改变了传递给大脑的化学信号。这就解释了为什么胃旁路手术的长期成功率取决于患者的肠道微生物能够于新环境中定植多久，而非取决于肠道激素。[11]

人类生而拥有不同的身材与身高，肠道亦如此。比如小肠的尺寸就因人而异，有时长短差异达 2 倍之多，从 630 厘米到 1510 厘米不等。这就会影响到营养的吸收、进食的速度、咀嚼的充分程度，所有这些也存在很大的个性化差异，同时可以改变食物停留在肠道的时间以及与饱腹感相关的激素信号。

现在你应该意识到你的消化系统有多独特了。正因为它与你的基因、肠道微生物、免疫系统、胃肠激素和大脑都有着复杂的交互作用，所以饮食实际上是很个人化的事。因此通用型“健康餐盘”及其在世界各国的同类替代品对个人而言完全不够用。尽管给健康的成年人制定通用且基于循证的指南确有其意，但是这种设计和执行方法容易被纷杂的信息干扰，继而引发行为上的偏差。这就是问题所在。有了本书的帮助，以及现代科技（如 ZOE 的评分系统）的加持，你也能着手设计循证且个性化的专属营养餐盘了。

个性化营养的五条原则

1. 我们对不同食物都有不同反应——没有任何两个人的反应完全相同，同卵双胞胎也不例外。
2. 我们对食物的反应取决于多种因素，其中最大的影响因素是我们独特的肠道微生物，而不是基因。
3. 调整你的饮食也会改变你的肠道微生物，继而改变你对食物、压力、情绪的反应，并帮助你减重和减少炎症。
4. 我们与他人几乎共用一套基因，却仅仅共享约 25% 的肠道微生物，正是它们才让我们变得独特。
5. 我们对食物的反应会随年龄而变化，同时受到更年期、激素状态、压力、睡眠质量以及疾病的影响。这造就了我们每个人的独特性，并贯穿一生。

食物的未来是什么样的？

早在18世纪，经济学家罗伯特·马尔萨斯就断言人类会不可避免地面临饥饿，因为人口增长的速度总是快于我们生产充足食物的速度。这个略显悲观的世界观对我们的思想有着深远的影响。虽然在20世纪80年代也曾有这类可怕的预言，但我们如今能生产足够地球上所有人需要的能量（每人平均2800千卡）。然而，不患寡而患不均，一边是8亿人在忍受饥饿，另一边则是美国等国家每天生产的食物总能量是国民需求的两倍，欧洲也好不到哪儿去。我们只需要将这种过剩的食物产能减少到30%，同时更好地平衡供应链，并在发展中国家稍微减少点食物浪费，我们就能节约1/3的全球食物供给。遗憾的是，操作起来远没有想象的那么简单。

鉴于食物的选择和农业活动给环境带来了灾难性影响，我们很可能会看到发达国家肉制品的消费量持续下降，取而代之的是蛋白产品（如植物基乳制品）和其他非乳产品。同样值得关注的是，增加小扁豆、杂豆、大豆、全谷物、坚果、种子、菌菇类的消费量，也是一种减少动物蛋白质消耗的好方法。同时，要增加我们所吃的植物的多样性，全面汲取来自各种植物营养素的好处。虽然这类植物食材的热度日益高涨，但是对我们大多数人而言，它们仍然不是日常饮食的主流，这对我们的健康和地球而言都是莫大的遗憾。此外，我们不仅要着力于用更好的食物替代现有方案，还要拥抱新科技，寻找制造食物的创新方式。

如果我们在 1909 年拒绝了弗里茨 · 哈伯的创新点子——把空气中的氮气转化成氨，并用作化肥，我们如今将是何境地？单单这一项发明，就让全球粮食产量增加了约 40%。尽管氮肥的应用在农业上取得了巨大的成功，但是如今也成了环境问题的一部分。它的不当使用破坏了生物多样性，导致河流污染与全球变暖。土壤中过多的氮肥会被微生物转化成一氧化二氮，这是一种主要的温室气体。这种气体不仅留存时间久，而且导致全球变暖的威力是二氧化碳的 300 倍。此外，还有制造化肥所需的大量化石燃料的碳排放，占到了碳排放总量的 1%~2%。尽管简单地把所有食物生产变成有机方式以避免使用化肥是个解决方案，但这显然可能只让少数几个富国受惠，而全世界其他国家都会遭受饥荒。还有别的办法吗？

许多豆科作物都拥有一种能吸引固氮真菌的基因，它们能把这类真菌聚集到其根部，而无须额外施肥。其他植物和谷物，则需要对其中的三个基因稍作调整才能拥有固氮的能力，又或者像豆科作物一样，把固氮的微生物吸引到根部为己所用。这些方法都能通过精准的基因编辑技术实现。尽管不再使用氮肥是一个有利于地球环境的好目标，但是欧盟和绿色和平组织等依旧认为转基因技术是有悖于伦理道德的，在此领域工作的科学家们甚至还会受到不公的待遇和威胁。

许多欧洲人都难以接受转基因食物，这是由转基因食物常年的不良公众形象以及“弗兰肯食品”[①]等给人洗脑的口号所致，还因为生产这些转基因食品的大集团在过去总是把利润置于公众利益之上。但是转基因技术的发展是不可避免的，正如传统动植物育种者会孜孜不倦地寻找新物种一样。过去，我们欣然接受利用伽马射线引起随机基因突变的物种，如今却对更加复杂的技术避之不及。更重要的是，经过三十年，尚没有证据表明转基因食物不安全，更何况新一代基因工程技术使用了剪刀般的微小细菌酶，对目标基因可以进行更精准的操作。因为公共舆论和一系列限制性法规及条例的阻碍，只有几家大公司（当然没有小公司）还能在这个行业存活下来。而在全球范围内，也只有十多种转基因作物被大规模种植。然而，我们知道转基因技术没问题。一个由欧盟资助的针对 147 项转基因研究的荟萃分析表明，在转基因作物中，农药的使用量平均下降了 37%，而产量增加了约 20%。这一获益在经济不发达的国家会更加明显，因为这些国家的病虫害管理水平普遍较低。总的来说，目前转基因技术能带来的经济价值大约是每年 150 亿美元。[1]

在巴西，约有 75% 的主要作物（如玉米、大豆和棉花）采用了转基因种子。这些种子里特殊的 Bt 蛋白能让这些作物自然抵御绝大多数害虫，而无须喷洒农药。此举增加了产量，降低了成本，但有个陷阱需要我们额外留心——毕竟昆虫也要摄食，它们不会坐以待毙，部分当地的昆虫已经通过改变自身基因变得能抵御 Bt 蛋白了。所以将植物基因工程作为一项增加全球粮食的策略需要定期对环境进行监测，这将是一场人与自然之间旷日持久的竞赛。虽然 1994 年以来就

① 源自《科学怪人》这部科幻小说中的怪人弗兰肯斯坦，意指转基因或者基因工程修饰的食物，为民间流传的负面称谓。——译者注

有了转基因作物，比如保质期长的番茄、富含维生素 A 的黄金大米，但它们至今也未能被普遍接受。

此外，我们还有能抗巴拿马病的香蕉，以及富含铁和锌的转基因木薯，这些作物听起来都相当有益于健康，而且安全。不过考虑到公众目前对转基因作物如此抗拒，要是提及食用转基因动物，那估计会更加恐怖了。

如今基因工程改造的速生三文鱼在加拿大售卖，由一家叫水赏科技（AquaBounty）的科技公司向水产养殖户供应。显然，它吃起来跟人工饲养的普通三文鱼没什么两样，但该公司花了约十年时间才说服美国采购，并通过了美国食品药品监督管理局的批准。供给美国市场的基因工程改造三文鱼被安置在印第安纳州一个守卫森严的设施中，四周不仅布满监控设备，还安装了电网，三文鱼插翅难逃。所有的基因改造三文鱼都被认为是不育的雌鱼，但奇迹就是发生了。与植物不一样的是，三文鱼具备游几千英里的能力。所以保险起见，最好让这些基因改造物种远离江河湖海，以及它们天然的近亲们。学术机构也制造了一些基因改造动物，使其拥有对特定感染的抵抗力，继而减少了动物因感染造成的大规模浪费或死亡，比如猪感染猪繁殖与呼吸综合征病毒、鸡感染禽流感或者奶牛感染乳腺炎等。科研人员还尝试了其他的可能性，如去掉牛的角，或者通过修改乳牛的基因以防止乳糖不耐受。但这些技术目前仍被视为不值得耗费大量时间和金钱获得审批，毕竟公众怎么都不会买账。不过，十年后，若是资源依旧持续减少，估计我们就不这么挑剔了。

说起转基因微生物，我们就没那么抵触了。数百万人如今都依赖用转基因微生物制造的药物，从胰岛素到疫苗无不如此。食品公司如今也开始培养大量不同的酵母和真菌当作蛋白质，尽管需要消耗大量的能源以及植物提取物来支持它们生长。芬兰的食品科技公司“太阳食品”（Solar Foods）研发出一种低能耗方法，可以利用空气中的水培养细菌制造一种与大豆类似的可食用蛋白质食物，叫“索林”（Solein®）。这种特殊的细菌以空气中的二氧化碳、水中的氮气和气泡[①]为营养来源。这种技术最初用于给火星太空计划提供食物，由65%的蛋白质、25%的碳水化合物和10%的脂肪组成。培养单细胞生物所产生的碳排放量，仅为生产肉的1/100左右，是种植农作物的1/10。这家芬兰公司还计划以后使用太阳能，让生产过程更加经济环保。目前该产品已经作为约20种食品的基础成分进行实验，该公司希望它能很快实现商业化。除此之外，美国和英国还有很多其他有着类似计划的初创公司。随着我们对这类聪明微生物的了解更加深入，我们很可能会利用它们开启新的世界。

未来的汉堡

肉类正面临来自其他创新领域产品的竞争，比如人们正在往传统的汉堡肉饼里填充大量对环境友好的菌菇。我们预计，只需要替代汉堡肉饼中30%的牛肉，就相当于减少200万辆小汽车的排放量。市面上还有很多大豆基和豌豆基产品。美国公司“别样肉客”（Beyond Meat）以豌豆蛋白为基底，添加菜籽油、椰子油以及大量添加剂和化学物质，再加入少量甜菜根汁，使其生产的汉堡肉饼看起来

① 意为以空气中二氧化碳和氮气，加上利用电解水产生的氢气作为食物，能量来源为电能。——译者注

更像红肉一些。另一家快速崛起的公司是位于硅谷的“不可能食品公司”（Impossible Foods Inc.），由来自斯坦福大学的天才生物化学家和遗传学家帕特·布朗创立和运营。除此之外，帕特还发明了第一种研究基因表达的方法。帕特是一位严格的素食主义者，坚信减少肉类的生产是让地球可持续发展的最重要的一个途径。2009年，他利用大学学术休假的机会探索替代食品，在300万美元种子融资的帮助下找到了他的答案：一种视觉和味觉上都像肉的植物肉汉堡。

不可能食品公司的汉堡肉饼由一种名为植物血红素的蛋白制作而成。这种蛋白质是豆类植物根系上由真菌形成的粉红色小球。血红素含有在血液循环中负责携带和运输氧气的铁元素，这种蛋白质就是肉类中特殊味道和“血腥感”的来源。不可能食品公司的研究团队分离了真菌中能制造血红素的基因片段，并将其插入普通酵母的基因组中，这样酵母就能自己制造血红素。然后他们把这种改造后的酵母放入大桶里培养，收获了植物血红素后，再与谷蛋白粉、土豆、椰子油和香辛料混合，来制造一种富有肉的质感、味道鲜美、烹饪时香味四散，而且有其他素汉堡产品所没有的“血腥感”的汉堡肉饼。它尝起来相当美味，不过团队还在持续改进配方，以求更接近“真肉”的口味。制造植物肉的温室气体排放量比生产普通的牛肉汉堡饼少80%~90%。而且人体试验表明，即使在这种非植物肉汉堡饼中额外使用了食品添加剂来黏合各种成分且让其更加美味，与普通的牛肉汉堡饼相比，它对心脏也有潜在的益处（基于血液标记物的推断）。[2]这种基因改造的植物肉汉堡似乎找准了它的定位。

当然，真正能改变市场方向的还是价格。这类植物肉汉堡起初价格非常贵，但是在肉业巨头（如泰森食品和嘉吉）开始投资并实现量产后，价格就降低到接近传统牛肉了。美国的牛肉价格大约是每磅

5美元[①]，别样肉客和不可能食品公司的汉堡价格分别是每磅9美元和11美元，未来数年预计能进一步降低30%~40%。

这种“血红素汉堡”在科学上的对手则是“干细胞汉堡”。后者采用了与治疗癌症和阿尔茨海默病，以及置换关键器官一样的细胞培养技术。学者马克·波斯特带领一个荷兰科学家团队经过10年努力，把分离的单体牛干细胞培养成肌肉纤维从而制作汉堡。他们把单个的细胞放在培养皿中，用动物体液（如胎牛血清，对素食者不太友好）滋养这些细胞生长。严格来说，这并不是素食版本的肉，而是一场在规模方面的博弈。一个提取自牛的无害干细胞理论上能培养成供数百万人食用的肉制品，所以我们能把目前地球上饲养牛的规模减少到30 000头驯化牛。2013年，该团队产出了第一个成品原型，并在伦敦召开了一场盛大的新闻发布会，获得了科学界而非美食界的赞誉。那时候每个汉堡的成本约为20万英镑，所以鲜有人觉得这种产品具备可行性。但是他们错了，一旦能够在商业融资的加持下规模化生产，其价格便会飞速下降。

八年过去了，如今已经有超过70家利用干细胞来制造肉的公司。他们还发明出一种用于培养细胞的植物基营养液，并使用一种巧妙的方法成功解决了细胞营养循环和排除有毒废液的技术问题，最终使成本大幅下降。来自以色列的“未来肉科技”（Future Meat Technologies）公司声称能够花7.5美元生产一块鸡胸肉。英国剑桥的一家公司正在用猪肉的干细胞制造培根，研究者把脂肪和蛋白质分开培养，最后用食用胶黏合在一起。它是否能精准模仿培根的口味，或者说能否成为

① 1磅约等于453.6克。——译者注

犹太教食品尚不得而知。而其他一些公司则致力于在实验室制造贝壳类水产和“人道”的鹅肝以供应美食市场。如今去新加坡的一些餐厅坐坐，你就能用23美元（在以亏损价销售）买到一份由鸡肉干细胞培养而成的鸡块，这是由美国汉普顿溪食品公司（Eat Just）制造的。其他国家很可能会紧随其后，批准这类实验创新食品。然而要让这些试管中长出的肉尝起来与真正经历过户外运动的牛的整块牛排肉接近，还是颇有难度的。目前已经可以买到还过得去的鸡块、香肠和碎肉产品。这种以细胞培养为基础的技术，能制造牛奶和乳制品，再加上微生物发酵，还能进一步制作成奶酪。这估计要比现有的纯素奶酪好吃不少，甚至与那些用乳制品的副产品大规模生产的超加工奶酪不相上下——虽然这些奶酪本身的味道都不怎么样。

替代肉产业的新进展还有3D打印的植物蛋白牛排。为了解决质感欠缺的问题，星级大厨马可·皮埃尔·怀特通过鬼斧神工的厨艺，赋予了这种素牛排以假乱真的均一质地和口感。[3]这类产品的真正问题在于它们并非真正的肉，因此更应该被视为蛋白质的替代品，需要我们谨慎地思考这类食品对健康的意义。与真正的牛肉汉堡相比，这种替代蛋白含有更多的膳食纤维、饱和脂肪酸和钠，而且它们在人体中的代谢产物迥异。许多植物蛋白汉堡可能是含有乳化剂的超加工食品，经常吃这类食品也会对我们的长期健康不利，正如经常吃加工肉制品对身体有害一样。

替代蛋白产业如今仍处于起步阶段，就像21世纪初的电动汽车行业。2021年的一份行业报告表明，实验室干细胞培养肉制品的公司在2020年吸引的融资就增长了6倍。而且出人意料的是，在民意调查中，有80%的受访者表示“愿意尝试”这种从巨大的细胞生物反应器中培养出的肉。[4]它所需要的就是等待一个价格和供给能力的引爆点，彼时消费者会觉得吃这类肉制品比咀嚼死去的动物身上的廉价肉强多了。一些预测认为，这会在未来五年内实现。这个产业对环境的重大影响是我们将把现在的大型猪牛养殖基地改造成大型工业级别生物反应器，并由风力发电机和太阳能板驱动。这类产品有一个很大的优势就是，我们能操控培养细胞的环境使肉制品变得更加健康，比如额外加入 ω-3 这类多不饱和脂肪酸，或者减少脂肪含量，通过模仿牧草的营养效应来改变培养基的构成。

还有一项激动人心的食品科技是利用菌类和发酵菌类来制作替代肉类产品。其中一些菌类培养的过程实际上还能实现碳中和（即不产生净碳排放）。此外，因为菌类几乎能在任何地方快速生长，所以它能成为一种蛋白质、膳食纤维、多酚和维生素 D 的优质供体，当然也十分美味。我们或许还不得不习惯让一些更有实力的食品公司和谷歌等科技巨头来承接所有的肉类和替代肉类产品，因为只有它们才有能力负担这笔巨大的投资。除此之外，还有什么更新的消息吗？

未来的食物

菌菇、真菌、大豆和豌豆蛋白能用来制造肉类替代品，比如素肉糜和素肉香肠，但这类食品通常都是超加工食品，因而对健康未必有利。

事实上，有上亿种昆虫能给我们提供大量可持续的廉价蛋白质。在亚洲很多国家，人们把这些昆虫当作美味享用，尤其是常常被视为农业害虫的蟋蟀和蝗虫。一些公司已经开始销售蟋蟀蛋白零食和蟋蟀蛋白粉——能在市郊的小厂区完成生产，可以添加在面包和糕点中。

蟋蟀蛋白粉的铁含量比菠菜更高，每克产品中的蛋白质含量是牛肉的两倍，维生素 B_{12} 含量与三文鱼相当。目前这个赛道上已经有很多玩家了，其中美国的一些公司有令人过目难忘的名字，比如唐·布吉托（Don Bugito）、比蒂食品（Bitty Foods）、丛林与昆虫（Jungle and Ynsect）。查普尔（Chapul）牌食品已经在全球连锁的全食超市销售，因为这类食品已经渐渐跻身主流。只需要些微加工，你甚至可以吃到你最爱的抹茶风味昆虫，当然还有椰子、生姜柠檬、花生酱和巧克力口味的。如果你觉得用蛆泡的茶别有兴致，南非就有这玩意儿。一家位于开普敦的公司利用当地餐馆的厨余垃圾饲养了 80 亿只黑水虻并孕育成蛆（当地人喜欢称之为幼虫），并因此斩获大奖。[5]

这些蛆可不是你家里常见的那种传播疾病的苍蝇所产，而是一类更健康、更大的杂食性动物——黑水虻的幼虫。同时你大可不必生吞还在蠕动的蛆，它们会被事先干燥，然后磨成无害且富含钙和蛋白质的粉末，尝起来（显然）相当可口。目前这种蛆蛋白粉只出现在宠物食品中，不过我相信很快它就可以出现在我们每一餐饭中，正如植物肉汉堡一样。

地球的大部分都覆盖于水下，因此地球拥有 2 万多种不同的海草，而其中只有很小的一部分为人类所开发并食用，不过现在涌现出的很多新公司正在打破这个局面。某些淡水藻类能被大规模养殖，并用来生产蛋白质，作为鸡蛋的替代品，还能作为 ω-3 脂肪酸和其他潜在健康补充剂的来源。水生植物和种子也能在水下培植，它们不仅富含营养素，还有捕捉碳足迹的潜力。不过，我们对这些碳的探索尚处于起始阶段。

人口的增长是我们致力于挖掘更多食物来源的主要原因，所以无论是来自干细胞还是虫子，我们都需要抛开对替代肉和替代蛋白的偏见，逐渐接纳它们。我们还应当采纳那些看上去缺乏美感的创新技术。在中国，人们越来越多地通过大棚技术提高利用可耕种土地的效率，因为大棚技术不仅成本低，而且能让土地的单位产量增加两到三倍。在2022年，大棚的土地占比仅有1%~2%，不过现在这个数字正在迅速增加。我们现在已经有了可以按需给奶牛挤奶的机器人了。美国的铁牛公司（Iron-ox）生产了颇具未来感、装载有机械手臂和种子托盘的温室大棚。这种机械自动化农场生产出的农作物能满足本地和城市不同规模的需求。如果顺利的话，这种高效的机械化就能解决一直以来人工和运输成本高昂的问题，因为相比于制造超加工食品，这类问题是生产全天然食物的掣肘因素。

我已经强调了超加工食品及其生产厂商的问题所在，但他们其实对自己的失败心知肚明。所以如今每一家大型食品公司都组建了各自的健康研究团队，研究肠道微生物组和个性化营养，为必然到来的那一天备战——健康机构最终会把人体肠道微生物的功能和安全性测试作为批准新食材和新配料的必检项目，而不仅仅止步于对鼠类进行肝脏测试。他们已经在一些新开发的超加工食品（如零食和早餐麦片）中加入一些益生菌和益生元进行测试。非常奇怪的是，新一代巴氏灭菌的（死的）微生物也能被用于新食品中，因为其细胞膜上携带的微小蛋白质可能有潜在的健康益处，比如一种来自肠道的叫嗜黏蛋白阿克曼菌的死菌就能对抗肥胖信号的通路。[6]这些公司还在研究如何为那些有健康问题的人提供个性化的食品。诚然，我们无法在完全不依赖超加工食品的情况下养活全球人口，因此鼓励食品工业对超加工食品进行健康升级，降低其成瘾性，让其对地球更加友好是非常合理的。

小时候看《星际迷航》的时候，我就想象如果我们未来的食品都是五颜六色的液体会怎样。Huel 和 Soylent 这样的公司已经在尝试通过这样的全营养粉形式代替传统食品，并宣称可以数周完全依赖于他们的液体代餐。这在某种程度上获得了成功，至少在全天伏案工作或者是宅家打游戏的年轻人中备受青睐。尽管大多数人在吃代餐的过程中的确体重减轻了，但这往往是因为他们并不享受吃代餐的过程，单纯地吃得更少。人类及其肠道并不是为只吃流食而设计的，况且代餐中的营养素都是以单体化合物的形式添加的，而非真实的植物，可能无法完全代替食物。我们珍视与他人一起享用食物带来的社交和情绪价值，而尝试过代餐的消费者也反馈称，吃代餐最差的体验就是这种人际交流的缺失。

之前我们讨论过人类的个体差异性和个性化营养。在未来，我们每个人都会知道自己的身体对特定食物的反应，也能拥有一份按照对代谢和微生物的健康程度排序的食物清单。餐馆的电子菜单能与你的智能手机或者手表同步，并给你个性化的推荐，或者超市里的自动化电子标签会针对每个顾客显示信息。但这些会如何影响我们进食的习惯和时间呢？难道家长们需要准备四种不同的餐食吗？这是否意味着家庭餐的消失？我们对这些如何实现尚不清楚，但我希望当我们所有人都认识到膳食中多样化植物食材的重要性时，大多数食物都会是一样的，但我们能够自选一些附加项，比如选鱼肉还是鸡肉（无论是真的还是人造的）。更加现实的是，我们将更有可能同意轮流选择公共膳食，这样我们的日常膳食就会有更多的变化。食物种类越多，它们造成任何伤害的可能性就越低。

尽管前路艰难，但相较于五年前，现在的我对我们食物的未来以及我们能否明智地运用科技抱有更加乐观的态度。为了达成这一点并做出正确的抉择，我们所有人都应当更了解果腹之物，而不是任由几家公司控制我们的认知并替我们做选择。享受优质而美味的食物依旧是刻在人类骨子里的基本愉悦感，我也确信它在我们生活中的重要性不会衰减。

打造专属的节制饮食

食物的未来注定是非常多样化的。虽然许多实验室都在利用尖端食品科技制造叹为观止的替代食品，但是我们还是渴望自己种植蔬菜、在家里烤面包点心以及与大自然亲近。在新冠肺炎大流行期间，更多人开始在自家种植食物，有的人会在厨房窗台上种一些微型蔬菜、水芹、沙拉菜等。其中微型蔬菜被吹捧成“世上最有营养的食物”，它或许能解答如何提升植物食材多样性的问题，因为种植成本低，在小厨房也可以种。养鸡户在此期间也实现了超乎寻常的增长，因为但凡有点地方的人都决定自己养下蛋的母鸡，所以大家都排着队等着买小母鸡。[7] 挖野菜也空前火爆，英国有很多人开始在户外绿化带采菌菇、挖野生大蒜。此外，一些关于如何种植浆果、根茎蔬菜的教程一直处于热搜状态。

另一个大概率会持续下去的趋势就是节俭度日，以及多吃完整的食物。除了部分被严峻的生存危机打击过而心有戚戚的人，其他人都会基于经济、道德、健康和环境因素选择这样的方式以减少浪费，并提升食物的多样性。比如吃花菜外面那层深绿色的菜叶，它富含多酚和铁元素；还有吃动物性食物时尽量把每一块都吃干净，连内脏也不落下。那些名为“变废为宝蔬菜汤”和“过期水果奶酥”的食谱越发受欢迎，这也带动了家庭厨余堆肥的热潮。

个性化的智慧膳食

我们正处在一个比自己的父辈更加病恹恹和短寿的境况中，这可能是人类历史上首次发生的代际衰退，但并非不可避免。如今已经有数百家生物技术公司都致力于研究营养和微生物，也募集了数十亿英镑的创业资金作为支持。目前有超过 800 个研究微生物与各种疾病的临床试验，其中相当一部分会获得成功。这让我们能更好地理解食物的复杂性以及它如何与我们的肠道微生物交互。这些研究本身也能为对抗感染、免疫问题甚至多种癌症提供新的疗法。一些糖尿病患者如今已经可以只控制好盘中的食物就轻松摆脱药物，比如减少让血糖飙升的食物，而吃一些让血糖状态稳定的食物，包括富含脂肪的牛油果。益生菌和益生元目前也被证实能抗衰老。更极端的方法是粪菌移植技术，它如今渐渐成为治疗肠道感染、结肠炎和癌症的主流方法。

*

在不久的将来，我们都将拥有为自己定制有证据支持的营养膳食的工具。正如我现在就知道葡萄和葡萄干能让我们的血糖一过性地升高到与糖尿病患者无异的情况，每个人都将拥有可穿戴的人工智能设备来监测健康以及对食物的代谢反应。未来的这种进步能让我们写出属于自己的膳食指南，并且基于自身、肠道微生物和地球的健康来选择膳食。

未来食物的五大趋势

1. 本地种植的应季水果和蔬菜终会渐渐回归我们的厨房。
2. 我们很快会吃上实验室里以合乎道德的方式培养出的肉、鱼和真菌蛋白食品。
3. 随着人们环保意识的提高，替代肉类和替代乳制品会持续多样化发展。
4. 基于新科技和人工智能的个性化饮食评分会逐渐替代官方的膳食指南，并基于个体的生理特征改变我们对食物的选择。
5. 为了规避超加工食品对健康的损害，有必要对其进行改进。

那么，今晚吃什么？

我们在食物上犯下的可怕错误或许在给孩子准备餐食的过程中体现得淋漓尽致。在英国和美国，儿童常吃的都是如今被我们认定为对健康无益甚至有害的食品，如各种脆片型超加工食品、零食、比萨、果汁、早餐麦片、含大量添加糖的水果酸奶、速食餐、加工肉和鱼类。高超的食品营销手段和不实的食品标签会误导家长，让他们以为所购买的食品是适合孩子的。然而，事实表明，在英国和美国 12 岁以下的儿童中，多达 1/5 的儿童有肥胖问题，并且这个数字还在持续增长，在最贫穷的儿童群体中尤为突出。[1]我们同样需要禁止餐厅里那些完全没必要的“儿童套餐”——这个问题在那些儿童肥胖问题不常见的国家几乎不存在。我们应该让孩子在生命早期习惯吃真正的食物。

生命最初的 1000 天——从受孕那一刻直到孩子两岁生日，是关系到孩子健康最重要的窗口期。它不仅绘制了成年期的健康蓝图，而且此时的肠道微生物组有着最强的可塑性。若是我们从孩子出生起就用那些人造食品喂养他们，比如超加工的配方奶粉、预制水果泥、白面包、牛角面包、超加工蔬菜棒、含有大量添加糖的奶酪、薯片和炸鸡块，然后配上果汁、调味乳制品，甚至是汽水，我们就完全忽视了孩子身体和大脑的关键基石。

作为成年人，我们对下一代负有责任。而日益严重的社会不平等问题在饮食方面体现得最显著，粮食安全保障欠缺会直接影响人们的膳食选择，继而令肥胖和2型糖尿病问题变得几乎不可避免。这些影响会由全社会共同分担，而我们的健康基础设施乃至经济亦会在这种重负之下支离破碎。在家庭教育中让孩子学会选择、制作和食用真正的食物，是我们赠予下一代最珍贵的礼物，也是所有人都应当花时间去做的事。与食物保持亲密的接触，亲手准备和烹饪，实则会赋予我们控制感、感激之情以及连接感，这些是我们极易丢失的东西。

几十年来，政客们对不合理膳食在健康方面所造成的灾难性影响视而不见，所以我们若认为政府能迅速出台关键政策，那实在太天真了。曾有迹象表明，该问题或许正被提上议事日程，比如前面提及的丁布尔比在2021年提交的《国家食品战略》报告。但是正如我们在2022年目睹的那样，英国政府对此闪烁其词。实际上他们不敢采取真正的行动来逆转这个趋势，并引用"保姆国家"[①]来回绝，觉得政府不应过度干涉个人的选择。如果不采取强硬的立场去推行，许多已经为政府所接受的建议依旧难以实现。我的希望和信念是，我们或许能通过一种根植于生活且接地气的方式来改变这个体系，即通过这种公共教育给个人赋能，以改变其自身行为并言传身教地影响其他人。过去五年，我为了撰写此书做了很多研究，同时获得了改善生活的很多发现，因此我殷切地希望读者也能从中有类似的发现。正因食物和

① "保姆国家"指对人民推行过多保护性政策的国家。这个词由英国保守党国会议员伊安·麦克劳德于1965年12月3日的《旁观者》专栏提出。——译者注

我们自身的健康有着天然的异质性，再加上每个人的肠道微生物组独一无二，我自然对坊间流传的个人逸事持谨慎的态度。但经常有人会问起我的个人生活习惯和膳食情况，所以我还是希望把个人经历当作例子分享，或许其中的一些想法和我的食物选择能帮助读者去尝试。

我的个人食物选择之旅始于一次“医学惊吓”，当时我的体重是 84 千克。在此前的十年内，我的体重在我毫无觉察（我天真地认为那是肌肉）的情况下缓慢攀升，而腰围比我的理想尺寸要大 4 英寸。我初次尝试改变膳食也相当简单，仅仅就是不吃肉了。这点改变也迫使我寻求更多的植物食材。我不得不在每餐饭端到我面前的时候都停顿一下，并问自己这些食物里究竟有什么东西。同时，我还有意识地减少了盐的摄入量，并持续了一个月，结果跟很多人一样，我发现尽管我做出了不小的牺牲，但我的血压竟然没什么变化。随后我通过阅读了解了更多植物性食物的益处，于是决定试试纯素饮食。我尝试了一个多月的时间就成功了。尽管在此期间我觉得吃肉很羞愧，但真的难以执行，不是因为不能吃肉，而是因为那时我在美国旅居工作，只有极其有限且品质欠佳的食物可供选择。当然，我对真正的奶酪的渴望也确实按捺不住。

在接下来的几年里，我习惯了一种无肉、富含植物和乳制品、偶尔来点儿鱼的膳食模式。能送货上门的有机蔬菜和水果帮了我的大忙。坚持了一阵子后，我调整为如今非常流行的素食有机套餐，包括一整套搭配好的食材，连草本香料和烹饪指南都有。这样一顿饭通常在半小时内就能做好。生鲜到家服务不仅丰富了我的食谱，还为我每周植物食材的多样性增色不少，而这些对我的肠道微生物都大有裨益。如今在外就餐时，我渐渐变得敢于尝试新食材，而且多数时候都会有惊喜的发现。而对个性化食物的深入研究也有助于我进一步提升食物的多样性。我还能兴致勃勃地来到城中的角落，在土耳其人经常逛的蔬果店里一探究竟，而且往往能找到一些看上去饶有趣味的蔬菜、水果或者是形形色色的菌菇。

我如今以一种截然不同的态度看待植物，会选择那些叶片看上去更红一点儿或者色彩更浓的品种，因为这表明它们蕴含保护性多酚，或者选择看上去更新鲜点儿的。我开始另辟蹊径，寻找色彩奇异的植物，诸如紫色的胡萝卜、土豆、洋姜，对球生菜、黄瓜这样寡淡无味的植物兴致全无。我把它们都换成了卷心菜家族里名目众多的其他各种蔬菜。当我学会了如何以各种有趣的方式去烤、蒸和煎炒蔬菜时，也就能轻松驾驭它们了。

自从了解焦糖化和美拉德反应后，我就真的想要把所有食物置于似乎有魔力的140℃中，用平底锅或者烤箱为食物增添更多风味化学物质和滋味。蔬菜只能用清水煮如今看来无疑是个误区。此外，我的草本香料储备也逐渐丰富起来，而且我开始以做实验的心态把漆树嫩芽之类的植物加到吐司上的牛油果中，或者用大量混搭的草本香料烤红薯、花菜或者三角包菜（hispi cabbage）。我还尝试用冰箱里剩的蔬菜做咖喱或者中东菜，都很有趣。我对烹饪油也变得更加挑剔，除了高质量的特级初榨橄榄油，几乎不再用其他烹饪油，而且无法容忍任何有酸败迹象的油。如今，我不再害怕让一道菜更丰富，比如用柠檬或者醋调节酸度，也会随心所欲地加点酸奶、开菲尔、酸奶油，还有盐或酱油。

我对肉和鱼的看法也随之改变。2011年，我认为“红肉有害，而鱼肉有利”的证据已经相当明确。如今我发现这个边界开始模糊。尽管深加工肉类一直对健康不利，但是并没有什么有力的证据表明优质的红肉比鱼肉更不健康，至少对多数人都是如此。我对吃鱼本身的可持续性也颇为担忧，因此我现在更少吃鱼了，即使要吃，也会直接从鱼贩那里购买本地知名的优质品种。除此之外，我也会一个月吃一两次优质的草饲有机肉或者萨拉米香肠，这样能保证我体内的维生素 B_{12} 水平不会过低。有时我还会吃有机散养鸡下的蛋。这么做给我的确切感受是，不吃肉也不是世界末日。

在了解所有这些存在于坚果和种子里的脂肪、蛋白质、膳食纤维和其他营养素后，我更加有动力把它们加入更多的菜肴中，几乎每天吃上一把——要么加在早餐的酸奶里，要么是午餐跟水果一块吃，或者撒在晚餐的菜肴上。菌菇也经常出现在我餐盘里，而且我尝试把它们加到更多不同的菜肴里，并根据时令选择不同的品种。它们是蛋白质、膳食纤维、多酚和维生素 D 的绝佳来源。把菌菇加入碳水类食物中，还能增添一丝鲜味。

我尝试每天至少吃一种发酵食物，经常超额完成任务，吃了好几种。当然少量发酵类食物也算数，比如一小杯开菲尔或者康普茶、酸奶或者咖喱和辣味炖菜中的那点泡菜。我也开始自制发酵食物，包括酸奶、开菲尔、康普茶、辛奇、德国酸菜和酸面包，尽管成功率不稳定。起初，我制作康普茶的红茶菌母沉底了，让我担心了一把，但我的个人经验就是，耐心等待它重新浮上来。我家的冰箱则常年塞满了各种发酵用的菌母，有斑点的、装着浑浊的奇怪液体的瓶瓶罐罐。有了康普茶，你能在几天内目睹红茶菌母把暗红色的红茶慢慢变成清亮、略带酸味和有气泡感的复杂饮料。所以不难想象，我们的肠道每天也经历着类似的过程。

最新的证据还表明，时不时给肠道微生物放个假有利于健康。除了减少零食，只要条件允许，我就会禁食 14 小时。在周六晚上开始会比较容易，晚上 9 点吃完饭后到周日上午 11 点再来一顿早午餐。

每当我感觉良好或是发觉体重增长时，就会间歇性断食一天，几乎不吃食物。

偶尔我也小酌两杯，多数时候都会选择红酒，不过我知道要掌握好量并不容易。我们都能合理化自己的选择，比如我选择喝酒就是出于享乐，以及这么做可能还有助于我的肠道微生物，毕竟我大多数时候都选择富含多酚的红酒，偶尔会喝点精酿啤酒或果酒。与英国和其他国家的数百万人一样，我也参加过远离酒精的“一月戒酒”运动，对锻炼自控力来说，这是很好的一堂课。不过，与其在 12 个月当中戒一个月，还不如把戒酒的 30 天分散到一整年，后者才是更健康的做法。所以我试图（注意“试图”这个词）每周都有一天远离酒精。在这些难熬的日子里，康普茶就是完美的替代品，再加上一系列无酒精啤酒，我安然度过。

我们的一位合作伙伴马修·沃克是加州大学伯克利分校研究睡眠的专家，也是《我们为什么要睡觉？》这本畅销书的作者。在他的助力下，我也发现了睡眠质量和节律在减少血糖波动，以及影响肠道微生物功能方面的重要性。我们体内的微生物本身也需要一个良好的作息规律，以此配合它们本身的生物钟。我们的 PREDICT 研究发现，早点睡觉以及不吃夜宵对代谢来说都是有好处的。我也曾效仿哈扎人（与我们祖先类似），每晚 11 点睡觉，第二天黎明时分醒来，以保证每晚 7.5 小时的睡眠时间，然后每天午后再打个盹。食物和饮品都会影响我们的睡眠质量，它们的权重甚至与睡眠时长相当。我曾经试着把喝酒的时间限制在晚间更早的时间段，以此减少酒精对睡眠质量的干扰，而睡前则来一杯草本茶舒缓助眠。

我的个性化膳食

有幸作为第一批加入 ZOE PREDICT 研究的受试者之一，我现在对自己的微生物和代谢系统在吃不同食物时的反应有了一些独特的认知。[2] 而且由于能够在家自测相关分数，我们能一直跟踪分数是如何随着年龄的增长和健康的改善而变化的。研究结果允许 ZOE 程序对我选择的食物进行打分，从 100 分（放开吃）到 0 分（避免吃）不等。

在启用动态血糖监测仪的时候，我受到的第一个打击就是，我发现在大多数日子里，早晨的首次血糖数据表明我的空腹血糖水平竟然被划分在糖尿病前期的范畴中。我的祖母在 70 岁时死于 2 型糖尿病的并发症——心脏病，因此我很可能遗传了这个家族的易感基因。因为我的血糖基线水平很高，所以当我在吃一些富含淀粉的食物（如米饭、土豆）时，血糖反应如此强烈也就不足为奇了。所幸，并非所有淀粉类食物都让我的血糖反应如此强烈。我还发现跟大多数人一样，在吃 ZOE 提供的测试用玛芬蛋糕的时候，我在中午吃要比早上吃的血糖反应大得多。但是我的血糖峰值在晚上并不高，这与大多数人不甚相同。[3] 这再次印证了我的直觉——“午餐吃饱”对我来说并非明智之举。

我每天中午吃一个三明治的习惯已经持续 25 年了，而且我对餐厅里新鲜出炉的面包毫无抵抗力，所以我对面包的高糖反应着实令我困扰。因此在我的 ZOE 食物评分中，满分 100 分为“理想”状态，而大多数面包的评分都在 0 分附近徘徊，除了那些添加了很多种子的面包，或者是黑麦面包，尤其是德式面包。所以我尝试着吃那些至少含有一些黑麦的发酵酸面包（自制面包的 ZOE 评分更高），而且会搭配一些含有脂肪的食物，比如奶酪、牛油果，以降低血糖反应。如今我偶尔还是会被一个香喷喷的热乎牛角面包、贝果或者法棍诱惑，但是我对它们的态度与之前截然不同，我会确保它们的味道好到值得我出现高血糖反应。所幸，在吃大多数米饭和意大利面（ZOE 评分为 30~40）时，我的血糖水平都没有明显的大幅波动，所以我对意大利餐和亚洲餐的血糖反应通常都不错，不过我本身就很注意平衡蔬菜酱汁与意大利面的比例，也会尽量少吃那些糯米饭。同时我还知道燕谷米比我原先以为的要有营养，而且有利于代谢。我现在偶尔会吃意大利土豆团子（Gnocchi），它是一种用精制土豆粉制作的小吃（ZOE 评分为 0 分），所以我吃的时候会搭配核桃、菌菇和西蓝花来平衡一下。吃中东菜时，我通常不选古斯米（9 分），除非真的只是极少量，一般会换成吃布格麦（45 分）、珍珠大麦（77 分）或者藜麦（46 分）。

在我的日常饮食中，早餐可能是十五年来变化最大的一餐。我过去习惯用各种各样的什锦麦片（0~4 分）和橙汁（0 分）当早餐。在冬天，我通常会换成燕麦粥，而且以为买有机的压片燕麦（0~10 分）比较健康。现在我开始选择那种浸泡和烹煮时间更长的钢切燕麦粒（40 分），最好是大批量生产的。如今，大多数情况下我在吃早餐时都会选择全脂酸奶混合开菲尔，再加入坚果和种子，以及水果或浆果粒，冰冻的和新鲜的都可以。

在水果方面，我开始选择更加多样化的品种，不再每天例行公事地来一根香蕉（38 分），毕竟它对我血糖的影响不算小，苹果（68 分）和梨子（62 分）则更好，所有的浆果（黑莓 77 分、草莓 75 分）都更好。葡萄（36 分）竟然是我的克星，而且我经常吃过量。我如今只会吃少量葡萄，而且会跟奶酪一起吃，这样的确有助于降低糖的吸收速度。坚果里的脂肪似乎也有助于降低吃水果的血糖上升反应。但要注意的是，在吃碳水类食物时加点儿脂肪并非对所有人都友好。

在 ZOE PREDICT 研究中，我非常迫切地想探索身体如何代谢和处理食物中的脂肪。当官方医学指南基于我的性别、年龄和家族心血管疾病史，推荐我服用他汀类药物时，我就更想了解了。我年过六旬，相当健康，也有着一套良好的肠道微生物组。我的餐前血脂（LDL 和甘油三酯）都处于健康范围内的低值，所以我对获得良好的 ZOE 评分很自信。但最终结果令我大跌眼镜——我的血脂反应属于男性中最差的 10%。在进餐 6 小时后，仍然有过多的脂肪游离在我的血管中。

这令我相当沮丧。我还天真地以为我的身体能处理大量的脂肪，但显然我错了。所以我不适合传统的生酮饮食，因为这种饮食模式的理想脂肪占比是 70%。我恰好处在一个前有虎、后有狼的境地，既不能吃太多碳水化合物，也不能吃太多脂肪。我还得格外留心脂肪的种类，以及一次吃多少。不过因为我甚少吃肉，而且食用高品质的特级初榨橄榄油、牛油果和坚果，所以优质的油脂对我而言不是问题。唯一的拦路虎就是奶酪。虽说我可以不吃奶酪，但这对我来说犹如一场灾难，因为我会失去我最爱的食物之一与极佳的益生菌来源。如今我尽量减少每次吃奶酪的量，并且尽量选择那些用最原始的方式生产、富含益生菌的奶酪，这样就为我的身体争取了消化的时间。尽管我的 ZOE 血脂得分很低，但我并没有因此拒绝那些优质食物中的天然脂肪。我还是会吃黄油、全脂奶油和酸奶，不过不怎么喝牛奶。如果要喝牛奶，我会选择全脂的有机牛奶，也会更多地选择营养强化且对地球更友好的燕麦奶。不过一次不能喝太多燕麦奶，否则我的血糖水平会升高。

一个人去改变自己的生活习惯是一种非常独特的体验。我已经不再喝橙汁和其他果汁了，因为它们含糖量太高。当我得知喝这些饮料的血糖反应竟然跟喝可乐一样强烈的时候，就彻底放弃它们了。我以前还会偶尔来一杯代糖饮料，不过在发现我的血糖对三氯蔗糖（最常见的人工甜味剂）有反应，并知道它对肠道微生物不友好后，我尽可能不碰代糖饮料了。不过我并不走极端路线，因为我始终认为偶尔摄入几罐代糖饮料和少量添加剂不会伤身，只要不是经常为之就可以。在每天的习惯上多下功夫要比吹毛求疵重要得多。比如我会买品质更高的咖啡和茶，因为每天来几杯咖啡和茶对我来说是更加可行的方案，会帮助我提高多酚和膳食纤维的摄入量。如今市面上有些特调咖啡宣称其富含多酚，不过如果你喜欢茶，我建议你养成喝绿茶的习惯。

我的静息代谢率和预估的静息能量需求比一般人都要低，这说明我格外需要注意我的能量平衡和吃的食物，以免体重增加。跟其他很多人一样，我也觉得每周运动几个小时会让人保持很好的精力和健康状态，而且无疑对我的心脏有益。不过这对保持我的体重毫无帮助，因为我的身体会通过代偿来弥补运动消耗的这部分能量，力求让身体的脂肪储备保持稳定。我现在每周会骑行 5 小时，在夏天则会保持游泳的习惯。这些运动大概率对我保持体重起了点作用，不过要看到明显的减重效果，估计运动量得加倍。大多数人都无法通过运动来减肥，除非他们常常去跑马拉松，但是一些实验表明，长期运动能降低减重后体重反弹的概率。[4]

*

写这本书的时候，世界正处于严重的食物与经济危机中，所以我深知选择吃什么有多难。很多家庭必须在吃热腾腾的饭菜和洗个热水澡之间做出选择，而我很幸运，每天都能二者兼得。对很多人而言，准备食材和做一顿饭的时间颇为奢侈，不过我希望这本书能帮大家破除对最贵的“超级食物”以及限制性饮食的迷信，明白它们并不能利用食物的力量让我们健康。价格昂贵不代表这种食物就是超级食物，而廉价也不代表不健康，有些基本不经加工的食物其实非常健康。那种微波炉热一热就能吃的预包装蒸谷米，出乎意料地比更昂贵的大米更有营养。在菜市场、超市蔬菜架、蔬果店里售卖的完整植物食材，通常也比肉类和方便食品更加便宜。本地产的时令浆果、物美价廉的杂豆、坚果和种子都能与那些异域的食材媲美，并且还能冷冻、干燥，甚至以罐头的形式保存。冷冻的豌豆和浆果、罐头番茄和杂豆，甚至焗豆（取决于其使用的酱料种类）也是物美价廉的好选择。连带皮的烤土豆或者煮土豆也能成为多样化膳食中的完美角色。如果觉得购买有机食品并不现实，就用流动的水彻底清洗果蔬，这么做有助于减少残留农药的摄入。

了解哪些食物最适合自己固然重要，不过也不应该因此小瞧烹饪和与他人一起吃饭的重要性。与另一个人共享一桌或者一盘食物是我们人类最重要的一种社交方式。在那些以长寿而闻名的地区，如利古里亚、撒丁岛、冲绳或克里特岛，当地居民的长寿或许更应该归功于他们到晚年都与他人共享佳肴。邀请他人分享，一同进食，能促进你的健康，提升幸福感。[5]

我们也不应忽视其他与健康和肠道微生物相关的生活方式。显然吸烟对我们有害，吃多少蓝莓也不能抵消这种危害。而同样的危害还存在于那些深加工的代餐棒或者用化学物质冲配的代餐粉中，因为单纯达到“理想体重”不应该是我们的主要目标。

跟很多人一样，我也不是时刻都能遵守我的饮食规则，时常也会禁不起诱惑，或者是处于一些最好从众而不是给人添堵的社交场合中。所以关键在于尽可能遵循健康膳食方案，就算失败了，也不要仅仅因为偶然的失误就自责。没有人能做到完美，而且我们的身体生来就对奇怪的外卖和生日蛋糕有强大的适应能力。要遵循这本书所有的建议是不可能的，但力所能及地改变某些日常习惯，肯定有利于你和地球的健康。

希望你现在已经了解食物是如何制作的，以及其成分是如何影响你的身体和环境的。本书的第二部分会进一步详述每一类食物，也会给你一个个性化工具包，来帮助你做出健康又美味的食物。

五个终极小贴士

1. 争取每周吃30种不同的植物食材，力求饮食多样化。可以在冰箱门上贴一张便利贴来提示自己。
2. 悉心对待孩子的肠道菌群和膳食，并教育他们吃真正的食物。
3. 一定要避开超加工食品，它会让我们的健康受损。
4. 多测试吃各种食物后的反应，这样能帮助你对自己的身体和个性化营养需求有更好的了解。
5. 把每次对食物的选择当作与你自身以及地球未来的健康交易的机会。

2

食物

水果

水果长期与赏赐、繁盛、丰饶、财富和健康联系在一起。尽管人类因为进化才爱上并享用各种水果，但如今很多人对各种花里胡哨的小零食欲罢不能，以至于英国政府不得不把多吃水果纳入“每天五蔬果”这种全球饮食战略中。从历史角度来看，水果一直被认为有药用价值，自从维生素C被发现后，它们的地位就更是攀升了。目前大多数国家依然认为水果与蔬菜应该被同等看待，澳大利亚等国家就建议水果摄入量应该是蔬菜的一半。而“每天2和5”运动，即推荐每天吃2份较大分量的水果和5份中等分量的蔬菜①，主要是担心水果中的糖抵消了其他益处。那么研究数据得出了什么结论呢？

一项有68万欧洲和美国受试者参与的观察性研究表明，吃水果有一定的健康益处，不过相当有限。经常吃水果的人每多吃80克水果，患心脏病的风险仅仅下降了5%。这个数据虽然可信，但考虑到那些经常吃水果的人通常更加富裕、受教育程度更高，本身就更健

① 这里的份是根据澳大利亚膳食指南对不同水果和蔬菜的大致能量来估算的。较大分量的水果通常为一份150克，中等分量的蔬菜是指每份约75克。——译者注

康，这点风险也就微不足道了。这些混杂进来的因素，几乎没有可能完全规避。中国慢性病前瞻性队列（China Kadoorie Biobank）① 在对超过 50 万人进行观察随访后发现，多吃水果与少吃水果的影响比西方人群大——在中国的十个区域，吃水果都能降低 30%~40% 的心脏病风险。[1] 这个差异性很可能是由于中国人群的水果摄入量基线相对更低，所以能够提升的空间（或者偏倚）相对较大。

因为富含膳食纤维、花青素苷以及其他对健康有益的多酚，理论上这类水果就应该是肠道微生物的最佳拍档。不过这真的有据可查吗？很可惜，大多数关于人类微生物的观察性研究都把水果和其他植物食材混在一起了。而且，迄今的大多数研究也都把所有水果作为一个整体，仅仅有少量的研究会把浆果单独拆分出来。我们用招募的 3000 对英国双胞胎进行队列研究时缩小了水果的范围，我们发现，相较于基本不吃草莓、樱桃和葡萄的人，每周吃 5~6 次的受试者肠道微生物多样性更好。给啮齿类动物喂水果，通常也能改善它们的肠道微生物。其中一项研究发现，给超重的小鼠喂苹果果胶膳食纤维 6 周后，它们的肠道微生物改善了，体重也减轻了。在另一个研究中，给实验老鼠饲喂槲皮素——一种出现在深红色浆果、蓝莓或者黑布林（还有洋葱和刺山柑）中的多酚，结果老鼠肠道中对抗肥胖的微生物增多了，体重也下降得更多。

跟往常一样，在人身上做的关于水果的研究只有不多的几个短期试验。对蔓越莓干的研究表明，它能增加肠道中的嗜黏蛋白阿克曼菌的数量，而这种菌通常与减重有关。另一种有益的肠道微生物，另

---

① 中国慢性病前瞻性队列，又称中国嘉道理生物银行。它收集了 2004—2008 年中国十个地区的 51 万名 30~79 岁的男性和女性的问卷、身体数据和血液样本，旨在调查慢性病。——译者注

枝菌属（*Alistipes*）的增加，与红葡萄、葡萄多酚和蔓越莓有关。一杯①生蓝莓的冻干蓝莓粉也能增加肠道中长双歧杆菌的数量。但遗憾的是，这些研究只是小打小闹，因为没有一项研究招募的受试者超过15人。[2]虽然证据尚不确凿，但目前的初步结论是，无论你的肥胖程度和血糖水平如何，适量吃水果对健康和肠道微生物都是有好处的。

日常的水果

苹果之于英国人就像杧果之于印度人，并且常常被英国人视为“国民水果”。它们最初是古希腊时期在哈萨克斯坦的野苹果树上培育出来的，由罗马人带到了北欧。如今有记载的苹果品种超过7500种（单在英国就超过2000种），其中许多都冠以“粉红佳人”和“嘎啦”的专利或者注册商标。维多利亚时期的人吃的苹果品种要远远多于现在，他们还经常举行苹果晚宴来炫耀自己的老到与鉴赏力，正如我们的品酒会一般。

一个苹果可能看起来相当简单，但是它的基因数目是我们的两倍之多，因此拥有自我复制的能力。相比之下，我们人类反而显得粗糙多了。这些基因赋予苹果极为丰富的化学物质，可用于供能、自我保护、装饰外表。这让苹果拥有精准调控成熟度的能力，并使苹果有丰富的风味和口感。每一个品种都含有数量不等的多酚和营养素，即使是同一棵树上的苹果，每一个也不尽相同。苹果中的果胶是一种被

① 一杯为体积单位，作者所在的英国使用的是“帝国杯”（imperial cup），一帝国杯的容量约等于284毫升。——译者注

低估了的膳食纤维，被认为对维持健康体很重要，甚至可能有助于减肥。据说，每日一个苹果的健康收益甚至与服用他汀类药物相当。[3]尽管未必真的能让“医生远离我”，但它至少能让“肥胖别烦我”。

杏子以“长得像比较心急的桃”而闻名。因为它们成熟的速度比桃子要快很多，所以整体生命周期也较短。英国大多数的杏都依赖进口，但这类水果显然不适应这样的旅行。英国的杏通常味道寡淡，尽管颜色能说明风味，但你不尝一口还真的无从辨别。处理它们的最好方式是自然风干，这样能保持其中的多酚的完整性。如果你对其颜色还比较挑剔的话，加点二氧化硫就能起到护色作用，不过杏干的糖含量也较高。

梨也有着长达数千年的种植史。尽管有人认为有超过 3000 个品种的梨，在 17 世纪的邱园中也种植了 600 余种梨，然而如今大多数商店里售卖的只有一两个品种。在英国，90% 的梨都是“展会梨”①这个品种。相较于苹果，梨含有的多酚更少一些，但它同样是膳食纤维的好来源，而且含糖量较低。通常来说，梨的皮和核都很值得一吃，因为它们含有的多酚比果肉多十倍。梨含有一种非常独特的“去甲基化”多酚，不过我们对其功能尚不清楚。榅桲（又名木梨）是梨的远亲，因其含有大量的单宁多酚，生食难以下咽。而一旦将其煮熟，这些原本无色的多酚就会在色、香、味三个方面同时蜕变，其中类胡萝卜素（一种植物色素）让果实拥有了迷人的一抹红。榅桲果酱可以说是奶酪的绝配。

新鲜的英国本地西梅难觅踪迹，十分可惜，因为它们含有的多

① 又音译为康佛伦斯梨。这是一种秋季收获的西洋梨，由托马斯·弗朗西斯·里弗斯在英国培育而成，因其 1885 年在伦敦举行的全英梨展会上获得一等奖而得名。——译者注

酚远超一众核果，且富含膳食纤维和维生素C。本地精致的西梅皮薄多汁，因此不适合运输，而进口的品种虽然皮实多了，但风味不足。

被干燥处理后，西梅就成了著名的西梅干。把成熟的西梅放在热风通道中迅速脱水，使其中的多酚大量富集，并呈现深紫色，让西梅干得以量产。这种方法不需要额外使用硫化物作为防腐剂。当然，西梅干最为人所知的一面是能帮助排便。因此，美国人甚至对购买西梅产生了莫名的羞耻感。早在十年前，美国加利福尼亚州西梅协会正式决定把西梅改成“李子干”，自此销量大增。靠西梅干解决便秘问题已经有长达几个世纪的历史，这是基于膳食纤维既能保持水分，又能增加大便体积继而软化大便的理论。但这仅仅是故事中的冰山一角，发挥关键作用的是西梅干中众多的化学物质和膳食纤维。其中一种物质叫山梨糖醇，它无法被我们的小肠消化，但能被肠道微生物发酵。然而，只有一部分人拥有这种能发酵山梨糖醇的特定肠道微生物，因此对他们而言，西梅就是强力泻药。

桃大约在6000年前在中国被培育，慢慢被传到了欧洲，又被西班牙人带到了北美洲。英国国王爱德华一世显然在13世纪的威斯敏斯特花园中种了桃树。如果没有皇家园丁的助力，桃树是难以在英国这样的气候条件下生长的，但全球变暖可能有助于此。桃树有3000多个品种，其中绝大多数都在中国，美国也有超过300种。常见的品种有着白色或者黄色的果肉，其中的化学物质与扁桃仁几乎一致，所以现在对桃子和扁桃仁同时过敏的现象相当常见。采摘桃子的时候，香味是其成熟度的最佳指标，熟透的桃子不应该泛着绿色的底色。与通常的颜色规则相反的是，白色果肉的桃子要比黄色果肉的桃子含有更多具有抗炎效果的多酚，不过新鲜的红色果肉桃子则能让其他桃子都相形见绌。为了吃起来更方便、更卫生，现在还有肉核分离的桃子品种，但是无论是风味还是营养价值都要差得多。

油桃并非桃子和李子的杂交品种，而是基因突变的桃子。它仅仅在编码“毛桃”的那一个小小的基因上与普通桃子不同，在营养、气味和口味等方面都与桃子如出一辙。非常神奇的是，有些桃树既能结普通桃子，也能结油桃。其他的杂交品种还包括约 3000 年前首次在中国培育出的像甜甜圈一样的扁桃子。十年前，在巴塞罗那旅游的时候，我第一次见到这种桃子，彻底被其美妙的口感和完美的甜甜圈身形迷住了。意大利语称其为“pechos planos”（平胸桃），令人尴尬。而西班牙语称其为“巴拉圭桃”，听上去好很多，这是因为当地人误以为这是来自巴拉圭的品种。

柑橘类水果

橘子、柚子和香橼应该是来自印度和中国的柑橘类水果之母。在大约 2000 年前，阿拉伯人和犹太人先后把这些酸酸的水果带到了意大利南部，将它们培育成一个新的甜橙品种。苦橙则是香橼和橘子杂交的品种，也是柑橘类水果中最酸的一种——柠檬酸含量为 8%；柠檬则是香橼和苦橙的杂交产物，柠檬酸含量为 5% 左右；橙子由橘子和柚子杂交而来；而葡萄柚是柚子和橙子的杂交产物，含有一种特殊的、名为柚皮苷的涩味化学物质。其他突变和杂交的新品种接踵而来，极大地丰富了这类滋味丰富的水果库，因为柑橘类水果的果皮厚，风味浓郁，甚至能持续一个冬天不散。为了更好地适应运输，橙子的皮变得越来越厚，味道也越来越甜，不过人工催熟的方法会让靠近中心的果肉更加坚韧，也没那么甜。它们特殊的果皮颜色源于对温度相当敏感的类胡萝卜素这种多酚。在热带地区，柑橘类水果成熟后还能保持绿色；而在相对寒冷的地区，其成熟后则变成橙色。橘子、温州蜜柑等多籽品种，以及其果子更小的表亲小柑橘都会因储存时间越长而酸度下降，继而变得越甜。

葡萄柚曾经是传统英式早餐的一部分，但随着我们越来越爱吃加糖的谷物和果酱，很多人如今开始嫌它太苦了。尽管葡萄柚的维生素 C 或者多酚含量并非最高，但富含花青素苷和番茄红素，尤其是产自美国佛罗里达州和得克萨斯州的红色果肉突变品种。至少有三项人体试验表明，食用葡萄柚有助于降低血压。[4] 不过葡萄柚中的数百种化学物质也能影响超过 85 种药物的作用，原因是它们会干扰代谢这些药物的关键酶。其中小部分药物的药效会被削弱，而大部分会被增强，尤其是那些作用于免疫系统、心脏和脂质代谢的药物，比如止痛药、镇静药，甚至万艾可。它们还可以加速咖啡因的代谢。柑橘类水果中含有的物质远不止维生素 C，即使你没有坏血病，它们对你而言依然是强有力的良药。

尽管出于历史原因，我们对柑橘类水果有种莫名的狂热，但是如今我们知道其实很多蔬菜和水果中的维生素 C 含量比柑橘类水果更高，比如羽衣甘蓝、荔枝和草莓。其中维生素 C 含量最高的水果很可能是一种叫费氏榄仁（又名卡卡杜李）的水果。这种水果是居住在澳大利亚北部偏远地区的原住民发现的，一个小小的果子就能满足人一周的维生素 C 需求。

橙汁

如今被用于榨汁的橙子要比以整果食用的销量高出三倍。世界上首款果汁产品在美国诞生，它以浓缩冰冻的形式售卖，顾客买回家解冻并用水稀释后即可饮用。这款产品很快就被预先稀释到位并经过巴氏灭菌、保质期较长的版本替代。后者能够被保存在纸盒或者罐头里，其中加了不少糖和添加剂，以保证其稳定性。在 20 世纪 80 年代，新的加工技术让橙汁以更加天然完整的形式保存，而不是以浓缩的形式售卖。然而，大多数人都不知道这种形式的果汁其实也是超加工食品。目前全世界最大的果汁品牌都归跨国巨头所有，比如纯果乐（百事公司旗下品牌）、美汁源（可口可乐公司旗下品牌）。它们让这种市场规模巨大的加工饮品拥有了较长的保质期，而且口感顺滑均一。它们还往果汁中加入果肉，以赋予其更加自然的口感。那些来自美国佛罗里达州、巴西或者西班牙的橙子会在装箱前一年就被分拣和榨汁，之后再以“新鲜”橙汁之名送到店里。在经过巴氏灭菌后，橙汁会被放置在一个巨大的无菌罐子里，而罐子中充满氮气，没有氧气。所有这些加工步骤都会破坏果汁的风味物质和一些营养素，以及维生素 C。而这些损失的风味物质需要在后期重新加到果汁中，被称为“风味包”。这是行业的秘密，而且无须在标签上公之于众。风味物质中含有来源于橙子的天然浓缩物质，比如丁酸乙酯这种能体现“新鲜感”的化学物质。为了保证橙汁一年四季都有稳定均一的口味，生产者会加入其他化学物质、天然色素和糖，来平衡颜色、酸度和甜度，以讨全世界甜食爱好者的欢心。这个产业的价值仅仅在美国就超过 40 亿美元。尽管橙子本身是时令水果，但几乎每家酒店、餐厅和家庭都能每天随时从冰箱里取出一瓶橙汁。在欧洲，只有大约 1/3 的果汁以鲜榨的形式（非浓缩）售卖，在英国约是50%。

浓缩果汁的名声不太好，这是因为对该类产品的添加糖和添加剂的管理都相当宽松，更何况口味还不佳。但是为了挽回销售额，其产品标准最近略有提升，而且在口味测试环节中也表现良好。出乎意料的是，与超市售卖的所谓“新鲜果汁”相比，冷冻的浓缩果汁很好地保存了营养素和维生素C。

市售的“鲜榨”橙汁如今是个大产业，但是只有10~12天的超短保质期。不过这些产品还是跟你在家榨的果汁有所不同。留意一下，你会发现这类产品中的固态物质并不会分层沉底，这是因为这类产品经过轻微的巴氏灭菌，灭活了绝大多数致病性微生物和维生素，同样也会灭活让果汁固液分离产生沉淀的酶。

橙汁健康吗?

尽管果汁有着较高的含糖量，但依然被当作健康食品来宣传，皆因大多数果汁（如果里面真的有水果的话）都含有一定量的维生素C、营养素和多酚。在大多数国家，一杯果汁相当于“每日五蔬果”中的一部分蔬果配额。然而，尽管喝果汁从营养价值角度来说比喝一罐橙味汽水要高些，但比不上真正的水果——从果皮到其他一切。在英国，每10个人中就有8个人至少每周都会喝果汁或者果昔，并认为这是很健康的。不过这个趋势在2012年达到顶峰后，人们对果汁含糖量的担忧给其销售迎头一棒。其中一些国家的膳食指南慢慢才修改关于水果的推荐，开始强调吃整果的重要性。

针对橙汁及其健康效应的临床试验并不多。其中一个是在西班牙进行的随机对照双盲实验，它对比了一种“非浓缩”橙汁（美汁源）与另一种多酚含量高的果汁的健康益处，受试者是 100 位超重的人。试验结果表明，受试者血液里整体的抗氧化物含量有改变，这一点在论文中被强调了一番（部分赞助来自可口可乐公司）。[5] 但是背后还有一些没有被强调的部分事实，即受试者的空腹血糖和胰岛素水平也都提升了。喝一大杯橙汁等同于一天吃下了大约 12 个橙子，但是并没有从橙子皮与果肉之间的橘络部分获得相应的膳食纤维，以及额外的多酚。哪怕你真能一下子吃掉 12 个橙子，它们对你的血糖的影响也不会特别大，而加工过的果汁必然会让你的血糖先飙升后骤降，继而让你感到饥肠辘辘。短期的试验并没有发现喝果汁会导致体重增加，但几乎没有针对果汁的长期高质量试验。在缺乏临床数据的情况下，我们只能依赖观察性研究，比如美国对 12 万健康专家进行的大型前瞻性研究。这项研究发现，吃整果的人患糖尿病的风险和总体死亡风险都较低，而喝果汁的人则会有轻微升高的糖尿病风险，不过对总体死亡风险没有影响。[6] 总之，橙汁并不是健康饮品，偶尔在家鲜榨喝喝就够了。

浆果

浆果通常是指任何夹杂着种子但又没有大果核的肉质水果，包括香蕉、黄瓜和辣椒等较大的果实。不过这里只讨论那些典型的小型浆果，如草莓、树莓、蓝莓、蔓越莓，还有野樱莓、酸樱桃、枸杞、诺丽果和巴西莓（阿萨伊果）这些新成员。

蓝莓是土生土长的北美浆果。在 20 世纪 30 年代前，它在英国并不为人所知，如今它变得很受欢迎。多亏了本地的大棚果农和南半球的种植户，我们才能一年四季都吃到蓝莓。蓝莓中的绝大多数多酚都在外皮里，而且矮丛蓝莓（经常被误称为“野蓝莓”）的多酚含量要比欧洲的普通高丛蓝莓高出 50%。蓝莓的果实一开始是绿色的，然后会逐渐变深，待果子都变成蓝色就能吃了。蓝莓的近亲是黑果越橘，又称欧洲蓝莓或山桑子。它们看上去跟蓝莓很像，但是吃起来口感更丰富，也更酸。

树莓主要有两种：红色的是欧洲本土的野生品种，黑色的是美洲和亚洲的品种。因为含有很多种子，树莓家族的膳食纤维含量最高。树莓家族还与黑莓或者树莓繁衍出一系列杂交浆果，比如罗甘莓、博伊森莓等。它们对健康的益处都非常类似。

草莓则是一种全世界都很流行的水果，无论是新鲜草莓，还是加工草莓。现代那种又大又多汁的亮红色品种是由野草莓繁育而来的，是为数不多的我们还能吃到的几种古老浆果之一。这种小小的水果如满天星辰般点缀在树篱和灌木丛里，遍布全世界。由于通常是采当季第一批成熟的浆果，因而具有重要的文化意义。我甚至在我的伦敦小花园里种了几株草莓。草莓自 15 世纪左右起就在中世纪花园里很流行，因为人们觉得它散发出来的气味宛如爱情药水。除非你亲自去摘野草莓，否则就别奢求以便宜的价格买到或是在餐厅吃到从森林里采摘的野草莓了。如今草莓不仅价格昂贵，而且都是在塑料大棚里种植的。

欧洲超市里主要的草莓品种依然是艾尔桑塔（荷兰中熟品种）。它是由荷兰人在 20 世纪 90 年代初育种得来的，有着较硬的质地和美丽的外观，不过味道一般。在盲品口味测试中，它的味道不敌那些其貌不扬但芬芳的表亲。选草莓的一个技巧就是避开那些底部有一个白圈的种类。这种草莓是刻意在未成熟的时候采摘的，是以牺牲草莓口味为代价换取好看的外观。然而不像桃和香蕉，草莓摘下来后无论放多久，都不会变得更熟，只会腐烂。所以如果它们还没成熟就吃的话，不仅没有好的口感和风味，而且营养价值不高，相当令人失望。昆虫们跟我们人类一样喜欢草莓，所以在喷洒农药的植物中，草莓的农药残留量几乎冠绝群雄。草莓要好好洗干净后再吃，而且不宜过早清洗，否则它们很快就会烂掉。

草莓难以在接近北极的寒冷地区生长，因此斯堪的纳维亚半岛上那些喜欢吃草莓的人捣鼓出一个吃草莓的妙招。北极光鲽体内有一种基因能够让它们产生一种抗冻剂。于是科学家把这个基因片段插入一种有益的细菌中，然后把这种细菌及其产生的抗冻剂喷洒在草莓上，这样就能给草莓披上一层完美的抗冻外衣，以抵御北欧的寒冷。在吃之前，北欧人会清洗干净草莓上的转基因细菌，然后大快朵颐！

甜樱桃在气候凉爽的国家能稳定生长，其深红色果肉就是多酚类化合物的绝佳来源。甜樱桃独特的风味来自一种类似扁桃仁的苯甲醛和萜类物质。实验室中也经常合成这类风味物质，来给加工食品和饮料增添风味。

醋栗是一种英国和欧洲大陆的本土野生浆果，至少有三种颜色。尽管未能入选“超级浆果”名单，但它的膳食纤维和多酚含量还是被认可的。令人感慨的是，醋栗的后台不太硬，所以没有人宣传它的健康功效。不过，它在制作馅饼、果酱和果干零食方面表现出色。有意思的是，很多英格兰和加拿大的小孩子都被大人忽悠，以为他们是在醋栗丛里出生的。

浆果是人们谈论和研究最多的水果，因为它们对健康有益。某几个品种的浆果甚至被称作“十年难遇的健康食品”或者“世界上抗氧化物含量最多的食物”。每当有一种新的浆果出产，它就会被冠以“超级食物”的美誉。最早的“超级食物”称谓来自美国南北战争期间，当时人们用黑莓茶来治疗痢疾这种消化道疾病。当北方联邦军和南方联盟军宣布暂时休战时，人们得以有机会搜寻这种水果。我们并不知道黑莓茶是作为安慰剂还是仅仅作为人们去丛林间散步的绝佳借口，因为当时痢疾的暴发并没有好转的迹象。

在东非的灌木丛中与哈扎狩猎采集者短暂相处期间，我第一次尝到了真正的野生浆果的味道。这种浆果与我在英国本地商店里看到的任何一种都不一样。色彩丰富的“康戈罗比”（kongorobi）是当季最常见的水果，学名双色扁担杆（*Grewia bicolor*），大约有小豌豆那么大，有点像带着金红色、黄色和绿色的彩虹糖，中间还有一粒较大的种子。人们通常一次吃一把，然后把籽吐掉。它的味道既有柑橘类水果的涩感，又混杂着一丝丝甜味，而且这种甜味会随着果实被晒干而越发浓郁。这大概就是我们的祖先在水果因为驯化和选择性育种而变得面目全非之前吃的东西。尽管康戈罗比浆果很小，但是蕴含丰富的多酚，含量大约是现代浆果的 20 倍。它们也富含膳食纤维，其中的种子还富含亚油酸等健康脂肪酸。

超市售卖的典型浆果产品的营养价值要比野生的品种低，不过即使如此，它们也仍旧是很多营养素的丰富来源。单独一杯混合的浆果能提供的膳食纤维是同样一杯苹果或者香蕉的两倍之多，或者与三片全麦面包的含量相当。它们还富含维生素 C、钾、叶酸和多酚，其中的原花青素让它们有了绚丽的外表，还有强大的抗氧化能力。作为一大类水果来看，浆果中抗氧化物的平均含量是其他水果和蔬菜的近 10 倍（是动物性食物的 50 倍）。所以它们被冠以“超级食物”的美名，并非浪得虚名。不过我们还是得看一些确凿的数据。

作为在英国进行的双胞胎研究的一部分，我们观察了近2000名女性受试者的饮食习惯，发现每天至少吃一份浆果，可以显著降低血压和动脉硬化程度。那些吃浆果最多的双胞胎总体上体脂率更低，身体脂肪的分布也更健康。为了排除偏倚因素，我们还进一步考察了那些一同长大的双胞胎中一个吃很多浆果而另一个不怎么吃的情况。在排除了基因、大多数社会和家庭因素干扰的情况下，我们更加肯定了浆果与更低体脂率之间的关联。这种差异大致可以量化成：双胞胎中那个每周吃三次、每次至少吃200克浆果的人，会比另一个不怎么吃浆果的人少约8%的身体和中心（内脏）脂肪。

那么认为浆果能帮助我们改善记忆力，以及令我们精神振奋的传言又是怎么回事呢？这些证据来自一些观察性研究和短期的临床试验，质量参差不齐。其中一项美国的研究招募了16 000名退休的护士，研究表明常吃浆果会让大脑退化的速度推迟约2.5年，同时与预防帕金森病和潜在的癫痫有弱相关性。[7] 另一个使用安慰剂果汁作为对照组的试验中，磁共振成像扫描显示大脑活动存在神奇的差异。[8] 其中还有一些随机对照试验表明，喝三个月浓缩的葡萄汁，能够改善正常人和记忆受损的老年人的大脑功能。[9]

一项为期6个月、针对120名成年人的随机对照试验发现，蓝莓粉与改善认知水平有关。[10] 年轻人的数据表现更佳，一项针对71名年轻人的随机安慰剂组对照试验发现，蓝莓汁在仅仅几小时内就能够有效改善情绪和注意力。[11] 这个研究进一步覆盖了年龄更小的儿童，发现蓝莓汁能在短期内提升孩子们在智力测试中的表现，并维持数小时。一项更长期的研究让7~10岁的儿童受试者每天喝一杯由等量的浆果榨成的果汁，结果发现他们的认知能力提高了，但是阅读能力并没有提高。[12] 这些结果表明，把蓝莓汁当作考试前的早餐是个绝佳的主意，但是直接吃一碗蓝莓其实更方便。

据说，浆果还能防癌，不过那些试管实验数据并不能说明什么，因为在真实的生活中，癌细胞不会跟草莓真正亲密接触。在为数不多的几项人体试验中，没有一项是无瑕疵的。有一项研究招募了 14 名患有家族性结肠息肉病（通常是结肠癌的先兆）的患者，以测试冻干黑树莓的“抗癌”作用。这个试验发现，所有的患者在使用树莓制成的“栓剂”（肛门给药）9 个月后，效果良好。[13] 另一项中国的研究也发现，冻干的草莓与预防食管癌可能有一定的关系，但证据并不确凿。

减肥浆果

在美国，树莓酮片（又称覆盆子酮片）被吹捧为“市面上迄今为止最强大的减肥补充剂”，这是一条价值数十亿美元的减肥产业链。酮体事实上仅仅是水果中 200 多种化学物质中的一种，它赋予水果鲜艳的红色和气味，但并非唯一重要的化学物质。树莓酮的那些“惊艳的结果”全部来自两个小型的小鼠酮体实验。第一个实验是 2005 年在日本做的，仅有 6 只小鼠作为动物实验对象；第二个是在韩国的实验，发现服用树莓酮后几只小鼠成功减重，并改善了与脂肪代谢有关的激素。[14] 英国食品标准局并不相信这些数据，因而仅仅允许这种树莓酮作为“新食品原料”注册，以此有效禁止其作为功能性食品销售。2014 年，为了进一步限制这种产品，英国食品标准局还禁止吹捧其减肥“奇效”。在 2017 年的一项小鼠实验中，研究人员没有发现任何一项宣传的减重益处。这就揭露了在此前的有效实验中，在小鼠身上使用的树莓酮剂量相当于人要吃 1 千克市售树莓酮片。[15] 然而即使欧洲普遍对其下了封杀令，它仍通过亚马逊在欧洲各地在线销售，这就生动地说明一旦有这些假货，要消除其影响太难了。

对那些不容易被忽悠的人而言，这类产品可能只是无伤大雅的玩笑。但在2014年，24岁的医务人员卡拉·雷诺兹在与男友闹了一场矛盾后，吞下了一大把树莓酮片，接着很快就失去了意识，再也没有醒过来。后来，研究者发现这种树莓酮片中含有咖啡因，因此大剂量服用是致命的。然而更加讽刺的是，卡拉·雷诺兹的身材其实非常健康，根本不需要任何瘦身片。这种号称“天然”的药丸至今仍在高价售卖，然而其天然来源树莓不仅更加便宜、美味、健康，而且大量食用也很安全。

酸葡萄和浆果

通常来说，浆果越酸，它的药食同源特性就会被宣传得越响亮。

奇异果就是一种略酸的浆果，它源自20世纪50年代的葛枣猕猴桃（*Actinidia*），一种平平无奇的中国水果。自20世纪70年代开始，它先是换了个洋气的名字不说，还在新西兰被吹嘘成“包治百病”的水果。奇异果最好直接吃，跟菠萝一样，加热会让其释放出一种危险的蛋白酶。这种酶会破坏其他食材，并可能导致严重的皮疹。其他的一些研究（其实只有一项）表明，奇异果含有血清素这种大脑化学物质，能促进睡眠。中国台湾一项对22名失眠症患者展开的研究显示，睡前吃2个奇异果使睡眠时间延长了约13%。但是在没有对照组的情况下，这很可能是由安慰剂效应所致。这项研究在BBC纪录片中被重复了一次。参与者是一名来自英国的志愿者，他声称奇异果改善了他的睡眠。但是如我们所知，电视上的实验真的不能全信。[16]

另一种更有说服力的助眠食物是酸樱桃，也叫蒙特默伦西樱桃。这种酸酸的亮红色水果含糖量很低，所以果农们需要为它们的销售另辟蹊径。酸樱桃含有天然的褪黑素，而褪黑素最基础的功能就是抗氧化，同时能帮助哺乳动物入眠。在许多国家，褪黑素补充剂被证明对倒时差有一定的作用。有些非对照研究最好别信，但有一个有安慰剂组的对照试验招募了 20 名受试者，让他们喝一杯酸樱桃汁或者是安慰剂果汁，结果发现酸樱桃汁确实有助于睡眠，并且能提高他们体内的天然褪黑素水平。[17] 另一项设有安慰剂组的小型对照试验表明，酸樱桃汁帮助了 8 名失眠症患者改善了睡眠，而且这种效应是由大脑中的色氨酸等不同化学物质的改变引起的。所以，对大多数人来说，在睡觉前来一杯酸樱桃鸡尾酒肯定比一杯传统的威士忌更合适。

据说酸樱桃还在提升运动员的表现、抗感染、预防心脏病和痛风方面具有“神奇”效果。许多宣传都基于一些质量低下的研究，所以我对此一直存有怀疑，直到我读了一篇发表在知名学术期刊上的随机对照研究论文才改变了想法。在这个试验中，15 名有轻度高血压的男性受试者在服用酸樱桃汁补充剂 3 小时后血压竟然明显下降了 7 毫米汞柱。[18] 酸樱桃种植者后来还赞助了一项影响力稍小的研究，该研究表明酸樱桃补充剂能够改善人类的肠道微生物。

严格来说葡萄也是浆果，在全球的知名度大概仅次于香蕉。它最初也是很酸的，是罗马人将其带到了英国。如今英国已经有超过 500 个葡萄种植园，不过大部分都用于酿葡萄酒。从 2007 年起，无籽葡萄开始在英国和其他较寒冷的国家种植。通常来说，一簇枝上的葡萄数量越多，它们含有的营养素越低，酿成的葡萄酒质量也就越低，不过直接吃的话没什么问题。在过去，葡萄是人们去医院探望亲友必带的水果之一，不过如今它的健康益处渐渐被遗忘了。葡萄含糖量很高，膳食纤维含量中等，而且主要来自葡萄皮和其中的籽。红色或黑色的葡萄比白葡萄中的多酚含量要高出约 30%，不过这点含量在浆果中实属平常。

葡萄籽含有维生素 E、亚油酸、多酚和浓缩的单宁酸，这赋予葡萄尤其是它的皮和籽涩感。葡萄中能提取的最广为人知的多酚叫白藜芦醇，它被当作一种“超级食物”提取物而受到热捧，并被认为是“心脏病终结者”。葡萄籽提取物（GSE）与绿茶提取物类似，是一种被大肆宣传的多酚类补充剂。它被认为有助于缓解过敏反应，提升免疫力，当然少不了关键的“排毒”功能。尽管在理论上它是有益于健康的，但实际上多少剂量才能起作用尚不明确，而且唯一的证据还是来自一些不入流的啮齿类动物实验和试管研究结果。因而对多数葡萄来说，吃葡萄不吐葡萄皮和籽才是更好的吃法。

蔓越莓出奇地酸，因为它含有天然的食物防腐剂——苯甲酸，可以防止其发霉。如今蔓越莓之所以广受欢迎，并不是因为盎格鲁－撒克逊人喜欢用蔓越莓酱配火鸡肉这个传统，而是得益于食品公司优鲜沛（Ocean Spray）孜孜不倦地宣传，以及它在缓解膀胱感染方面的出色表现。蔓越莓种植者发现市场上有缺口后，就火速寻找科学证据来为其产品背书。有 50% 的女性会在一生中某个时刻遭受膀胱炎或者尿路感染的困扰，其中不少女性甚至会陷入反复发作的困境，所以要是有一种非抗生素天然药品那该多好啊！实验室研究表明，蔓越莓中的一种化合物能够阻止致病菌附着于人体表皮。这听起来简直是感染的完美克星。随后一系列小型研究表明蔓越莓能保护（并非治疗）女性免受膀胱炎反复发作的伤害，大约能降低 30% 的新发感染率。[19]

不过不是所有人都认同这一说法。一篇由英国考科蓝数据库团队发表的独立综述就质疑了这些支持蔓越莓益处的研究的样本量和关联度。近来一项设计良好的安慰剂对照研究招募了185名美国养老院中的居民，让他们在一年的时间内服用高剂量的蔓越莓胶囊，结果表明并没有作用。[20] 而且，想要吃下去这么多酸酸的浆果并非易事，抱着大罐装稀释程度较高的蔓越莓汁开怀畅饮也不太奏效。蔓越莓还可能掩盖了很多尿道感染症状，比如灼热感，继而使感染加重，甚至可能引发肾脏问题。其他负面的因素是市售的蔓越莓果汁中可能含有大量的添加糖，跟汽水相差无几。2017年，欧盟监管机构规定了蔓越莓产品不能再被标注成“医疗用品”。所以很遗憾，我不能建议你通过吃蔓越莓来预防尿路感染。

超级明星浆果

现在终于该讲讲真正的超级明星了，比如巴西莓、枸杞、野樱莓和诺丽果（敬请期待更多非食用的神奇浆果加入每年的超级明星队伍）。它们共同的特点是稀少、昂贵，未经验证，拥有神秘的异域背景，以及由名人代言。

野樱莓几乎是一种难以下咽的美洲热带水果，光听名字就感觉不太好惹[①]。如今它也在英国和一些其他国家种植，被称为阿罗尼亚浆果（Aronia berries）。虽然其多酚含量极高，潜力巨大，但目前并没有科学验证的数据来支持它的健康益处。同样，除了口感不尽如人意，塔希提的诺丽果也是一种不折不扣的网红水果，这得益于名

① 野樱莓其中一个英文名是chokeberry，choke为呛、噎的意思，此处是作者结合该单词意思的幽默说法。——译者注

人为其站台，以及它含有一种传说中的神奇物质——赛洛宁，但仅此而已。

巴西莓生长在高高的亚马孙棕榈树上，外形跟蓝莓很像。新鲜的巴西莓吃起来有种巧克力的后味，因为它含有一些与可可豆一样的多酚。不过在巴西以外的地方，你通常只能勉强吃到平平无奇的冻干产品。巴西人通常会用巴西莓果汁预防流感，缓解发热和疼痛，以及治疗肠道感染和皮肤溃烂。一些养生网站上的信息显示，它是一种不可思议的能量食物，对心脏、性功能、抗衰老、免疫力、皮肤健康都有好处，当然还能抗炎和减肥。关于巴西莓中的抗氧化物含量高于蓝莓的说法广为流传，然而这完全是臆想出来的，并没有数据支持。尽管如此，巴西莓还是被越来越多地添加到各种食物中，包括一种以巴西莓为基底，人为添加膳食纤维和乳酸杆菌属益生菌的冰激凌。关于巴西莓，（十多年前）有唯一一项还算设计合理的研究表明，正如其他浆果一样，吃了巴西莓后血浆中抗氧化物的浓度会升高。更有广告号称巴西莓补充剂能保证让你一周内掉秤 9 千克。这种宣传参考的是一项对 10 名肥胖受试者进行的为期一个月的非受控试验研究，但他们的体重其实根本没有减少，仅仅是某些血液标记物略有改善。而且不出所料的是，这个被大肆宣传的研究是由一家来自加利福尼亚州的大型果汁和膳食补充剂公司赞助的。[21]

另一种在网络上爆红的浆果就是枸杞，它在中国有着超过 2000 年的药用历史，而且物美价廉。如今被炒火后，每年能带来 7 亿美元的进账。枸杞是茄科大家族的一员，新鲜的枸杞有着明亮的红色色泽，果实饱满，而在欧洲我们只能见到如葡萄干一样的皱巴巴干枸杞。枸杞不仅富含多酚，而且类胡萝卜素含量奇高，包括 β－胡萝卜素、β－隐黄质、叶黄素、玉米黄素和番茄红素。我们从其他研究中得知，这些物质可能对视力有益处。据说枸杞还能增强免疫力和提高大脑活力，预防心脏病和抗癌，甚至延长预期寿命。不过这些说法也都是基于一些可信度不高的研究。在一项 1994 年发表在中文期刊上的研究中，79 名肿瘤患者在接受免疫疗法的同时服用了枸杞提取物，结果发现他们的病情有所好转。[22] 其他的一些小规模研究则表明，服用枸杞的受试者在睡眠、精力、情绪平稳、运动和专注力方面均有所改善，而这些结果无一例外都很容易被人为操纵。甚至还有一个试验让受试者每天喝 120 毫升枸杞汁，在仅仅持续 2 周后就荒谬地宣称枸杞汁能帮助受试者减小 2 英寸的腰围，同时燃烧的热量增加了 10%。如果真能有这样的减重速度，那一年之后岂不是瘦得连渣都不剩？并非巧合的是，大多数这类研究都是由利益相关公司赞助的，而这些公司的网站上充斥着各路名人为其减重功效背书的宣传。一项包括 548 名受试者的七项低质量研究综述表明，这些研究根本无法得出一致的结论。[23]

尽管这些浆果的确营养丰富，且富含多酚和膳食纤维，尤其是巴西莓还富含多不饱和脂肪酸，但并无确凿的证据表明它们就一定比本地更便宜的那些浆果有益。即使那些站不住脚的说法是真的，健康食品店售卖的产品中所含的有效营养成分与试验中所用的“有效剂量”相比，也是经过高度稀释的。然而，你买一份巴西莓干的钱都能买十盒新鲜的蓝莓了，而且每一盒都有着同样甚至更高的营养价值，并且有确凿的临床证据支持。如果再考虑到碳足迹、运输成本，以及在“超级浆果”上采用的近乎传销的营销手段，它们就显得更加逊色了。所以，你应该知道如何理性地选择浆果。

热带水果

大多数热带水果在来到我们手中之前，都需要经过冷链储藏、运输和人工催熟的过程。这种国际贸易形式意味着我们实际上只能窥见原始热带水果的一小部分，而许多品种由于对上述处理过程不耐受绝迹了。这些热带水果被培育得非常皮实，依然含有一定量的维生素和抗氧化物，但是不被认为是健康食物。

香蕉迅速成为全球最受欢迎的水果，部分原因可能是香蕉生产商力求低价，但也有可能是因为其他热带水果不方便运输，哪怕是较短距离的运输。香蕉一旦成熟并被摘下后，淀粉与糖的比例会迅速下降至原来的 1/20 左右。为了避免血糖飙升，最好吃不那么熟、略带青色的香蕉，不过你要是便秘的话就还是算了。香蕉除了含糖量高，也富含钾元素，所以成为温布尔登网球锦标赛中场休息时的绝佳补给品。此外，它还含有一些叫作菊粉的膳食纤维，也是益生元。这类物质通常只在洋葱、大蒜、洋姜、耶路撒冷洋蓟和芦笋这类蔬菜中有，而肠道微生物非常乐于发酵这种成分。不过香蕉中的益生元含量相对较低，想想高达 12% 的含糖量，就瞬间觉得这点膳食纤维并无太多可取之处。香蕉里也含有有益的抗氧化物，不过跟本地小型的品种或者野生香蕉比起来简直不值得称道，后者通常尝起来更甜，香味物质更加丰富，也更有营养。香蕉的乙烯含量高，意味着它成熟得很快，但是合理冷藏（避免损伤香蕉）能减缓其成熟速度，不过表皮会变成棕褐色。也就是说，香蕉不喜欢在低于 10℃的环境中储存（在超市里却是常态），否则它的外表虽看着不错，果肉却寡淡无味，而且口感绵软。熟透或者是表皮有褐变的香蕉其实可以冻起来，是绝佳的果昔原料，当然也能直接做成香蕉奈思雪糕。

熟过头的香蕉有种特殊的气味，不过跟泰国和马来西亚的另一种特产榴莲还是比不了。榴莲的运输是个大麻烦，因此它在很多航线和铁路中都被列为禁止携带物品，因为气味的杀伤力实在很大。榴莲生长在一个坚硬多刺的绿色外壳中，在树上成熟后，果肉会被放入真空包装袋中，最后再空运。榴莲的果肉非常像甜甜的卡仕达酱，但是气味如腐肉上点缀着发霉的奶酪般可怕。这种强烈的气味来自数百种气味化学物质，其中许多硫化物与洋葱、奶酪、臭鸡蛋、臭鼬的毒液和坏掉的肉类等的气味一样。

相比之下，杧果就安全多了，它一度被认为是一种充满异国风情的水果，不过现在哪怕在寒带国家，人们对杧果也都司空见惯了。许多杧果在成熟之前就被过早地采摘，以至于放软了都还没熟透。它们新鲜的气味和紧实度是其成熟度的最佳指征，不用看颜色。杧果的品种超过了 900 种，而只有少数几种销往北欧或美国。考虑到运输成本，那些更皮实、有更多强韧纤维的品种更适合运输出口，比如口感脆脆但是味道寡淡的汤米 · 阿特金斯杧果横扫了美国市场，它的亲戚肯特杧果和凯特杧果则占领了英国市场。通常，物流与保护主义政策是大众能吃到什么水果的决定性因素。但是最美味的杧果其实来自印度，印度有数百个品种，比如广受好评的阿方索杧果。这种杧果在英国非常受欢迎，应季的时候一个的价格不到一镑。而同样的水果在美国卖 20 多英镑，这是因为杧果在售卖前要经过伽马射线照射并空运，还需要额外的清关和健康检查，所以大多数美国人从未尝到过真正应季的美味阿方索杧果。GI 一般指摄入碳水化合物对血糖的影响，食物 GI 值用 1 到 100 来表示。GI 值越高，表明食物的升糖速度越快。新鲜杧果的 GI 值适中，虽然杧果干与新鲜杧果含糖量相当，但是由于脱水浓缩了其中的糖，因此 GI 值会更高。杧果中的维生素 C 含量比橙子高，膳食纤维和多酚含量则比它在本地的死对头木瓜要高。

柿子，又名沙伦果，是来自中国的一种古老的水果。它看上去很像是番茄与油桃的巨大杂交产物。因为含有大量的类胡萝卜素和番茄红素，柿子的果肉是亮橙色的，不过通常味甜多汁。我最近在一家本地的土耳其商店第一次买到了柿子，他们的柿子是数月前就被摘下然后冰冻保存的那种。柿子的皮非常苦涩，不好吃，这是因为柿子皮中含有大量的单宁和其他多酚类化合物。好在我参考了他人的建议后，买到了一种皮更薄、更甜的柿子。我还学到了一个技巧，就是把这些柿子跟那些释放天然乙烯的水果放在一起催熟。你也可以用塑料袋把它们包住，并挤出里面的空气，放置两天就能享用了。这种小技巧就能让柿子皮中的单宁与醇类物质结合，它就不会黏在舌头上了。

百香果出乎意料地能提供大量的铁元素和膳食纤维，这得益于它满满一肚子的籽。

瓜类水果 90% 以上是水分，还有一些糖、维生素 C、维生素 A 和多酚，其中的籽也是主要营养素的来源。瓜类被采摘后，能在最佳的环境中保存 2~4 周，但冷藏坚持不了几天。瓜类几乎不含淀粉，所以它们不会随着存放时间变长而变得更甜。哈密瓜可能是世界上最受欢迎的瓜，紧随其后的是西瓜，白兰瓜在不同的国家和季节也相当受欢迎。在地中海地区，绿色的白兰瓜味道极好。但白兰瓜在团餐、自助餐等场合被滥用，导致它们成了最经常被浪费的食物。

瓜类水果的籽含有 L- 瓜氨酸，它是一氧化氮的前体物质，而且有一些有趣的副作用。相比于安慰剂，瓜氨酸补充剂显然有助于改善男性性功能，一项在意大利对 24 名有性功能障碍的男性进行的研究和另一项对正在服用万艾可的 13 名日本男性进行的研究结果都证实了该说法。[24] 罕见的黄色西瓜的瓜氨酸含量更高，不过“吃瓜壮阳”

这个说法仅仅在实验室的老鼠身上得到了验证，而其对女性的作用尚不得而知。正如服用万艾可一样，吃瓜也会有很强的安慰剂效应。瓜类还可能酿成食物中毒事件，因为一些人甚少会在吃瓜前把表皮彻底清洗干净，而外皮可能带着被污染土壤中的致病菌。在一些国家，瓜类还可能会被注射受污染的水以增加其重量。

进口品种的菠萝从来都不会等到熟了再被采摘，而且它们在上架前通常需要三周运输时间，因此跟本地的菠萝相比，它们在香气和复杂风味方面就相形见绌了。化学家们已经发现，菠萝那种复杂但独特的香气并非由一种分子构成，而是一系列化学物质的组合，包括肉香、丁香、焦糖、罗勒、香草，甚至是雪莉酒的香味。这些物质常常被用于制作菠萝香精。菠萝中也含有破坏口腔内壁的酶，所以享用它时会有点痛。

香蕉奈思雪糕

冰冻的香蕉奈思雪糕是一种储存和享用成熟香蕉的绝佳方法。先把熟透的香蕉切成段放进冰箱冷冻起来，当你馋雪糕的时候，就拿出来与你最喜欢的坚果酱或者天然的全脂酸奶搅拌，那味道棒极了！

濒危水果

仅仅依赖于几种近亲繁殖的水果品种及其种子，有潜在的危险。如今世界上大多数人都只吃香芽蕉这个品种的香蕉，它是一个不育的杂交品种，果实较大且寿命长，种子非常小且无用。在 20 世纪 50 年代以前，人们吃得最多的香蕉还是大麦克香蕉（Gros Michel），它们在中美洲和南美洲被工业化大批量生产。这种香蕉更甜、更富有风味，可以在任何地方生长，可惜有个致命的缺点——缺乏基因多样性。全球所有的香蕉品种都是同一种香蕉的克隆版本，这就意味着要是暴发寄生虫病害，所有香蕉会被一锅端，而这正是1890年发生的悲剧。当时，一种有着超强适应能力、名为尖孢镰刀菌的土壤真菌摧毁了一个又一个香蕉种植园，对经济的危害持续了数十年之久，因此香蕉产量大减，价格节节攀升。通常来说，一些基因突变的品种会对一种疾病恰好具有免疫力，因而能存活下来并继续繁衍，但这种近亲杂交产生的基因克隆版本则不行。这种狡猾的真菌潜伏在土壤里，等待几十年后再对香蕉下狠手。目前只有香芽蕉这个品种能够抵御这种真菌，因此它得以在全世界种植。而如今香蕉预言家认为香芽蕉面临同样的命运。灵活多变的尖孢镰刀菌在亚洲已经突变，能够感染香芽蕉了，这股“恶势力”也在渐渐入侵中美洲。因此香芽蕉遭受灭顶之灾只是时间问题，而我们并没有备选方案，所以且吃且珍惜吧。

好好存放水果

通常来说，来自更温暖的热带国家的水果也喜欢温暖的地方，所以最好不要放冰箱。如果它们还是绿色的，放进冰箱不但不会变熟，还会损失掉风味。苹果和梨最好放在凉爽的橱柜、地窖或者冰箱里。不过目前人们在柑橘类水果的存放方法上尚未达成一致，因为这取决于室温和季节。樱桃、葡萄和娇嫩的浆果可以暂时放冰箱里冷藏，但是最好买回来就立即食用。

果糖摊上大事了？你能过度吃水果吗？

我曾目睹自己吃掉一大串红葡萄后发生的事，这是我用上臂的动态血糖监测仪在自己身上做的实验。如前所述，频繁地出现血糖峰值会给胰腺造成很大的压力，让胰腺疲于制造胰岛素，长此以往会增加胰腺中异位沉积的脂肪，并增加糖尿病风险。吃了一堆葡萄后，我的血糖一下子冲到了糖尿病前期的水平（从 6 毫摩尔每升以下直接上升到 10 毫摩尔每升以上），然后又迅速回到正常水平。而我的妻子在吃了同样多的葡萄后，血糖值却只有我的一半。那么，我能简单地把这种差别归咎于摄入的糖量吗？

我后来用 Exchange 清单系统测试了我的身体对不同水果的反应。这个系统是一种常见的供糖尿病患者使用的临床工具，通过将不同食物的总热量标准化来计算食物中的含糖量。举个例子，它能算出在同样都是 80 千卡（15 克碳水化合物、3 克蛋白质和少量脂肪）的食物中含有多少糖。根据这个清单，17 颗小葡萄就等于 1 根香蕉、4 个杏、3/4 盒蓝莓或者黑莓、1.25 杯草莓、1 个小油桃或者桃子、1 杯切块白兰瓜、半杯橙汁。我每天早晨空腹的时候用这种标量化的新鲜水果测试我的身体反应，有时还会重复测试吃某几种水果的结果。

葡萄依旧是令我的血糖飙升得最厉害的水果，能让我的空腹血糖值翻一倍（白葡萄比红葡萄略好一些）。瓜类、桃子、杧果、香蕉、李子和油桃对我的血糖影响适中。浆果（草莓、黑莓、树莓和蓝莓）仅仅让我的血糖峰值升高 20%。苹果或者梨虽然含糖（尤其是果糖）较多，但竟然对我的血糖几乎没有什么影响。正如我所料，葡萄干一样让我的血糖飙升，但出乎意料的是，杏干竟然没有影响。当我把红葡萄跟全脂酸奶一块吃的时候，我的血糖反应就小多了，这是因为酸奶里的脂肪减缓了糖的吸收速度。葡萄跟奶酪一起吃的话可能又是另一回事了。富含膳食纤维和脂肪的坚果与水果同时吃也可能是降低血糖峰值的好办法。总的来说，这件事给我上了一课——如果我不想得糖尿病或者要控制好体重，我应该少吃葡萄，选择多吃其他水果。

记住，尽管这些水果和糖对我的血糖影响很可能只是我个人的反应，但这也恰好指出了如今“一刀切”式膳食建议的缺陷所在。我想说的是，某些水果可能更适合你。

研究表明，水果的益处会随着摄入量的增加而增加，然而这个“每天五蔬果”的建议却让很多人每天喝大量的高糖果汁，或者被超市的食品标签欺骗，纠结究竟多少才是一份（80 克）水果。如果有人吃了 20 份又会怎样呢？其中的那些糖和果糖会对身体造成伤害吗？

果食主义者坚信只吃水果有不可思议的健康益处，但没有任何客观的证据支持。在同样的情况下，健康和饮食专家通常建议水果摄入不宜过量，因为其中的糖和能量会减少整体的膳食多样性。糖尿病患者对糖的危害性最敏感，他们经常被告知不要吃太多水果，但这不一定是正确的。目前的证据表明，那些被随机安排每天吃 2~4 份浆果持续 12 周以上的 2 型糖尿病患者，总体血糖的控制情况没有变化。[25] 中国慢性病前瞻性研究对 8000 名 2 型糖尿病患者进行了长期跟踪，发现那些吃更多水果的患者反而在随访期内有着更低的血糖水平和血压，以及更少的糖尿病并发症。[26] 虽然我们没有办法斩钉截铁地回答这个问题，但显然水果本身不太可能直接损害健康，你吃水果的方式以及其他食物的选择才是关键因素。

我该多吃什么水果呢?

水果含有 5%~15% 的糖、膳食纤维和数百种多酚，以及其他抗氧化物，所以吃水果对我们有益。尽管我们并不清楚所有细节，然而我们的肠道微生物能感知到水果里极易被吸收的糖正在袭来，继而影响我们对不同水果的反应。我们对水果中的膳食纤维和多酚与肠道微生物的相互作用了解得更多一些，它发生在结肠的下段。基于粗浅的了解，我们姑且认为膳食纤维和多酚越多，对身体就越好，因为大多数研究都表明那些吃了更多膳食纤维的人更加健康且长寿。

水果干也含有很多营养素，吃少量水果干能获得和吃水果一样的益处。但问题就在于干燥这个过程本身会让糖分富集，而且水果干个头很小，相较于吃整个新鲜的水果，你非常容易吃多，从而摄入过量的糖，继而造成血糖的大幅度波动。尽管给你的孩子每天一盒葡萄干的确有助于他们摄入足量的铁元素，但是这么做显然对他们的牙齿和代谢不利。

对真正的食物进行排名能够给我们提示更多的信息，而且这么做的确有很多实际用途，所以我粗略地列出了一个对肠道微生物友好的水果排行榜。我用了非常简洁的测量方法来衡量两个主要指标：总膳食纤维和总多酚含量。这样进行排名后，你就能看到自然界丰富的水果种类了。不过正如很多被简化了的总结性清单一样，它也必然有很多影响较大的瑕疵。每一种水果都蕴含数千种化合物，而我们对很多化合物却知之甚少，因此多酚的评分可能具有误导性，而一些其他重要的化学物质，如维生素 C 或者番茄红素可能会被忽略。

*

食物分量的定义把所有的食物都人为规定成一份 80 克，这在真实生活中并不存在，而且大部分数据都针对新鲜的食物，并不适用于干货。大多数数据都没有考虑到不同的运输时间、储存情况和季节的影响。干燥总是能人为地让标签变得好看点儿，因为水分减少了，膳食纤维和多酚的比例自然就上来了。不过建议你看看这个清单，希望它能让你多尝试一下新的水果，然后重新拥抱那些你吃过但可能已经忘了的水果。其实，没有什么真正所谓的“坏水果”，但有些通用建议你还是可以听取一下。比如你若是担心农药残留问题，就可以购买有机水果，安心地连皮一起吃。如果你喜欢果汁，请适量喝，并且牢记即使你连渣带汁一起喝下，或许也难以获得吃整果的所有好处，其中的糖还要照单全收。要想避免浪费，就大大方方地把快要坏了的水果冻起来或者做成果干，以便日后享用，大多数水果这样吃依然很健康。你还要记住一点，一份浆果要比一杯市售的全麦谷物含有更多的膳食纤维和有益于健康的化合物，其中很多物质还未被挖掘。人类自古就能轻松地吃下水果，无需任何外力和训练，蔬菜则不然，不过多吃蔬菜的获益会更大。

关于水果的五条建议

1. 吃各种各样的天然水果，最好连皮吃。
2. 没有什么“超级浆果”，所有的浆果都是超级营养补给站，能够帮我们补充膳食纤维和多酚。
3. 全球水果市场的水果品种正在减少，所以多选择那些少见的品种，以及有不同风味、质地的水果。
4. 冷冻水果和果干同样富含膳食纤维和多酚，还有助于减少食物浪费和减缓全球变暖。但不要过量吃水果（包括果昔），因为这会导致血糖升高得太快。
5. 了解不同水果的原产地和成熟时节，并且考虑一下生产背后的道德性与环境足迹。

蔬菜

一个不利的开端

大约 8 岁的时候，我盯着被亮红色液体覆盖的盘子，液体下面是看起来毫无生机的生菜和黄瓜。这些血一样的液体来自我的学校午餐盒里那三大片甜菜根。我被告诫:“要是不吃完这些午餐，就不准出去跟朋友玩。”那时的我总是千方百计地逃避吃甜菜根，而这样的经历让我 30 多年来一直讨厌吃甜菜根和其他看上去不对劲的根茎类蔬菜。

跟其他很多人一样，我的味蕾对甜菜根里的土臭素高度敏感，我觉得吃甜菜根有种“吃土”的感觉。土臭素是由甜菜根和土壤里的微生物联袂制造的，它们会相互“交流”，有时甚至会渗入自来水中。很多对饮用水的投诉都源于此。无论如何，大多数孩子都不喜欢在吃午餐时大口“吃土”，所以我肯定要把那带着诡异甜味的黏土混合物吐出来（甜菜根里的糖比苹果还多）。不过还是有点可惜，因为我错失了甜菜根里大量的多酚，其中有些还是重要的抗氧化物，比如甜菜碱，还有维生素 C、叶酸、钾元素和膳食纤维等。所幸事情有了转机，我如今很享受吃甜菜根，生吃也觉得很不错，尤其是把嫩的甜菜根切成薄片时，它就有了令人满意的脆度，而且土腥味也没那么强烈了。只要不过度烹饪，熟的甜菜根也很好吃，还会散发出更复杂的风味物质。

除了甜菜根，另一个让我退避三舍的蔬菜就是闻起来像臭鸡蛋的煮卷心菜。这个气味源于另一种硫化物的前体（具有防御性的抗氧化物），它在遇热后就会有那种味道，而生的卷心菜没有。这种强烈的臭鸡蛋味只会在遗传祖先基因的植物被过度烹饪时散发，比如西蓝花、花菜、罗马花椰菜、抱子甘蓝、上海青等。把这些蔬菜切成小块，5 分钟内快蒸，这样会产生更少的刺激性味道，而且保留更多营养素。

有些人在孩童时期不喜欢蔬菜，有些人则一辈子都不喜欢蔬菜。有时这仅仅是因为他们的父母没有掌握合适的烹饪方法，比如蔬菜煮得太烂。不过也有可能缘于儿时的经历。基因本能地让我们与绿色的植物保持距离，毕竟仅有不到 1%（大约 2000 种）的植物是无毒的。它们不像水果那样用鲜艳的颜色表现甜蜜和可口。要喜欢上蔬菜，那可是技术活儿。人类在约 100 万年前就学会了生火，于是发现可以把一些有毒食物（比如木薯）变成极好的能量来源。

颜色更亮、更苦的蔬菜

那么我们该如何运用我们进化而来的技能选出最有营养的蔬菜呢？同水果一样，浓郁的深色或者明亮的色泽就意味着蔬菜中的多酚类色素含量较高。不过数世纪以来，许多蔬菜的颜色发生了变化，而这得益于我们选种和育种的技巧。胡萝卜原先是暗淡的灰白色，直到17世纪，荷兰园丁培育了一种亮橙色的变种胡萝卜，以此来配合荷兰的国色，并为盎格鲁－荷兰君主威廉三世（奥兰治亲王①）庆祝。这为胡萝卜带来了大量的β－胡萝卜素，人体能利用它来制造维生素A，对大脑和视力都至关重要。波斯人（或者印度人）早在数世纪之前就培育出一种深紫色的胡萝卜，其中的花青素苷含量格外多，多酚含量是我们所钟爱的橙色胡萝卜的9倍。多酚含量较高的其他深色蔬菜还包括紫色的土豆和紫薯。红色卷心菜的多酚含量是白色卷心菜的三倍，绿色卷心菜居中；红洋葱比黄洋葱好一点，但两者都完胜白洋葱。如今你也能买到紫色的西蓝花，以及小一号的品种西兰苔。

哪怕是番茄这类实际上是水果的蔬菜，也要选择那些深色的品种，而且通常黄色的要比绿色的好。根据颜色选固然简单，但是凡事总有例外。比如芦笋就有绿色和白色两个主要的品种，两者非常类似。白芦笋是因为生长时被土壤覆盖无法获得叶绿素。紫芦笋则是由于生长在有限的日晒环境中。在我看来，只要烹煮得当，它们都很美味。研究也表明这些植物都有益于健康，不过其中多酚含量相差巨大，暴露在阳光下最多的那些绿色植物显然含量最高。[1]

我们吃的大多数蔬菜都比成熟的水果含有更多的叶酸、矿物质、保护性多酚，以及膳食纤维，当然含糖量也更低。很多人非常抗拒苦味的蔬菜，尤其是西蓝花和抱子甘蓝。不过也有很多饮食文化喜欢把吃非常苦的蔬菜当成美德的一部分，并让味蕾拓展疆域。想想法国和比利时的白汁焗菊苣、意大利的绿叶菊苣（冬菊苣）、芝麻菜沙拉，

① 奥兰治亲王，Prince of Orange，其名与橙色相同。——译者注

还有中国的苦瓜，它们都有很高的多酚含量，而且是我们的肠道微生物喜爱的。

每个国家都有自然生长的深色绿叶植物，为人们提供可持续的时令菜肴。菠菜和西蓝花固然很好，野蒜和嫩荨麻也是完美的春天嫩叶美食，它们能在林地和树篱中茂盛地生长，所以是提升膳食多样性的可持续且经济的食材来源。营养丰富的草也一样能吃，我们应该以一种“整株植物”的态度来对待膳食中的蔬菜，比如包在花菜外的叶子去除白色的硬梗后，稍微加点特级初榨橄榄油蒸一下，再挤上点柠檬汁，就是营养和美味兼备的一道菜。胡萝卜顶上的叶和茎尝起来跟欧芹有点像，可以加到汤或者鱼类菜肴里，为其增添植物营养素和膳食纤维。只要采用正确的烹饪方法，这些苦味蔬菜就能变得味道丰富。

芝麻菜、西洋菜和芥菜看上去像是卷心菜无足轻重的远亲，不过它们略呛口的辛辣味道是其健康益处的最佳佐证。这都是因为它们含有丰富的多酚和醛类化合物，不过它们的营养物质多数都会在烹饪时流失，所以这类蔬菜最好做成沙拉生吃。菊苣是一种带有辛辣味的白紫色叶菜，由于含有太多的多酚，生吃会让人觉得味道太冲了，因此可以烤一下，或者加点意大利香醋，也可以在冰水里泡一小时，这样能使其变得温润可口。

除了叶子的颜色，蔬菜的解剖结构也能为它们含有的营养素提供线索。在生菜家族中，我们可以优先选择那些有着松散叶片，边角蜷曲或者颜色丰富的品种，而那些紧紧包着的品种则没那么好。通常来说，蔬菜包裹得越紧，中心位置的叶子就越不需要防御性物质，因此含有的抗氧化物也就越少。就生菜而言，外周叶片和内芯叶片中的抗氧化物的差异能达到 100 倍，所以下次如果你想把外周那些看起来破破烂烂的深色叶子统统扔掉，记得手下留情。洋葱也是如此，所以剥洋葱的时候千万别下手太重，把外层全扔了。根茎类蔬菜的中心也不怎么需要防御，所以胡萝卜水嫩的芯其实相当乏味。然而遗憾的是，所谓的“迷你胡萝卜”竟然是反其道行之的产物，把普通胡萝卜的外周全刨去，扔掉那些最有营养的部分，只把普通胡萝卜的芯放在真空包装里，在商超中以高价售卖。

超级蔬菜?

十字花科蔬菜补充剂

另一个常见的健康宣传则围绕萝卜硫素补充剂展开。这种物质存在于大多数十字花科植物中，但并不是某种蔬菜的全部。当然，关于萝卜硫素的功效，除了试管研究，还有一些知名的萝卜硫素补充剂临床试验，结果还是很有意思的，其中最令人惊叹的作用是关于孤独症谱系障碍（ASD）的。在对 40 名男性患者随访了 18 周后，研究者发现那些服用了萝卜硫素补充剂的患者症状都有所改善，相较于对照组平均改善程度为 17%~35%。[2] 在接下来的 3 年随访中，大约有 2/3 的人依然在服用萝卜硫素补充剂，并且很有成效。其他对糖尿病患者的研究表明其能改善血糖和血胆固醇水平。

令人耳目一新的是，一项已经发表的研究表明，萝卜硫素补充剂对 40 名高血压受试者并无作用。[3] 显然，这些研究都是相对比较短期的，因此需要重复才可信。目前我们尚不清楚萝卜硫素补充剂的最佳剂量，以及其对应的新鲜西蓝花或卷心菜的量。根据其中一项研究结果，你可能得吃三倍以上的萝卜硫素补充剂，才能达到吃真实蔬菜的效果。[4]

和发酵食品做朋友：德韩泡菜手牵手

如果非要我说哪种蔬菜是最健康的，我肯定觉得相当为难，因为除了球生菜，每种蔬菜都有自己的优点。但考虑到微生物，我大概会说发酵蔬菜最健康，其中世界人民都爱的就是发酵后的卷心菜，比如德国酸菜和韩国的辛奇。

德国酸菜

德国酸菜也被证实能治疗坏血病，因为含有大量的维生素 C，而且能持续保存一个冬天。一旦开启了卷心菜或者其他蔬菜的发酵之旅，那些微生物就会改变蔬菜的化学成分，并且增加其化学物质的种类。数日之后，对健康有益的硫代葡萄糖苷（萝卜硫素的前体物质）含量会骤减，不过取而代之的是很多其他与之相关的活性副产品。德国酸菜中含有的活菌数平均为每克 1000 万 ~10 亿，可以说益生菌含量相当高。吃德国酸菜要比吃市售的普通益生菌产品能获得更多的益生菌。而且这种益生菌有相当一部分能够存活于宿主的上消化道，因为它们真的很喜欢酸性环境。

不过，你要留心大多数从商店买的德国酸菜。正如其他泡菜一样，市售的德国酸菜通常会经过巴氏灭菌，这会无情地歼灭勤勤恳恳工作的微生物。取而代之的是延长保质期的防腐剂、醋和糖。好在，要自制德国酸菜并非难事。

自制德国酸菜教程

这是一个相对粗略的菜谱，你可以根据自己的口味调整其中的细节。把卷心菜粗切或者切碎，把配料切碎，并且尽可能多加大蒜、洋葱、辣椒和其他你喜欢的香料，比如莳萝、香芹籽或者杜松子等。

1 颗卷心菜，白色的即可，也可以选择紫红色或者绿色的

20 克海盐（或者按卷心菜重量的 2%~3%）

1 个洋葱

大蒜

辣椒

先把卷心菜洗净并切成丝，放在大碗里，加盐充分揉搓。然后将其放在一边静置几个小时，并把渗出的水倒掉；接着用筛子把卷心菜中多余的水分尽可能挤掉，把其他食材都加进去，搅拌均匀后放在一个大的玻璃缸里；然后尽可能把卷心菜压到容器底部，然后加入烧开的或者滤过的净水至缸口边缘；最后用干净的毛巾覆盖缸口，用橡皮筋扎紧即可。把泡菜缸放在温暖的室温下数日，记得经常看看酸菜的活性。你能自然地耳闻目睹发酵的开始，这是玻璃缸内乳酸菌（乳酸杆菌）施展魔力的时刻。你还得时不时用木勺子把卷心菜往下压，让它们被液体浸没，然后把发酵缸放到一个阴凉的地方。

一周后，因为酸度持续增加，那些产生乳酸的微生物会破坏卷心菜中坚硬的结构。这个阶段的酸菜应该是有嚼劲儿的，爽脆且美味。

完全发酵好的酸菜可以在阴凉密封的容器里放置数月之久。

辛奇

韩国人对辛奇有种不可思议的迷恋，恨不得可以三餐都吃它，连早餐都不例外。在韩国首都首尔，小学生有一个必修课，就是造访辛奇博物馆，这能让他们在幼年就接受这种“国菜”的味道。我第一次去首尔的时候，甚至羞于开口说我其实没那么喜欢辛奇，因为我觉得它的气味非常冲，尤其是当你早上吃它时。不过现在我对辛奇的态度已经好多了，尽管还需要花点儿时间来适应这种气味。

辛奇这种传统的韩式主菜是由绿叶大白菜和韩国萝卜，以及各种不同的调味料（包括大蒜、辣椒）组合制作而成的。辛奇有数百种，分别由不同的蔬菜作为主要配料。大多数韩国人每年会以这种泡菜的形式，吃掉 36 千克发酵大白菜（想想那可是数万亿的微生物啊）。因此，这个国家的肥胖率在所有发达国家中都是最低的——不到 5%。[5]

跟德国酸菜很像，辛奇也是一种“共生元”体系。它由益生元和益生菌组合而成，能给我们带来活性微生物，同时持续滋养它们的生长。但与德国酸菜只有 5~12 种主要发酵菌不同的是，辛奇有着超过 25 种不同的有益微生物或者酵母菌，它们以膳食纤维、糖和多酚为食。辛奇通常由不同的多种蔬菜组成，而且每个家庭都有自己的制作方法。这就意味着所有蔬菜中的化学物质都有可能与多种微生物发生反应，并产生多种新的化学物质和次级代谢产物，所以几乎不可能指出辛奇中含有哪些特定的化学物质。这一点就很好地提醒了我们，正如我们肠道中的微生物都是独一无二的，每一缸泡菜也是独特的。我们吃的微生物和发酵的微生物种类越丰富，我们自己能制造的健康代谢产物就越多。

有很多文献（主要是在韩国发表的）都声称辛奇对任何健康问题都有益处，无论是减肥、糖尿病还是痴呆症。不过其中大多数研究的质量都让人不敢恭维，但有一项比较可信的研究表明，在规律进食辛奇两周后，受试者的肠道微生物种类有了明显的提升。[6] 另一项在糖尿病人身上进行的研究表明，在八周的时间里，它能让糖尿病患者在健康方面获益。[7] 制作辛奇的原理与做德国酸菜是一样的，不过食材更丰富一些。我曾经在伦敦北部的达尔斯顿参加了“小鸭酱菜”的辛奇制作课程，当时用的是一种叫大根的根茎类蔬菜（白萝卜），这是我非常喜欢的食材（见最后的小建议）。

自制辛奇

把大白菜（或者白萝卜）切成长条，用盐揉搓蔬菜然后洗净（步骤跟前面做德国酸菜一样）。

制作韩式辣酱，用胡萝卜、白萝卜、盐、大蒜、鱼露或者酱油和辣椒粉，如果你喜欢较黏稠的质地，可以再加上一茶匙大米粉。

所有原料搅拌均匀后装进玻璃罐里，发酵大约 5 天。

发酵好的辛奇可以和沙拉搭配，或者是作为肉菜、奶酪或鱼的佐餐小吃，还可以用它来拌饭或者拌面。

*

正如水果那样，我也根据蔬菜的颜色分别列出了最常见的多酚含量不同的蔬菜，以鼓励你吃出一道彩虹。我还把豆类中的黑豆拿出来作为参照物，放在了表格的最上面，不过牛油果、洋蓟和紫甘蓝也都很优秀。在这个清单中，各种蔬菜的膳食纤维含量能相差 4 倍，而多酚含量则相差 20 倍之多。

我以前的冤家甜菜根排名也是挺高的。它含有一种独特的多酚——甜菜碱。这种色素具有很强的抗氧化和抗炎能力。除此之外，甜菜根的叶酸和无机硝酸盐含量也很高，而后者是一种非常重要的信号分子——一氧化氮的前体。一氧化氮能够扩充肌肉中的血管，这样能给肌肉输送更多氧气，提升代谢效率。有超过 75 项小型的研究结果表明，总的来说，甜菜根汁能提升健康成年人和运动员的运动表现，这个改变很小但是显著的（即使只有 1% 的提升，也会被认为是具有高显著性）。[8] 有趣的是，甜菜根汁似乎只能帮耐力型运动员增加持久力，而对短跑运动员无效。

一氧化氮在另一个引人注目的困扰方面也大有可为。[9] 在罗马时代，红灯区不用红灯作为标志，用的就是甜菜根。显然他们准备了不少甜菜根，就是为了让客人兴致盎然。事实上，万艾可发明之初是用来降低血压的，通过增加血管中一氧化氮的含量起作用，但让男性坚挺可是个大受欢迎的副作用。不过，至今也没有确凿的临床试验数据对网上流传的甜菜根功效予以支持。正如万艾可一样，甜菜根里的硝酸盐也同样能降低血压。对 22 项研究的总结表明，它能有效降压 3.5 毫米汞柱（大约 3% 的降幅）。不过其中的硝酸盐可能仅仅是甜菜根中复杂化合物的冰山一角，其中还包含更多有益的多酚和其他物质的交互作用。不过，至今也没有人建议用甜菜根来治疗高血压。

认识洋葱和大蒜

葱属大家族的成员，比如洋葱、青葱、韭葱、细香葱、大蒜，都含有大量的刺激性硫化物，这是从土壤中转化而来的。这种刺激性化学物质会在植物细胞壁被切割破坏时释放出来，让你切菜的时候泪流满面，但在缓慢炖煮的过程中，它们会变得稳定柔和（不过微波加热不行）。既然更多的营养物质会在切菜和烹饪的过程中释放出来，那么生吃一些葱属食材想必能为你增加化学物质的多样性。更加嫩一点儿的洋葱、细香葱和青葱则含有更少的硫化物，切碎直接加入其他菜肴，能增添一点恰到好处的辛辣味。有些天赋异禀的人能生啃老洋葱，如同啃苹果一般，但这对我们大多数人的眼睛、味蕾和消化道来说都极具挑战性。

不过民间有很多应对切洋葱流泪的土方法，比如捏着鼻子、嚼一块面包或者口香糖、口里含着银勺子、切菜时一直伸着舌头——显然希望舌头能吸收所有让人流泪的刺激性分子。我私人珍藏的妙招就是切洋葱的时候戴游泳镜，这个法子听着荒谬，实则有效。我的建议是，无论你戴不戴泳镜，一定要用非常锋利的刀子沿着洋葱的两头顺着“经线”纵切下去，而不要沿着“纬线”环切，这样就能最大限度地减少对椭圆形洋葱细胞的损伤。还有，在接近洋葱须根的部位时就别切了，因为这里的硫化物浓度最高。

洋葱是菊粉的重要来源，这种物质也存在于香蕉、洋姜和大蒜里，对我们的肠道微生物组有很多健康益处。每天摄入菊粉似乎对我们的身体健康有益。平均来说，意大利人、西班牙人和葡萄牙人都有着较好的长期健康状态，而洋葱就是他们平时饮食中的常客。在这些地区的很多菜肴中，共同的底料就叫“西班牙番茄酱”（sofrito），它富含多酚和菊粉。将洋葱、大蒜、胡萝卜、西芹和草本香料（如罗勒和牛至）混合在一起，加入特级初榨橄榄油，慢炖至少一小时后即可。这种香气馥郁又充满绵密油脂感的酱料就构成了意大利面酱、鱼和肉类菜肴，以及很多汤和炖菜的底料。所以要想每天吃到菊粉，每天用“西班牙番茄酱”做菜是简单易行的方法。

大蒜仿佛是浓缩版的洋葱，同样富含菊粉。除了能成功“驱除”吸血鬼，大多数人类文明长期都将大蒜入药，广泛用于治疗皮肤病、感冒、炎症等疾病。有大量证据表明，大蒜能治愈皮肤的疣，一些较弱的证据说它能缓解炎症造成的疼痛，还有一些设有对照组的人类试验甚至支持大蒜能治感冒这个说法。更不用说，只有一项随机的临床试验得出了这个结果，当然需要谨慎对待，而且这个结果必须能被重复验证才合理。这项研究发现，相较于没有服用大蒜提取物的对照组，146 名受试者在服用大蒜提取物三个月后，感冒症状持续时间和总体病程都仅为原来的 1/3，但大蒜提取物并没有让这部分人摆脱现有的病毒感染。[10]

现在也有越来越多出处不一的证据表明，大蒜能预防小肠癌，尽管大蒜对心脏有益的证据其实更有力。有超过 14 项研究表明大蒜能改善血脂水平，还有 20 项研究表明大蒜能降低大约 4% 的血压且没有副作用。[11] 考虑到所有因素后，我们可以这么理解，吃大蒜在总体上的获益要比严格控盐高出两倍多，而且不会牺牲美味度，实质上反而提升了食物风味。这些研究用了不同形式的大蒜（如大蒜粉、大蒜胶囊等）或者陈年大蒜提取物，并不是所有用到的大蒜都以大蒜素为主要成分。所以这再次说明，我们实际上不知道大蒜中的数千种化学物质中究竟哪些是最有益的。[12] 这个健康作用还有可能是因为其中含有大量的膳食纤维——菊粉，它是肠道微生物的至爱。依照惯例，把洋葱与洋葱家族的其他食物一起吃下去大概率才是正确的做法。

寡淡的蔬菜

一言以“毙”之——生菜。其中的球生菜被我称为“最没营养的蔬菜”，这是一种包裹成球的沙拉菜品种，看起来很像是褪了色的绿卷心菜。它在 20 世纪 40 年代被引进美国并进行商业化种植，是唯一一种能够承受跨国运输的品种，还成为经典名菜楔形沙拉[①]的代名词。自 20 世纪 80 年代开始，球生菜就席卷了全世界的超市货架，因为它不仅有令人惊艳的保质期，而且吃起来口感爽脆，令人愉悦。此外，它很容易清洗和处理，也很少产生浪费。在美国，球生菜在最常吃的蔬菜榜中位列第五（前四名分别是土豆、番茄、洋葱和胡萝卜）。事实上，可以说美国有 50% 人只吃这个品种的生菜，这个情况在其他国家也颇为类似。可惜的是，这种生菜寡淡无味，几乎没有营养，更别提种植它有多浪费水了。研究发现，意大利红珊瑚生菜（有红色的卷叶边，尝起来有点苦）中的抗氧化物含量是球生菜的 300 倍之多。[13] 所以假如你跟很多人一样，把球生菜当作健康饮食“每日五蔬果”其中一种的话，那你每天大概需要吃 500 颗才够健康。其他种类的生菜要好一点，能满足你全天大多数维生素 K 和部分叶酸的需求。罗马生菜有脆脆的茎秆和松散的叶子，营养价值居中。绿色的圆生菜仅仅比球生菜要好一丁点儿，多酚含量非常一般。

---

① wedge salad，主料是球生菜、培根、番茄等，其中会把球生菜切成 1/4 的一个楔形，因此名为楔形沙拉。——译者注

尽管那种一大包开袋即食的混合沙拉菜很方便，极大地节省了备餐的时间，也增加了所吃蔬菜的多样性，但加工过程和塑料袋着实对环境不怎么友好。所以其实可以买整颗生菜并妥善存放，以保证其新鲜度。可简单地用湿润的棉布或者厨房纸包裹住，然后放进冰箱里密闭的容器中以免遭挤压。如果你有条件在户外种植，那么自己种生菜非常容易。

要论最没营养的蔬菜，球生菜如果排第一，也就只有黄瓜敢来应战了。黄瓜一度还有抗衰老、增加胶原蛋白的美誉，添加了其成分的面霜大卖。当你熬夜的时候，贴两片黄瓜在眼睛上，的确会舒服点。

西芹杆经常被吹捧成负热量食品，号称吃它所消耗的能量比所得的能量还多。西芹提取物在一些国家被当成了减肥产品，但可能有副作用，如严重的甲状腺问题，并伴有皮疹和心悸。据说西芹汁具有“超量”的含氮抗氧化物，还含有甘露醇这种天然的泻药，有让你多跑几趟厕所的副作用，不过这仅仅是由西芹里的纤维束和水分所致。如果你改成炖煮西芹，就像西班牙番茄酱那样，那么寡淡无味的西芹中大量的化学物质就有机会与其他食物中的成分发生反应，并产生新的味道和气味。每克西芹含有的硝酸盐的确是最多的，而且一些挥发性化合物跟核桃差不多，除此之外我们对西芹知之甚少。在真正揭开这些秘密之前，我们只能认为吃西芹杆是个把鹰嘴豆泥顺带吃进嘴里的好办法。

“坏”蔬菜?

要论最受诟病的蔬菜，那非土豆莫属了。它被广泛认为是一种不健康的淀粉类蔬菜，GI 值高达 78。不过它的钾元素含量比香蕉还高，也是维生素 C、钙和铁元素的极佳来源，其中膳食纤维含量跟苹果相当。土豆在安第斯山脉地区风靡一时，随后西班牙商人（不是沃尔特·雷利爵士①）把土豆带到了英国。不过当时土豆被误认为是有致死毒素的龙葵，吃了会导致麻风病，因此土豆被扣上了“有毒”的帽子，在英国被忽视了 100 多年（生吃土豆和吃发芽变绿的土豆当然不行）。当土豆一跃成为主要农作物后，它迅速推动了 17 世纪末期和 18 世纪北欧人口的爆炸式增长。不过在 1845 年，一场难缠的霉菌病致使大量的土豆苗枯萎，继而导致了爱尔兰的饥荒，大幅度削减了该国人数，并给美洲带去了大批躲避灾荒的移民。

让土豆再次受欢迎的契机是在 20 世纪 60 年代，快餐和炸薯条席卷了美国本土。作为一种随身携带的速食（无须餐具），土豆很快就成为美国人和其他一些国家的居民吃得最多的蔬菜。20 世纪 80 年代之后，尽管它还是排名较高的蔬菜，但已经变成了不健康的代名词。几项在美国进行的大型观察性研究发现，每天吃土豆与心脏病、糖尿病和肥胖风险增加有关。不过一项瑞典的研究发现，吃土豆与心脏病风险无关，而当更多的研究被收集汇总后，这些相关性都消失了，除非你吃炸土豆。[14, 15] 相反，如果你用煮、微波或者烤的方法连皮一起吃，并且把它们作为正餐的一部分，土豆就不会带来肥胖和心脏代

---

① 英国伊丽莎白时期著名的冒险家，同时也是作家、诗人、军人、政治家，更以艺术、文化及科学研究的保护者闻名。——译者注

谢类疾病的特别风险。而炸薯条、肉汁奶酪薯条或者是土豆泥这类食物，只能偶尔吃吃。尽管土豆在ZOE程序里的总体评分相当低，但还是有一部分人能比其他人吃更多的土豆，最好以冷沙拉的形式连皮一起吃。绝大多数国家的政府都把土豆从"每天五蔬果"中除名了，想必是因为大家吃的土豆已经够多了，应该把焦点转移到增加蔬菜种类上。

薯片是一种把土豆切成薄片再用油烹饪的食物，是世界上最流行的咸味零食。最早的猪油手工薯片配方可以追溯到1817年，而第一款商品化的薯片则出现在大约1920年，由伦敦北部的史密斯夫妇进行贩售，而且在很长一段时间内，他们卖薯片时都附赠一包盐，让顾客根据个人口味调整咸度。随后，这家夫妻店被同为夫妻产业的沃尔克斯薯片（Walkers Crisps）买了下来，如今已经成为英国最大的零食公司，由百事集团旗下的菲多利公司（Frito-Lay）① 所拥有。在英国，每个人每周要吃掉55克薯片，相当于2包多25克包装的薯片，还有1/5的儿童每天能吃掉2包，许多孩子都会在他们的午餐盒里带薯片。我哥哥安迪7岁那年就开始收集薯片包装袋，那时他还经常把薯片袋子用火烤到只有火柴盒大小。他如今收集了3500多种不同的包装，估值约2万英镑，可能是世界上最多的薯片包装袋收藏家。而最令他开心的事当然是有人从别的国家给他寄来一个稀奇古怪的薯片包装袋。[16] 英国的工厂每年能生产60亿包有着100多种不同口味的薯片，使用的是不同季节的土豆。工厂先用高压水枪把土豆中的淀粉冲洗干净，接着让其干燥并切片，然后在一个5000升装满180℃热

① 该公司即生产乐事薯片的公司，在英国依然以本土知名度更高的Walkers的品牌销售。——译者注

油的大缸里炸大约 3 分钟。

不过英国人在世界范围内并非吃薯片的佼佼者。从营收数据上来看，美国人的薯片消费量是英国人的三倍，而加拿大人的薯片消费量是英国人的两倍，这可能是由在北美售卖的薯片都是超级大包装所致。日本人也很爱吃薯片（山葵口味），人均消费量跟英国差不多。在欧洲，法国人出乎意料地在薯片消费量上击败了英国人，辣椒粉和烤鸡风味的薯片在法国是最流行的，红酒炖鸡口味和松露口味的薯片销量也不俗[17]。英国人享用薯片的常见方式就是餐间零食，而法国人通常把薯片当作搭配开胃酒的小食。薯片自然是高脂肪、低膳食纤维的食物，不过由于法国人吃了更多的薯片，却大都比英国人要苗条且健康，因此我们很难把身上所有的疾病归咎于薯片。或许是我们崇尚的速食饮食文化和英国政府给出的具有误导性的膳食建议，鼓励我们少吃多餐，这就导致薯片占了全天能量摄入的 25% 之多，并让我们腰围膨胀。[18]还有许多针对薯片的批评都基于高盐量，不过一包 25 克的薯片的盐含量其实跟一个标准碗（240~360 毫升）的市售早餐谷物差不多，跟很多其他超加工零食和速食中的盐含量相比，还不到一个零头。这说明薯片不太可能是我们过量吃盐的罪魁祸首。

那么那些更加昂贵、更加“天然”的手工薯片会是更好的选择吗？某些产品的确可能更健康，或者说对环境更友好，比如说有个品牌的薯片就专门挑选品相不佳的土豆做原材料，以免它们仅仅因为外观丑而直接被遗弃到垃圾桶。炸薯片用的油也千差万别，在英国和美国常用的是葵花籽油或者菜籽油，如今也有“非油炸”烤薯片产品可选，这种薯片的脂肪和总能量较低。大众对膳食纤维的需求也让各大脆片加工食品开始寻求以豌豆、小扁豆、鹰嘴豆和混合杂豆为原料。不过除了更少的盐和糖，这些所谓的“更健康”的脆片产品依然是超加工食品，其配料表上常常有超过 14 种成分，如乳化剂和调味料等。与判断其他食品的原则一样，食物的品质和环境才是关键，因此我们可以把薯片当作一个偶尔吃吃的小零食，最好用特级初榨橄榄油连着皮一块炸，并且越少添加越好。

牛油果

脂肪最多的水果其实是一种核果——牛油果，是中美洲人用当地词语“蛋蛋”为其命名的。牛油果有不同的形状和颜色，质感绵密的果肉配合多层次的复杂味道，相当独特。牛油果的大部分能量来自脂肪，这可能是它们为了吸引我们这类饥饿的哺乳动物而进化的结果。有着粗糙黑色外皮的哈斯牛油果脂肪含量最高，其中的脂肪主要由单不饱和脂肪酸构成，正如橄榄油一样。牛油果还是膳食纤维的极好来源（一个牛油果大约有 13 克），维生素 C、叶酸、维生素 B_6 和多酚的含量也很高。对牛油果与健康之间的关联进行研究的并不多，因为长期以来人们觉得它的脂肪含量和热量都太高了，往往忽视了它的健康意义。在法国，牛油果则被认为有药用价值，人们把它与大豆混合，制作成一种叫“牛油果大豆不皂化物胶囊”（Piascledine）的天然药物。它在一个我协助设计的对照试验中被证实对骨关节炎有轻微的疗效。不过这种药物的具体配方是至高机密，因此我们不知道其中真正的活性成分是什么，况且效果也有限。不过从我们的数据来看，牛油果事实上可能是一种完美的植物食材，至少 ZOE 的评分可以证明。

牛油果（在发达国家）最大的问题就是刚买回来的时候通常跟石

头一样硬邦邦，有的一点都没熟，这是因为它们被过早采摘，或者是被储存在气温过低的环境中。一些牛油果在室温中放置几日就会成熟，跟香蕉放在果盘里还能加速这个过程。牛油果的果肉暴露在空气中会褐变得非常快，不过只要往牛油果上挤一些柠檬汁或者酸橙汁就能延缓褐变过程，放在切碎的洋葱旁边也行，因为洋葱挥发出的抗氧化物也能减缓褐变。牛油果酱就是用牛油果泥、辣椒、大蒜、酸橙汁和几滴橄榄油做成的，含有一系列非常棒的多酚，所以放心吃点儿墨西哥奶酪玉米片吧！

不过人们对牛油果的需求剧增反而成了它的黑暗面。在吐司上盖一层牛油果碎在21世纪初期成了最具人气的打卡拍照食物，人们对这种异国食物的需求量迅速超过了供给量，为犯罪分子提供了垄断供应链的机会（藜麦也一样），牛油果因此也成了一个有利可图的罪恶商品。种植牛油果需要消耗大量的水，在墨西哥还因此出现了通过贿赂官员而强行让河流改道的情况。遗憾的是，这类严重破坏当地以及整个南美洲生态的事件很常见。

烂番茄

跟茄子、西葫芦、黄瓜、葫芦和南瓜一样，番茄其实是带种子的低糖水果。番茄跟肉一样富含谷氨酸，所以自带鲜味。自从16世纪进入欧洲以来，柔软多汁的番茄长期以来充当了完美无害的“投掷品”，用来砸犯罪分子、政客或者失败的球员（1966年意大利国家足球队），以表达不满和厌恶情绪。不过如今，得益于大规模育种技术，我们能买到的大多数番茄已经具有了还没裂开就从被砸的人身上弹回来的能力，当然也不会那么容易腐烂了。1879 年，美国农户发现了番茄的一个变种，它表皮光滑坚硬，通体是均匀的红色。殊不知，这种突变同时减少了番茄中的红色类胡萝卜素（番茄红素），以及很多其他贡献了风味的化学物质的含量。大多数可食用植物基因突变后的命运都步其后尘。随着商业化种植的番茄年产量增长而价格下降，番茄变得越来越大和皮实，口味和营养素含量也显著减少。其中大多数番茄都在非常青涩的时候就从藤上被采摘下来，以争取更多的运输时间，然后在巨大的仓库里用乙烯催熟。番茄作为一种温带气候下生长的水果，往往会在冷藏的环境中永久地损失风味。不过这对于超市里售卖的番茄来说也不成问题，反正它们本身也没什么风味可言。

除非是自己种番茄或者从有机农户那儿买番茄，否则我们如今要吃上比 50 年前多一倍的番茄才能把减少的营养素补回来。好在科学家在 20 世纪 70 年代培育出了一种保质期较长的樱桃番茄，含糖量更高，多酚含量也很合理。此外，番茄基因学家如今发现了番茄风味减少的原因，即编码番茄风味的基因在美国人首次发现基因突变番茄时和突变一起被误关了。他们现在正在采用最新的基因编辑突破性技术，恢复原有的风味和营养，同时仍保留突变得来的“皮实”基因和延长保质期的基因。

在西班牙、法国和意大利，当地的市场和商店有十多种不同大小、形状和颜色的番茄售卖，每一种都有特定的吃法（生吃、做成酱或者烤着吃等），而且其中很多都是其貌不扬或者是变了形的，但味道都很棒。那么它们对我们都有益吗？

番茄是番茄红素最主要的来源，番茄红素是一种类胡萝卜素，在胡萝卜、粉色的葡萄柚、西瓜和杏中也有。有超过 25 项观察性研究表明，平均而言，摄入番茄红素更多的人群发生脑卒中和心脏病的风险比普通人群低 20%，而总体死亡风险则低 37%。[19] 21 项短期的对照试验发现，吃番茄或者服用番茄红素补充剂能减少约 5% 的胆固醇水平，降低 4% 的血压，这个影响虽小但是很可信。[20] 也有一些其他的综述对这些研究的质量提出过疑问，不过对于番茄的安全性和廉价都无任何质疑。[21] 与其他茄科家族的蔬菜一样，番茄中也有植物凝集素，这是一种与碳水化合物结合而成的蛋白质，会导致部分人出现消化问题。“植物悖论”饮食法的原则是把凝集素含量高的蔬菜排除在外，因具有抗炎、减少肠道通透性以及提升整体健康的作用而备受欢迎。那一小部分对凝集素敏感的人，要避免吃生番茄，不过只要把番茄做熟了就能中和凝集素，还能释放出更多的番茄红素和其他植物营养素，这样更有益健康。

在抗癌方面，番茄红素毫不意外地能在试管测试和动物模型中抑制癌细胞的生长，还让 150 只母鸡的卵巢癌风险（与人类患卵巢癌的概率相当）下降 50%。[22] 在人类试验中，有超过 30 项、涉及 25 万多名男性的关于前列腺癌的观察性研究发现，那些摄入番茄红素较多的人有着更低的前列腺癌风险，平均每周多吃一些番茄酱就能降低 30% 的患癌风险。不过这个保护效应仅仅与吃熟番茄有关，而跟吃生番茄无关。[23] 与其他很多多酚一样，番茄红素也是脂溶性的，所以生番茄上淋点橄榄油（最好是），或者是把生番茄跟黄油和面包一块吃都很好。番茄罐头里也富含番茄红素，尤其是那些带皮的番茄罐头。

淀粉又碍着谁了？

你能敞开了吃蔬菜吗？答案是“看情况”。如果你吃的是红薯、土豆和欧洲防风，那么答案是“不”。因为这些能量密度较高的蔬菜含有大量的淀粉。淀粉是一种复杂的碳水化合物，能很快被分解为单糖，导致血糖升高和随后的胰岛素峰值。适量吃淀粉类蔬菜并没有问题，也不应该把它们从健康多样化的饮食名单中除名，不过最好优先吃绿色的、紫色的、有苦味的蔬菜，以及非淀粉类蔬菜。

蔬菜大杂烩

如果你问我能敞开吃菠菜、洋葱和西蓝花吗，答案是“可以”。我重申一下，从更加营养和美味的角度来说，最好的办法就是丰富你的植物选择，吃不同种类的植物性食物。事实上，与其去疯狂攫取一两样蔬菜里的营养素，还不如把更多种蔬菜组合在一起，这样才更有可能吃到你所需的所有微量营养素、矿物质和氨基酸。你可以考虑一下糙米和豆类的组合，或者番茄、鹰嘴豆配意大利面。想要了解更多的食物组合，且听下文分解。

*

正如你所认知的一样，没有所谓的“坏”蔬菜。不过我们依然需要在选择蔬菜时留心：确保每天都吃不同的蔬菜，有意识地选择应季和当地的蔬菜，最大限度地减少我们吃的食物对环境的不良影响。为了避免不必要的食物浪费，建议尽量吃完整蔬菜，还可以在冬天购买冷冻和罐头蔬菜。要想充分利用蔬菜的丰富营养和好处，我们应当重新权衡一下过往的“一份肉、两份菜”这种思路，改成“四种颜色的蔬菜和一拳头蛋白质”。虽然这听上去没那么吸引人，但一定更健康。

关于蔬菜的五个关键要点

1. 绝大多数蔬菜（除了球生菜）都对你有利。色彩明亮、有苦味或者浓郁风味都表明它们蕴含大量的多酚。
2. 每周要吃各种各样的蔬菜。
3. 蔬菜是有利于肠道微生物组的多酚和膳食纤维的极佳来源。
4. 切菜和烹饪方式都会影响蔬菜的营养价值。把蔬菜与脂肪和烹饪油混合烹饪，以及发酵，都能强化蔬菜的益处。快蒸通常是最好的方法，但要避免长时间水煮。
5. 对那些营销手段高明的稀有昂贵蔬菜要保持警惕，它们未必更健康。

豆科作物

豆科作物（legume）包括大豆类、花生、小扁豆和豌豆（杂豆），以及被误称为豆类（pulse）的作物。豆科作物有超过20个被培育的品种。其中全球最主要的就是大豆，它是万能的食材，能做成豆腐、豆奶、天贝（印尼豆豉）、酱油和生物柴油。我们如今吃到的大多数豆类都源于美洲，也有一些亚洲的品种，大部分豆类富含蛋白质、锌和铁（跟肉类似），并且膳食纤维和叶酸含量高，脂肪含量低（跟蔬菜类似）。未经烹调的豆科作物往往对动物有毒，这是由于它们含有大量的防御性化学物质，甚至一些硬皮的棉豆（利马豆）中还含有氰化物。彩虹色法则同样适用于豆科作物，不过它们都富含多酚，尤其是小扁豆、大豆和腰豆。

正如数百代种植户所发现的那样，豆科作物是一种用途非常广泛的全球作物。如果把豆科作物跟谷物种植在同一块地里，它们不仅能帮助富集氮肥，而且能让我们餐盘中的营养素更为丰富。豆类和米饭是中南美洲常见的早餐；印度人则喜欢把小扁豆和小米做成一种叫扁豆糊的美食；中东人则把伯格麦和鹰嘴豆混在一起做成以色列古斯米；日本人喜欢用大豆和大麦来制作暖心味噌汤。当然，在英国也有充满异国风情的焗豆配吐司。

大多数营养膳食建议都会让我们多吃豆类，最好是每天都吃。把豆类与米饭、小麦或者玉米搭配着一起吃，能提供我们身体所需的大部分营养。不过，豆类作为主食通常也有一些缺点。豆类厚厚的种皮会让其中的营养素难以获取，而且需要烹煮很长的时间，因此在烹饪前一般需要浸泡。很多美食博主建议在泡豆或者煮豆的时候加一小把食用碱（碳酸氢钠或小苏打）来碱化，让豆子快速变软烂，但这样做不一定能增加人对豆类营养素的吸收。豆科作物中的植酸也会阻碍很多营养素的吸收，所以最好跟其他食物搭配着吃。跟其他蔬菜一样，用来煮鲜豆类的水要尽可能少，以免营养素损伤和流失，而且尽可能不用硬水烹饪。然而，也有一些恰好相反的烹饪建议，比如煮豆类食物时加盐会让其软化，加酸性的番茄和柑橘会让它们质地更紧实。豆科作物与其他一些蔬菜最常见的另一个共同点就是它们会特别受某类肠道微生物的欢迎。微生物将其发酵后，会把其中的碳水化合物转化成甲烷气体，导致胀气和排气。

豆类与排气

有些科学证据表明，豆类煮得越久，冲洗的次数越多，它产生气体的副作用就越少。细嚼慢咽也有助于此，但是某些作用很可能来自心理暗示。有一个勇于探索的团队招募了 120 名美国受试者，让他们连续两个月每天吃半杯焗豆、斑豆或者黑眼豆，对照组则每天吃胡萝卜。正如团队所预期的，吃各种豆的人的血脂状况有了改善，不过他们更感兴趣的是吃豆类的副作用。在最开始的一周，近 50% 的受试者的排便规律有所改变，吃斑豆和焗豆的人表示有胀气问题。[1] 不过这些问题都随着时间而渐渐减少，所以两三周内只有 20% 的人表示有肠胃问题，而食用膳食纤维含量更低的黑眼豆后有肠胃反应的人还不到 10%。尽管吃豆类食物的反应因人而异，不过我们的身体似乎会逐渐适应这个变化。不过，吃胡萝卜的对照组中竟然也有 10% 左右的受试者表示有新发的肠胃胀气反应，而胡萝卜的膳食纤维含量实在不高。突然增加膳食纤维的摄入会导致胀气和排便规律的改变，因为我们的肠道微生物需要重新适应新环境。不过若是能用区区数日的肠胃震荡换来一个快乐的肠胃与增加多酚摄入量的长期好处，显然是值得的。更好的消息是，研究表明如果我们把豆类与酸橙汁这样的酸性食物混合，就能把豆类中的多酚多萃取出 20%~50%，同时摄入酸橙中的维生素 C。这种吃法在很多饮食文化中已经流传了数世纪之久。

有许多因素决定了我们或者说我们的肠道微生物从豆类中提取营养素的难易程度，不过也确实有一小部分人在消化豆类方面真的有问题，不仅仅是出现胀气和排气问题，因为豆类会在他们的肠道中过度发酵。这会导致类似于肠易激综合征的症状，可能是由寡聚糖等复合碳水化合物所致。这种物质和凝集素这样的蛋白质相似，被称为“抗营养因子”，会让一部分人感觉不适，不过这种现象非常罕见，通常只会在吃了没煮熟的豆类的情况下出现。目前没有任何确凿的证据表明煮熟的食物中的凝集素对人体有任何明显的害处。正因如此，很多生豆和干豆类产品都会有食用说明——需要提前浸泡一晚，煮沸至少十分钟，这样就能有效地中和凝集素。罐头豆类和小扁豆通常都充分烹煮过，所以没有上述风险。

在我的厨房里，有些豆类会在烹煮过度的情况下变干。而其他一些豆类似乎怎么煮都“冥顽不化”，让人恼火。我的意大利朋友告诉我，千万别打断煮豆的过程，因为一旦中断就甭想煮熟了。所以要煮一锅软绵丝滑的豆类菜肴，秘诀就在于文火慢煮不中断。至少对意大利人与他们著名的两道菜——托斯卡纳杂豆汤和卡斯特鲁奇奥小扁豆来说是如此。不过你可以直接买预煮的清水罐头豆（别买浸泡在盐水里的那种），通常性价比很高，而且很健康。由于它们一般是采摘后干燥或直接罐装的，所以保留了大部分营养成分，尤其是不把这些泡豆子的黏糊糊的淀粉水冲掉时。即使再有营养，有些人还是不能接受这个泡豆子的水。

蚕豆又名胡豆，最好吃新鲜的，最好是直接从你家菜园子里采摘后剥掉豆荚煮了吃，因为它们非常经不起运输。市售的蚕豆通常更硬更干。蚕豆是少数几种北欧的原始农作物之一，一度是英国人的主食作物。在 18 世纪以前，蚕豆是贫穷人家最主要的蛋白质来源，直到后来肉变得普及，但是它一直带着“穷人食物”的标签。蚕豆和其他豆类一样，容易种植，更重要的是它们都具有固氮能力，可以把空气中的氮元素重新带回土地中，减缓全球变暖的问题。然而在英国几乎没有人吃自己种植的豆类，大多数豆类都用作动物的饲料或者出口了。豆类在干燥后，经常被用作中东美食的食材，比如传统的埃及蚕豆餐，这是一道以炖蚕豆为主的菜肴，加入橄榄油、孜然和其他草本香料。英国的豆类如今是销往埃及和日本的利润丰厚的出口作物。英国人自己很遗憾地错失了这种营养丰富的宝贵食材，而其他国家的居民则视若珍宝。

焗豆

在英国，尽管有20多种豆类食物可供选择，但是大多数人只吃吐司或者烤土豆上的焗豆。焗豆这道英国名菜实际上是19世纪末在美洲发明的，是亨氏公司使其名声大噪并出口至国外。自此亨氏公司的焗豆一直被模仿，从未被超越。亨氏的焗豆在全球各国使用的酱汁略微有区别，不过焗豆用的豆子基本上是来自北美洲的白腰豆。在亨氏位于英格兰北部城市威根的大型工厂中，每天工人们首先会将干的豆子泡水，使其恢复原型（复水），然后与香料和番茄酱混合，并灌装进300万个罐头中。罐头会先密封然后进行热加工，并非所谓的焗，而是用高温蒸20分钟以杀死所有的微生物，得到可以安全存放至少18个月的同一产品。

英国人每年要消费将近10亿罐焗豆，因为真的很便宜，而且非常耐存放。但是因为额外添加的糖和盐，焗豆长期以来被当作不健康食品。但它们其实是世界上加工最少的主食之一，而且豆子本身的营养也是毋庸置疑的。每半罐焗豆就能为你提供7克蛋白质和8克膳食纤维，比4片全麦面包或者6碗玉米片能提供的还要多。长期以来，很多国家生产的焗豆含糖量都很高，不过如今在英国和欧洲大陆的焗豆已经降至每罐只有2.5茶匙（大约10克）糖，不到意大利面圈罐头含糖量的50%，这是我年轻时就不那么喜欢的一款产品。不知道为什么，在美国销售的焗豆罐头产品就要甜得多，含糖量大概是上述版本的2倍（5茶匙）。这种罐头的售价每罐仅不到50便士，考虑到它的蛋白质和膳食纤维含量，再瞅瞅这价格，还有啥要求呢，如果含糖量能继续下调就好了。尽管英国人对焗豆情有独钟，但是人均豆类摄入量只有欧洲人均摄入量的1/4，其中法国是英国的7倍。意大利拥有妙不可言的托斯卡纳白豆、菠罗蒂豆和腰豆菜肴，人均豆类摄入量是英国人的十倍。连美国人都出乎意料地达到人均 3 千克，不过我严重怀疑这得益于西班牙裔美国人的大力贡献。不过全世界顶级的吃豆国家要数尼加拉瓜（人均 18 千克）和卢旺达（人均 27 千克）。[2]

大豆

大豆是全世界吃得最多的豆类，也是用途最广泛的作物。它拥有比其他豆科作物都要高的蛋白质和脂肪含量，同时有大量的膳食纤维和多酚以滋养肠道微生物。但是非常遗憾的是，单独煮大豆非常无趣，味道和气味都比较糟糕，因为它没有多少可以转化为糖的淀粉，不像其他豆子会变得绵软。不过中国人非常聪明地发明了几种巧妙的方法，成功对大豆进行美味大改造，日本人也紧随其后，因此大豆成了这两个国家的主食之一。第一种方法就是直接把未成熟的毛豆快速煮熟，就像吃豌豆那样撒点盐即可。这种吃法在日本被称为“Edamame”（日语中写作“枝豆”）。一小份这样的毛豆零食可以提供大约 11 克蛋白质和 8 克膳食纤维。第二种方法是把坚硬的大豆榨成豆浆，这种浆液能够进一步发生与奶酪类似的凝乳反应，变成富含蛋白质的豆干或者豆腐。豆腐拥有独特的性质，是少有的能够在冷冻后变得更好吃的神奇食物，与其他食材一同烹饪时能富集风味。制作豆腐的过程会损失大豆近 50% 的营养素，不过剩下的这些营养价值还是很高。中国的豆腐在英国等西方国家的销量正在攀升，其中有几种烟熏豆腐非常美味。第三种提升大豆质感的办法就是发酵：微生物会消化和改变较苦的物质，把大豆分解成一系列更加令人愉悦的化合物。

在日式料理中，有一种关键的微生物叫作“麹”。这是一种毛茸茸的白色曲霉菌，喜欢长在湿润的米饭中。这种霉菌被干燥成粉后，再加入大豆中，可以制作味噌酱和当地无处不在的酱油，能很好地给各种食材增鲜，并赋予菜肴多重层次的风味。但是某些品牌的味噌酱和酱油含盐量相当高。味噌粉则是日本人常备的大豆益生菌饮品，只需要用温水（不是开水）冲泡味噌粉，就能制作健康的味噌汤或者调料，其中会有足够的微生物复苏，以滋养肠道。每天都摄入这种含有益生菌的食物可能是日本人长寿的原因之一，而不是吃鱼或者喝清酒。事实上，麹能够发酵任何含有糖的食物，因此越来越多地被用于发酵其他蔬菜。在日本之外的一些时尚餐厅中，大厨们开始尝试把麹用在肉中来制造一些创新但颇具风险的风味。

发酵豆制品是用类似的方法制作而成的，通常包括两个步骤。纳豆是一种黏糊糊、有臭味的日式早餐佐食，看上去非同寻常。它是用一种叫枯草芽孢杆菌的菌种发酵煮熟的整颗大豆制作而成的。而自我数次游历日本后，这种菌估计已经定植在我的肠道里了。在小型研究中，枯草芽孢杆菌的一个亚种纳豆菌被发现能帮助肥胖的小鼠减少脂肪沉积，不过尚没有针对人体进行的纳豆研究。[3] 天贝是印度尼西亚的土特产，它是用另一种根霉属的霉菌发酵大豆饼制作而成的食物。当然这个发酵过程还有其他同样适合生存的菌参与，甚至有时这些杂菌还会把原有的微生物杀死。这种微生物的混合体产生了一系列非常丰富的气味化合物，而这赋予了发酵豆制品超乎寻常的味道与质地。

西方的豆制品

最不健康的吃大豆的方法，就是吃超加工食品形式的豆制品，正如很多西方国家的人正在做的那样。这些大豆食品通常还是以美国种植的转基因作物为原料制作而成的。截至 2020 年，全球供人类食用的大豆市值大约为 421 亿美元，还不算另外 40% 用于喂养动物的大豆。随着越来越多的人有意识地寻找动物蛋白的替代品，传统的豆制品，如豆腐和味噌，以及大豆分离蛋白和其他形式的超加工大豆制品越发得到消费者的青睐。但是大豆的健康益处尚不明确，并且由于亚洲人和欧洲人本身在肠道微生物和食用豆制品的方式上存在差异，大豆对这两个人群的作用也可能有差异。跟其他豆科作物不同的是，大豆中的一些化学物质能够被我们肠道微生物转化成温和形式的性激素，叫作植物雌激素或者异黄酮。在欧洲人中间，这些成分一方面能降低某些癌症（如前列腺癌）的风险，另一方面可能提高患乳腺癌的风险，不过对亚洲人并不会这样。[4, 5] 这种植物雌激素在我们体内是促进激素生成还是抑制激素，作用尚未明确。如果你把黄豆当作完整的食物加入日常平衡膳食，只要用量正常，那么它的任何作用都会很微弱，因此无须担心。目前我们确知的是，大豆是一种营养丰富的植物蛋白来源，以天然的形式每周吃几次要比吃等量的动物性食物对健康更加有益。所以我们要留意的是，不吃深加工的大豆制品，比如大豆蛋白棒、低脂食品的馅料，或者仅仅用于替代牛奶，而是像日本人那样吃发酵的味噌汤，以及把水煮毛豆当零食。

花生

全世界人们吃得最多的坚果竟然不是长在树上的坚果（树坚果），而是花生。花生实际上是不寻常的豆类，它长在土里，因此有个别名叫“落花生”。花生非常皮实，易于运输和储存，如果先烤一下就更不是问题了。花生在全世界的传播极为迅速，先是从南美洲到了墨西哥、加勒比地区，然后传到了亚洲、欧洲，最后抵达美国。在美国，花生最终华丽蜕变成花生酱。二战后，花生果酱三明治（PBJ 三明治）更成为每个美国小学生的标配食物。出乎意料的是，加拿大人吃花生酱的量竟然超过了美国人，而曾殖民印度尼西亚的荷兰对印尼当地的传统花生酱颇为熟悉，也成了花生酱的忠实粉丝。

总体来说，作为多样化饮食的一部分，花生对我们是有益的。与其他豆科作物一样，花生的营养价值也很高：49% 是脂肪（高品质花生中大部分的脂肪酸都是油酸，这一点跟橄榄油类似，20% 是饱和脂肪酸），还有 9% 的膳食纤维和 26% 的蛋白质，以及一系列其他营养素，其中铁元素和镁元素含量较高。花生中的植物甾醇被认为能减少血液中饮食来源的多余脂肪，所以可能对我们的心脏有好处。

把花生碾碎后能产生相当多的烹饪油，这就是花生油。随着廉价的花生大规模量产（尤其在美国）后，花生油和花生蛋白很快就席卷了全球，被添加在很多食物中，其中大多数都是超加工食品。这可能是造成全球花生过敏案例增加的部分原因。在商业化生产的过程中，当这种坚果（或者该说是豆子）先被碾压成泥饼，再被制作成花生酱时，花生里的部分油脂会被部分氢化，以减少花生酱的分层，并减缓酸败的进程。不过令人欣慰的是，这种让人闹心的反式脂肪酸在如今大多数品牌的花生酱中都含量极低。花生酱的加工程度实际上比你想象中要轻一些，而且大多数国家都规定花生酱的花生含量需要达到 90% 以上，其余部分只能是花生油。不过买花生酱的时候还是有必要看看配料表，因为有的产品可能加的是棕榈油（最好避免），以及或多或少的糖和盐。有一些非常棒的天然花生酱已经在英国大范围销售。Pip&Nut 牌花生酱就是个代表，它用的是来自阿根廷的高油酸花生，而且不添加糖或棕榈油。

花生过敏

食物过敏是现代人之痛。在 1969 年前，食物过敏在医学文献中没有任何记载，上学时我的同学们也没听说过。然而，自 20 世纪 80 年代末以来，食物过敏的发病率就开始激增，发展至今已经有 2% 的儿童受其影响。助长这个苗头的一个高度可疑因素就是一直在改变的医疗建议。

许多国家的指南都在鼓励大家尽可能长时间地用母乳喂养，同时特别建议妈妈们避免在孕期和哺乳期吃坚果和花生。但是在英国，仅有 1/3 的妈妈能够坚持用母乳喂养 6 个月，这与挪威高达 65% 的比例相形见绌。而这种低母乳喂养率与贫困的生活状态是相关的。母乳喂养有一个副作用就是因婴儿的断奶时间延迟，他们食用真实食物的时间也较晚。但这不一定是最理想的状态，因为婴儿出生三个月后，在健康人群中采取混合喂养是非常常见的。事实表明，让准妈妈们从孕期开始就避免吃花生这类致敏食物对大多数人来说也是错误的。在以色列，人们往往在婴儿才几个月的时候（很可能）就直接喂他们用花生做的小零食，结果在当地极少有花生过敏的案例。在越南和泰国也是如此，不过当地花生过敏的数据尚不得而知。讽刺的是，在部分对食物过敏处于不知情状态且饥荒肆虐的地区，花生作为一种非常高效的营养救济品，拯救了许多婴儿的生命。一种叫 Plumpy’s nut 的花生棒就是救援人员用来帮助身体不适或营养不良的儿童的宝贵食物，因为它能立马提供必要的能量和蛋白质，而且孩子们都爱吃。

一项由圣托马斯医院的同行吉迪恩 · 拉克开展的关键研究表明，让那些父母给对花生过敏的高风险儿童吃花生碎，能显著降低他们对花生过敏的风险。进一步的研究也再次验证了这个结果。如今总共有 1550 个过敏儿童的案例能证明，早在 3 个月大的时接触花生，他们的花生过敏风险是日后才接触的 1/7。[6] 因此，包括美国在内的很多国家的喂养指南都随之做了修改，把花生和鸡蛋都列入鼓励 4~6 个月的婴儿及早接触的辅食清单中。一些有远见的公司开始研发专门为儿童设计的含有过敏原的辅食，以便他们及早接触这类食物。因此，可以预见的是，花生过敏问题在不久的将来会呈下降趋势。

鹰嘴豆

这种广受欢迎的豆类也被西班牙语国家和美国的人们称为“garbanzo beans”。它对于罗马人来说实在太重要了，以至于哲学家西塞罗（源自 Ceci，在意大利语中指“鹰嘴豆”）都是以此命名的。鹰嘴豆的种子大小不一，颜色也有乳黄色、绿色或者黑色，颜色越深，多酚含量就越高。在某种程度上，西方人的鹰嘴豆消费量之所以日益渐增，是因为人们对鹰嘴豆泥的热爱，当然还有对它能降血糖的宣传。有几项结果一致的动物实验表明，在膳食中加入来自鹰嘴豆中的可溶性低聚半乳糖（GOS），能降低实验动物的血糖和胰岛素峰值，这表明它在理论上或能降低糖尿病和肥胖的风险。[7]传统的观点认为，膳食纤维仅仅通过覆盖肠道壁来减缓食物中糖的吸收速度。但是可溶性膳食纤维不具有这种覆盖的功能。提取自其他豆类的低聚半乳糖在实验中则没那么有效，这表明鹰嘴豆的膳食纤维中有一种特殊的混合化合物，能与我们肠道微生物相互作用并产生短链脂肪酸，向身体发送健康的代谢信号。我再次强调，要想从鹰嘴豆中得到最大的健康益处，就要吃完整的豆子，而不是用搅拌机打碎吃。[8]

鹰嘴豆泥是近来美国和英国鹰嘴豆摄入量增加的主要来源。鹰嘴豆泥在美食界颇具美名，而英国常常引领新食品的潮流。维特罗斯超市早在20世纪80年代就开始销售鹰嘴豆泥，远早于中东食品在英国真正流行起来的时间。如今在英国，40%的家庭冰箱里都有鹰嘴豆泥。

鹰嘴豆泥给人健康的印象，而且或许名副其实。一些人类研究表明鹰嘴豆泥或比鹰嘴豆更能降低血糖峰值。不过这也好理解，毕竟鹰嘴豆泥中添加了橄榄油和中东芝麻酱，油脂含量高，这些成分都能减少肠胃的清空速度以及碳水化合物的吸收速度，还有大蒜和柠檬等健康成分也起了作用。不过鹰嘴豆泥的脂肪含量是鹰嘴豆本身的4~5倍，虽能改善餐后血糖峰值，但也增加了能量摄入。在美国进行的流行病学研究表明，吃鹰嘴豆泥的人比不吃的人更苗条、更健康，而且摄入的膳食纤维也更多，这个结果很可能是受到了选择偏倚的影响。[9]不过无论如何，这都不影响我继续大力推荐人们吃鹰嘴豆和鹰嘴豆泥。但考虑到各种不同的产品，我很偏爱印度的鹰嘴豆。

另一个鲜为人知的美味鹰嘴豆制品就是鹰嘴豆粉。在印度，人们在日常烹饪中广泛使用鹰嘴豆粉制作各种蔬菜咖喱角。地中海地区则常常用它来制作高膳食纤维、高蛋白的薄饼，比如意大利的鹰嘴豆煎饼（farinata）。因为能够添加在普通小麦粉里制作高蛋白面包，又不会过于影响面包的风味和延展性，鹰嘴豆粉变得越来越受欢迎了。

小扁豆

在所有豆类中，小扁豆的种皮最薄，因其中间凸起的外形像凸透镜而得名。由于含有较少化学物质的保护，它们较容易煮熟和消化。小扁豆含有较多的蛋白质、膳食纤维和其他营养素。如果以每克计算，它的铁元素含量比牛肉或鸡肉还要高，不过可能需要挤点儿柠檬汁或者酸橙汁来帮助其中的铁元素更好地被吸收。小扁豆能给蔬菜菜肴完美地增添蛋白质，丰富口感，并且作为一种主食，尤其是在印度，它们会以各种不同的形式出现在大多数食物里。

小扁豆有很多种颜色，还能随着烹饪而改变，既可以直接烹煮，也能分成两瓣儿再煮，深色品种通常有着更多的多酚。跟其他豆类一样，小扁豆能提供的饱腹感也比其他食物更强，不过相关数据并不明确。其中一项研究对比了用小扁豆或者冰激凌作为果昔的基底，看哪个饱腹感更强，结果发现没有什么差别。[10] 不过在头对头试验（head-to-head tests）中，豆类显然能够与肉类在饱腹感方面平起平坐。[11] 干的小扁豆也容易更快地被煮熟，如果与其他香料一起慢慢焖煮，就能让更多诱人且富有层次的风味物质充分散发出来。

青豌豆

低调的豌豆常常被人忘记也是一种健康的豆子。它是壮大豆类大家族的一员，虽然个头不大，但富含蛋白质和膳食纤维。我儿时的一餐饭中都有这种亮绿色的小豆豆。多亏了“鸟眼船长”（冷冻食品品牌 Birdseye 的吉祥物），能吃到新鲜的冰冻豌豆，甜甜的，吃下去毫不费力。事实上，如果速冻及时，冻豌豆的营养成分一点儿都不比新鲜的差，甚至还保留了更多的维生素 C。大多数冷冻豌豆都是还未成熟的种类，在摘下来并焯水后的 2~3 小时内就迅速冷冻。它鲜艳的绿色并不是来自人工色素或染料，而是天然的叶绿素，只要冷冻及时，叶绿素就能很好地保留。

粉糯的豌豆在英国比较少见，但是这是英国的一种很古老的成熟豌豆品种，淀粉含量较高。豌豆最常见的吃法就是做成豌豆泥，中世纪时人们将其做成豌豆糊——一种高蛋白主食。法国人则喜欢把豌豆与黄油和洋葱一起炒着吃，通常会用到胡萝卜，并认为英国人把豌豆煮熟后搭配薄荷的吃法比较古朴和怪异。无论你偏好哪一种豌豆，包括荷兰豆、甜脆豆或者是嫩豌豆（通常能连着豆荚一起吃掉），你都不用考虑它们的颜色。不过我那来自比利时的太太总是对色彩明艳的食物心存戒备，而我还没有说服她。

豆类可以拯救气候变化?

豆类被认为在保障粮食安全方面扮演着重要角色，因为它们是植物蛋白和其他营养素的重要且经济的来源。它们对于我们的健康也至关重要，因为摄入豆类可以预防和管理与营养相关的疾病，比如肥胖、糖尿病、冠心病等，而且它们是可持续农业的基石。这是因为豆科作物在生物学意义上有固氮作用，并且能释放在土壤中游离的磷，所以它们在气候变化的进程中起到了关键作用。豆类拥有广泛的基因多样性，因此很容易筛选出那些能适应气候变化的品种并广泛培植，以飨全世界。尽管有着这些显而易见的优势，但无论是发达国家还是发展中国家，人均豆类消费量仍在持续下降。这个趋势反映了我们如今膳食模式的变化，以及消费者更倾向于选择那些被高度营销的食物，比如超加工食品或者是大米那样更加标准化的农作物。

*

有非常多种豆类食物可供尝试，如果你还不是吃豆爱好者，那么很有必要把某一种加到你原先的膳食里，比如加入沙拉或者炖菜里。要是担心出现胀气、排气等问题，安慰剂效应告诉我们：只需要谨记你的肠胃无论如何都需要一周的时间来适应新的膳食，所以放慢吃的速度，在豆类食物里加点儿大蒜和姜黄可能有所帮助。一项研究表明，你当然也能通过避免或者减少吃肉来改善排气的味道，因为吃肉会产生气味最重的硫化氢。[12] 显然，素食者排的气不那么难闻。不过我打算把这个判定权交给你。

关于豆类食物的五个重点

1. 在日常膳食中加入更多豆类，比如早餐吃点花生，午餐和晚餐吃点小扁豆、豌豆和大豆。
2. 女性在孕期和哺乳期多吃花生（过敏者除外）并在宝宝出生后较早地将花生纳入辅食，这样能帮助宝宝减少花生过敏的风险。
3. 用鹰嘴豆罐头自制鹰嘴豆泥，加入中东芝麻酱、大蒜、橄榄油和柠檬汁。
4. 干豆、罐头豆和冷冻豆都很好，它们都保留了营养价值，全年对环境友好。确保它们被充分煮熟即可。
5. 鹰嘴豆、小扁豆、大豆和豌豆蛋白是一种更加可持续、对环境更友好且用途更多的植物蛋白，可以部分或全部替代动物蛋白。

禾谷类食物与谷物

我们都知道要多吃全谷物，不过有多少人真的明白这是什么意思呢？我们应当多吃玉米片、谷物棒或者麦麸片和燕麦饼吗？又或者是应该啃玉米棒子吗？谷物是一种形态特殊、坚硬且干燥的种子，来自水稻等禾本植物。而豆科作物的种子（如大豆、小扁豆或者腰豆）通常也被认为是谷物，但是在营养学上被划分到另一组食物中。别急，还有更加复杂的一类植物，叫“类谷物”。这些植物的种子不是禾谷类植物的种子，比如藜麦、苋菜籽或荞麦。

谷物在全球范围内都是我们吃的很多主食的前体，包括供应全世界 70% 粮食的“四大主食”——稻米、小麦、玉米和大豆，尽管如今越来越多的燕麦、玉米和大豆都被用作动物饲料，特别是玉米还被用作生物燃料。一些更加古老的谷物，比如大麦和黑麦都已经在主食中被边缘化了，主要是因为它们的种植难度比较大，所以只能在一些特殊食品或者酿酒业中占一席之地。谷物实际上是一系列主食的基底，比如粥、面包、塔可、意大利面、古斯米、鹰嘴豆泥、饺子和面条，当然还少不了啤酒。

小麦

麦子家族其实不只有常见的小麦，还有其他很多兄弟姐妹。其他还在种植的有硬质杜兰小麦、斯皮尔特小麦、单粒小麦、东方小麦。生产小麦的占地面积要比全球其他任何农作物都多得多，因为小麦本身灵活的用途和它含有的面筋蛋白让它成为众多加工食品最理想的原材料。小麦也含有相当多的膳食纤维，以及较高的蛋白质，取决于具体品种（9%~14%），尽管 9 种必需氨基酸中有几种含量确实较低。小麦最常见的形态是脱去谷壳后的精制状态，其中主要的成分就是淀粉这种碳水化合物，还有少量其他天然营养成分。但布格麦是一个例外，它是中东美食中的一个关键角色，比如在塔布勒沙拉和中东丸子沙拉里都有它的身影。布格麦比精制小麦保留了更多的营养素，它是由一种更加硬的小麦通过预煮再干燥并碾成小碎块制成的棕色谷物碎，只需要煮两三分钟就能熟，相当于预先蒸煮的大米。

小麦通常会被磨成面粉。不过与其他谷物一样，对小麦施加高温和高压的条件就能让其柔软的淀粉膨胀，并做成膨化小麦粒。如果再加上点儿糖或者盐，就成了广受欢迎的早餐谷物或者咸味小零食。不过由于小麦里有面筋蛋白，因此其主要性能是与水结合并形成面筋，赋予面团极佳的弹性。而这看似简单的面团在加热烹煮后就能做成全世界最棒的两种主食——面条（含意大利面）和面包。然而不是每种小麦都一样，其中最主要的 6 种小麦在不同国家、不同季节也有着巨大的差异。杜兰小麦有着最硬的谷粒以及含量最高的面筋蛋白，因此特别适合用来做高质量面食。硬红冬小麦、软红春小麦和软白小麦都分别种植在不同地区，在不同时节收割。

小麦背负了不少骂名，主要因为其中的高糖（淀粉）含量和麸质，不过没有任何一个合格的营养学教授真的认为小麦是一切的罪魁祸首，因为它真的被冤枉了。当然，1/100 有乳糜泻问题的人的确应该对小麦敬而远之。但在普通人多样化且营养的膳食中，小麦一定会是蛋白质重要的来源，而且是酸面包的核心成分——它是你生活中一个巨大的美味之源。

玉米

玉米又名苞谷，它最初是一种生长在墨西哥和秘鲁的坚韧耐寒的禾本植物，后来被印加人、阿兹特克人和玛雅人作为主食培植，随后才被带去欧洲。玉米如今成为全世界产量最大的一种粮食作物，但只有 1/5 被用作人类的食物，并以多种形式出现我们的厨房里，从甜玉米粒、爆米花、玉米棒子，到玉米片、墨西哥玉米面薄饼、玉米油、玉米淀粉和玉米糖浆等。玉米之所以如此受欢迎，是因为它很耐放，而且通常比其他谷物更容易种植。玉米含有一定量的蛋白质，不过与古老品种的玉米不同，其中的必需氨基酸平衡程度不如肉和其他植物。所以如果你只以玉米为食，长期下去就会因为赖氨酸摄入不足而出现蛋白质不足的问题。不过这个小问题能够靠吃玉米时加点儿豆类来轻松解决，正如中美洲人习以为常的那样。玉米中的营养素通常也更难提取。缺乏烟酸（维生素 B_3）会导致糙皮病（症状是皮炎、腹泻和精神障碍），通常与过度依赖玉米作为主食相关。阿兹特克人和玛雅人就懂得这一点，所以他们会在煮玉米前先蘸点碱性草木灰或者酸橙汁以软化玉米坚硬的外皮。这个过程叫作“灰化”（nixtamalisation），能让玉米面团更加柔和，还能让烟酸这样的营养素重新回到玉米淀粉中。休伦人习惯把玉米埋在泥里三个月左右，让土壤中的微生物对玉米进行发酵，虽然这会让玉米臭臭的，但显然更好吃，也更有营养了。

在不到一个世纪前，有数千种玉米，现在只剩下几种还在为我们所用：给动物作为饲料的臼齿玉米（dent corn）、爆米花用的玉米（popcorn，主要的全谷物玉米）、甜玉米（sweetcorn，也叫糖玉米），以及用来制作玉米淀粉和增稠剂用的粉玉米（flour corn），后两种都是供人类食用的。在意大利北部，用玉米面制作的玉米粥是主食，如果烹煮得当就会非常美味，因为它能很好地吸收其他食材的风味与汁水。不过因为仅需要 2 分钟就能煮熟，所以通常都是用高度精制的玉米粉，所以也不太可能提供多少膳食纤维。美国则把玉米的生产效率提高到了惊人的程度，他们无情地利用化学和基因工程的方法生产玉米，并把玉米储备当作一种与其他国家进行外交博弈的武器。美国是全世界最大的粮食援助供应者，它以其独有的方式向困难地区运送数百万袋储备的美国玉米应对饥荒。有时候这确实能救人性命，但有时候这种做法只会导致当地谷物价格崩溃，继而打击本地的农业。更何况对非洲最贫困的地区而言，玉米简直是外来的谷物，当地人根本不知道如何食用，所以直接拿它当货币使用。

玉米农业被美国的纳税人牢牢地控制了，每年补贴超过 50 亿美元。至于为什么美国的纳税人愿意为生产过剩的玉米买单，以供应极其廉价的加工食品和糖，这依旧是个谜，不过似乎没有哪个政客打算停止这项补贴。随着玉米产量攀升，其中的蛋白质含量越来越低，因为快速生长的玉米中淀粉含量会更高。有 1/3 的玉米最终用来制作低质量的酒精或者生物燃料，还有 1/3 会用来喂养牲口，还有大约 20% 的玉米会用来加工食品，以原本的形态被吃下去的玉米其实没有多少。大约有 10% 的玉米会被制成高果糖玉米糖浆，作为蔗糖的替代品。在制作过程中会发生一个化学反应，即把普通含有葡萄糖的玉米糖浆转化成更甜的果糖，而很多人（受网络舆论影响）认为果糖对身体代谢更有害，尤其会伤肝，因为它会增加脂肪肝的风险。[1] 然而，实际上人体试验并没有确凿的证据说明果糖对身体危害更大。

甜玉米

甜玉米是一种基因突变的非加工天然玉米，已经存在了数百年。在人类发现它是一种令人愉悦的食物之前，它最初是用来喂猪的。它本质上是一种未成熟的谷物，其中的糖分还没来得及转化成硬邦邦的淀粉就被摘下来当作蔬菜享用。甜玉米颗粒的最外层是纤维素，坚韧而且无法被人体消化，不过蒸着吃依然很健康。20 年前，我从来没见过玉米笋（就像企鹅宝宝一样），不过现在玉米笋已经在沙拉和炒菜中随处可见了，因为中间的芯很软，所以能整根吃下去。人们用选择性育种的方法制造出这种迷你的、未成熟的甜玉米，而且其膳食纤维含量是超大个甜玉米的两倍左右。对化肥和农药的巧妙使用逐渐增加了甜玉米的营养价值，还提高了其中蛋白质和镁元素等的含量，继而略微改变了它的风味。不过，这是以增加含糖量为代价换来的，尤其是果糖。尽管玉米笋等小玉米看起来很可爱，但是少了那种黄油玉米棒的美味。[2]

爆米花

爆米花是由整颗玉米粒膨化而来，最好用外壳特别坚硬的品种。有证据表明远在欧洲人出现之前，印加人和阿兹特克人就很喜欢制作爆米花。玉米粒坚硬的外皮能让玉米中心在受热后像一个迷你的压力锅一样产生蒸汽，并改变原先玉米坚硬的淀粉和蛋白质结构，使其变得膨松酥脆。如今爆米花在英国正迎来一场复兴，甚至在电影院外的销量也大增，这主要因为人们觉得爆米花怎么也比薯片健康，还有部分原因是它是无麸质食物。如果爆米花里加的是高质量的菜籽油，再撒上一丁点儿糖和盐的话，确实会健康点儿。但要是具体看加工过程、烹饪油，以及盐和糖的添加量，就会知道爆米花和爆米花之间的差别是巨大的。有些传统的爆米花是用太妃糖或者糖蜜制作的，可能是含糖量最高的零食之一，一大包就含 20 多茶匙糖。还有很多新的美食品牌会添加其他的配料和更多的油和糖。

玉米片

玉米片实际上由精制玉米面制作而成的，并非包装纸盒上说的用玉米饼，后者因为含糖量较低可能更健康，所以避开了玉米片的高 GI 值（81，比土豆还高）。不羁但是勇于创业的约翰 · 哈维 · 凯洛格博士在 1894 年生产了玉米片，并声称吃了这些玉米片后能减少消化不良和性冲动。虽然他自己从没对这些说法给过证据，但是他的的确确永远改变了全球的早餐习惯。

加工型早餐谷物的利润率非常高，所以生产者有大约 25% 的预算去做广告，把孩子们的心牢牢抓住。原始玉米粒要制成早餐玉米片，要先把最有营养的脂肪部分去除，剩下的玉米糁会被放入压力容器超高温加热数小时。随后已经变成糊状的玉米会被压扁，再烤一遍定型。最后产出的食物实际上就是烤淀粉，营养价值也就比包装的硬纸盒高一点儿，所以需要加入各种强化化学物质和大剂量的维生素。

在20世纪前半叶，很多人的确亟需这些强化的营养素来解决营养素缺乏的问题。而今除了极少数人的确还在承受着极端不平衡或者质量极其低下的饮食，多数人已然没有上述需求了。实际上，在早餐麦片里额外添加维生素，并非为了预防脚气病，而是市场营销的噱头，好让那一堆似是而非的健康宣传都能顺利地标在包装盒上。[3]这类早餐谷物中添加的糖、盐和强化维生素的量在不同国家之间相差巨大，取决于该国消费者的口味和食品营养强化法规。在一些国家，早餐谷物中添加的糖和盐的量都有了大幅度下降，但同一个牌子在另一些国家则还是老样子。铁过量对于易感人群来说是另一个潜在问题，尤其是在美国这样广泛添加铁元素的国家，人们不太需要通过早餐谷物补铁，因为一大碗玉米片就能满足一天的铁需求。

另一种我们都缺乏的营养素——膳食纤维却在早餐谷物里缺失了，可能是因为早餐麦片公司觉得添加该成分无利可图。要想吃够一天的膳食纤维需求量，你大概得吃20碗玉米片。糖霜玉米片主要是用玉米制作的，在英国销售的产品中，一大包（100克）就含有37%的糖（大约9茶匙），几乎不含膳食纤维。大多数早餐谷物都有麦芽和大麦等添加成分，并非不含麸质，而这对于对麸质过敏的人来说恐怕是件大好事。Special K则主打低脂早餐谷物，在很多国家，这个系列都是家乐氏旗下的销量冠军之一。显然，伊丽莎白女王在不吃鸡蛋时也最爱这款早餐。这个系列的产品由不同的混合谷物组成，经过加热和加压塑形，其中大米是最主要的原料，其次是小麦和大麦。它仍然含有15%左右的糖，其中碳水化合物和膳食纤维的比例①也不太

① 膳食纤维是碳水化合物的一种，此处碳水化合物与膳食纤维的比例实则是指可消化的碳水化合物，简称净碳水，仅仅包括糖和淀粉。——译者注

有益于健康，大约是 17 : 1，这意味着你得吃掉 17 份糖，才能吃到 1 份对肠道有益的膳食纤维。

燕麦

尽管燕麦在湿润的北方地区能很好地生长，而且在中世纪时也曾是一大农作物，不过如今我们种植的燕麦仅有不到 5% 被人类食用。燕麦缺乏有弹性的面筋（麸质），做不成面包，而且因为燕麦中脂肪含量更高，并且比其他谷物中的脂肪更难分离，不好储存，很快就会酸败。这就意味着，与其他谷物相比，燕麦通常作为全谷物食用，最常见的就是燕麦粥和什锦燕麦片。大多数燕麦都会先经过低温烘烤，然后被钢刀切成小碎块（钢切燕麦），再稍微蒸一下让其变软，压成燕麦片。燕麦越薄就越能吸收水分或牛奶，也越容易煮熟。

大约 20 年前，英国监狱里的标准早餐还是燕麦，所以“正喝着燕麦粥”就成了指代“进去了”（坐牢）的黑话。很可惜的是，燕麦粥在监狱里渐渐消失了，如今英国大多数囚犯的早餐变成了深加工的早餐谷物、面包、人造黄油和果酱，显然这是因为燕麦粥能用来堵住牢房的锁眼或者发酵成非法的私酿。值得庆幸的是，在牢房之外的世界，燕麦粥正在经历一场复兴。正如在苏格兰一样，燕麦在东欧、亚洲部分地区、加勒比地区、美国、斯堪的纳维亚半岛还有爱尔兰都是如此。我们看到越来越多如雨后春笋般冒出的咖啡馆、酒吧和音乐节争先推出各种风味和质地的燕麦产品，还与不同的谷物混合在一起；甚至在火车上都能见到用精致的小罐子装着的“隔夜燕麦”。

尽管燕麦主要都拿去做饲料了，但它在公众面前的健康形象还是不容动摇的，不像它的表亲，比如玉米和小麦。燕麦含有的淀粉、蛋白质、膳食纤维的量与这两种谷物不相上下，不过生物素（一种B族维生素）要略多一些，脂肪含量高出3倍。燕麦的健康形象主要归功于20世纪80年代和90年代几场精彩绝伦的公关活动，活动把燕麦宣传为糖尿病、高血压和高胆固醇的救星。直到最近，前两个关于糖尿病和高血压的说法被一项荟萃分析证伪了。而对于降低胆固醇水平，燕麦还是有一定作用的，少量的研究证明它能改善血胆固醇的情况。[4]这种对血脂的作用似乎来自燕麦中一种特殊的膳食纤维，叫作β-葡聚糖，它能在肠道壁上铺开黏黏的一层并减少脂肪的吸收率。[5]其他一些研究则表明，β-葡聚糖加工程度越高，作用就越小。β-葡聚糖并非燕麦独有，也存在于大麦、香菇和海带中。这种膳食纤维或能直接作用于肠道微生物，通过刺激它们产生胆汁酸以更快地分解脂肪。这种作用对血脂的增益相对较小，但具有长期意义。要想真正对健康有效果，你需要每天摄入3~4克β-葡聚糖，相当于1.5碗普通燕麦片，或者三袋即溶燕麦。不过无论如何，高品质燕麦对肠道微生物总是有好处的，尤其是当你将它与全谷物一起食用时。钢切燕麦是加工最少的一种，仅在烤干后就被切碎而不是压扁，因而保留了更多的膳食纤维。不过这种燕麦要煮熟就得多费不少时间，所以最好提前泡上一夜让其软化。如果你像我一样有患糖尿病的倾向，在喝普通燕麦粥的时候最好悠着点。英国糖尿病协会和英国国家医疗服务体系直到最近才停止把燕麦粥配水果泥作为最佳早餐的推荐，取而代之的是富含蛋白质和脂肪的食物。

燕麦奶如今是非常受欢迎的非乳制品选择，含有一些β-葡聚糖，不过要每天喝三大杯燕麦奶才能达到推荐量。

格兰诺拉麦片和传统的什锦麦片在健康益处方面与燕麦粥非常

类似。它们都含有不同精制程度的燕麦，不过作用不甚相同。它们都有着很好的公共宣传为其背书，尽管含糖量和其他（非燕麦）谷物、水果和坚果的含量在不同品牌之间差异巨大。通常来说，格兰诺拉麦片是预先烘烤过的燕麦片，再加入糖、麦芽提取物、水果、蜂蜜和油脂混合而成，而什锦麦片中也有压扁的燕麦，通常是生的，添加的糖也更少，可以煮成粥，冷着吃和热着吃都行。在英国卖得最好的麦片是一种“瑞士风格”的欧宝麦片，由维他麦公司生产。包装上说它含有一些全谷物小麦麸皮和燕麦片，其中每份含有2~3茶匙的糖，膳食纤维含量比大多数麦片都要高，碳水化合物和膳食纤维的比例大约为9∶1。当然，更加安全的方法就是自己在家动手做格兰诺拉麦片。

研究表明，每天早上都吃全谷物是非常有益于健康的。不过这里有个陷阱，不是吃其中的糖，以及那些喷在燕麦上的化学物质。如今我们种植的大多数谷物都在某种程度上暴露于杀虫剂和除草剂中，而燕麦作为生长在湿润环境中的农作物，会受到杀虫剂和除草剂的“格外关照”，而且吸收这些化学物质的能力比其他植物强。美国常见的10种早餐食物都含有可检测水平的草甘膦，而燕麦片是含量最高的那个。[6]这就意味着，经常吃燕麦粥或者麦片的人血液中的草甘膦可能是常人的10倍。2016年，英国的一项食品安全监测计划也指出了谷物早餐的问题，购买的大多数样品都含有草甘膦，其中超市买的燕麦粥含量最高。鉴于草甘膦这种化学品无孔不入，所以哪怕是它对身体和肠道微生物有一丁点儿不利的证据，我们也应该严肃看待，更何况我们每天吃大量燕麦呢。[7]

大麦

大麦是最早被人类种植的谷物之一，作为主食已经有数千年的历史。它被广泛种植且长势喜人，尤其在湿冷的地区。在西方，尽管大多数大麦都被用作牲口的饲料，或者制成酿酒用的麦芽，但在有的国家，也用大麦煮粥和制作烤卷饼。珍珠大麦（洋薏米）现在越来越受欢迎，能很好地融入各种沙拉，而且能替代小麦。珍珠大麦的外壳和麸皮都会先被去除，然后精细打磨，所以营养成分跟小麦非常相似。确切地讲，这并不是一种全谷物。珍珠大麦能吸水，而且含有一定量的 β－葡聚糖。动物实验表明，珍珠大麦甚至可能延缓衰老。[8]它之所以有这些益处，是因为含有我们的肠道微生物很喜欢的膳食纤维、β－葡聚糖和多酚。所以在厨房里囤点儿珍珠大麦，就可以在做意大利饭的时候把糯糯的米饭换成珍珠大麦或者古斯米，它还很适合加到冬天的炖汤和炖菜里。

我们该多吃点全谷物吗？

2016 年，一个总结了 45 项流行病学观察性研究的摘要表明，吃任何形式的全谷物，都对减少心脏病、癌症和总体死亡风险有一定的好处。每天多吃 3 份全谷物，可降低约 20% 的风险。有些研究表明，黑麦和燕麦可能是更好的选择，不过这些证据的说服力不强。[9]如果每个人都把精制主食换成全谷物，这些益处对整体人口的影响可能是巨大的。斯堪的纳维亚半岛上的人设立了每天吃 5 份全谷物（75 克）的目标。在丹麦，过去十年人均摄入全谷物的量已经翻了一番，如今每天接近 4 份。英国人可能还搞不清楚什么是全谷物，每天只摄入极少的 1.5 份，也就比美国的人均全谷物摄入量下限高出一倍而已。

如前所述，种子是我们吃的食物中营养最为丰富的一种，含有植物生长所需的一切营养物质。大多数谷物人类都没办法生吃，因为我们体内的消化酶无法消化这些生谷物坚硬的外壳或者种皮。作为狩猎采集者，为了获得谷物中丰富的蛋白质、脂肪、维生素和 ω-3 脂肪酸，我们只有两个选择：要么吃那些已经进化出消化禾本植物以及种子外皮能力的反刍动物（比如牛、羊），要么运用人类的智慧去解决问题。人类自然而然地学会了用火烤种子、用水泡种子或者利用微生物发酵的办法。不过那时还有大量的野味、水果和根茎类植物（如今的哈扎人也是如此），并不急于花费太多心思和能量与种子做斗争。不过我们的祖先一定是遇到了肉类短缺的问题，所以需要找到一些更好的备选食物。

类谷物

基于谷物在近些年的口碑不太好，那些企图上位的“类谷物”就纷纷出现在沙拉和其他菜肴里。这些所谓的类谷物虽说也是植物的种子，长得都差不多，但确实不是禾本植物的种子。

藜麦

藜麦，英文发音类似“keen-wah”[①]（没点儿英国贵族口音都发不出

① 藜麦英文为 quinoa，中文发音类似“肯英—哇”，作者认为它容易被误读为“奎奴亚”，其原始发音来自南美洲安第斯山脉地区的方言“quechua”。——译者注

来），它的种子有红色、白色和黑色的。从植物学角度来说，藜麦更像是菠菜和甜菜，而不是小麦或大米。这种植物在秘鲁和玻利维亚地区已经有数千年的种植历史。在沸水中大约煮 14 分钟或者煮到有点透明就算煮熟了。藜麦富含蛋白质（9%~14%），而且拥有 9 种人体必需氨基酸，比例还相当平衡。它的膳食纤维含量（5%~7%）也比其他谷物多，还有大量其他营养素，诸如铁元素、叶酸、锰元素、锌元素和常见的 B 族维生素。此外，它还提供一些 ω-3 脂肪酸。所以与其他谷物相比，藜麦肯定是荒岛求生的首选食物。

藜麦有一层尝起来苦苦的外壳，但通常能被洗掉，不过种子好的部分并不会像其他谷物一样被剥掉。藜麦也富含多酚，保护我们免于食物中毒。那么除了藜麦的正确英文发音容易让人在社交场合出糗，我们还有什么理由对藜麦这种近乎完美的食物挑剔呢？嗯，还真的有。正如很多新兴的食物一样，藜麦很容易造成环境问题。如今藜麦被空运到世界各地，有机食品柜台也可见它的身影，其价格被炒上天，这让很多人已经买不起了。比如最近有个法国公司新推出了“健康”藜麦碎谷物，售价高达 7 英镑一盒。

和对任何“超级食物”铺天盖地的健康宣传一样，藜麦除了有着比其他谷物更低的含糖量和更高的营养价值，大多数宣传都过誉了。能帮助我们识别藜麦健康功效的人类研究数量不多，在一项随机化试验中，35 名超重的巴西女性持续 4 周每天吃 25 克玉米片或者藜麦片，结果发现吃藜麦片的那组受试者血液中低密度脂蛋白（LDL）胆固醇水平降低了，不过这个结果很难解释清楚。[10] 另一个试验则让来自英国纽卡斯尔的超重男性分别吃藜麦面包和普通白面包，为期 4 周，但是并未发现血糖或者血脂方面有任何改善。

苋菜籽

苋菜籽其实是藜麦的亲戚，但是它还没有享受到“超级食物”的待遇。它是一种来自中南美洲的主食，也能作为零食，叶子还能当作蔬菜吃。苋菜的种子非常小，这可能也是它的缺点。苋菜籽营养非常丰富，含有很多蛋白质和膳食纤维，常常被添加到其他更加廉价和营养价值较低的谷物产品中，在食品标签上属于龙套角色。

荞麦

另一种类谷物则与常见（含有麸质）的小麦或者布格麦没什么关系。这是来自中国的一种开花植物——荞麦（*Fagopyrum esculentum*）的种子，与酢浆草、大黄和虎杖同属蓼科，能很好地忍受寒冷气候。不过，它在西方国家长期得不到关注，直至最近才被人留意。它那三角形的种子要比藜麦或苋菜籽大多了，尝起来有种略带泥土芬芳的坚果香味。像其他类谷物一样，它也不含麸质。煮荞麦要多花点儿时间；要把荞麦做成荞麦面、迷你松饼和薄饼，还需要加点儿小麦粉，以便更容易成型。荞麦的营养成分跟藜麦极为相似，就是少了点脂肪，多了点淀粉，必需氨基酸的比例也非常均衡。尽管跟藜麦比起来，它在蛋白质含量和营养素方面略逊一筹，不过其中的多酚无论是总量还是种类都要更好，你可以从它那略微苦涩的味道中感受到。虽然目前还没有关于荞麦与健康的长期研究，不过至少有 13 项质量不一的小规模、短期随机人类临床试验已经发表了。把这 13 项研究总结后发现，荞麦组受试者的血糖和血脂有适当的改善（约 10%）。所以无论如何，相较于其他很多谷物，荞麦肯定是一种健康且不含麸质的好选择。

旧石器时代的烘焙

在史前早期的某个时候，有人意外地发现在磨碎某些野草种子并加点水后，竟然能做成一团糊（面团），然后又发现这团糊加热后既好吃又有营养。基于不同的加热方式，可以煮成简单的粥或做成简单的薄饼。我们一度认为这大约发生在 1 万年前，并认为这就是农业的开始。不过事实证明，我们的祖先早在青铜时代前就学会了烤薄饼。在更新世，我们还是狩猎采集者，与另一些人类祖先（如尼安德特人）共享这个世界。人们在加利利海的泥土里发现了被埋的一些烤过的野小麦和大麦，这些食物残渣来自公元前 23000 年的古代炉子里，甚至可能更早。在约旦，人们在一块炉石上发现了一些有着 14400 年历史的烤焦的面包屑。[11] 人们在莫桑比克一个洞穴中一块烧过的石头上，发现了一些野高粱的碎屑，这种古老的野生谷物甚至可能出现在公元前 100 万年。[12]

这些早期的面包制作者用的就是我们如今所说的全谷物。和小麦和大麦一样，玉米、黑麦、高粱、大豆、苋菜籽乃至橡子都含有一定量的蛋白质，因此可以通过烘烤被人类消化。如果把整颗干燥的种子碾碎，研磨成粗糙的灰色面粉，这样大多数种子里的内容物（如膳食纤维和营养素）就都得以保留。而精制面粉则不然，种子中较大、颜色较深以及不容易消化的外壳、胚芽都会被去除，剩下的部分基本只含有淀粉和蛋白质了。罗马人或许最先学会使用过滤方法来制造更白的面粉。尽管精制面粉不完美，但是它显然更受欢迎，价格也更贵。更重要的是，白面粉要比全谷物粉更耐存放，因为其中含有的脂肪更少，不易发生酸败。面粉越白就越纯净，因而当时也被视作社会地位的象征，这在全球都一样。19 世纪末，钢轴磨坊面世，这让谷物的各个部分都能够更加精准地被分离，也标志着廉价精白面粉量产的时代来临。精制面粉能忍受运输并被存放数年，因此有效减少了饥荒，并且被大多数人享用。

精制谷物

或许没有人猜到，把富含油脂和粗纤维的种子外壳去掉会带来灾难性后果。但随着人们开始只吃精制谷物，越来越多严重的维生素缺乏病例引起人们的关注，比如由缺乏 B 族维生素引发的脚气病和糙皮病。而如今，谷物公司把富含营养的麸皮卖给制造维生素补充剂的公司，这些公司又把维生素 B_2（核黄素）、维生素 B_1（硫胺素）、铁和叶酸作为添加剂转手卖给食品生产商。有时，大型食品公司还会额外添加钙和维生素 D 这些原始谷物中本就不存在的营养素。唯一能逃出上述倒卖怪圈的产品就是那些声称使用了全麦粉的食品。我们知道这些添加剂能够帮助人们预防营养不良的问题，但营养素过量在现代社会也可能是个新问题。

致命的麸质

我们常用的小麦、黑麦、大麦和燕麦等面粉都含有一种叫麸质（也叫面筋）的混合蛋白质（玉米、大米、大豆和其他豆类则没有），它给了面团特有的质地和弹性，同时让面团在加热时能形成气孔。这种特性能通过发酵、盐或者改变酸度或湿度来调节。麸质是面包师最好的朋友，但它最近竟然变成了“对人类来说最大且最不为人所知的重大健康威胁”，这个说法来自一位医学畅销书作者。大家一定很好奇这种“健康的灾难”是如何在几千年后突然出现的。麸质无处不在，意大利面、面包、点心、饼干以及数百种其他食物和酱料中都有它，是全世界摄入量最高的蛋白质。

在一些比较罕见的乳糜泻病例中，改吃无麸质食物能救人一命，而且能帮助其他有麸质不耐受症状的人，但经常会导致其他营养问题。无麸质食品通常精制程度更高，而且能量密度更高，因为需要用到非常复杂的配方去模拟麸质所提供的弹性结构。面包师们在烘焙无麸质面包的时候，常用的替代方案就是换成大米粉或小米粉，再加入黄原胶（一种复杂的多糖，是非常好的增稠剂）和乳化剂来捕捉烘焙过程中企图从软塌的面团中逃逸的二氧化碳气泡。相较于含有麸质的饮食，无麸质饮食通常会含有更多的脂肪与较少的膳食纤维。有些人通过无麸质饮食顺带减了个肥，因为他们吃的高能量精制食物（蛋糕、饼干、意大利面等）更少了，但仅限于把这部分精制食物换成更加健康的替代品，而不只是“无麸质”食物，后者通常更加不健康，并且会给肠道微生物带来负面影响。黄原胶就是一种现代添加剂，我们过去没有接触过。2022 年发表在《自然》期刊上的一篇研究论文指出，在我们的肠道中，已经有一种特定的细菌专门分解黄原胶。[13] 而这种肠道微生物组的必要适应对我们的健康是福是祸还有待观望。无麸质面包的代价就是换来了二十余种我们知之甚少的配料，除非真的患有乳糜泻，否则这些额外的配料对你肠道的刺激反而远超过麸质。

无麸质意大利面也不都是健康的。近来一项意大利的研究表明，在健康的学生中，吃无麸质意大利面的人的血糖峰值始终比吃普通意大利面的人更高。[14] 这个结果在另一项以美国学生为研究对象的试验中也得到了验证，吃无麸质意大利面导致血糖峰值要高出 57%。[15] 长期来说，这个趋势会导致体重增加和更高的糖尿病风险。所以，除非确实患有乳糜泻，那么你没必要把小麦制品一概拒之门外，或许选择高质量、筋道、用杜兰小麦制作的意大利面更明智。一般而言，无麸质食品还缺少维生素 B_{12}、叶酸、锌、镁、硒和钙等营养素，而且吃无麸质饮食者（非乳糜泻患者）会出现肠道益生菌（如双歧杆菌）耗竭的问题，随之而来的是你不想要的有害菌反而会增加，如肠杆菌科（*Enterobacteriaceae*）和大肠杆菌（*Escherichia coli*）。一项挪威的研究向 59 名自称麸质不耐受的受试者发起了挑战，将他们分为三组，让他们分别吃三种谷物棒：安慰剂（无麸质）、含有麸质的版本和含有果聚糖的版本（果糖分子连在一起形成长链多糖）。试验结果发现，吃果聚糖的那组症状最多，接着是安慰剂组，而只有很少的人真正对含有麸质的谷物棒有反应。[16] 除了肠道症状，受试者还出现了虚弱和乏力感。果聚糖有时的确名声不佳，不过它在小麦中含量很低（2%~3%），在其他食物中含量就高多了，比如黑麦（6%）和菊粉含量高的水果、蔬菜，这些对肠道健康都是有益的。即使无麸质饮食没有导致肠道微生物的损失，你也肯定能瘦身成功，不过钱包也会瘦身。无麸质食物的价格是含麸质食物的 5 倍以上，这让全球的无麸质食品市场规模在 2025 年有望达到 83 亿美元。所以一步一个脚印地改善自己的肠道健康，并提升其微生物组的多样性，或许才是长期减少不耐受症状的王道。

关于禾谷类食物和谷物的五个要点

1. 除非你患有乳糜泻，否则贸然选择无麸质食品可能会给你的肠道微生物组带来不良影响。
2. 燕麦和大麦含有 β-葡聚糖，都是优秀的全谷物典范，尤其是非精加工的钢切谷物。
3. 精制谷物损失了有益的膳食纤维，所以最好吃非加工的全谷物，如整颗玉米粒、布格麦和黑麦。
4. 谷类植物、类谷物和谷物都很有营养，不过别被“超级食物”的宣传忽悠了。
5. 试试传统的谷物，如大麦和黑麦。食物多样性是改善健康和丰富肠道微生物的关键。

米饭

全世界大约有 1/5 的能量都是大米提供的，大米是整个地球近一半人口的主食。大米培育自一种野草——水稻（*Oryza sativa*）。水稻作为一种杂交的作物，有数百个品种。在中国之外，大米最初极少为人所食用，且有证据表明，在阿拉伯帝国建立前的中东，鲜有人吃。随后，科学和种植技术有了突飞猛进的发展，水稻被带到了意大利和西班牙，从那里进一步被传播到了美洲。原始的全谷物稻米是棕色的，剥去外皮并清洗和抛光后就成为白色的米粒。正如其他谷物一样，如果人们只吃那种昂贵的精制米，就会因为缺乏一些营养素而患脚气病。

稻米分为长粒米和短粒米两种，还包括成千上万的亚变种。粗粗短短的短粒米品种在东亚特别受欢迎，因它含有更多的支链淀粉，因此口感更软更黏。短粒米通常用来包裹食物，比如寿司。它还有一种几乎 100% 都由支链淀粉构成的亚型，泰餐里的糯米饭就是用它做的。这类米饭甜度颇高，还有一种特殊的黏粳稻品种叫“*mochigome*”（日语中称作“糯米”），在日本用来做各种甜点和特别黏的糯米团（mochi）。更硬一些的长粒米则更常见于美国、欧洲和印度大部分地区，这种米含有更多的直链淀粉，煮熟后粒粒分明。印度有很多不同的水稻品种，包括棕色的、白色的、红色的、黑色的，营养成分各有千秋。印度香米是一种很香的长粒米（与泰国茉莉香米类似），比一般的精制白米含有更多的膳食纤维，而且有时以预煮的形式呈现。野生稻米实际上不是稻米，而是一种叫大米草的禾本植物的种子。这种植物在历史上由北美的部落种植和收获，有一层坚硬的、棕黑色或者黑色的谷壳，谷芯较软。如果不提前浸泡，就需要煮上至少一个小时才能熟透——别问我是怎么知道的。红米和黑米都是全谷物，精制加工程度低，因此营养价值更为全面，也比白米更加美味，不过它们依然被视为略“奢侈”的选择。

蒸谷米是一种对尚在谷壳中的大米以蒸或煮的方式预先煮熟，然后干燥制成的食品，目的就是让最后一步烹饪更加轻松。这曾是一个漫长的过程，直到在英格兰工作的德国科学家赫尔 · 胡森劳布在 1910 年左右利用真空干燥技术发明了更加快捷的方法。企业家福里斯特 · 马尔斯——M&M’s 的创始人之一，买下了这个蒸谷米公司，并且将其迁到了得克萨斯州。二战期间，他推出了“本叔叔”（Uncle Ben’s）系列快煮长粒印度香米，销售火爆。这种米简单复热或者直接用微波炉加热几分钟即可食用，而且因为米中的油脂被去除了，不容易变质。如今全球近 50% 的大米都是蒸谷米。通常来说，预煮和加工食品会缺乏营养素，或者添加了一些不健康的化学物质，不过蒸谷米是个例外。胡森劳布的方法实际上留存了麸皮中的营养成分，因此与精制的白米相比，蒸谷米的营养成分约为糙米的 80%。

工业大规模生产大米制品会用到压力烹饪法，先将其加热到超高温，米粒内部就会产生蒸汽，迫使内部的淀粉加热并软化，然后膨胀产生气孔。这就能制造一系列膨化的大米制品，包括很多小吃和谷物制品，比如“卜卜米酥”（Rice Krispies）就是一种用精制白米制作的小吃。

白米和糙米哪个更健康?

很多人都说，不该吃精制白米，因为它属于精制碳水化合物，会快速释放出葡萄糖，导致血糖飙升，继而提高胰岛素水平，长此以往则会诱发肥胖和糖尿病。白米的 GI 值相当高，大约为 73，而糙米的 GI 值大约是 55，所以选择糙米总是没错的。一些流行病学研究给出了支持的证据，一项 2012 年的荟萃分析综合了 7 项观察性研究，观察对象总计超过 30 万人，发现那些吃白米饭最多的人中，亚洲人罹患 2 型糖尿病的风险会升高 55%，西方人则仅仅升高 12%。[1] 不过这个数据并不能说明什么，因为缅甸和老挝等米饭吃得最多的国家，其居民糖尿病患病率是全世界最低的，而在像日本和韩国这样的国家，其居民也比较长寿。

所以说，我们还需要考虑摄入的富含碳水化合物的淀粉类食物的总量。为期十年的 PURE（前瞻性城乡流行病学）研究观察了来自 18 个主要吃米饭且较贫困国家的 13.5 万人的健康状况。这个研究发现，高碳水化合物的摄入量与更高的死亡风险是相关的。[2] 但是相关性不等于因果关系，而且这个研究并没有告诉我们这些碳水化合物的食物来源是什么，不过绝大多数较贫穷且以米饭为主食的国家的碳水化合物来源都是“精制”的，这就很难分辨这种相关性究竟是缘于贫困和营养不良的膳食，还是缘于吃米饭本身。在美国开展的针对糖尿病风险差异的流行病学研究表明，常摄入高碳水化合物饮食的移民群体的糖尿病风险显然更高。[3] 但因为这一风险差异仍比在美国出生的群体要低，所以我们可以认为，问题不是以米饭为主食的传统膳食模式本身，而是社会经济状况，以及获取新鲜食物的情况。

迄今为止，在亚洲人群中用糙米替代白米饭的短期临床试验证据尚不明确，而且改吃糙米饭虽然长远来看可能有累积效应，但比起吃白米饭并没有明显的好处。[4] 十分讽刺的是，为了制成精白米而剥离的米糠，被认为含有数种与降低炎症反应有关的膳食纤维，至少在动物试验中有如此表现。[5] 这再次印证了那些在食品加工中为我们所弃的“废物”反而是我们在食物中应该更多摄入的部分。另一个关于稻米的担忧就是，在一些种植水稻的较贫困地区，如印度和孟加拉国，因土壤和水资源污染导致大米受到砷污染。糙米这种全谷物中砷的含量会更高，而且毒性与偶尔吸烟招致疾病和癌症的风险相当，所以我们要尽量避免把糙米当作日常的主食，尤其是你很年轻或者正处于孕期时。不过在煮饭之前适当清洗，确实能减少其污染。[6] 全谷物稻米有着更丰富的营养素，但这点好处被其中阻碍其吸收的许多植酸给抵消了。尽管糙米的膳食纤维含量是白米的 5 倍（每份约含有 1 克），但是跟其他食物比起来，仍然不算是膳食纤维的好来源。虽然糙米是更多人选择的淀粉类主食，但其实对大多数人来说，用杜兰小麦做的意大利面可能在提供营养和促进新陈代谢方面要更胜一筹。

意大利肉汁烩饭就是一种美味的享用米饭的方式，其中还包括多种多样的植物成分。意大利人认为，不停地把汤汁与炙熟的米粒搅拌混合是烹饪的唯一办法，这让米饭中的淀粉充分释放，并做成一锅浓香的料理。不过你完全不必花 30 分钟卖力搅拌，我们可以通过一些技巧获得一锅绵密浓稠的香烩饭。首先，你可以把生米放在一个筛子里，把热的汤汁慢慢浇在生米上，米粒表面的淀粉会析出并融入汤汁里；然后把黏稠的汤汁放一边；再用特级初榨橄榄油爆炒切碎的洋葱和大蒜，把米饭放进铁盘里一起翻炒；最后再浇上备好的黏稠汤汁，轻轻搅拌后盖上盖，中火焖煮15分钟即可。最后出锅的时候再加入准备好的配菜作料，比如菌菇、芦笋、豌豆、柠檬汁、柑橘皮等。在我这个食谱中，选择富含淀粉的米是关键，所以意大利的艾保利奥米（Arborio）和西班牙的邦巴米（Bomba，也是制作西班牙海鲜饭的米）就非常理想，不过卡纳罗利米（Carnaroli）和维亚罗内·纳诺米（Vaialone Nano）的口感会更绵密和更浓郁。

复热剩饭与减重

重新加热白米饭（跟意大利面或土豆类似）似乎能增加其中的抗性淀粉，然后获得一些健康益处，不过你最好别对此抱太大希望。2017年，一项在新西兰进行的盲测研究招募了28名志愿者，结果发现吃冷藏后重新加热的米饭这组与分别吃新煮的米饭和蒸谷米的另两组受试者在血糖反应上没有差异。[7] 尽管如何烹饪和处理大米肯定会有区别，但是这种差异对健康有多少影响就不得而知了。在这个研究中，参与者事实上更喜欢吃冷藏后重新加热的米饭，这或许是因为冷藏—复热的过程改变了米饭中淀粉的结构和质地。所以如果你也很喜欢吃冷藏后再加热的剩饭，你会发现大多数健康网站都对此提出了警告。在20世纪80年代，自助餐馆就发生了数起因为使用复热的剩饭而导致食物中毒的事件。其实罪魁祸首是一种叫蜡样芽孢杆菌的细菌，它们非常喜欢白米饭，并且会产下生命力极其顽强的孢子，能在烹饪的过程中存活下来，并在冷却的时候苏醒。如果把剩饭放置超过一天，这些无坚不摧的孢子就会开始繁殖并且产生一种危险的毒素，导致恶心和腹泻。

英国国家医疗服务体系的指南建议，米饭冷却后需要在 1 小时之内放进冰箱，并且在 24 小时内加热食用，否则一律扔掉。[8] 除了这些食品安全的警示，我发现在过去的 5 年内，英国关于米饭食品安全的报道仅有数百例。在美国，根据理论上的预计（猜测）来看，每年有约 27 000 例米饭中毒事件。这个数字乍一看挺吓人，但如果你知道每年美国食物中毒的人数高达 4800 万，就会发现这实在微不足道。[9] 也就是说，尽快把剩饭剩菜放进冰箱总是没错的。

一些企业对我们的米饭打起了主意，想要用“假米”或者“低卡米”来替代它们，希望既能满足我们的饱腹感，还不让我们长胖。这些产品通常吃上去跟橡胶一样有着 Q 弹的口感，但是寡淡无味，配料表也很可疑。尽管它们通常富含膳食纤维，但基本都是用超加工成分制作而成的，而我们对这类成分如何与我们的肠道微生物发生反应知之甚少。要想吃到健康的米饭替代品，可以简单地用花菜制作“花菜饭”，或者直接少吃点儿米饭，而用多种营养丰富的蔬菜和香料一起拌着吃。

关于米饭的 5 个要点

1. 蒸谷米不仅方便快熟，而且比加工程度更低的米营养价值高。
2. 糙米比白米含有更多的膳食纤维，其血糖反应也更好。
3. 意大利肉汁烩饭可以作为多种蔬菜的良好载体：用西班牙番茄酱打底，然后尽情放入多种蔬菜和草本香料。要想节约搅拌的时间，可以用热汤汁冲淋米饭后制作成浓稠的汤，最后加入熟米饭中。
4. 把米饭作为每天的主食可能会导致肥胖以及较大的血糖波动。少吃一点米饭没有问题，尤其是与大量完整的植物性食物同食时，这样可以形成健康的膳食模式。
5. 白米饭有很多种，越软糯和黏稠的大米饭会导致更多的血糖问题，对易感人群的影响尤其大。

意大利面

1957 年 4 月 1 日，800 万英国人观看了一部由 BBC 拍摄的纪录片短片，惊讶得合不拢嘴。这部纪录片讲述了当年意大利面如何喜获大丰收，还教人们如何在一个小小的番茄酱罐头里开始自己动手“种”意大利面。事实上，还真有数百万人对这个愚人节恶作剧深信不疑，这也侧面印证了，直到最近意大利面这种食物的生产过程对世界上相当一部分人来说都如此陌生。面条和饺子则不然，它们在其他国家的美食中相当常见。亚洲人吃面已经吃了至少 4000 年，不过他们的面条是用质地更软的小麦制作而成的，蛋白质含量也更低，比用意大利杜兰小麦制作的面更难塑形。制作面条的谷物品种在中国、泰国、日本和韩国都有差异，蛋白质含量不同，因此制作的面条外形和尺寸都不一样，不过绝大多数都需要加盐或者碱来改良结构，而且通常被切成长条状。这种面条相对容易煮熟，而且常常被做成汤面。

经典的小麦面条有乌冬面，或用荞麦制成的荞麦面，因为荞麦面蛋白质含量较高，所以更硬，常常会加入小麦粉来调整口感。拉面则用一种更硬的小麦粉制成，并且混合了能改变其质地和颜色的碱水。米线和透明的粉丝则是完全用煮过的绿豆淀粉或者黏米粉制作而成的。越南春卷那层包裹住美味的米纸卷，也是用上述这种米粉和淀粉混合物制作而成的。

在中国出现面条记录的几千年后，古希腊和古罗马才有意大利面的记录，特指那种一大张一大张的面皮，即千层面。在近代，意大利面最初是意大利南部用手抓着吃的街头小吃。意大利面一度是手工制作，过程十分辛苦，因此价格相当贵。17 世纪出现的揉面团的粗糙机器算是解放了部分劳动力，不过当时的意大利面依然是一种手工制作的街头小吃。直到 18 世纪末，有人灵机一动，想出了给意大利面加番茄酱的绝妙主意。到了 1867 年，托斯卡纳的布伊托尼勋爵尝试着用机器大批量制造面团，并用挤压的方式让其成型，干燥后包装起来，这样人们简单烹煮就可以享用了。如今我们吃的意大利面有超过 99% 都是以这种形式售卖的，如果烹煮得当，仍然相当美味，况且为你节省了大量动手做面的时间，而且这种干面似乎能一直安全存放。

在意大利有两种主要的面粉类型：南部地区高蛋白的硬质杜兰小麦粉和北部地区较软的粗粒小麦粉。这样整个意大利的人分成了吃意面派与粥饭派（米饭或玉米粥）。在意大利，你能买到任何你能想象到的尺寸和形状的面条。据统计，大约有 700 种意大利面，而且这个数字每年还在增长。不过有的意大利面有多达 20 个不同的名称，把意大利人都给弄晕了。意大利面的命名可以是描述性的，比如蜗牛面、扁面条、通心粉，不过也有些是以反建制的玩笑话命名的，比如牧师杀手，或者是用男女不同生理部位命名。杜兰小麦是制作意大利面团的主要食材，而其干燥和塑形的过程对成品的风味、质地和蛋白质结构都会有影响。通常来说，大且厚的意大利面（如意大利卷、贝壳面、通心粉）与质地更浓稠的酱汁搭配更佳，而那些细且薄的意大利面则跟一些精致的酱汁是绝配，因为表面更容易挂住酱汁。在意大利北部，鸡蛋意面常常与黄油状的酱汁一同食用，而普通的意大利面则多与以橄榄油为基底的酱汁搭配。在博洛尼亚，意大利肉酱则几乎都是与扁面条一同食用，而非意大利直面。有些美式意大利面在意大利根本找不着，比如肉丸意面或者奶油乳酪酱意面，但它们也凭借实力自成一派。

玉棋（Gnocchi，在意大利语中指“块状物”，也是“性感”的俚语）的历史要追溯13世纪，它最初只是一种小麦饺子，而如今多用土豆制作，有时还会加鸡蛋。它的质地略微有些黏，这取决于用什么食材。我最近开始尝试用煎炸的方法烹调玉棋，要么直接用锅煎，要么加点黄油和鼠尾草把外皮炸酥，炸至金棕色即可，我非常喜欢这种做法。意大利的老奶奶们则喜欢用沸水煮玉棋，等煮到漂浮起来就捞到盘子里，淋上融化的黄油和鼠尾草叶，最后撒点儿肉豆蔻调味，即成一道美味、紧致弹牙的菜肴，而不是一堆黏黏的土豆团子。

意大利人均每年要吃掉大约23千克意大利面，而美国人均只有9千克。英国就更少了，人均吃3千克意大利面，而且这个数值还在减少，这可能是出于健康因素的考量。吃意大利面肯定不是影响英国人健康的主要因素，因为英国的肥胖率比意大利高出了大约50%，但意大利人吃的意大利面是英国人的7倍。这就让人很不解，而且考虑到意大利人普遍长寿且健康，给很多“仇碳水”派人士带来了困扰。事实上，这恰好提醒我们除了碳水化合物的摄入量，其他的饮食因素也很重要。

意大利面的竞争者

意大利以外的其他很多国家也为自家的小众意面感到自豪，它们在当地都很有名，有的还颇具历史感。西班牙加泰罗尼亚的海鲜炖面是一种把意大利细面条切碎后与海鲜一起炖煮的菜肴，类似于西班牙海鲜饭。格鲁吉亚有一种手工制作的“卡里蒸饺”，是一种有着几百年历史的带馅面制品，跟中国的饺子很像。德国南部的人、奥地利人和瑞士人常吃各种各样的鸡蛋面疙瘩，这是一种切碎的鸡蛋面团子，可以炒着吃，也可以煮成面疙瘩汤。古斯米经常被误认为是一种叫“古斯”的神秘作物的种子，继而被莫名蒙上一层名不副实的健康迷雾，其实它只是一种很碎的意大利面，用热水泡软就能吃。这种早期的速食很有可能是 12 世纪生活在北非的柏柏尔人发明的，他们手工处理面团，搓出一些几乎不含麸质的小面团。古斯米如今也有了全谷物版本，味道更加丰富一些，也需要更长的时间才能煮熟。珍珠古斯米或以色列古斯米和更大一号的黎巴嫩古斯米，以及含膳食纤维较多的撒丁岛珍珠面，都是营养成分非常相似的意大利面。

意大利面的成分及健康意义

在意大利本土生产的意大利面被严格规定必须含有 97% 以上的硬质杜兰小麦成分，不允许有其他任何添加剂。意大利人对面制品非常讲究，并且也愿意多花一些钱去购买高质量的品牌产品。“百味来”就是意大利最畅销的一个品牌，在美国和其他很多国家也作为头部品牌在售，不过在很多号称能识别意大利面之间差别的意大利人眼中，这个品牌着实平平无奇。一些意面狂热爱好者还会刻意买用旧铜器模子切割的意面，因为这种意面有着较为粗糙的边缘，这样能增加加入酱汁后意面的黏性和口感。美国是世界第二大意大利面生产国和主要的进口者，不过与意大利截然不同的是，美国生产的意大利面可能有15种不同的分类和添加剂，令人眼花缭乱。大多数的美国意面都经过硫胺素、叶酸和铁元素的营养强化，有时还会添加维生素D，这让天花乱坠的健康宣传得以在包装上使用，哪怕背后没有任何确凿的科学证据予以支持。

大多数人都不会把意大利面当作健康食品，或者说是节食的好帮手，然而2016年意大利对23 000名观察对象进行了一项粗略的观察性研究，结果发现吃意大利面与更低的体重和BMI（身体质量指数）相关。这个研究的部分经费就来自百味来公司，所以不能认为它是全然公允的。[1]一项综合了32项小型研究（均非百味来公司资助）的系统综述和荟萃分析也发现，相较于其他碳水化合物，食用意大利面与轻微的体重减少有关。一项包括2562名2型糖尿病患者的研究表明，糖尿病人吃意大利面不会对血糖控制以及其他风险因素有影响（尽管这是意大利人发表的）。[2,3]一项在美国儿童群体中进行的研究则表明，吃意大利面与更好的整体饮食质量、营养摄入相关，不过这个优势非常微弱，而且尚不知道是意大利面本身的作用，还是因为意大利面酱汁顺带让孩子们吃进了不少蔬菜。[4]一项覆盖了1万名美国人的全国性调研发现，对意大利面种类的选择是个预测健康状况的好指征：如果你选的是芝士通心粉，那么大概率你的膳食是不太健康的，膳食纤维摄入较少；如果你选择其他类型的意大利面，则会更加健康。[5]普通意面的GI值大约是49，不算高，这意味着意面中的淀粉不像其他谷物中的淀粉那么容易释放出来，这个特点在用传统的铜器挤压的杜兰小麦制成的意面中尤为突出。这再次说明了意大利面不像其他很多富含碳水化合物的主食那样容易让人变胖。全麦意大利面出乎意料地与普通精制意大利面有着相差无几的 GI 值，不过考虑到额外的膳食纤维含量，或许还是前者更加有益健康。

自己在家做意大利面可能很有趣，不过不见得比商店里买的高品质干燥意大利面更健康。手工制作时，新鲜的面需要在炽热的日光和炙热的天气中晒干后才能保存。这个干燥的过程让其中的淀粉变得更加难以消化，从而减少了食用它后立即升高血糖的反应。在新鲜的意大利面中加入鸡蛋能提高其蛋白质与相关维生素的含量，还不会损坏其应有的质感，所以如果下次你真的打算擀点意大利面出来，准备特别的一餐，不妨考虑一下这个做法。

健康的“代餐”意大利面

一项针对 756 种不同意大利面的调查表明，各种品牌之间的差异非常大，其中有机意大利面中蛋白质含量更低，而膳食纤维含量更高；无麸质意大利面中含有更多的脂肪和更少的蛋白质，但是在干面和新鲜面之间没有发现上述差异。[6] 全麦意大利面在全球大部分地区的销量都在持续增长，不过意大利除外，这不足为奇，因为在意大利面的老家，维系传统食物的意义远胜于这种摄入天然膳食纤维的举动。在一定程度上，我是站在意大利人这边的，更何况至今我也没吃到能与用杜兰小麦制作的普通意大利面口感相比的全麦意大利面。这非常可惜，因为每份全麦意大利面的膳食纤维是普通意大利面的 2 倍，同时含有更多的蛋白质和营养素。大多数全麦意大利面不仅难嚼，而且有粗糙的颗粒感，并带有坚果的味道，其顺滑度和味道都与用番茄打底的意面酱相当不搭。不过我吃过最好吃的一款全麦意大利面来自意大利本土品牌 Rummo。如果你经常吃全麦意大利面，就会习惯它的粗糙口感。不过若你吃不惯，那还是选择用杜兰小麦制作的高品质白色意面，只要在酱里加上更多的高膳食纤维蔬菜就行了。也就是说，现在很多其他的意大利面产品（用斯佩尔特小麦和小米制作的意大利面）也大有改进。在美国，食品法规对意大利面的监管更为宽松，因此还出现了一些用多种杂粮制作的意面，这些意大利面与很多浓稠的酱料和肉酱都非常般配。你或许还能找到加入了洋姜的意大利面，其富含蛋白质和膳食纤维，对肠道微生物更友好，不过价格可能让人望而却步。

如果你也跟我一样，曾经被那些绿油油的、看上去很健康的菠菜意大利面吸引，那么我要给你泼冷水了。这种菠菜意大利面实际上仅含有大约 1% 的菠菜汁，颜色看着很健康，但不足以提供菠菜里关键的营养素和膳食纤维。在意大利，绝大多数五彩意面都被游客买走了。黑色意大利面加入了墨鱼汁，是另一种有趣的意大利面，吃上去非常美味，而且很正宗。荞麦意大利面发源于瑞士边境地区，看上去像是更短的意大利宽面，成分上与荞麦面类似，也含有一定量的小麦粉以维持其延展性。鹰嘴豆意大利面因其营养价值高，被誉为意大利面中的“明日之星”。它不仅含有更多的蛋白质，膳食纤维含量更是普通意大利面的三倍，而且对环境更友好，可惜它挥之不去的坚果风味以及煮后容易走形的问题拖了后腿。无麸质意大利面以前总是令人难以下咽，不过它们的品质正在迅速改善。我最近尝试了一款来自塞贾诺（Seggiano）品牌、用混合的大米粉和苔麸粉制作的无麸质意大利面，味道就还不错。所有这些非小麦意大利面的最大通病是它们在煮的过程中会迅速由坚硬的质地变得如烂泥一般，只能在短时间内保持恰到好处的“筋道”口感。

复热意大利面

意大利面可不是只含有碳水化合物。除了是膳食纤维的重要来源，小麦还是蛋白质的良好来源，含量达 8%~13%，其中的碳水化合物主要以非常好消化且容易获得的糖的形式存在。如果把它放在冰箱里冷藏一夜，再拿出来加热，其中的部分碳水化合物就会转化成抗性淀粉，并且对血糖反应的影响较小。[7] 每次吃意大利面的量更加重要。在北美，一份意大利面的量通常很大（120~140 克干重），在英国也不小（大于 100 克），相比之下，在意大利本土就要好得多（80 克），而且通常与营养丰富的酱汁和大量蔬菜一同享用。

一些享誉国际的意大利面料理相当不健康，奶酪通心粉几乎成了即刻“慰藉食品”的代名词。据说这道料理发源于 18 世纪的英格兰，因时任美国总统托马斯·杰斐逊的一场美味之旅一举成名，并在美国迅速成为广受欢迎的主食。美国卡夫公司生产的亮橙色奶酪通心粉无疑是最为知名的产品，而英国版本的色泽不如美国的亮眼。这种奶酪酱通常是袋装的，就像一套化学试剂盒一样，一个 8 岁小孩都能拿它做晚餐。在 2016 年，卡夫公司打算一改过往形象，把这个产品里所有的食品添加剂都狠心踢出去了，力求标签简单，转而使用天然的胭脂树红、姜黄和辣椒红来给奶酪上色。然而作为偶尔才放纵一把享受的美味，建议你在家用最好的意大利面和奶酪来制作。

关于意大利面的迷思

第一个迷思就是你必须用一大锅水煮意大利面，而且似乎烧一辈子都烧不开的那种。来自意大利的可靠消息表明，为了不让意大利面粘在一起，最佳的比例就是 1 升水煮 100 克意大利面，这样还能让溶解了淀粉的水充分与意大利面接触，继而让意大利面具有筋道且均一的口感。不过大厨和意大利面狂热者可不这么认为，他们坚持认为可以用更少的水煮意大利面，而且食品科学也表明，即使不用沸水也能煮熟意大利面，只不过需要更长时间，这两种方法都能有效减少温室气体的排放。[8, 9]

另一个迷思则是往水里加盐能够改变沸点。其实这样做不至于改变沸点，不过仍然是让意大利面变美味的关键操作，并且需要在一开始就往水里加盐。还有一个迷思（在意大利不是）就是在煮面的水里或者在刚煮完沥水时往面里加点油，这样能防止面粘在一起。油的确能起到润滑剂的作用，不过也会让面条难以挂住酱料，所以还不如在煮好面的两分钟内稍微搅拌一下方便。其实，在沥干的意大利面中加点黄油就能让面条更好地吸收酱料里的油脂。煮面的淀粉水也被很多人忽视了，实际上在意大利面酱里加几勺，就能给酱增加些淀粉。而淀粉恰好是酱料混合的核心原料，并能改善酱汁的质地。利用这个小小的食物化学技巧，就能制作出不含奶油的浓稠酱汁。你只需要用油、胡椒、佩科里诺奶酪就能做出一份黑胡椒奶酪意面酱，或者只用生鸡蛋、胡椒和煎意大利烟肉就可以做成一份培根蛋酱。

所有意大利人都同意的规则只有一条，那就是——绝对不要过度烹煮意大利面。它一定要够筋道，所以你需要在煮面的过程中尝一下面的口感，而不是严格按照包装推荐的时间煮面。过度烹煮的意大利面的GI值会更高一些，营养成分也会减少，所以考虑到营养因素和口感，最好别煮过了。不是所有意大利面都有一样的制作工艺。那些喜欢用高蛋白的杜兰小麦制作意大利面的人可能真的有些科学依据，因为这种意大利面的确更容易保持筋道的口感。此外，铜器挤压出的特殊意大利面，诸如通心粉状或者是波纹贝壳状的意大利面，似乎比那些简单压扁的面保留了更多的抗性淀粉，使其中的糖分没那么快被吸收。烹煮过度会让其中的抗性淀粉糊化并分解，释放出可以被轻易吸收的糖，从而给你的血糖反应带来负面影响。类似奶酪通心粉那样软绵绵的无麸质意大利面，或者预煮的即食千层面大概率都属于这类意大利面。

方便面

世界上第一款拉面式方便面是1958年在日本生产的，杯面则是1977年在英国由“金色奇迹”薯片的生产商制造的。他们为这款杯面设计了一个奇奇怪怪就火了的流行广告语，自诩“零食界的渣渣”，而多年来杯面是英国人最痛恨却购买率最高的方便面。到了20世纪80年代，威尔士的工厂每年的杯面产量已经突破1500万杯了，其中菌菇鸡肉是最受欢迎的口味。这种鸡肉系列的产品对素食者非常友好，因为里面根本没有鸡肉，只有一些人造香精和色素，当然每杯面含有将近1克的钠。我最近尝试了一种叫“未来面”的方便面品牌，它号称含有全备的营养成分，而且不含传统杯面中的人造香精和防腐剂。这种方便面吃起来味道倒是不错，也确实预示以后学生们的伙食会更健康，当然也会更贵。不过讽刺的是，大多数制作杯面的师傅只需要简单地融化一块黄油，然后把黑胡椒、奶酪统统加到意大利面或者普通面条里，就可以在几分钟内做出更加健康的即食餐，虽然这可能需要多一个热水壶或者一个微波炉才能完成。

*

尽管意大利面或者面条无法与蓝莓或者西蓝花那样的健康食物相提并论，但也没有什么证据表明它们对多数人的健康有任何不良影响，前提是把它们当作均衡膳食中的一部分。意大利人就经常吃意大利面，但是他们的食用方式通常是用较小分量的面配上比别的国家丰富得多的各种酱料，这只是地中海饮食的一部分。此外，他们还会搭配不同种类的蔬菜、豆类和红酒。所以具体选择哪种意大利面取决于你的口味、意大利面的价格和质量。不过似乎还是杜兰小麦制作的干意大利面拥有最高的营养价值，它比其他意大利面含有更多的蛋白质、更少的盐和更多的膳食纤维。

关于意大利面的五个要点

1. 用杜兰小麦制作的意大利面是一种富含蛋白质的食物，蛋白质含量大约为13%。
2. 古斯米是一种高度精制的快煮意大利面，很可能对血糖有不利的影响，请换成全谷物古斯米，或者类似于布格麦这样的全谷物。
3. 面条可以由小麦、荞麦或者精制的植物淀粉制作而成，淀粉制作的面条通常更软，也会让血糖升得更高。
4. 意大利面可以是健康饮食的一部分，尤其是全麦意大利面。或者你也可以把意大利面当作大量蔬菜酱料的载体吃下去，这样更有利于健康。
5. 一些用替代小麦粉制作的意大利面，诸如鹰嘴豆、斯佩尔特小麦、荞麦和扁豆意大利面对环境更加友好，也可能更健康，不过烹煮过程更难把控。

面包、点心和饼干

新鲜出炉的面包总会让人垂涎欲滴，当然面包本身的口感及其多重美食角色也足够吸引人。吃面包至今仍被视作一项基本的人权，供应短缺则会造成暴乱（正如2017年发生在委内瑞拉的流血事件）。在餐厅，如果发现餐前面包居然要收费，我们会莫名地感到愤怒。尽管面包作为主食已经有数千年的历史了，人们在祷告时也会说“我们日用的饮食，今日赐给我们”，但是在过去的几十年中，面包在英国和其他很多国家的销量都在逐步下滑，女性消费者减少得尤为明显。英国男性平均每天吃4片切片吐司，几乎是女性的2倍。我们每天摄入的膳食纤维有相当一大部分都来自面包，而出于对麸质和增重的担忧减少面包的摄入量，会加重膳食纤维摄入不足的问题。

尽管面包的基础成分非常简单，只有面粉、水和盐，但是世界上有无数不同质量和品种的面包配方，从扁面包到软绵蓬松的白面包，还有酸面包，应有尽有。另一种分类方法就是按原料划分为精制的白面粉，以及非精制的全麦面粉。还有一个比较明显的差异就是面包是扁塌（死面）的还是利用活的酵母或者其他发酵剂产生二氧化碳达到蓬松的效果（发面）。

三明治和血糖波动

直到最近我都默认黑面包比绝大多数白面包更健康，并且认为大多数面包都差不多。在餐厅，我只要看到面包篮，我就忍不住想吃，然而我从没有想到面包竟然会给我的健康带来麻烦，直到成为ZOE PREDICT研究的“小白鼠”，开始常规监测血糖后才发现这个事实。其实各种市售的黑面包、英式长棍面包（更加饱腹）、黑色麦芽面包、种子面包都会让我的血糖飙升，这种升幅与糖尿病人无异。

自20世纪80年代开始，三明治就成了英国人最受欢迎的工作日午餐，其中“鸡尾酒虾馅”三明治最受欢迎，由马莎百货首次量产。吃一个三明治平均只要花三分半钟的时间，如今约有60%的英国人每天都这么吃，这与我们越来越短的午休时间不无关系。在英国每年被吃掉的40亿个三明治中，最受欢迎的是黑面包夹着奶酪片的简单三明治，其次是火腿奶酪三明治，然后是香肠鸡蛋金枪鱼三明治。其中有1/4的人时不时会改善下伙食，选择烟熏三文鱼或是火鸡肉三明治，不过总体来说这种饮食习惯恐怕很难改变了。这种近乎成瘾的饮食习惯让英国人人均一生要花费4.8万英镑购买三明治，同时养活了一个价值80亿英镑的巨大产业。这个产业持续不断创新，开发新的三明治馅料，寻找防止长棍面包变软的办法，培育不会漏汁的完美厚皮番茄等，而代价就是彻底牺牲了工作午餐的社交属性。

对许多人来说吃三明治可能是一种不好也不坏的饮食习惯，但是我的ZOE评分直接让我改变了每天吃三明治的习惯。这对我而言简直是晴天霹雳，因为我真的很享受时不时吃点儿美味面包。不过好在天无绝人之路，那些小众手工面包店的全麦面包只让我的血糖升到9毫摩尔每升。不过或许还有更好的选择。数年前，瓦内萨·金贝尔邀请我参加她的酸面包烘焙课程，我和妻子学习了入门课程后，如今时常在家用面包箱或者冰箱中自制很大的慢发酵酸面包，其中含有至少 50% 的全谷物成分。[1] 我用两大片抹了点儿黄油的带馅面包测试了一下我的血糖值。在经过 45 分钟的焦急等待后，我确实看到了一个血糖高峰，不过竟然只是微微上升到 7 毫摩尔每升。这是让我拥抱全麦酸面包的另一个理由，并且让我真正意识到面包跟面包之间的区别竟然能这么大。正如我所言，真正的食物没有所谓的好与坏，只是我们每个人的反应各异罢了，而我们的确应该深入了解自己所吃的一切东西。

从酵母开始

最早使用酵母来发酵的记录可以追溯到古埃及时期。把面团放在室温环境中，自然会有一些在天然环境中野生的酵母孢子黏附在上面。这些孢子非常喜欢面团湿润的环境，所以用不了几天就会在面团上定植，并吸引其他的菌一同来增加面团酸度（产生酸味），同时延缓其他不友好的微生物的繁殖。酵母产生的二氧化碳会被面包中的麸质蛋白捕捉到并形成小气泡。尽管野生酵母这种“引子”桀骜不驯，但只要每周给它们更多的面粉和水，就能够留住它们，并继续用它们发酵。这种“引子”只要有新鲜食物的供应，就会“苏醒”过来，与面团混合后就能开启新的发酵之旅，数小时后发酵完成就能烘焙了。这就是约 120 年前人们烤所有发面面包（酸面包）的方法。在显微镜发明之前的时代，这种无生命的面团无须加热就能摇身一变，成为充满气泡、兼具风味和气味的美食，这显然会被视为一种难以言喻的魔法。这也许就是为什么面包不仅仅在基督教礼仪中扮演着重要角色，还在很多其他文化和宗教守则里有着重要的地位。在中世纪，绝大多数面包都是棕色的（黑面包），偶尔才会有一些专门为贵族们定制的奢侈白面包。质地较硬的黑面包是一种多功能的居家必备食物，它不仅当面包吃，还是一种可以多次使用的可食用餐盘，当武器用也不赖，还可以施舍给穷人。

快餐面包

工业革命带来了又一巨变，爆炸式增长的城市人口要求有专门的机构为其生产和提供面包。新晋的面包房在品质把控方面显然没那么上心，它们会往面包里填充一些白垩土、动物骨粉，而且经常会漂白面包。在过去，烘焙面包的过程非常缓慢，而且相当耗费劳动力，而新一代技术的诞生彻底终结了这种酸面包的漫长制作流程。在20世纪末，第一款商用酵母（酿酒酵母）被培植出来，最初以酵母酱的形式呈现，后来被干燥制成粉末状。1920年，美国的一些公司（如神奇面包公司）利用工厂的自动化设备开始生产预切片的白面包，而且加入了很多原先从全谷物中提取的营养成分，并发明了一个口号——比切片面包更好。

而下一场面包革命则彻底改变了这个产品。“乔利伍德面包工艺”（快速真空搅拌法）是以英国伦敦北部赫特福德郡的一个村庄命名的工艺。面团首先会在高速运转的机器里进行加热和混合，并加入维生素C、乳化剂、酶和防腐剂。此时，不必再等待酵母发挥作用了，从面粉到软绵绵的白面包，不再需要数日，仅需三个半小时。速度和成本凌驾于口味、质地和营养之上，这就是我们在超市货架上看到的码放得整整齐齐且有着较长保质期的吐司。

乔利伍德面包工艺最大的本地优势就在于，终于能让那些英国产的蛋白质含量较低的小麦（低筋小麦）派上用场，而不是从北美进口昂贵的高蛋白小麦了。更加高效的酵母也随之被研发出来，进一步加速了整个面包制作流程。这种酵母如今在西方国家售卖的大部分面包中广泛使用。与此同时，科学家还培育了一些根茎更短的小麦品种，以更好地适应设备的尺寸，这种小麦有着更强的面筋结构，赋予现代面包更加绵软和富有弹性的口感，但风味和营养素不如从前。有了新一代的辊磨机，小麦会被钢制滚轴磨碎，和成的面团更小，也更易于加工，这对于一些精致的点心尤为重要。不少人对不用自己在家烤面包这件事感到开心。

而自动化烘焙的负面影响就是，由于需要稳定的面粉供应，农民不得不往小麦上喷洒更多的农药，厂商们则在面粉中添加更多的添加剂和化学制剂以获得更长的保质期和更好的口感。到了 20 世纪 60 年代，美国公司开始使用更加先进的化学制剂（L- 盐酸半胱氨酸、乳化剂、脂肪和额外的酵母）来改善批量生产的面包的口感，并进一步把发酵的时间缩短至 30 分钟。面包生产商还额外添加了淀粉酶等酶制剂来加速抗性淀粉自然降解成单糖的过程。多数国家都开始在面包生产中添加酶制剂，而这个成分是无须标注在食品标签上的。美国管理面包行业的法规依然很宽松，甚至允许生产商使用含氯化合物和过氧化物来让面包看上去更白一些。很讽刺的是，随着越来越多的消费者更青睐深色面包，生产商又纷纷开始用色素使面包的颜色更深。

这个对面包本身的食品基质的破坏过程——把原始小麦谷粒中

的膳食纤维和其他营养素剥离，并加入其他众多对健康有不同影响的配料，可能在某种程度上解释了为什么超市买的成品面包对我的血糖如此不友好。一些设计得非常好的研究表明，工业生产的发酵面包与真正的酸面包在人体消化道停留的时间、GI 值、餐后代谢产物等方面都有巨大的差别，而且要是跟那种发酵时间更长的酸面包对比，这些差异只会更大。[2] 一项小型的面包对比研究发现，酸面包有着更低的餐后血糖值。在吃酸面包后，受试者血清中的有利氨基酸浓度要远远高于吃商业发酵的面包，甚至还能维持一段时间。

哪些才是健康的面包?

食品生产商清楚，挑剔的顾客总是会寻找更加健康的面包，所以他们想出了一些小花招来迎合这部分消费者。第一个就是“现烤”，那些在连锁超市和面包房里当场热一热就开卖的生面团或半生面团，可能已经在冷冻库里存放了一年之久，然而还能被当作新鲜的手工面包卖出高价。英国的连锁商店“即刻食用”(Pret A Manger) 就被发现售卖的法棍是一年前法国工厂制造的冷冻产品。[3] 你可能对那些看上去是很健康的棕色且加入了种子的面包感到稍微放心，但这也可能造假。往白面粉里加点色素，将其颜色变深是司空见惯的操作，尤其是如今使用从廉价的蔬菜和水果 (如胡萝卜和葡萄) 中提取的“天然色素”是一件非常容易的事。

如我一样，你可能也对那些听上去很健康的说法，如“全谷物”“杂粮”“石磨”“小麦麸皮”“胚芽”“收获的”“黑面包”等，感到困惑。它们听上去都很健康有益，实则都毫无意义且具有误导性。

“全谷物粉”这个词是唯一一个受英国（以及多数欧盟国家）法规保护的。它特指在加工过程中使用的面粉必须包含谷粒的两个部分：胚芽和麸皮。要被叫作“小麦胚芽”的话，这种面包就必须包含加工过的小麦胚芽成分，而且比例至少需要达到所有原料干重的10%。在英国，没有任何法规界定“全谷物”这个词，因此它常常被一些加了非小麦加工种子的产品滥用，比如大米或者大豆等。对于美国和加拿大的面包产品，合法的称谓是“全麦面包”以及一些变体，而任何配料前如果冠以“全”这个字眼，都需要经过非常严格的审核。在许多国家，甚至没有预包装形式的面包售卖，所以压根就没有任何清楚标识的义务，而你只能全然信任面包师傅，或更有可能信任那个给你加热冰冻面团的人。

测测你的面包

如果你不吃自制面包的话，那么有几种方法可以帮助你评估你吃的面包是否健康，或者说看看你的血糖反应。首先是把面包揉成一个小球，看看它是不是比任何其他一口塞的美食要更快弹回来。或者说把一小块面包放进嘴里，看看它是不是让你的口腔变得干燥并促使你分泌唾液，因为好的面包就会如此。高质量面包在放置一周后必然会变得干燥。仔细看面包包装上的成分数量（如果有的话），越接近三个越好。再看看碳水化合物与膳食纤维的比例，5∶1以下最佳。你能在超市里找到一些品牌的产品达到4∶1以下的健康比例。而那种含有麦芽配料的黑面包三明治的碳水化合物与膳食纤维比例达到了10∶1，这着实让我大为震惊。这跟依旧在格拉斯哥工厂生产的“妈妈之傲”牌（英国版本的神奇面包）面包（17∶1）有的一比。不过这些都不算什么，你还能在超市里挖掘到更多比例大得惊人的酸面包产品。

对配料表多留个心眼总是有必要的。有许多市售的酸面包品牌会添加多种化学物质，包括用商用酵母加速整个发酵过程，也会加入香精或者少量的乳酸或酸面包粉来滥竽充数。为了冒充发酵出来的酸味，有时加乳化剂和脂肪也是免不了的。另外，别被面包包装上的“高膳食纤维”忽悠了，因为这个门槛实在低得可怜，只需要大约每100克中含6克就行。6%这个标准在欧洲和美国都适用，这种产品还通常有着较低的碳水化合物与膳食纤维比例。面包师和食品生产商还喜欢往面团里加钙，将其作为面团改良剂，还会加糖来改善风味或者平衡口味。盐在面包里通常用于调味，不过它更加重要的作用是调控发酵的过程。它还能改善面团的物理特性，让面筋更加稳定并减少其延展性。从20世纪80年代开始，英国的面包师就开始渐渐减少面包中盐的添加量，至今已经降低了约1/3；而“减盐游说团体”还希望进一步降低含盐量，但是无盐面包吃起来相当不愉悦，我在后面会谈到。因此，可以说减盐之于健康的益处实属宣传过度了。

另一项不会在食品标签上标示的是天然的植酸盐（确切地说是植酸），这是坚果、谷物和豆类等植物用于储存磷元素的方式。高植酸含量会降低食物的营养价值，因为它会减少锌、铁、镁和钙这类矿物质的吸收率。但植酸的这种作用在长时间发酵的面包（酸面包）中会小很多，因为酸面包中的乳酸菌有种特殊的酶能分解植酸，而且相较于白面粉，全谷物粉的植酸含量可能更低。植酸在现实生活中具体造成了多少麻烦仍是个未知数，不过一些食品厂商已经开始用特殊的乳酸菌作为引子，并利用它们产生的天然酶去除植酸。

除了膳食纤维那点微小的差别，超市里售卖的白面包和黑面包、全麦面包之间的差异其实比我们想象的小得多。对绝大多数人来说，白面包的平均血糖负荷（GL，指食物中碳水化合物含量与GI的乘积除以100）与全麦面包的血糖负荷相差不会超过10%。不过这只是人群的平均值，对于我这样的个体来说，差异可能就比较大，尤其是把它们跟真正的酸面包来比较的话。

我们许多人都听说过吃面包皮对健康有好处，而且能让我们长得更高。这个说法一部分来自民间传说，另一部分则来自一项有着20年历史的德国研究。他们声称发现了一种“干掉癌细胞的蛋白质”，而这种蛋白质在面包皮里的浓度是面包瓤中的8倍之多。[4]“丙炔基－赖氨酸”这种蛋白质只是烤面包时美拉德反应产生的数百种化合物的一种，有些可能是有益健康的，而其他的可能还有害，这是另一个关于面包的迷思。还有些人建议把面包两头的两片扔掉来减少霉菌的污染，不过没有证据表明这样做有效。[5]相反，把这两片面包做成面包棍来减少食物浪费更加靠谱。抹点儿特级初榨橄榄油，撒上你最喜欢的香料，然后在烤箱里把面包棍烤得香香脆脆的，几分钟就能做好。

烤面包和切片面包

据说把面包烤一烤就能把面包的GI值降低约30%，而且能降低血糖峰值。2008年的一项研究表明，提前把面包冷冻一下的效果更好。不过再也没有人能复制这项研究结果，于是这又成了一个关于面包的迷思。毕竟冷冻并不会改变淀粉的结构，只会损失一些水分，因此无法改变其对血糖的影响和本身的总能量。烤面包反而会带来一些负面影响，因为烤制过程会增加潜在的致癌物丙烯酰胺的含量。不过这是世界卫生组织最该关心的事，我不会为此过于担心。比起这个，我更加担心的是切片吐司里越来越多的添加剂，这些添加剂表面上是为了我们的健康，实则可能造成负面的影响。切片吐司里的添加剂基本是为了防止面包粘在一起甚至发霉，所以如果你不想吃那么多添加剂，建议别买预切片的吐司。

酸面包和慢发酵面包

大多数乳糜泻患者一想到要尝试小麦面包就会大为惊恐，不过在意大利开展的一些小规模试验发现，每 6 名乳糜泻患者中就有 4 名可以耐受长时间发酵的酸面包。[6] 酸面包中的微生物有助于将麸质分解成比普通面包里的麸质蛋白更小的碎片，这就意味着致敏性会更低。这个研究也验证了每种面包和其中的麸质都是不一样的，这个结论对我们所有人都有意义。

酸面包显然站在了现代乔利伍德白面包的对立面。虽然酸面包并不难做，但是它需要周密的计划、好的原材料和大量天然微生物的参与。它的名字来源于它的面团和面包本身的酸味，这种酸味则来自发酵的酵母和其他微生物。一个微生物基质完整地存在于天然的酸面包引子里，包括嗜酸的细菌和能够分解纤维的真菌，它们在消化面包里的糖的同时会产生一些健康的代谢产物，还能强化谷物中天然存在的维生素。这个发酵混合物会在烘焙前静置 12~36 小时，具体多长时间取决于环境条件。烘焙好的酸面包能保存数日，而且其中的全谷物面粉和白面粉的比例和类型都能微调，就连发酵的时间都是可以改变的。我发现在做酸面包的过程中，不停地去尝试不同的面粉和发酵时长，每次做出来的面包风味和质地都不相同，其乐无穷。我所在医院的同事最近比较了酸面包与普通面包对肠易激综合征患者的肠道微生物的影响，结果发现，相较于吃工业化生产的面包，肠易激综合征患者吃酸面包会“显著减少肠气”。如果面包发酵的时间越长，其中的碳水化合物就越有可能到达下肠道，同时在到达结肠前保持这种被微生物预消化的状态，不会引发肠道菌群的过度反应。这对肠易激综合征患者个好消息，毕竟这些可怜的患者不能吃任何乳制品，同时要绝望地拒绝所有的面包和谷物，但他们能耐受酸面包。

世界各地的酸面包研究者正共同探索不同酸面包引子的微生物组分，他们发现，最主要的差异在常见的酵母和细菌中都存在，两者以不同的比例组合，产生制作美味面包的化学物质。[7] 16 名来自世界各地的酸面包大师被要求用同一种面粉制作酸面包，而面粉会被邮寄到他们各自的国家。他们在各地制作好酸面包后，会把成品带到一家叫焙乐道的公司。这是一个位于比利时列日省旁的烘焙巨头，他们收集了超过 1300 种酸面包引子。焙乐道公司对各位酸面包大师手上和面包引子上的微生物进行检测，结果发现每个面包师的手（洗过的）比普通人的手留有更多乳杆菌。吃烤过的酸面包并不能直接获得活菌的益处，毕竟 200℃的高温烘焙能杀死一切微生物。不过由于这些发酵酸面包中的微生物也属于益生菌，因此用它们发酵面包的过程很可能就已经让你受益了。研究发现，很多酸面包的酵母发酵剂都与其后的引子非常不同，这就反映了最初的微生物引子仅仅是个起点，而在整个过程中来自面包师手上的微生物也会参与其中。因此如果自己制作酸面包，你就会得到一个属于你自己的面包，它的味道与你自身的微生物有关。所以制作酸面包可以是一种非常健康的爱好，这也是为什么很多酸面包爱好者经常把准备酸面包团的过程比作正念冥想，因为它同样需要你安于当下，并有耐心。

有着富含膳食纤维、发酵时间长和天然原材料这些优势，酸面包理应是非常有益于健康和肠道微生物的。以色列的同行们开展了一项详尽的小型研究，该研究让 20 名健康志愿者选择吃精心手工制作的酸面包或者工厂大规模量产的标准白面包，一周后，再让两组人交换食物继续进行一周试验。出乎研究人员意料的是，他们发现两组人的肠道微生物反应和健康相关的血液标记物都没有显著差异。这个结果要么意味着这样吃本身的确没有健康差异，要么说明该研究的确样本量太小，时间也太短。所以暂且不说面包的种类，每个人体内的肠道微生物构成本身就能精准预测他们对面包的血糖反应，因此，有的人的确在短时间内对白面包有着更加健康的血糖反应，而另一些人则对酸面包的血糖反应更好。[8]

幸运的是，个性化营养意味着我们很快就能有个性化的面包可选了。还有一种不太常见的发酵面包叫作“盐发面包”。在 100 年前，一位来自美国弗吉尼亚州的科学家用拭子擦拭感染了产气荚膜梭菌（这种菌嗜好吃肉，并产生坏疽）的伤口，然而不知道出于什么原因，他决定用这个菌来发酵面包。他首先把烧开的水倒入面粉与牛奶的混合物中，杀死常见的乳酸菌，好让新的嗜肉微生物接手这个地盘。这种微生物显然对此非常满意，因为它们长期适应了在土壤和一些人的肠道里生活，如今在热牛奶和面粉这样的环境中，它们尽情制造氢气和二氧化碳等可燃性气体，让面包发起来。如今这种特殊的酸面包在美国有一些铁杆粉丝，它那特殊的奶酪口味和臭脚气味恰恰能满足部分口味独特、喜欢冒险的食物狂热者。

法式面包文化

法式面包常常是法国作家极力称赞的对象，但他们都遗憾地表示，现在市面上的法式长棍面包（后文简称“法棍”）已经不复当年的风采。法棍出现于 19 世纪末，直到 1920 年才被正式记载为面包，皆因它过于纤细，似乎无法满足饥肠辘辘的一家人——他们恐怕一天得吃 10 根才够。在法棍一统江湖前，法国人吃的主要是圆形的酸面包，而且在法语中，面包师一词“le boulanger”指的就是烘烤一个大面团的人。尽管抱怨法棍质量下滑，但数据表明法国人每秒要吃掉 320 根法棍，而且面包的人均消耗量（每年 58 千克）比英国和美国要多得多。约 83% 的法国人仍然日日不离面包，而这个数字在英国仅有 45%。

面包依然是法国文化的重要组成部分，而且绝大多数法国人的住处离面包店都不到步行 5 分钟的距离（全法国有超过 3000 家面包店）。在美国大约有 9000 家面包店，但要服务五倍于法国的人口。在英国，3/4 的面包都是由三个工业烘焙巨头所生产的，它们牢牢控制了英国面包市场。与英语国家的人观念不同，大多数法国人（最近的调查数据为 86%）认为面包是健康饮食的一部分。法棍在法国有着严格的规定，它必须达到 250 克，而且原料只能是小麦粉、酵母、水和盐，除此之外任何添加剂都是不允许添加的，通常还需要用蒸烤箱烘焙，而且只能当场完成整个烘焙过程，否则就不能被称作真正的面包。即使有这么严格的规定，法国面包的质量还是千差万别，因此鉴赏家们会将深色的面包皮、柔软有嚼劲的面包内芯、大小不一的气孔以及带有水果味作为慢发酵的证据。面包底部类似布莱叶盲文的小点，就是批量工业化生产的象征。英国超市售卖的法棍通常有着相当不健康的 15∶1 的碳水化合物与膳食食物比例，而且不知道含有什么添加剂。

意大利的法棍外形略有不同，而且保存的时间要更长一些，因为面包配料不受管控，所以加奶和油都是允许的。法棍含盐量较低，味道也淡，所以在我看来，它最适合用来蘸健康的橄榄油和酱汁。

许多法国人和西班牙人每天都要买两次面包，以便随时吃到新鲜面包。最近在巴黎还出现了自动售货机以增加售货渠道，因为真正的法棍很快会变得不新鲜。很多人错误地认为面包不新鲜仅仅是因为失水，但是那些密封得非常严实的面包也会很快变干变硬，这主要是因为面包中的淀粉结构会随着时间的流逝而逐渐结晶化。因此存放时间不算太长的面包还能补救一下，只要其中的面筋还保留了一些水分，就能用复热到60℃的办法尽可能让其恢复新鲜。相反，把面包放进冰箱会加速这种淀粉结晶的过程，而放进塑料袋里则会促使潮气聚集继而导致不良微生物滋生。所以面包最好的保存方法就是用一块洁净干燥的布包好，放在室温环境中。

面包品种数不胜数

黑麦是一个很难被精制加工的品种，因其营养丰富的外壳难以被分离。它很喜欢潮湿阴冷的环境，因此主要被用来酿酒和制作一些古老的黑麦面包。黑麦面包如今在适合黑麦生长的德语国家和斯堪的纳维亚半岛国家依旧很受欢迎。移民把黑麦面包带到了美洲，并与烟熏肉一起吃。烘烤纯黑麦面包绝非易事，因为它的面筋结构相当弱，难以充分发酵，所以通常需要混合其他谷物一起制作。它能通过发酵酸面包的工艺进行长时间发酵和慢烤来改善风味，不过口感还是很紧实，因为它缺乏足够强的小麦面筋为其撑起充满气孔的软弹结构。黑麦的碳水化合物组成与众不同，比小麦的吸水和持水能力要强4倍，这是因为其中含有一种叫阿拉伯木聚糖的多糖，所以黑麦面包可以存放达数周之久。

黑麦可能有一些健康益处，晚餐时来一两片黑麦面包在很多国家都很常见。几项临床试验把这种习惯与吃其他面包做了对比，结果表明，黑麦面包比等量的全麦面包能更好地防止饥饿，还能制造更加有益健康的代谢产物，以及有着更好的微生物组反应。[9]在我们的ZOE PREDICT研究中，把黑麦面包当作早餐的受试者的血糖峰值几乎是最低的。它的健康好处可能源自它在肠道当中也有独特的吸水性。黑麦面包之所以又叫"魔鬼放的屁"，估计是因为它含有很多的膳食纤维（碳水化合物：膳食纤维为5：1），以及它魔鬼般的黑色。

不过有个坏消息，德国人吃下去的草甘膦除草剂比想象中的更多，可能因为和燕麦一样，黑麦比小麦使用了更多的化学物质，这或许是我们选择有机食品的理由之一。[10]一种叫作麦角菌的特殊真菌非常喜欢湿润的黑麦（也喜欢大麦），在使用杀菌剂之前往往就已经污染了农作物，如果吃下含这种真菌的黑麦面包，容易出现狂躁和坏疽等罕见症状。这种离奇突发的抽搐与因幻觉出现的谵妄导致不少的人在17世纪萨勒姆的猎巫热潮中被活活烧死。这种真菌还是生产致幻剂LSD（麦角酸二乙酰胺）的原料。

越来越多人选择在面团中加入一些更古老、坚硬的小麦家族的谷物，如单粒小麦和斯佩尔特小麦。它们不仅富含膳食纤维和蛋白质，而且含有不同于现代品种小麦的氨基酸和多酚。它们同样含有麸质，不过含量比较低，因此制作的面团也不太好用，难以充分发酵。要想获得附加的营养价值，就需要用到全谷物粉，所以我们连同它们给面包带来的坚果风味也要照单全收。

饼是最原始的面包，仅需要用火加热岩石或锅，加上面粉、水和盐就能制作了。至今我们仍在吃饼，通常是用死面制成的印度煎饼、墨西哥薄饼和皮塔饼。它们的碳水化合物与膳食纤维的比例与发酵的面包很接近，而且取决于其中加了多少糖，以及用的是何种谷物的面粉，其中玉米面粉是含膳食纤维最少的一种。在美国最常见的饼自然是比萨饼，但用的是与普通面包类似的发酵面团，蛋白质含量高，有时还会为了让其表皮更好地呈现棕褐色而加些糖。这种面团通常会在烤之前冷藏或者冷冻保存。

在美国，其他更薄的饼还包括传统的墨西哥薄饼，这是一种很薄、用途很广的面包，在欧洲人把小麦带到美洲来之前是用纯玉米面制作的。如今，所谓的“墨西哥玉米卷饼”遍布各种三明治小店和加油站，带着莫名其妙的“更健康”的光环，实则它可能有着比两片吐司都要多的能量和碳水化合物。有些很受欢迎的玉米卷饼甚至一张饼的能量就高达 300 千卡！在美国，小麦粉制作的墨西哥卷饼在面包店的销量排名第二，仅次于面包。该产业在过去十年内以每年 10% 的增速发展。根据美国农业部的资料，用精制的漂白小麦粉制作的墨西哥卷饼，每 100 克分别含有 10.5 克蛋白质和 2.4 克膳食纤维。很多厂商都不遗余力地要改善饼类产品的营养价值，所以加入了更多深加工成分，比如从大豆中提取的蛋白质和胡萝卜汁。

在印度，食用面包的传统与南北界线或小麦和大米的分界线有相当大的关系。印度北部地区的主食是小麦制作的薄饼，主要是以印度煎饼的形式呈现，这类煎饼通常是用火烤熟的。在印度南部地区，人们则喜欢制作多萨，这是一种长得很像松饼的面包，主要用大米粉和黑扁豆泥发酵后烤制而成。我最爱的一种早餐就是在酥油里轻微炸一下的蔬菜馅多萨。印度圆面包是一种很薄很脆的面包饼，通常是用黑扁豆、鹰嘴豆和大米粉一起做的，碳水化合物与膳食纤维的比例不到 4∶1，而且含有大量铁元素和蛋白质。在英国的绝大多数咖喱餐厅中，这种印度圆面包都是以油炸的方式烹饪，所以不太健康，不过也能用烤箱或微波炉加工烹饪。我很喜欢用印度馕来代替米饭，这是一种起源于中东和亚洲并广为流传的食物，它的名字在波斯语中是面包的意思。这是一种用发面制作的香喷喷烤饼。传统的印度馕混合了石磨小麦粉和普通小麦粉。与印度圆面包不同的是，它的膳食纤维含量很低（碳水化合物与膳食纤维的比例是 15∶1），所以我对它的血糖反应估计比印度香米好不了多少。印度馕通常是在一个很大的筒状泥炉中烘烤而成，这种传统泥炉用加入了牛粪的黏土制成，所以烤出来的食物有特殊风味，可能还带有不少微生物。

意大利版的馕就是佛卡夏，估计在罗马帝国时期就有了。这也是我特别爱去利古里亚大区的原因，那儿有号称最好吃的佛卡夏。佛卡夏是由很简单的白面粉、橄榄油、水、盐和酵母在一个特殊的炉子里烤制而成，上面会撒上一些迷迭香或洋葱。可惜的是，它的膳食纤维少得可怜（碳水化合物与膳食纤维的比例为 20∶1），不过我还是乐观地认为其中的橄榄油和洋葱是有益健康的。许多国家都有自己的佛卡夏，有些还是当地的主食，比如埃塞俄比亚的英吉拉就是一种拥有海绵质感的酸味薄饼，传统意义上是由苔麸这种古老的谷物制作而成的。面包在中国出现得则较晚，直到 1200 年阿拉伯商人把面包传到中国，它才渐渐被人知晓。中国传统的厨房是不设烤炉的，取而代之的是用蒸的方法制作小而软的发面馒头或者包子。它们是由酵母发酵的白面团制作的（碳水化合物与膳食纤维的比例为 17∶1），还会加点糖，然后在大蒸笼里蒸熟。

贝果（碳水化合物与膳食纤维的比例为 16∶1）跟包子很不一样。

中国版的贝果是在炭火上烤熟的，而更加著名的欧洲犹太贝果则于20世纪初在美国声名鹊起。贝果主要由高筋小麦粉加上一些黑麦粉制作而成，传统工艺还会把面团煮或者蒸几分钟再拿去烤，这样烤出来的贝果非常有嚼劲，而且外皮有光泽。贝果有时被认为是高蛋白食物之选，不过鉴于它每100克含有10克蛋白质，而普通面包也有大约9克，所以你还是根据口味选择面包比较好，而不是看蛋白质含量。

与酸面包相差甚远的就是“生吐司”，或者叫日式牛奶吐司。它是由黄油、牛奶或奶油加上常规的面包粉制作而成的。这种软绵绵、微甜的面包比一般面包含有更多脂肪，而且由于质地更加顺滑绵软，极容易三两下就吞下去，有吃过量的风险。此外，它在社交媒体上的形象也分外精致。澳大利亚引领了生吐司潮流，紧随其后的是英国伦敦。精致优雅的Arôme面包房每天下午的生吐司都会销售一空，哪怕价格昂贵。生吐司基本不含膳食纤维，我们通常认为它应该有着极大的碳水化合物与膳食纤维比例，不过由于添加了较多的脂肪，因此有助于延缓胃排空并减少血糖波动。所以，我很欢迎大家以科学的态度多测测对生吐司的血糖反应并尝尝它的味道。

点心和饼干

当面包中加入一定量的脂肪，再来点儿糖，它就成了点心，几乎没有什么全谷物或者膳食纤维来抗衡这些脂肪和糖。蛋糕通常被认为是大号的点心，一般还会加入鸡蛋。松饼在很多国家都非常受欢迎，不过各有不同。在英国和法国，松饼是用不含发酵剂的面粉混合鸡蛋、牛奶和黄油做成的，然而加拿大和美国的松饼则通常会经过发酵，因而更加厚实一些。布里欧修（一种法国的地方传统食品）则是介于面包和点心之间的存在，不过牛角面包显然被视为点心，因为它是由层压的条状发酵面团制作而成的，约 25% 都是脂肪。我非常喜爱酥脆的牛角面包，反感那些油腻腻的冷冻仿品。令人惊讶的是，牛角面包竟然是奥地利人发明的，在 1889 年被带到巴黎参加展览，在当地用来烤法棍的蒸汽烤箱的作用下，变成了现在这样的牛角面包。这种高脂点心的酥皮是面粉混合牛奶和黄油制作而成的，而廉价的牛角面包会用人造黄油来代替。在盲品测试中，手工牛角面包的表现永远碾压超市的，更不用说那些用诺曼底黄油制作的了。尽管从理论上来说，所有的脂肪都能延缓糖的吸收速度，但是对我来说，哪怕一个迷你牛角面包也能让我的血糖飙升，这就很令人恼火。不过考虑到牛角面包本身的碳水化合物与膳食纤维比例高达 20∶1，也就无所谓了。

甜甜圈（碳水与膳食纤维的比例为 50∶1）是美国的另一种标志性食物，最初来自荷兰。甜甜圈富含脂肪、糖和鸡蛋，是油炸而成的，几乎没有膳食纤维。大约有 2/3 的美国人经常吃甜甜圈，总计每年吃下约 100 亿个。甜甜圈中间的那个洞不是为了让你当项链戴的，而是为了减少烹饪时间。甜甜圈在世界各地不同的文化背景下还有各种形状各异的变体，它们通常被叫作“炸油饼”。

蛋糕虽然经常被用于庆典场合，但作为点心则成了主要的日常休闲食品。在英语国家，人们每天摄入的总能量有 22% 来自正餐之间的零食，其中一些能量来自含糖的甜饮料、巧克力和薯片，不过点心和饼干也是重要的来源。在法国、意大利和西班牙等国家则不然，面包房里只卖面包。而英国的面包房还卖三明治、甜甜圈和谷物小零食，其中包括一些奇怪但超级流行的超加工食品，比如香肠卷、燕麦酥、奶油蛋糕和姜饼干。

蛋糕和饼干是一种伴随下午茶而来的英国文化遗产，通过一系列耐人寻味的食物得以延续。我依然对那种软绵绵的橙味夹心蛋糕心有戚戚焉。如今它们按法规被划分为蛋糕。在英国，饼干被认为是一种不具有海绵结构且放久了后会变软的点心，而蛋糕则是一开始就保持湿润，好比佳发蛋糕，放久了反而会变硬。无论是饼干还是蛋糕，都不会额外征税，除非加入了巧克力，这是它开始“堕落”的标志。如果用的是好的巧克力，那这部分或许是市售饼干或者“蛋糕”中唯一健康的部分。在佳发蛋糕中，其他 30 种配料难以让人放心，或许面粉里那点强化维生素还能聊以慰藉吧。

英国国民最爱的饼干仍旧是巧克力消化饼，尽管它的名字叫“消化饼”，而且还有着百年的历史，但是惊人的碳水化合物与膳食纤维的比例（27：1）和每块 84 千卡的热量，让它无法自证有助于消化。调查表明，超过 90% 的英国人每天至少吃一块饼干，大多数都是甜饼干，还有 1/3 的人喝茶或咖啡时会吃饼干。英国人平均每年要吃掉 96 包饼干，并不意味着人们在戒糖，但是低脂饼干变得越来越流行了。不过没有任何证据证明这样做有助于减重或者减少心血管疾病的风险，甚至还有可能适得其反，因为饼干中有利于降低血糖的天然脂肪往往会被去掉，代之以更多的其他化学物质。

*

面包，而非饼干，是人类最古老的食物之一，也是蛋白质、膳食纤维、铁和钙等营养素的重要来源。面包之间真正的差异并不在于颜色是白色或黑色，或者用的是全麦粉还是加了种子的面粉。真正用全麦粉、水和酵母制作的面包从来都不是问题所在，那些用 20 多种配料伪装成面包的超加工面粉制品才可能有大问题。你得对自己吃面包的习惯稍作要求，同时保持好奇心，按捺住每天想吃三明治的冲动。尽管有关于面包的负面舆论，但对于我们绝大多数人来说，适量吃全谷物面粉制成的面包是无害的，况且全谷物本身还可能是有益的。要想识别出最健康的面包可能很难，不过看看食品标签，稍微估算一下碳水化合物与膳食纤维的比例还是有帮助的。慢发酵的酸面包天然就有更长的保质期，哪怕你对麸质过敏，它们也值得尝试。因此在传统的面包房购买手工制作的慢发酵酸面包是一笔很棒的投资，而且要比每天一瓶红酒更实惠。在家自制面包并不难，但是很需要耐心和前期准备。一生何其有限，我们何必拒绝根植在骨子里的人生至乐——现烤面包的绝妙风味和口感。

关于面包的五个要点

1. 面包是膳食纤维和蛋白质的良好来源，不过也会导致血糖达到峰值。
2. 许多面包店和超市里的面包都是复热储存了达一年之久的冷冻面包。
3. 选择添加了种子的黑麦面包、全谷物面包和混合面粉制作的面包，能多补充膳食纤维，增加饮食多样性。
4. 选择碳水化合物与膳食纤维比例较低的面包产品，配料表越简单越好。
5. 条件允许的话，尽可能自己烤面包，或者购买慢发酵的酸面包。

菌菇

菌菇既不是植物，也不是动物，尽管从化学组分而非进化的角度来看，正如霉菌和酵母一样，菌菇更像是动物而非植物，因为它是一种依靠吃食物而不是光合作用来获取能量的生物。真菌经常被称为“被遗忘的王国”，它们无处不在地存在于我们周遭的空气和土壤之中，然而因为我们无法看见和感知到它们的存在，往往很容易把它们在地球上起到的重要循环作用以及给人类提供营养的作用视为理所当然。不过与细菌一样，不是所有真菌都对人类友善，正如我们耳闻目睹到的，它们对全球单一育种的香蕉、咖啡、小麦和其他谷类作物有着毁灭性的影响。但它们或许是少数几种能够从全球变暖中获益的生物，我打赌菌菇会比人类存活得久。

蘑菇是一种真菌的果实，这种真菌会产生许多孢子，在被巨大的地下菌丝网顶出土壤之前，孢子会以各种物质为食，如锯末、谷物、干草或者木屑，而不是从土壤中汲取养分。跟人类一样，菌菇也是寄生生物，无法依靠自己获取来自太阳的能量，它们需要从其他植物和动物身上获取能量。同样与人类很像的是，它们必须进化到能适应不同大陆各种气候和环境，或许还需要与一些吃动物粪便的昆虫一同进化。虽说它们适应力强，但菌菇还是更偏爱阴暗、潮湿和温润的环境，比如在林地里以腐烂的植物和动物为食。菌菇的品种达数十万，但是可食用的估计只有1000种，而我们人类培植的则不超过20种，它们通常被培植在一大缸堆肥的培养基中。

菌菇有种丰富的像肉一样的鲜味口感，这是因为其中含有增鲜成分，如谷氨酸和鸟苷－磷酸（GMP）。而新鲜菌菇中独特的气味则来自一种叫菌菇醇（1-辛烯-3-醇）的物质，它是由菌菇受到损伤或被昆虫吃了后，其中的脂肪分解而产生的。菌菇拥有颇具威力的化学物质来保护自己，这些成分能击退想吃它们的动物，而且还经常会杀死短视或贪婪的人类。除了这些独特的化学物质之外，它们也同样富含多酚。鲜菌菇中90%是水分，而干菌菇含高达25%的蛋白质，只有先去除这些水分才能充分享用菌菇丰润的风味和营养物质。与许多植物不同，菌菇在被煮熟或者干燥后，依然能保留几乎所有的营养。干菌菇能存放很久，而且在用温水浸泡后，有的菌菇还能焕发第二春——口感更加丰富，比如香菇就会产生一种特殊的化合物——甲硫氨酸。菌菇还能在加热烹饪过程中保持原来的形状，因为它们的细胞外有层几丁质的保护，这是一种与昆虫和贝类共有的结构性碳水化合物，植物是没有的。

因为如此多的菌菇都是有毒的，所以最好做熟了再吃。这个过程也帮助它们释放出很多新的风味化学物质。羊肚菌就是备受瞩目但是生吃有毒的一种菌菇，而芬兰人出于追求刺激而喜欢在其半生不熟的时候吃下去，就像吃河豚一样，这好比是食物界的俄罗斯轮盘。因为菌菇中含有大量的水分，因此它们不需要用油也能煎炒。当你买了新鲜的菌菇，它们往往还会再生长几天，不过最好还是趁早吃，以保证味道更鲜美。菌菇也能在冰箱里放好几天，用纸袋或吸水布或茶巾包好即可。

健康食物：菌菇

菌菇是一种不折不扣的健康食物，因为它含有硒、维生素 D、谷胱甘肽、麦角硫因等营养素。这些营养素能够帮助我们减轻氧化应激，并能降低患诸如癌症、心脏病和痴呆症等慢性病的风险。不过更重要的是，它们能提供天然的浓郁鲜味，是大多数食物的美味补充。当菌菇在烹饪过程中失去水分后，剩下的部分还含有糖、膳食纤维、蛋白质和一系列 B 族维生素。有些菌菇还能为我们提供每天所需维生素 D 的 1/4。跟人类一样，菌菇也有通过阳光来自己制造维生素 D 的能力，它们能通过类似于酶的原理，把“皮肤”中储存的名为麦角固醇的一种类固醇转化成活性维生素。这个特点如今已经被我们充分利用。收获前种植者会特地让菌菇暴露在自然光或人造紫外线下一段时间，好让它们多制造点维生素 D。只需要吃两份这种超级日光浴后的菌菇，就能满足我们一周的维生素 D 需求。即便在冷冻或者干燥的情况下，菌菇中的维生素 D 也能很好地留存下来，而且这种维生素 D 要比我所质疑的那种日常维生素 D 补充剂强多了。[1] 菌菇还被认为能产生类似动物体内的维生素 B_{12}，这对于素食主义者非常重要，不过其实很多菌菇并不能产生这种维生素。即使你每天都吃 B_{12} 含量最高的香菇，恐怕你也很快就会厌烦，毕竟你得每天至少吃三份才能满足正常维生素 B_{12} 的需求。事实上，你只需要每天在膳食中增加一份菌菇就能有效增加膳食纤维、维生素 D、胆碱和一些关键微量营养素，同时还不影响总的能量摄入。

ET[①]回家了

菌菇拥有一种非常独特的能力，可以大量制造一种叫麦角硫因（ET）的氨基酸。这种氨基酸我们只能通过食物获取，它作为一种抗氧化剂，在人体内能产生重要的抗炎机制。在一些学术营销话术里，麦角硫因已经直接被称为“长寿维生素”。除了几种长得像人的耳朵一样的菌类[②]，绝大多数菌菇都有相当高的ET含量，其中效果最好的是牛肝菌，紧随其后的是平菇和香菇。一些菌菇在烹饪过程中可能会使ET受损，不过好在多酚和ET都会存在于汤汁里。

菌菇是ET的主要膳食来源。另外，还能制造ET（量要少很多）的植物是芦笋和大蒜，而且大概率也是因为它们的根部适合制造ET的真菌生存。人类进化出了一种特殊的转运体来把ET这种化合物定点输送到身体中需要修复的部位，例如那些受伤的组织，或者是一些需要处理废物的器官，如肝和肾。ET存在于血液、精液、脑脊液甚至母乳中。有为数不多的麦角硫因缺乏症的案例报道，尤其是在痴呆和帕金森病患者中较为常见。关于ET的好的流行病学研究很少，不过其中有一项包括13 000名痴呆风险较高的老年人研究项目，在随访实验对象将近6年后，发现那些经常吃菌菇的人（一周吃三份以上）患痴呆的概率降低了1/5。[2]而ET实际上要比维生素D更有资格被称为维生素，毕竟维生素D其实是一种能够在体内自行合成（借助光照皮肤）的物质——它实际上是误命名为维生素的类固醇。

ET如今已经在很多国家被充分地商业化了，被炒作成为一种默

① 此处一语双关，ET是指麦角硫因，也指Extra-Terrestrial，即外星人的意思。——译者注

② 例如传说中的木耳。——译者注

认安全的膳食补充剂。但是癌细胞实际上也可能自己制造 ET 来保护自己和抵御衰老，还有一些微生物也会制造它，尤其是一种能导致结核病的分枝杆菌（mycobacteria）能利用 ET 来对抗其他试图阻止其传播的细胞。[3,4] 这些事实说明抗氧化剂其实是一把双刃剑，它有时会反过来压制宿主本身，又或者引发更大的破坏性反应。以补充剂形式销售的ET有着许多动物和试管级别的实验为其背书，不过毫无疑问，尚没有一个高质量的针对人类的随机对照试验能够予以支持。也是基于此原因，我们其实没有办法知道 ET 是否真的是菌菇中主要的活性成分，因此在搞明白之前，我们最好还是吃完整的菌菇更靠谱。

菌菇在亚洲已经有超过一千年的药用历史，因为其独特的化学物质能够应对各种不同的健康状况。药用菌菇有 300 多种，每一种含有的微量营养素、植物化学物和复合糖类都略有不同，因此能用于不同的适应证。此外，所有的真菌都能制造一系列非常有用的化学物质，比如青霉素和环孢（菌）素就能被人类所用。而菌菇多糖（碳水化合物）和萜类化合物（一类生物活性物质，其风头常常被多酚掩盖）似乎在预防糖尿病领域已经崭露头角。[5] 不过迄今为止尚没有令人信服的现代试验证据证明真菌对常见疾病治疗有效，与流行病学研究一样，实验室研究经常也会发现一些抗癌潜力很高的物质①。[6,7] 一项在日本进行的包括 36 000 名实验者的研究发现，吃菌菇与新发前列腺癌之间存在负相关性。另一项针对乳腺癌的荟萃分析也发现了这种负相关性。[8]

① 此处作者意为要验证一个物质有治疗意义，不能只是被实验室体外细胞或者动物实验验证，即使加上观察性流行病学的研究得出了相关的结论也不够，真正的有效性需要在人类身上做随机对照试验才可能可行。——译者注

几乎所有测试的菌菇都对动物的肠道微生物有一定的作用，而一些看起来像（可能吃起来也像）老人耳朵的菌菇，还含有复杂的碳水化合物，或许可以作为益生元作用于肠道。[9] 这一系列可食用或者说可被微生物组利用的碳水化合物跟植物比起来可以说数目巨大。这个清单包括几丁质、葡聚糖、半纤维素、低聚半乳糖（GOS）、低聚果糖（FOS）、甘露聚糖和木聚糖，这些都有助于降低血脂，改善肠道微生物继而起到抗癌的作用。

这方面有大量的试管实验，不过只有少量结果表明它们对动物的微生物有改变。其中一个研究给小鼠喂养常见的白口蘑，发现小鼠的肠道微生物的多样性有所改善，并且能从感染中加快恢复，这可能是因为肠道微生物改善后会把促炎信号分子传递给免疫系统。[10] 最近，一项进展非常好的研究给实验室小鼠喂养灵芝，发现能改善其微生物多样性并放缓小鼠增重。[11] 随后，研究人员把这种喂养灵芝的小鼠粪菌移植给用普通饲料喂养的小鼠，发现移植后的小鼠其微生物多样性也获得了同样的改善。他们认为，这可能是灵芝中复合碳水化合物对微生物起到了类似益生元的作用。另一项针对小鼠的独立研究用的是含有细胞壁几丁质的菌菇提取物，发现它对肠道微生物的多样性有类似的益处，而且也能通过作用于免疫系统来减少感染。[12]

尽管我们还需要一些来自人类的高质量实验数据，不过这些研究都表明，任何种类的菌菇都能作为优秀的益生元来滋养肠道微生物，尽管不同品种的菌菇的成分差异很大。其中有几个品种如今已经被商业化用于饲养动物，如家禽和牛，用于改善它们的健康、促进生长和增加产奶量。另一个关键的新领域是用真菌疗法来帮助需要化疗的肿瘤患者增强免疫系统，这对那些接受了更新、更昂贵的免疫治疗的肿瘤患者尤为重要，因为肠道微生物在这个疗法中将起到至关重要的作用。[14] 大多数在人类身上做的研究都聚焦于两种类型的菌菇，一种是灵芝（长久被认为是一种不朽的菌菇），另一种是舞茸，因为两者在实验室里的表现都非常惊艳。它们均能通过作用于肠道微生物而起到抑制肺癌和乳腺癌细胞的效果。[13，14] 一个独立的考科蓝综述汇总了在人类身上进行的关于灵芝与癌症的 5 项随机试验。令人惊讶的是，虽然综述表明尽管这些研究质量参差不齐，但是总体证据表明灵芝补充剂对临床反应的改善高达 50%，而且有助于激活免疫系统。这些结论表明，虽然还需要等待更多数据，但灵芝似乎应该被考虑纳入治疗方案中，而且能够安全地用于辅助化疗，但不是替代化疗。[15]

菌菇的益处如今也已被商业化运用于膳食补充剂领域，最近甚至还被用于制作拿铁粉末。从灵芝、白桦茸到云芝和猴头菇，这些菌菇都被宣称有强大的抗氧化能力，有着未被证实的“适应原”特质。不过的确有一些实验室研究、动物模型和一些小型人类研究表明，云芝可能对一些接受癌症治疗的患者具有免疫调节作用，尽管这还需要更多的人类试验去验证。[16，17]

另一颗冉冉升起的新星是冬虫夏草，尽管它不是真正意义上的菌菇。它生长在海拔 3800 米以上的喜马拉雅山脉的寒冷草原，源自一种以昆虫幼虫为食的真菌。当这种菌成熟后，会吃掉感染了真菌的幼虫 90% 的部分，真正地把宿主变成傀儡。多个世纪以来，冬虫夏草已经被当地的医学从业人员用来治疗各种疾病，同时也用于增强性功能。[18] 冬虫夏草的补充剂（短期和长期）显然有助于通过提升摄氧效率与增强血液循环来提升运动能力和恢复能力，它甚至还能帮助老年人减轻疲劳。[19] 在不丹之旅中，我买了些这种像干燥的蠕虫一样的生物，微微尝试了半克用来泡水，倒也不能说不好喝。至于效果，我还未能体验到上述实验证明的好处，但是由于其价格很昂贵，显然我的财力不允许我每天喝一杯去观察长期效果了。

神奇的菌菇

在许多国家，致幻蘑菇备受追捧，尽管它们通常是非法的。有几个品种的菌菇能产生一种叫赛洛西宾（psilocybin）的物质，它能作用于大脑中血清素的通路。这种致幻蘑菇生长在世界各地，有相当多一部分都在墨西哥。当地的阿兹特克人喜欢在仪式庆典中使用这种菌菇。现代有记载的首次对致幻蘑菇的报道是在1799年，当时有一家人在伦敦格林公园（Green Park）野餐，顺手就摘了点蘑菇吃，接着就开始不受控制地咯咯笑，并出现了幻觉。

2011年，在巴尔的摩著名医学机构约翰斯·霍普金斯医院进行了一项临床监督研究，该研究很艰难地通过了伦理委员会的严格审核后，把18名志愿者分成了两组：其中实验组给予非常谨慎剂量的赛洛西宾，对照组则给予安慰剂，他们在五种不同的场景观察受试者的反应，并且在严格受控的环境下持续观察受试者8小时。12个月后，1/3的受试者表明那次实验是他们一生中最为神秘和梦幻般的体验；另外1/3的人说这大概能在一生最好的体验中排前五；剩下的人则表示他们有明显的焦虑感，不过很快就消失了。[20] 由该机构开展的一项更新的随机研究表明，为期一周的赛洛西宾辅助的心理治疗能够有效减轻重度抑郁症患者的症状，甚至有58%的患者在临床上已经脱离了抑郁症困扰——这种改善程度通常需要数周的强化治疗才能达到。[21] 一项由纽约大学医学院开展的随机试验招募了29名有焦虑和抑郁问题的肿瘤患者，结果表明赛洛西宾联合心理治疗能有效改善患者的情绪，而且它的效果与受试者感受到的神秘体验强度相关。[22] 参与该试验 4~5 年后，仍在世的 15 名受试者有 60%~80% 焦虑和抑郁情绪持续显著减轻的。[23] 有 71%~100% 的受试者把这种积极的生活转变归功于赛洛西宾的辅助治疗，并认为这是他们一生中最有意义的体验。

其他一些小型研究表明赛洛西宾对药物成瘾、酗酒问题、注意力缺陷和强迫障碍等问题也有益。一项前导实验利用了磁共振成像技术扫描了 17 名受试者的大脑，发现赛洛西宾能减少大脑中负责情绪和恐惧中心的血流。[24] 另一个样本量稍大但依然算小型的临床试验设有安慰剂组，并招募了 59 名英国的抑郁症患者，其结果表明赛洛西宾与服用 6 个月的抗抑郁药的治疗效果相当（尽管在安慰剂研究中让患者“嗨起来”是必不可少的）。[25] 这表明赛洛西宾很可能是作为一种大脑的“重启”机制来发挥作用的，而如今它作为一种毒副作用很小的非成瘾性药物，已经受到商业机构的高度重视。不过它肯定需要在密切监护的情况下作为一种受控疗法来进行——别想着在家自己尝试了。各地关于致幻蘑菇的法律监管差别很大且令人摸不着头脑，在有的国家甚至还能买到加了赛洛西宾的巧克力，而这显然应该在包装上做出健康警示。

松露

另外一种能够产生可食用果实的真菌就是松露，它能长到拳头那么大，不过它始终埋在土里不冒头。与其他菌菇一样，松露也是寄生生物，只不过它相当挑食——只喜欢吃橡树、榉树和榛树的根。它们能够在地下形成非常复杂的网格，并吸引土壤里的微生物来帮助它们一同制造气味浓郁的化学物质。它们的繁衍是依靠自己散发的复杂而浓郁的气味，吸引鹿、兔子和昆虫等动物过来，诱使这些动物掘地三尺吃掉它们的孢子，并通过粪便把其孢子传播开来。而人类竟然发现了猪天生就具有搜寻松露的能力。意大利北部的皮埃蒙特和法国的佩里戈尔拥有全世界最好的松露出产地，不过这些地方通常都被严格保密，而且经常引发家族间的冲突，因为人们往往视其为拼了老命也要争取的宝地。最好的松露可以轻松卖到每千克 5000~10 000 英镑，而那些巨大的珍稀松露则尤其受到亚洲巨富的热捧。在某次拍卖会上，一枚重达 1.5 千克的来自意大利比萨的巨型白松露拍出了 16.5 万英镑的天价。

松露品种繁多，其中最主要的有两种——黑松露和白松露，每一种都通过自己独特的气味化学物质来吸引动物。其中白松露因为有硫化物，其强烈的气味略带类似洋葱或者大蒜的风味，因此它最适宜生吃，如切成薄片放在意大利烩饭或者意面上等。黑松露的风味则更为清淡微妙，其中含有很多不同的醇类和酯类的衍生物，其最好的收获季节是初冬，而且只需稍加烹调。松露的风味会在储存过程中飞快流失，因此需要把它们密封冷藏，并将其与橄榄油、面包或者大米放一起吸收水分。与其他食物一样，松露也被宣传有健康相关的药用特性，不过尚没有针对松露的大型临床试验。为什么不开展试验呢？看看松露的价格就都懂了。不过我要在此郑重声明，如果有谁想出资让我来检验一下冬天出产的松露对我肠道微生物的影响，试验为期一个月，请速速与我联系。

有着昂贵的价格和多变的供应链，可想而知松露造假有多常见。中国出产的黑松露量大，且价格是法国或者意大利的十分之一左右，如果不用到基因检测技术，是难以分辨的（是的，如今对主要的松露做了基因测序）。法国合法进口了大约40吨中国产的松露，虽然风味略逊色，但是大幅增加了利润。更令人担忧的是，欧洲的松露种植户购入的其实是来自境外的生命力更顽强的松露孢子，而非法国或意大利本地的品种，这样就有可能永久地让本地原产、更为脆弱的松露品种从森林中彻底消失。很多人会选择更加廉价的松露油作为替代品，不过很多松露油实际上是用人工合成的松露香精制成的，但是价格并不低。很可惜的是，真正的松露风味不易长久保存，哪怕是保存在橄榄油中也不行，所以松露一定要应季及时食用，这样更有乐趣。

阔恩素肉（Quorn）

阔恩是另一种蛋白质的来源，很多人以为它是来自一种像菌菇那样友好的植物，对素食者再友好不过了。实际上它是一种霉菌，也是真菌之一，不过它真正的起源目前尚不可知。事实上，它很可能是第一款替代肉产品。它起初是在20世纪70年代由英国的食品巨头RHM和英国帝国化学工业集团（ICI）共同合作培养的一种真菌蛋白，以当地一个叫阔恩（Quorn）的村庄命名。科学家们选择在英国土壤中发现的金黄色镰孢（*Fusarium venenatum*）霉菌进行培植，因为它的蛋白质含量极高并能产生卷须状的菌丝，而这与肉中的肉纤维非常相似。阔恩于1985年被推出，并被麦当劳短暂用于制作素食汉堡。它在英国和其他一些国家产生了巨大的轰动，因为它能用于制作各种肉馅、汉堡和香肠。然而，它在美国受阻了，因为美国当局和敏感的美国蘑菇协会反对将阔恩作为一种菌菇进行虚假营销。

欧盟委员会批准真菌蛋白产品使用的营养声明包括通常毫无意义的“高蛋白”、“低脂肪”、“低饱和脂肪酸”和“高膳食纤维”，如果用真菌蛋白替代膳食中部分的肉，也能发现一些健康益处。不过要想把这种霉菌制作成适用于这 100 多种食物（包括素山羊奶酪、素火鸡肉、素牛排和素烤鸡肉咖喱）的原料，还需要加一大堆如香精、固化剂等食品添加剂才行。大多数人对阔恩是什么一无所知，还出现过几例因这种真菌蛋白导致严重过敏反应的报道。真菌市场如今正在快速增长，因为最原始的专利和排他性的条款都已经过期，而其他一些品种的真菌也开始大规模在发酵罐中培养。我还留存了一点儿样本，那是从一年一度的法兰克福食品展上的一个勉强还过得去的汉堡里拿出来的。这些真菌肉通常会添加大量的香辛料和调味酱，它尝起来显然不是肉，但比寡淡不经调味的阔恩“肉”的味道更胜一筹。我认识一些阔恩的铁杆粉丝，他们尤其热衷于用阔恩“肉”来制作素的辣豆酱和素肉酱。他们告诉我个中的美味诀窍就是用一锅上好的慢炖番茄酱，再配上大量的香辛料。鉴于这是一种能增加膳食中植物多样性的好方法，所以我坚定地认为它未来大有可为，只不过它或许无法直接代替那些质地紧致的肉制品，如汉堡和鸡块等。

一个不断增长的市场

如今，菌菇市场已经供不应求了。2020 年全球菌菇市场的规模大约为 461 亿美元，并且预计会以每年 10% 的增速持续增长，主要作为肉类蛋白质替代品。菌菇还具有可持续性，大多数人工培植的菌菇（占全球供应量的一半）都是在低质量的废物残渣中生长的，它能把这些废物转化成高质量的食物。而菌菇自身产生的废物则可以被用来堆肥，以作为其他食物生长的肥料。这让菌菇成了一个可持续发展且易于负担的真正对循环经济产生净价值的有力竞争者。菌菇最新的用途是制造纯素皮革。一些时尚设计师们用数千个精美加工的菌菇制成了菌菇皮手袋，它们丝毫不逊于那些用牛皮所造的手袋。

关于菌菇的五个有趣事实

1. 菌菇含有丰富的化学物质，而且它们在帮助人体的免疫细胞抵御疾病（如癌症）方面起到了重要作用。
2. 我们应该在膳食中更多地添加菌菇，因为它能提供维生素 D、蛋白质和膳食纤维。
3. 致幻蘑菇可能含有抗抑郁的成分，有药用潜力。
4. 松露是一种稀有的美味真菌，最好趁新鲜时将其切成薄片，享受其中饱满丰富的风味。
5. 把传统汉堡中 30% 的肉换成菌菇或者真菌“肉”制品，对环境的影响等同于减少了 200 万辆汽车上路。

肉类

当我对一块来自豪猪并被明火炙烤过的软嫩丰腴的五花肉大快朵颐时，我不禁想起人类与动物肉之间复杂的关系。我刚参加完狩猎宴会，这是一场与坦桑尼亚哈扎部落的狩猎－采集者一同共享的盛宴，彼时他们刚刚花了两个小时用尖矛在洞穴通道里追逐并捕杀了一只可怜的豪猪。与他们共度的那一周虽说我也吃了很多植物和浆果，然而每天我都能吃到不同的野生动物，包括几只鸟，以及一种奇怪的、毛茸茸的、像是长了大象脚的大松鼠，它实际上叫作蹄兔。那么为何我们如此钟爱红肉，而且要把它捧得如此高呢？难道我们仅仅是被数百万年前在发明火之前的那些像鬣狗一样掠食的祖先所传下来的基因固化了吗？还是因为肉是一种能让我们的大脑迅速发育，使我们能漂洋过海探索世界的关键食物？仅仅在离现在非常近的一段时间，我们人类才有能力仅仅基于“不愿意”而拒绝吃肉。跟大多数植物不同，当肉一旦被切下来后，其中的营养物质、构成肌肉的蛋白质、氨基酸和盐就被释放出来，并以一种鲜美的风味刺激我们的味蕾。大多数人更喜欢吃煮熟的肉而非生肉，所以当有人递给我一块生的豪猪心脏的时候，我尴尬而不失礼貌地谢绝了。

与吃数百种动物的哈扎人不同，西方国家的人只吃这个地球上数千种可食用物种中的一小部分。在 6800 多种哺乳动物中，我们赖以为食的主要有三种：猪、牛、羊；禽类主要有两种：鸡和火鸡（亚洲还有鸭和鹅）。在数千种鱼类中，我们常吃的也不到 20 种。我们曾经会把动物身上能吃的部分全都吃干净，从牛舌到猪蹄、鸡肝、羊心，不会浪费，因为这些动物内脏含有大量维生素 A 和铁元素。然而，如今在西方国家，99% 的动物内脏会被送去制作宠物食品，除了为数不多的某几道特别菜式，如恶魔羊腰或者"洋葱牛肝"（意大利菜式，用洋葱、鼠尾草和黄油一起烹制的小牛肝）以及微微有些臭味的法式经典粗粒香肠（一种用猪小肠制作的香肠）。

因为人类驯养的动物数量出现井喷式增长，即使在我有生之年也看到地球上的野生动物数量急剧减少了 66%。这种近乎物种大过滤器的系统可能源于约一万年前人类对野生动物的驯化，这被认为是偶然性与某些动物本身就具有温顺特质需依附于人类生存的综合结果。随着这些被选中的动物不断繁衍，其野性也逐渐退化，更容易被人类当作食物。渐渐地，这些动物也会因为失去独立生活的能力而依赖于养殖者，这就逐渐形成了养殖业。而用动物祭祀在几乎所有的主流宗教中都有一席之地，这个仪式主要关注的是其道德上的影响力，让人们尊重生命，并避免非必要的暴力。哪怕我们渐渐淡忘了这些原则，但肉依旧在我们的文化中举足轻重。而 3000 年后，在有超过 80 亿人口要吃饭的今天，人均每年吃的肉与自身体重相当的情况下，祭祀就绝不仅仅是一种罕见的仪式而已。正如前所述，我们必须迅速转变对动物蛋白的观念和习惯。

关爱动物

英国如今依然允许数百万只动物以合法的屠宰方式处理，而不用击晕动物。

毫不奇怪的是，不同屠宰方法是不会显示在肉的标签上的，也没有人会告诉我们这些动物实则是跨越了数百公里才被运送到英国仅剩的几个屠宰场，并在不超过 28 小时内就能被运往美国。澳大利亚如今仍然每年向中东出口约 200 万只大型活体动物，到了当地再被宰杀。运输环境非常恶劣，以至于有 1/5 的动物会死于运输途中。提倡纯素食和反虐待动物的运动最近就用了这些来自被捕动物和屠宰场的图片，并以纪录片和社交媒体的形式曝光了这些画面，而此前人们对这些血淋淋的场景都讳莫如深。

英国是非肉食者比例最高的国家之一：大约每 6 人中就有 1 名素食主义者，每 15 人中就有 1 个是严格素食主义者——这比法国高出了 4 倍，比肉食爱好者多的美国高出了 8 倍。大多数自我定义的素食主义者会列举出三个不吃肉的理由：动物福利、健康益处和环境因素。素食主义直到近些年才稍微主流化一些，因为我们开始意识到我们摄入的蛋白质是自身所需的 2 倍[①]。根据这个比例，西方人在其一生中，人均会因进食动物性食物而导致 1785 只鸡、5 头牛、25 头猪和 20 只羊被宰杀，这还不包括那些在装盘之前就因种种其他原因死去的动物。[1] 我们都很喜欢看见野生的动物奔跑在它们的栖息地，然

① 此处为作者援引英国或者西方发达国家居民的蛋白质摄入数据。根据《中国居民膳食指南科学研究报告 2021》的数据（2015 年的统计），中国城市居民和农村居民蛋白质摄入占全天能量比例分别为 12.9% 和 11.5%，摄入量较为适宜。——译者注

而如今被人类圈养的动物跟野生动物的比例已经严重失调——大约为15∶1。目前大多数关于动物伦理方面的担忧主要聚焦于它们所承受的无谓的折磨——它们被关在拥挤的笼子里或者猪圈里，这让动物在愈发短暂的一生中仅有的一点相互交流的机会都被剥夺了，更遑论对生命应有的尊重。

肉真的不健康吗？

许多人选择不吃肉或者拒绝吃红肉是出于健康原因，这也是我最初不吃肉的原因。在维多利亚时期①，吃肉被认为能带来权柄、力量和男子气概。而如今吃多了肉则被认为会导致痛风、心脏病和癌症。但实际上肉（和海鲜）仅仅是导致与日俱增的痛风的一个次要因素，比肥胖、基因和饮酒等因素影响小多了。[2] 吃肉与心脏病之间的关系也不甚明确。一项覆盖了超过100万人的综合研究，包括12.2万医疗卫生专业人员、53万美国人以及来自欧洲多国的45万多人，表明经常吃红肉会略增加死亡和患心脏病的风险。[3, 4] 如果以每天平均的吃肉量作为衡量标准，那么每增加一份肉，其风险就会增加约10%~15%，吃加工肉的话风险会增加30%。同时，经常吃肉还会一定程度增加患癌的风险，大约是15%。

从这个十多年前的数据来看，如果欧洲人的肉类摄入量减半，或者让美国人少吃1/3的肉，就能减少约8%的过早死亡人数。不

① 维多利亚时期指从1830年到1900年的英国历史时期，即维多利亚女王统治时期。——译者注

过吃红肉与心脏病的关联就不是那么简单了，如果剔除美国人的数据（吃的肉质量相对更低），吃红肉增加心脏病的风险就几乎没有了。而如果进一步增加 30 万亚洲人（日本、中国和韩国）的数据或 13.4 万来自较贫困国家人口的数据，甚至只要把所有数据一起统计，就会发现吃红肉与患心脏病无关。[5,6,7] 这个数据实则告诉我们，不仅要看吃多少肉，更重要的是要看摄入的肉本身的质量以及在肉之外你还吃了些什么食物。研究表明，美国人吃入的肉有 50% 都是在外就餐吃的，而这个比例在本身健康习惯较差和经济状况更差的人群中要更高一些。大多数研究都表明，吃白肉（如鸡肉或鱼肉）能轻微减少上述风险，约 5%~7%。有一项大型的前瞻性队列研究，利用的是英国生物样本库，包含了 42.2 万名观察对象，该研究指出，摄入白肉和红肉对健康的影响并无区别。[8] 一项临床试验让志愿者分别吃四周牛肉或者鸡肉，结果发现两组人的血脂没有区别，这部分印证了上述流行病学研究的观察结果，也让很多专家对白肉的健康益处持不确定的态度。[9]

有 8 个设有安慰剂对照组的临床试验，均测试了一种名为共轭亚油酸（CLA）的化合物对肥胖的辅助治疗作用。一项最近的荟萃分析表明，其对减肥有一定的作用，平均能帮助超重或肥胖的女性在 12 周内减去 1 千克的体重。还有一些研究表明，共轭亚油酸能显著减少患癌症和心血管疾病的风险。[10] 共轭亚油酸在食草动物体内天然大量存在，这也提示我们为什么偶尔吃吃高质量、草饲的有机红肉要比单纯吃共轭亚油酸补充剂更好。

还有一些研究则被忽视了。例如，有一项对 2000 人进行了为期 11 年的预防结肠癌的研究，还有一项是招募了 24 000 名女性持续了 8 年的低脂饮食与癌症预防的研究。[11] 这些试验的参与者把肉类摄入量减少了大约20%，其他膳食部分也随之变化以达到低脂目的。而上述两项研究都没有发现癌症或者死亡风险有所降低，正如你从那些放弃吃红肉的人身上可能预期到的一样。[12] 因此基于目前有限的证据，吃红肉确实会略微增加患心脏病的风险（比原先想象的低了些），而吃得越多风险也越大，不过这个风险与吃白肉是否有关尚不明确。不过可以肯定的是，如果吃各种低质量的加工肉，这种风险会显著增加。

了解动物肉要比渴望吃动物肉更有意义。肉主要由水、蛋白质和脂肪构成，还包含很少的碳水化合物、铁、锌和B族维生素。造成肉与肉之间差异的最大因素就是动物的生活方式。在户外吃植物的动物，因为有足够的活动空间以及与其他同类社交的机会，因此体内有着更高含量的 ω-3 脂肪酸，以及更低的促炎化学物质。

我们通常吃的肉都是来自陆地上的温血动物，分为红肉和白肉，尽管这种分类并不科学。红肉含有更高的铁和肌红蛋白色素，由关键的长距肌肉组织构成，有着更多的营养素和更好的味道，不过也更难以咀嚼。对大多数人[①] 来说，白肉就是禽肉、小牛肉和猪肉，禽肉还包括暗红色的鸭肉。白肉的肌红蛋白含量较低，营养和风味稍差一些，不过肉质更嫩。经常活动锻炼的人身上的肌肉就主要是红色肌肉，它们能支持我们跑一场马拉松。猪则不同，因为它们跑不远，所以身上以白色肌肉为主。鸡是个例外，因为它们有时也能穿马路，所以身上既有白肉又有红肉，其中经常活动的腿部是红肉，而不怎么发力的鸡胸和鸡翅膀则是白肉。

① 此处的“大多数人”是指以英国民众为主的西方国家居民。在中国，普遍认为红肉是哺乳动物，如猪、牛、羊的肉，而白肉则是家禽和水产的肉。——译者注

如果你肠道内有能够无害地分解掉肉类中化学物质的某几种微生物，那么你或许可以放开吃肉而不用担心任何健康问题。克利夫兰医学中心的一个研究团队发现，某些肠道微生物的确能把肉中一种叫三甲胺的无害化学物质转化成有害的氧化三甲胺（TMAO），而TMAO会导致动脉被斑块阻塞，并加速血栓的形成。[13]通过膳食或者利用抗生素来改变小鼠的肠道微生物则可以逆转这一过程。有着高水平TMAO的人，其患心脏病的风险是普通人的三倍，这个结论如今已经在很多研究中被重复验证了。这再次表明，我们对肉的个体反应实则是基于我们独特的肠道微生物体现出来的，或许这是我们理解有时相互矛盾的流行病学调查结果的关键。当纯素食主义者被说服吃肉后，他们体内的TMAO水平并不会发生大幅度的变化，这是因为他们体内没有足够的微生物来处理原始的废物。这就提醒我们，一方面要警惕过量摄入蛋白质，另一方面偶尔吃一块非加工的肉可能非常有益健康，只要我们平时多吃植物性食物即可。

尽管我们的祖先更喜欢吃肥肉，但自从20世纪70年代以来，我们就被肥肉有害健康的说法给洗脑了，这皆因我们听说过一个关于饱和脂肪酸与心脏病相关联的可怕故事。最新的全球研究基本上否定这个简单粗暴的结论，不过基于目前对吃肥肉还没有达成共识，我们只能说吃太多红肉对健康的确不利。脂肪细胞在储存营养素和风味物质方面是很好的载体，它能把动物一生中吃下的植物所获取的营养都如实保存下来。虽然瘦肉也有脂肪，但肉还是越肥越香——因为肥肉在口腔中能释放的挥发性风味物质更多，这在烟熏肉和烤肉中尤为明显。脂肪还能改善肉的“口感”。这就是为什么你在咀嚼鸡胸肉与鸡腿肉会有着相当大的感官差别，鸡胸肉明显比鸡腿肉更干、更难吞咽。相比以往，如今的动物饲养周期更短，这些动物的肉通常会更瘦，其脂肪组织几乎没有什么机会来吸收营养和风味物质。在这些年幼的动物身上，瘦肉没有机会变得强韧就已成为食物。而那些专门培育出来的速生牛品种，它们虽然有着更加鲜嫩的肉质，但无足够长的时间形成复杂的结构和吸收任何风味。

过去，大多数肉会在屠宰后先放置一段时间，称之为“熟成”，这是在食用之前先给予其中的酶充足的时间让肉质变软以改善其风味。牛肉可以很安全地静置熟成长达 1 个月的时间；对于脂肪含量更高的肉，比如羊肉或猪肉，也能放 1~2 周的时间。而如今，除了讲究饮食的人会花 3000 美元买一块 15 年熟成的法国冬眠牛排，熟成肉的工艺已经被遗忘了，现在的肉强调的是速成、嫩度和成本。

猪肉

世界上最悲情地登上了“人类最爱吃的动物肉”之榜首的大概是猪肉。在过去十年中，英国最受欢迎的午餐是火腿三明治，几乎每个国家都有自己的烹饪或者腌制猪肉的做法。猪肉在过去的一个世纪有了巨大的变化，这是因为传统的英国猪种与中国猪种杂交，从而有了更多的小猪崽和肉。但在过去的 30 年里，因为对肥胖的恐惧，消费者开始对猪的品种有了更高的要求和更多的选择，所以在成千上万品种中，我们依旧关注的是大白猪（Large White）。这种猪要比其他猪瘦 30%，因此肉质也更细腻、肉的颜色更白、风味也略差，不过它们生性温顺，而且出产高。它们大多数都被饲养于工业化的猪圈，并主要以谷物为饲料，甚少有机会外出活动或者晒太阳。在欧洲，丹麦是最大的猪肉生产国之一，英国绝大多数的火腿和培根都来自丹麦大型养殖农场和猪肉加工企业。这些被饲养的猪都被关在干净但狭窄的猪圈中。这些猪的一生或许是一种集痛苦和暗无天日的囚禁于一体的存在，只有被传送带运往屠宰场的时刻才算解脱。

最高效的养殖场能够让母猪每年产下超过 25 只猪崽，而几乎终生不离开猪圈。小猪崽会在出生后 3~4 周内断奶，这样母猪又可以很快再次受孕。养猪业在英国的规模相对要小很多，不过有相当高比例的有机养猪场，那里的猪有户外活动时间，而且猪崽断奶的时间更晚，也更健康。不过这种肉的价格自然更贵，也更难卖得动，毕竟普通消费者仍旧很在乎价格，却不关注大规模量产猪肉生产线的成本。在美国，约有 80% 的猪肉都产自这类大型的多栏养猪农场，能同时饲养超过 5000 只猪。这对周遭的环境有很大的负面影响，因为需要处理养猪产生的大量排泄物，而需要建造化粪池。

过去，中国的家庭会在自家后院养猪，如今中国是世界上最大的猪肉生产国，拥有超过 7 亿头猪。然而在 2019—2020 年暴发的非洲猪瘟中，我们痛失的猪的数量达到了中国养殖数量的近一半，约占世界总量的 1/4。之所以导致这种惨痛的损失部分是因为这些猪的基因都高度相似，因而对猪瘟缺乏免疫力。亚洲国家目前已经开始在集约化养殖场采用高科技的方法来改善数百万只母猪的产崽量。中国的养殖企业与阿里巴巴合作，使用与超级计算机联网的监控设备，收集 1000 多万只猪的饲养和健康状况等数据，同时通过热感探头、Fitbit 运动追踪装置和语音识别系统，来帮助监听是否有猪崽因为被猪妈妈挤压而发出尖叫。这些数据会被传输给人工智能软件，这是预测优化母猪繁殖能力，以及分析母猪和猪崽健康状况的最佳方法。[14] 如此一来，即使对猪崽的死亡率仅仅只有 1% 的改善（事实上经常能改善 30% 之多），都值得生产商投入数百万英镑。尽管养猪业取得了如此重大的进步，还是难挡猪肉不再受欢迎的颓势。虽然猪肉常年蝉联“最受欢迎的肉类”榜单，如今它即将被一种骨瘦如柴的两足动物所取代，而它们从20世纪50年代才开始广为人们所食用。

禽肉

如今我们每年饲养并食用的家禽达到惊人的600亿只，跟1970年每年仅仅只有几亿只相比，简直是云泥之别。在我小时候，鸡肉是只有周日才吃得到的稀有食物，而如今人们每天都可以吃到鸡肉。过去50年，几乎所有国家的鸡肉食用量都在增长，其中，美国增长了5倍，英国（基数比较低）增长了超过20倍。如今一只鸡在大多数超市的售价仅仅3英镑多，这比一品脱[①]的啤酒还便宜。单单在英国，每天就有超过200万只鸡被吃掉，这皆因来自巴西、中国和美国的几家巨头公司会按照售价的一定比例给养鸡户返点，从而建立巨大的全球集约化养殖基地。如今一只母鸡只需要35~40天就能以最低的全球成本养大出笼。而养鸡场能同时养殖20 000只鸡，在那里有人工光照和加热设备，并借助饲料投喂装置来避免浪费。

我还是学生时，曾在农场打工，那里养着数千只鸡，它们被安置在一个巨大的架子上。我们的工作就在是天蒙蒙亮的时候起床，在光线还没有把鸡吓醒之前，就双手各抓三只鸡，然后把它们送到开往

① 1品脱约等于568毫升。——译者注

屠宰场的卡车上。养鸡场的那个画面、气味和黎明时分踩踏到鸡所发出的声音，都久久在我脑海中挥之不去。对我来说，既要避免踩踏到它们，又得抓住一些鸡着实是一种挑战，不过一旦鸡被抓住并倒置过来，它们就立马陷入呆滞状态。它们终其一生都在昏暗的灯光和温和而狭窄的鸡笼中度过，极难自由活动。的确有少数的农场会关心鸡的健康和福利，并致力于减少死亡和疾病，不过它们的一生依旧相当沉闷——仿佛永无盼头地被困于一个拥挤的闷罐车厢，唯一的希望来自饲料与水龙头里滴出的水。

在世界各地，鸡的宰杀方式都不尽相同。在英国，大多数是利用二氧化碳宰杀；在美国，则是用水下电击法。在一些大型农场和生产线上，从活鸡到包装鸡肉可一条龙完成，中间完全不需要人与动物接触。大多数小公鸡在生命之初就被抛到粉碎机里或者被二氧化碳杀死。专业的小鸡性别鉴定人员每分钟能够检测 30 只鸡，并保持高达 95% 的准确率，至今都没有哪种计算机成像技术能与其媲美。尽管如今已经有一些荧光基因检测技术能在蛋孵化之前就能检测小鸡的性别，以避免每年 40 亿只小公鸡被残忍宰杀，不过目前尚不确定鸡场或者消费者是否愿意为此买单。[15]

一个存在于鸡（鸡蛋也有）中的安全问题就是细菌污染。多数调查表明，大多数规模化生产的鸡肉中都含有一定量的病原体，比如弯曲杆菌（*campylobacter*）和沙门菌（*salmonella*），其中约有 1/3 的细菌可能对抗生素有耐药性。[16] 生鸡肉是主要的污染来源，这就是鸡肉在美国和澳大利亚都要经过氯水消毒的原因，不过只要在高于 75℃ 的条件下充分把鸡肉的所有部分（内部和外部）烹饪至全熟就能解决这个问题。但很多人在烹饪前把这些都抛在了脑后，用手接触了包装，又或是鸡肉在冰箱里储存时间过长，于是手和冰箱里的其他食物以及鸡肉接触过的物体表面都很容易被污染——这就是美国每年有高达5000万起食物中毒事件的原因。弯曲杆菌每年会导致100名英国人死亡。[17] 在这样的背景下，很难理解为何有的人还喜欢吃生鸡肉，比如说鸡肉刺身，就是一种把生鸡肉切成长条然后跟生鱼片一起吃，又或是稍微用喷枪炙烤一下鸡肉外缘然后裹上芝麻就吃。不过用来做鸡肉刺身的鸡通常饲养成本较高，并且采用特殊工艺宰杀后立即冷藏，还会经过辐照杀菌以减少感染的风险。这个菜品如今在美国的一些前卫餐厅相当火爆，但我建议别在家尝试。

有机方式饲养的鸡是指饲料中不加任何抗生素、杀虫剂、化学物质或激素，并且在美国还意味着不能被笼养。不过这个词在欧洲的定义不太一样，它仅涉及喂养鸡的饲料，而散养鸡至少能有相当的时间在户外享受阳光与更多样化的食物。这些散养鸡的饲养时间是笼养鸡的两倍（超过81天），而且还有机会活动肌肉，所以它们通常会长得更加肥壮一些，其肉也更营养，味道也更佳，不过有时其腿部的肉会更难嚼。这种饲养方式成本显然高得多——在大多数国家，散养鸡的价格是笼养鸡的3倍。尽管有机养殖业在增长，但其市场份额仍微不足道。

火鸡也以类似的方式被饲养，而且能够在短短84天就迅速育成，以便赶上圣诞节和感恩节。这种集约化养殖家禽的速度简直超乎想象，相当于在短短9周内把一个3千克的新生儿养成300千克的相扑手。至于他们是如何完成这个壮举的，实在令人震撼，这或许涉及一些纽约人[①]、基因知识与几瓶魔法药水吧！

① 原文为New Yorkers，大概是因为纽约人发现了速生的白羽鸡。——译者注

鸭子也是在类似的条件下养殖的，而且通常它们没有机会在水里洗澡和游玩。为了减少它们与邻近鸭子之间的互相伤害，它们的喙还可能被剪掉。不过至少被养殖用于供人类食用的鸭子只有数百万只，这跟数十亿只鸡相比还是少一些，至少现在如此。

选美比赛

食用鸡（通常指肉鸡）的市场增长缓慢。在20世纪40年代的美国，每只鸡的价格相当于现在的30美元，这一切在1948年被彻底改变了。当时纽约一家名为A&P的杂货连锁店与美国农业部一同发现了一种堪称完美、适于育种的母鸡，它们长得又快又好吃，肉质鲜嫩，不用在锅里炖煮数小时。当时，在美国特拉华州举办的“明日之鸡”选美比赛中，参赛的鸡有数百只，到了决赛只剩下44只。接下来就是把这些入围决赛的鸡所产的蛋统一送到中央孵化场，在那里孵化出来的小鸡会在完全一样的环境中被饲养大，现代的鸡就这样出生了。

与此同时，英国颇具争议性的天才科学家托马斯·朱克斯正在尝试用不同的矿物质、维生素和饲料来喂养母鸡，以期找到哪些因素有助于母鸡生长。他是神创论、维生素C庸医和环保主义者的强烈批评者。他在生产抗生素的公司（Lederle）工作，并且在鸡饲料中加入了少量的抗生素。他发现虽然维生素能对鸡的生长有一定帮助，但是抗生素能让鸡的生长速度增长250%。[18] 随之而来就出现了一股给所有产肉动物添加抗生素的热潮，如今在美国销售的抗生素中，有80%都是用作饲料添加剂，不过这个比例仍然比巴西要低。这个比例在欧洲要相对低一些，不过在比较严重的几个国家，比如塞浦路斯、西班牙和意大利，其比例相差十倍。60年后，直到最近，才有机构开始研究抗生素是不是也会让人类变胖。不出所料，它们真的能让人变胖，尽管还没有人知道它会让人胖多少。尽管人们从肉中摄入的抗生素量与直接服用的抗生素相比连一个零头都不到，但这对抗生素耐药性产生了重要影响。有一天如果我们对所有药物都产生了耐药性，这将是一场日益严重的全球危机。更严重的是，滥用抗生素进一步加剧了层架式养鸡场的拥挤程度，并且让屠宰场和动物市场的卫生更糟。这种错误的保护意识导致了灾难性的病毒感染，致使大量动物灭亡，甚至导致跨物种的感染事件频发，如猪流感、禽流感、非典型肺炎，还有新冠病毒感染。

相反，法国人一直认为他们的名菜红酒炖鸡用更加老一些的母鸡比用较嫩的鸡更美味。因此为了阻止这种廉价无味的鸡肉潮，法国人推出了“红色标签”（Label Rouge）的品牌，它只销售更加成熟饲养而非速成的老母鸡，为的就是获得更好的风味。该品牌还坚持让这些鸡能够与有机散养鸡一样在更好的环境中生长 81 天。红色标签逐渐推广到法国更多的产品中，并以更高的成本来提升产品的品质。迄今，在一些不那么挑剔的国家，诸如英国和美国，消费者还是不太愿意放弃 3 英镑的鸡，而为一只有机走地鸡支付 4 倍的价钱。

很难相信流行病学的研究结果，即大量吃鸡肉是一种值得推崇的健康饮食习惯。其中绝大多数资料都来自 20 世纪 50~80 年代的研究，而那时的鸡与现在的速成肉鸡可以说毫无相似之处。如果你仍然执意要买超市里廉价的鸡，谨记鸡农从每只鸡身上仅仅赚 25 便士的利润，所以除了有点儿蛋白质之外，不要奢望这些鸡能有好的味道或丰富营养，并且它几乎不太可能让你长寿。而周末偶尔来一只自家烹饪的优质散养鸡，才可能是你享用鸡肉最明智、可持续的方式。

生长激素、氯化物和肉

给动物注射生长激素如今已经不怎么被人提及了，主要原因是，这对养鸡业来说已经不再是个问题，生长激素实在太贵了。不过在美国，为了使牛羊迅速长大而对其使用生长激素是合法的，不过需要遵循“显然”安全的剂量。[19] 20 世纪 70 年代末，在意大利发生了一系列关于生长激素的丑闻，起源是当地很多学龄儿童过早地出现了长胡子和胸部发育的情况（最终在当地生产的婴儿肉类食品中检测出致癌的激素己烯雌酚）。因此，欧洲的消费者和食品管理机构于 1989 年彻底禁止在动物饲养过程中使用生长激素。由这个事件引发的关于能否使用生长激素的争议，实际反映了欧洲和美国在食品安全文化上的冲突，并导致了一场小规模的贸易战，致使美国的牛肉无法出口至欧洲。同样的分歧还体现在是否允许用氯水消毒鸡肉。在美国，为了去除鸡肉表面的致病性微生物，对鸡肉使用含氯的消毒液是常规操作，这些氯通常会迅速彻底挥发，而基本不会被人吸入。英国脱欧以后，是否会继续沿用欧洲这些严苛的食品安全法规，还是个未知数，不过我建议你在购买肉类产品之前还是先看看是哪里产的。

牛肉

牛肉在这些年中也经历了翻天覆地的变化。如今一块上好的牛排已经成了很寻常的食物，而不再是一种奢侈的食物了。20 世纪 80 年代，在比利时工作的时候，我发现当地的牛排特别鲜嫩多汁，看上去颜色也粉粉的，但是与当时英国本地产的更有韧性且富含脂肪的臀肉牛排相比，就更加觉得比利时牛排索然无味了。后来我才明白这个差距是由于集约化养殖、抗生素与生长激素的使用共同导致的，这些方法都会使牛肉变得更嫩、更速成，也更廉价。这种被选育的牛的品种名叫蓝白牛，它在肌肉生长抑制素的基因位点上发生了突变，因而有了“二次发育的肌肉”，所以这种牛的肌肉量会增加 20%。这种基因上的缺陷外加生长激素的使用，就产生了这种有着蓝皮肤的奇怪突变物种。它们有着异常大的臀部，这也导致牛犊个头过大而无法顺产，所以这种牛的生产全都需要人工介入进行剖宫产。

与鸡肉一样，牛肉也在全球范围内发生变化，人们都在追求更精瘦、更廉价的产品。大多数肉用牛都是在养殖场里用谷物制成的饲料饲养，这样能降低成本，而且牛肉也不再有熟成增加风味的过程了。对于高端市场的草饲有机牛排，增长幅度十分小，但大多数人都认为它们的确更好吃，这是因为牧草中更丰富的营养物质会通过牛的摄食而渗入牛肉的脂肪组织中，这种肉质就会富含多酚，风味十足。最近一些的研究也支持这个结论，表明草饲牛肉中的脂肪构成要比谷饲牛肉的健康得多。[20]

同样地，“有机牛肉”这个词在不同的国家有不同的定义。在美国，有机意味着必须用有机谷物饲养，且在饲养过程不能使用抗生素和激素，并且牛有机会吃到牧草和非谷物饲料。在欧洲，有机牛肉的定义与美国差不多，不过欧洲不同地区对“草饲”的定义也略有不同。在其他很多国家，有机饲养的动物会在出栏前几周用谷物集中喂养以快速育肥，所以尽可能留意一下你买的肉的原产地总是有好处的。

另外，一些特定的高端牛肉的价格显然超出了大多数人的承受能力。例如，日本的神户牛自出生就有一张出生证为其正名，小牛会用人工喂奶的方式喂养 7 个月，接下来会用特殊的膳食再喂养 3 个月

（是普通牛的 2 倍时长），直到它们长到 750 千克。先天基因和后天悉心照护的结合使得它们有着大理石般的霜降花纹、质地同黄油般嫩滑的肉，且营养丰富。虽然它们不再享受喝啤酒和按摩的待遇，令人有些失望，但是它们有时也能享受一场提神醒脑的搓澡。

完美的牛排

每个国家都有一套关于如何最佳烹饪牛排的说法。当英国或美国的游客去法国点“全熟”的牛排时，法国的服务员估计眼珠都能翻上天。不过越来越瘦的牛排更难烹饪得恰到好处了，因为牛排中的脂肪能很好地保护水分不流失，并且能减慢烹饪过程，而随着脂肪减少，这些作用都消失了。如今把牛排做成三分熟（49℃）是要冒很大风险的，因为牛排中的脂肪还来不及溶解并与肌肉混合，这时肌肉纤维还很滑，因此无法释放出汁水。当温度更高一些，达到了 55℃（五分熟）时，脂肪就开始溶解并能释放风味物质了，这时肌肉纤维也收紧了些，因此汁水能部分释放出来。当牛排全熟（71℃）时，会有 20% 的汁水流失，牛排也不再是粉嫩的颜色，而是整体变成灰褐色，肉质也变柴了，于我而言实在是食之无味。牛排中的红色其实不是主要来自血液，它还来自一种肌肉中的色素（肌红蛋白），这种色素会在切割并暴露于空气中时变成明亮的红色，这是氧合血红蛋白的颜色。这种色素会在过度加热后被破坏并变成灰色。目前尚没有证据表明不熟或者过熟对牛肉的营养价值有什么影响，不过过度烹饪牛排会让脂肪中的一些维生素损失掉，而适度烹饪会让肉中的蛋白质更好被吸收。如果煎炸的话会导致最大的营养损失，比如在热油锅里过一下肉就会让其中的维生素 B_{12} 损失 33%。[21] 当然，烹饪也能降低被病原体污染、抗生素破坏和农药残留的风险，因此用烧烤、煎烤、低温水浴慢煮法来烹饪牛肉可能是保留肉中营养的最佳方法。

有些人喜欢吃生肉。意式薄片生牛肉是一种切成薄片、用干熏法加工的生牛肉，吃时加点橄榄油和柠檬汁，通常铺在带点辛辣的芝麻菜上——在意大利非常流行，尽管它在 1950 年才在威尼斯被发明出来。鞑靼牛肉是用生的牛肉糜加上生鸡蛋，拌上洋葱和腌黄瓜做的，在意大利、法国和比利时都很受欢迎。它也被戏称为“美国牛柳”，这是用来形容它可能是你最不想吃的一道菜的戏谑叫法。2015 年的一份消费者报告指出，工作人员抽检了 300 份美国销售的生牛肉糜的样本后，发现其中有 80% 都受到了一些潜在很危险的粪菌的污染，其中有 1/5 的样本还检出了大肠杆菌或葡萄球菌，这正是部分导致美国每年发生约 5000 万例食物中毒事件的罪魁祸首。相比于不用抗生素和生长激素的有机饲养或者草饲方式产出的牛肉，那些用集约化饲养方式产出的牛肉被微生物污染的概率要高得多。[22] 要记住，相比于鸡肉或猪肉，牛肉被微生物污染的风险要小很多，所以在大多数国家吃带点血、不全熟的牛肉仍比较安全，尽管很多连锁餐馆为了避免被起诉，可能都不敢卖不熟的牛肉了。

羊肉和其他肉

羊肉[①] 是一种更加细腻鲜嫩的肉，它的特殊味道和膻味来自一种

① 下文提到的羊肉均指绵羊肉。——译者注

名为粪臭素的物质（这个名字很不幸地来自它最初的发源地——人类的粪便，所以听上去便气十足）。世界上许多地方的羊肉销售量都在下滑，一是因为羊肉并非快餐或者超加工食品的常用原料，二是相比于精瘦的牛肉，羊肉一眼看上去就显得很肥腻。平均而言，羊肉的确比牛肉要肥一点，不过因为羊基本上都是吃草长大的，而不像多数牛都是饲料喂养的，所以羊肉中的脂肪跟蛋白质结合得更紧密，营养价值很可能也更高。羊肉在美国非常少见，也从未流行过，这可能是因为羊实在是嫌弃那儿的集约化养殖场。中国则是世界最大的羊肉生产国，紧随其后的是澳大利亚，而在新西兰这么小的国家，如今羊只的数量是其人口的 6 倍（这还是从 1982 年的 20 倍降下来的）。新西兰的羊通常全年都在户外活动，吃着丰沛的水草，它们这种可持续又惬意的生活能持续四个月的时间，直到宰杀切成肉块。如果要买羊肉，你可能会问问它的出产地，在户外放养的羊通常更好吃。如果羊生于隆冬，那就意味着它们的前两个月都需要在室内的羊圈里度过。绵羊生长到一岁多以后，其羊肉就叫老羊肉（mutton）[①]，老羊肉有种非常特殊的味道，很受欢迎（我妈妈是澳大利亚人，她尤其喜欢），不过老羊肉需要更长的烹煮时间，如今年轻一代并不习惯吃这种口味略重的肉，市面上也就越来越难找到老羊肉了。

山羊肉在南欧和北非被作为常见肉食已经有数个世纪之久了。山羊还是最常见的用于宗教祭祀的动物，因而有了“替罪羊”这个词。炖山羊肉至今在一些特定的饮食文中里还很流行。不过因为山羊不喜欢被圈养，大量的出逃让它们成功脱离了被集约化养殖的命运。

① 中文并不区分一岁以内的羊和一岁以上的羊，此处 mutton 还是指羊肉的意思，一岁以内的羊英文是 lamb。——译者注

如今山羊基本上用来生产山羊奶和山羊奶酪，不过在牙买加料理中，咖喱山羊肉是一道非常美味且广受欢迎的菜。

我在大约16岁的时候第一次吃到了马肉。不过我是吃过之后才知道那是马肉。当时是与一家法国人一起度假，如果你点一个叫“unburger”的汉堡，而且不指定用什么肉做的话，那么大概率这肉是马肉而不是牛肉。后来在布鲁塞尔，我发现许多餐厅和肉店都很低调地出售马肉，这是许多当地人的心头好，尤其是把它当作一种更加精瘦的生鞑靼牛排来吃，这种吃法在日本和其他许多国家也很流行。在一趟去哈萨克斯坦菜市场的旅程中，我发现马肉是当地主要的肉类，各种品类和价位的都有。与牛肉相比，尽管马肉还要更韧一些，但是其风味要更加浓郁，脂肪含量、总热量、寄生虫风险更低，所以很可能更健康。二战以前，驴肉在法国是一道名菜，显然驴肉不容易随着驴的年龄增长而变得太老，如今在法国阿尔勒依然有用驴肉制作的意式萨拉米和香肠。

大多数英语国家都有不吃马肉、驴肉和其他宠物肉的文化禁忌，这很可能是源自人类与这些动物共同生活产生了情感联结，正如在一些其他国家人们与骆驼之间的情感一样。意大利人仍然是欧洲人中吃马肉最多的，不过法国人、荷兰人、德国人和北欧人也不甘落后。马肉的消费量在欧洲逐年下降，其中相当多用于出口或者制作狗粮。

兔肉和野兔肉出乎意料地美味，尤其是传统的炖兔肉料理。这类肉可能很柔韧，也有很浓郁的气味，所以制作前需要很多准备工作和时间。比较讽刺的是，兔子和野兔几乎有着完美的可持续性，它们繁殖能力超强，而且根本不需要集约化养殖。兔肉富含血红素铁，本身就非常精瘦，而且几乎不太可能被危险的病原体污染。兔肉优点很多，唯一的遗憾是，“兔子那么可爱，人怎么舍得吃呢”。因此人们猎杀兔子主要是出于狩猎之乐，或者仅仅是为了控制它们的数量以维系生态平衡。

野味，是来自野生动物的肉以及一些其他的“特色肉类”。它们有一定的市场，还有些狂热之人企图把鸵鸟、鳄鱼和袋鼠统统都拉进来，以扩充人类的可食肉类清单。吃野生动物肉的最大问题在于，当人类侵犯了它们的栖息地，吃了野味后，可能招致一系列灾难性的流行病，比如埃博拉病毒和新冠病毒。这告诫我们，越抢夺动物的生存空间，这类可怕的事件就会越频繁地落到人类头上。

减少肉的摄入

正如数据所表明的那样，在红肉的重度爱好者当中，死亡率有小幅度的上升，而吃加工肉则肯定会增加死亡率。所以我们应当合理地认为，为了自己更健康，也该稍微控制下吃肉的量。部分是因为肉的营养结构，部分则是因为大量吃肉的人通常吃健康蔬菜的品种和量均较少。如今我们被超市和快餐店里大规模生产的廉价肉牢牢地套住了，这几乎成了我们每天肉食的唯一来源，几乎没有任何准备或思考，而且往往与提供这些肉的动物都没有一丝视觉上的联结。如此一来，我们就会忘记该如何增加肉类的多样性，以及如何享用不同部位的肉和那些富含各种营养的内脏肉类。

正如前文所述，如今替代肉的产业正在崛起。英国连锁商店格雷格斯（Greggs）就把一款素香肠卷当作噱头售卖，而如今它已经是店里最畅销的一款产品了。利用昆虫蛋白来替代其他动物蛋白的热度也与日俱增，因为昆虫蛋白也是能提供所有必需氨基酸的优质蛋白，能支持增肌的需求，而且它的生产完全符合可持续发展原则。[23]

如今我们从动物蛋白中获得的能量大约占全天总能量的20%，这比我们的祖先至少要高出5倍。如果我们真的愿意认真看待可持续发展这个问题，其实可以轻易地把这部分蛋白质换成豆类、坚果或者昆虫来源的蛋白质。在地球上，还有约20亿人以不吃肉的方式生存，所以肉显然不是必需品。因此把自己从一个每天吃肉的肉食者变成一个每周偶尔吃肉的杂食者，并且专注于吃那些品质更好的肉，或许是更健康的选择，这样也能让我们人类存续更久一些。而更好的做法则是直接彻底放弃所有低质量的加工肉。

关于肉类的五个重要事实

1. 几乎没有证据表明偶尔吃高品质的肉有害健康。
2. 廉价的加工肉制品确实有害健康。
3. 减少肉类的摄入，尤其是牛肉和羊肉，对控制全球变暖和人类健康都有好处。不过，前提是你把减少的肉换成各式各样的蔬菜。
4. 肉类自20世纪中叶以来已经发生了巨大的变化，现代集约化养殖业无法生产出足够健康、营养或者合乎动物福利的肉。
5. 各种替代肉和细胞肉会成为我们未来饮食的一部分。

加工肉类

我们的祖先发明了如今被我们称作肉类加工的技术，因为当时只能偶尔吃肉，所以他们必须想尽办法好好保存并享用。某些部位或者吃剩的肉会用盐将其腌渍，然后待其自然风干。在这个过程中，微生物、盐和空气会让鲜肉渐渐变干，这样人们在随后数月都能安心食用，直到下一只猎物被捕获——想象一下从带骨的火腿上切下来的肉片，还有那覆盖着白色霉菌的萨拉米干肠就可以明白。

世界卫生组织把加工肉定义为“经过腌制、发酵、烟熏或其他为增强香味或延长保存时间而进行处理的肉类食品”。人们很早就开始“加工”肉了，比如把一些廉价的碎肉从动物残骸上一点点刮下来，煮熟后重新塑形，并加入一些能够让它们粘在一起的配料，然后保存更长的时间。这就是类似香肠、肉馅羊肚的制作工艺，它们已经有几百年的传统了。用盐（氯化钠）腌制作为保存肉的方法，已经有数千年的历史，正如用热干燥法来制作肉干、比尔通或者意大利风干牛肉等肉制品一样。无论是用盐腌制还是用风干法，都能除去微生物赖以生存的水分。盐在除去水分的同时还能嫩化肉质、让肉变得半透明，并让绝大多数微生物都退避三尺。

在中世纪，人们发现海盐中的一种杂质能更好改善肉的风味。这种杂质被称为硝石（硝酸钾或硝酸钠的混合物），它会被友好的细菌转化成具有活性的化学物质——亚硝酸钠。这种亚硝酸盐会形成一氧化氮，并与肉中的铁元素结合，可以防止肉中脂肪的分解（产生臭味）。这种新形成的一氧化氮和肉表面存在的葡萄球菌（*staphylococcal*）能让肌肉中的色素保持鲜明的红色或粉红色，而不是看上去让人没有食欲的暗灰色。因此，这种用盐和亚硝酸盐做手工腌肉的方法已经使用了几个世纪了，远早于人们担心亚硝胺有潜在风险的时间。这种亚硝胺是亚硝酸盐与其他一些蛋白质混合后的产物。一旦亚硝酸盐和微生物之间的这种联系被发现并得到证实，一条猪腿加入盐就能腌制并存放数月。在微生物的帮助下，原本寡淡的肉会摇身一变，成为一种混杂了水果香、烟熏香和咸鲜味等复杂口味的火腿。

今天闻名遐迩的伊比利亚火腿就是采用古老的干燥方法腌制超过 18 个月制作而成的。用于制作火腿的猪是一种特殊的伊比利亚黑毛猪（黑蹄），它们会在断奶后用特殊的饲料喂养，并且任由它们漫步林间，随意吃橡子、栗子、根茎植物和橄榄。帕尔玛火腿则是用更加老一点的谷饲猪加上帕尔玛奶酪的乳清制作而成的。这原本是一个小村庄的手艺，如今已发展成为一个每年能销售 900 万只火腿的大产业。随着销售数量急剧增加，养猪的环境变得相当局促，因而火腿的标准也开始下降。圣丹尼尔火腿要更加精致一些，而且它的生产工艺受到地域保护，意味着用来制作圣丹尼尔火腿的猪会更加开心地在本地生活，并且能在美丽的圣丹尼尔群山中结束自己作为猪的一生，不过这种火腿就更难买到了。亚硝酸盐实际上并非加工肉的必需品，比如高端的意大利帕尔玛火腿和圣丹尼尔火腿就基本不含天然的亚硝酸盐，它们吃起来很安全。与富含亚硝酸盐的西班牙火腿和法国火腿相比，它们的味道更独特，颜色更加诱人。

在手工制作萨拉米的过程中，会用到一些不上档次的边角料肉（通常是猪肉）。这些肉会先被剁碎，与香料、调味料和盐混合后，被灌入一个干净的肠衣中（猪、羊或者牛的小肠，取决于香肠的尺寸），然后在温暖干燥的通风环境中放置数周，等待自然风干。这个过程中，缺乏水分与盐分会赶走所有不受欢迎的微生物，而只留下能够产乳酸的微生物。制造这种萨拉米的厨房会自带这种能够开启发酵过程的微生物。数周后，这些产乳酸的微生物会接手整个香肠的地盘并形成自己的稳定社群，让肉质软化并分解脂肪，产生一系列独特的风味物质。这种干燥和熟化的过程还要再延续至少 6 周时间，而对于更高品质的萨拉米，可能长达数月。萨拉米的外皮则会被一层白色的真菌所定植，这会给它增加另一重风味和保护层。一旦达到这样的稳态，萨拉米就能保存数月甚至好几年。如奶酪一样，每个萨拉米中的微生物都千差万别。它们在酸性环境中都很活跃，尽管细菌、酵母和霉菌（通常是青霉菌）都不同。

现代的加工肉类

在冰箱发明之前以及在困难时期，人们都有着保存鲜肉的需求，比如二战时的盐腌牛肉、午餐肉罐头、意式肉肠或者博洛尼亚香肠。而这种旧的需求一旦融入新技术，虽说无法替代所有的手工腌制肉制品，但显然能用更讨巧的一系列化学物质轻松节约时间和省去不必要的麻烦。但如今这些新型加工肉并不利于长期健康。

如前所述，加工食品设计之初就是为了获得一种高度一致的口感体验，而这必须破坏天然的食品基质。人们说麦当劳的芝士汉堡吃上去竟然如此丝滑、鲜嫩，嚼起来丝毫不费力，这正是它如此美味的原因，因此一次吃两三个就很容易了。同样低质量的肉和深加工肉还出现在“即食馅饼”“牧羊人派”、千层面、比萨和其他方便食品中。正如我们所见，超加工食品和预制食品中可能含有一些让你大为震惊的配料。汉堡中有马肉、羊肉咖喱中有猪肉，以及一些特别的炒饭中有老鼠肉糜，都是真实发生的肉类造假案。这个灰色产业价值达数百万美元，而且很可能会继续增加，只要它依然有利可图且食物供应链足够长和复杂。

在大规模生产萨拉米的过程中，传统的硝石已经被功能性活性物质亚硫酸盐所替代。哪怕是制作完全不同种类的萨拉米，工业化的方法因为使用的盐更少，会促使更多不同的细菌和酵母生长，这与传统手工腌制的同一品种的萨拉米也是截然不同的。[1] 产品越廉价，制作的时间就越短，因为昂贵的发酵过程和干燥步骤会被高温、商用发酵菌和酵母引子大幅度压缩，所以这就需要用到更多的添加剂来延长产品保质期。[2] 廉价的萨拉米基本上都是用碎肉重组并塑形而成，以求跟传统萨拉米形似而已，但它完全没有纯正和简单的萨拉米那样复杂的味道和质地。真正的萨拉米和这些超市平价货架上的塑料包装“萨拉米”唯一的共同点就是它们都含有猪的 DNA。工业生产的萨拉米能够在几日内做好食用，有点酸的味道，但是缺乏任何有层次的风味，需要用调味料和大量香料来掩盖其缺陷。

培根

仅英国人一年就要吃掉 1.59 亿千克的培根，香煎培根的味道可以说是对意志力的绝对考验，这种由数百种挥发性化学物质组成的香味让我们闻了后饥肠辘辘。培根在不同的国家有着不同的种类和名称，它可以是烟熏的，也可以不经过烟熏处理。大多数美国培根其实在英国被称作烟熏五花肉片，因为它多取自较肥的猪肚腩部位的肉，而英国的外脊培根则多取自腰部或者肩部较瘦的肉，而这种肉在美国不能被称为培根。大多数培根首先会用盐、亚硝酸盐腌制，有时还会加点糖，然后会进行热熏或冷熏，烹饪后就能产生多重的风味物质。高品质的培根会腌制数周至数月，并且其配料只有猪肉、盐、亚硝酸盐和糖，不过这种培根只占市场极小的份额。生产商们如今用了很多花招来生产廉价培根，包括通过加香精和色素来还原正宗烟熏培根的风味。

廉价的工业培根只需几天就能生产出来，就跟变戏法似的加快整个过程：用水把肉泡胀后，再用微针给肉注射混合了盐和亚硝酸盐的水；再加入额外的添加剂和诸如抗坏血酸、柠檬酸等延长保质期的防腐剂，还需要加些磷酸盐和胶体（如卡拉胶或琼脂）用以保持水分以及肉的Q弹感。胶原蛋白粉比肉的蛋白更加廉价，而且还能提升质感。劣质的培根价格是优质培根的1/4，它很容易辨别：在锅里煎培根的时候，它会渗出一些乳白色的液体，这是未溶解的磷酸盐和多余的水分，闻起来像肥皂水。它还含有很多额外的配料，比如抗坏血酸盐或者异抗坏血酸钠（用作固色剂）。这种培根是注射了盐水而非用传统腌制方法制作的，然而标签上不会标注这些信息。

据说一些新推出的“健康”培根无须腌制，以避免使用有毒的亚硝酸盐。不过如果真的没经过腌制，那它就是猪肉而不是培根了。不含亚硝酸盐的方法会耗时更久（比如帕尔玛火腿），加入的配料也更少，的确可能更健康。在对培根的盲品测试中，正如在其他领域有反直觉情况一样，竟然发现部分受试者更喜欢廉价的培根。你对培根的喜好会与你如何看待亚硝酸盐、亚硝胺和其他未知的化学物质、培根香味对刻在你基因里的吸引力，以及宗教信仰和你对动物福利的看法有关。所以吃或不吃培根是非常私人化和个性化的选择。

同样地，那些吃惯了重组肉制成的火腿或是午餐肉的人可能对整切和新鲜的切片火腿没什么兴趣，哪怕后者有更丰富的质地、风味和多层次的口感。

香肠

英国人喜欢吃香肠。超过 85% 的英国人至少每个月都要吃一次香肠，每天香肠的销售量是汉堡的两倍。除了古老的肉馅羊肚，传统的英式香肠用的是 100% 的生肉，跟法国的一样，一直到 19 世纪中叶才加入面包屑等谷物。对每一个地区的香肠制作者而言，制作香肠的核心技术就是选择合适的肉和正确的香料组合（绝不仅仅是无处不在的黑胡椒），因为香肠无须经过发酵或者熟成的工序。高品质香肠的肉含量会达到 90% 以上，其他只添加了盐、亚硫酸盐以及少量面包或者谷物，而廉价的超市香肠则有超过 20 种配料，而且肉的含量只有大约 50%，含水量很高，因此还需要很多化学物质来帮助其锁住水分。廉价的工业香肠的外皮通常用的是人造纤维素（纤维素肠衣），它们是从木头或者棉花中提取的，或者是从牛皮中提取的胶原蛋白做的肠衣，有时还可能会用聚乙烯，所以吃之前需要撕掉。高含水量的香肠在热锅里煎的时候会剧烈地爆开，所以它们得到了一个美名“爆汁肠”，所以煎香肠的时候很多人会戳些孔。相反，如果你烹饪高品质的香肠，戳破它们反而会让其白白流失风味和水分。

廉价的猪肉香肠如今是人类感染新发现的戊肝病毒的主要感染源，这种病毒只在拥挤环境下饲养的动物中常见。世界卫生组织预估，全球有 2000 万戊肝病毒感染者，其中有 330 万人有症状，有 4.4 万人死于戊肝病毒感染，死亡率为 3.3%，这比另一种如今全球知名度最高的，还频频登上头条的病毒所造成的死亡率更高。大多数医生（包括我自己）直至最近才发现这种病毒。[3] 人在感染戊肝病毒后，多数情况是无症状的，不过它有可能导致罕见但严重的疾病，比如肝衰竭或关节炎。我的一位医学院的同事最近就感染了戊肝病毒，而且诱发了一种罕见的神经系统疾病，叫格林 – 巴利综合征，这导致他身体虚弱且无法行走，继而被迫退休。这种新发现的病毒非常奇怪，因为这种特殊的毒株在英国本土极为罕见，而且也不存在于英国的猪或者猪肉当中。最终发现它的源头是用于制作香肠的荷兰和德国的猪肉制品。

炸鸡块

加工的鸡肉制品开始强力接棒汉堡，成为新一代快餐的主流，这多亏了像肯德基这样的公司，它是由哈兰 · 山德士上校创立的。最初山德士上校售卖用纸筒装的压力锅炸鸡（不同于油炸鸡块）。到 1963 年，肯德基已经是美国最大的快餐企业了，如今它是百事公司旗下的一家跨国公司。1981 年，革命性的麦乐鸡横空出世。我们传统的周日烤鸡肉一下子就变成了廉价小吃，而且消费者的购买欲年年都增长，致使其供应链也不得不随之扩容。麦当劳的理念非常简单：先油炸一种无骨的鸡块，然后冷冻保存，吃之前再炸一炸。不过一组好事的化学家站出来公开了麦乐鸡“不那么简单”的配料表：

无骨鸡肉馅：水、盐、调味料（酵母提取物、盐、小麦淀粉、天然香料、红花籽油、柠檬粉、葡萄糖、柠檬酸）、磷酸钠。

外层裹粉：水、强化小麦粉（漂白小麦粉、烟酸、还原铁、硝酸硫胺素、核黄素、叶酸），黄玉米面、盐、膨松剂（小苏打、酸式焦磷酸钠、磷酸铝钠、磷酸二氢钙、乳酸钙），香辛料、小麦淀粉、葡萄糖、玉米淀粉。

植物油：菜籽油、玉米油、大豆油、氢化大豆油，以及柠檬酸作为防腐剂。

没有人认为鸡块有益健康，并且认为那些超市的廉价鸡块可能只含有不到50%的肉。它们被狂热爱好者认为是一种令人宽慰的食物，不幸的是——一部分爱好者是儿童。鸡块中的鸡肉是利用高压喷枪把鸡肉从骨肉中剥脱下来，然后再用化学的方法把这些碎肉粘合成一整块鸡肉。一些厂商还销售超加工、人工调味的重组鸡肉产品，并宣称是“100%真鸡肉”。这很可能真的误导了部分消费者，让他们误以为自己吃的廉价且毫无质感可言的鸡肉晚餐还相当健康。实际上这种产品至少加入了磷酸盐、土豆淀粉和植物油，很不利于健康——这类食物与其他超加工食品并无二致，经常吃对健康毫无益处。

肉与癌症

2015年底，一个由22名科学家组成名为IARC的国际专家委员会共同发布了一份盖着世界卫生组织官方印章的报告，内容是关于红肉和加工肉的危害，这令很多人感到不安。该报告指出，目前所有的证据都可证明加工肉是一种确凿无疑的致癌物，并指出，每天吃两大片培根患结肠（大肠）癌的风险就会增加 18%。[4] 他们还把红肉和加工肉中的化学物质与香烟归为同一类致癌物。当然，这些都没有考虑具体的膳食背景。事实上，把每天吸烟所增加的癌症风险换算成吃培根的话，那得每天吃 100 片才行；或者说某人一年吸三根烟所增加的癌症风险，相当于一名吃肉的意大利人患癌的风险。[5] 所以那些“吃培根致癌”的头条新闻还需要同时吃很多盐才奏效……不过所有证据仍然提示我们，长期大量吃加工肉的确会增加死亡的风险，所以我们要是爱吃培根，就更应该选择那些优质的产品。

如果我们接受大量吃加工食品和加工肉有害健康这个说法，那么传统观点会告诉我们，这主要是源于其中含有的脂肪和糖。然而，如今这个解释似乎不成立了，越廉价的产品包含的化学物质和添加剂就越多。而传统手工制作的产品仅有 4~5 种配料，而廉价产品因为含肉的比例更低，因此有约 20 种配料，包括乳化剂和两种或更多防腐剂。这类产品并没有被正式认定为有害，毕竟它们都通过了在实验动物身上做的传统安全测试。但是越来越多的新证据表明，这些含有大量添加剂的产品会对我们的肠道微生物有害，对我们的身体也有害。

常见的乳化剂是一种类似洗洁精的化学物质。在大多数加工食品中，它们的作用是让肉和酱料溶在一起，而且会完好地穿过肠道而不被消化。不过乳化剂对我们的肠道微生物可不怎么友好，它会阻止肠道微生物相互之间的互动，也会阻止它与含有身体大部分免疫细胞的肠道壁的互动。这种互动的受阻就会导致肠道微生物产生不正常的化学物质，继而导致一系列代谢问题，比如肥胖和糖尿病，而且有害的微生物还会借机繁衍生长。[6] 在小鼠身上的试验也表明，常见的乳化剂，诸如 CMC（羧甲基纤维素）和 P80（聚山梨酯 80）会诱发低水平的慢性炎症，甚至因其对肠道壁的长期刺激致使患结肠癌的风险升高。[7] 上述变化对人类来说并不是巨大或显著的，但是如果长年累月吃加工食品，就会导致肠道微生物发生长期性的改变，这是流行病学研究中发现的心脏病与癌症风险增加的可能原因。我们的肠道微生物对促炎化学物质氧化三甲胺有非常大的影响。氧化三甲胺是一种消化食物中左旋肉碱的自然副产物，它与很多令人不愉快的疾病都有关，而它的产生很大程度上取决于我们的肠道微生物组。再次重申的是，可以吃少量高品质的肉类，同时吃大量的蔬菜和发酵的食物，这是一种健康的膳食模式。

宠物食品、小熊软糖和鹅肝

还有一些经常被人忽视的其他深加工肉制品，如宠物食品、小熊软糖和鹅肝。尽管这些食物在不同年龄和不同种族的人群中受欢迎程度不一，但是它们的生产过程对其取材的动物均造成了很大的负面影响。明胶是一种提取自牛骨和猪骨中的物质，需要先把骨头煮熟，干燥后用强酸强碱辅助提取胶原蛋白。这也是我们吃的软糖和果冻有 Q 弹感的原因，除非你选择“纯素”产品。而胶原蛋白的需求在护肤品产业中也在爆炸式地增长，其口服制剂和外用产品能让皮肤变得更加光泽有弹性，却只字不提提取它的牛骨问题。宠物食品和胶原蛋白都是肉制品和皮革制品工业的秘密副产品。狗或许能离开肉制品而活，只要你努力让你家狗成为一个非常不情愿的素食狗，不过你的猫可无法活着通过这个素食实验。

鹅肝是很多不健康和残忍的食物传统的一个缩影。它是通过对鸭和鹅进行“灌胃”（填鸭）来让其过量进食，这些鸭和鹅会在狭小的空间里度过极为痛苦的100天，它们的肝脏会非自然地集聚超量的脂肪，并膨胀到正常尺寸的10倍大，然后被用来作为人类的精致佳肴。在很多国家，它的热度正在慢慢下降，越来越多的国家禁止生产或者进口。不过在法国，人们依然对鹅肝情有独钟，而且很多养殖户还声称他们的鸭子和鹅很享受这些额外的食物。

关于加工肉类的5个事实

1. 经常吃加工肉与心脏病风险升高有关，还可能增加癌症风险。
2. 不是所有的加工肉都一样，传统手工方法制作的加工肉要比用化学物质、乳化剂和人造香精等快速制作出来的现代加工肉对健康的影响更小。
3. 即食食品、冷冻炸鸡块和其他廉价肉制品都是用劣质的超加工肉制作的。
4. 亚硝酸盐不是我们最需要担心的化学物质，用一堆化学添加剂勾兑成的“鸡尾酒”才是我们要避免的。
5. 谨慎购买宣称是“100%天然鸡胸肉”的肉制品。如果这些肉看上去不是真正来自动物身上的原切肉，它大概率就是加工肉。

鱼类

为什么我们对鱼肉和哺乳动物的肉有着如此截然不同的看法呢？难道是因为我们难以跟鱼交流，而且无法像饲养哺乳动物那样去饲养鱼吗？鱼类跟我们一样，也会流血，也和我们一样五脏俱全，还有退化的四肢，以及两只眼睛。它们有混合了红肉和白肉的肌肉组织，与陆地动物一样，也是由肌凝蛋白等组成的。不过鱼类的肌肉结构确实有些不同，我们只有在烹饪鱼肉的时候才会发现它们受热会很快变软，所以鱼肉很容易就煮过头，至少在大多数英国餐馆是这样。

很多人依旧保持着吃鱼但不吃肉的习惯，背后的原因不尽相同。有的人觉得鱼要比其他肉类健康得多，或者觉得鱼不会感到痛；有的人认为如果捕捞合理的话，吃鱼更加具有可持续性。然而，这些原因要被证实可谓越来越难了。认为鱼在上钩或者被渔网捕捞时，是不会感受到痛苦或者压力的说法似乎愈发不可靠。大多数专家如今都一致认为鱼是有痛觉受体的，而且在实验中它们对疼痛的反应与其他一些小型哺乳动物相差无几。[1]日本人则相信鱼是能感觉到痛的，因此他们在处理一些最优质的金枪鱼时，会采用特殊的活缔（ikejime）方法。这种方法要确保用尖锐的钢钩直接插入鱼的大脑，然后迅速切断脊椎的神经，以避免任何多余的惊吓和压力对鱼肉的质量造成不良影响。而大多数其他国家的渔民并不认可这种方法，尽管他们对待老鼠或者鸡还是会更人道一些。甲壳类动物，比如龙虾和蟹肯定能感受到痛，因此如瑞士这样一些国家规定，这类甲壳动物必须先经过冰冻处死或者保持冰冻状态才能被活煮(《日内瓦龙虾公约》)。不过其他贝壳类动物如贻贝和生蚝则很可能不会感觉到痛，但墨鱼和章鱼（它们是海洋生物中智商最高的物种）是肯定能感知疼痛的。

最近的证据表明吃鱼的确有利于可持续性，但前提是需要所有人联合起来去保护一些特定的海岸线不被滥捕。这能够增加生物多样性，提高长期产量，并能把所有重要的海洋碳源都牢牢锁住，因为海洋生物能够从过热的大气层吸收碳排放气体。然而，目前只有3%~5%的海洋受到这种保护。因此，吃鱼并不比吃肉对环境更友好。[2]

吃鱼被想当然地认为对我们有益：它比红肉含有更低的“致命”饱和脂肪酸，并含有更多健康的多不饱和脂肪酸与一些类似“阳光”维生素 D 这样的维生素。过去几十年，我们常听到“吃鱼对大脑好，吃鱼的小孩聪明，吃鱼可预防心脏病”等说法。目前，英国和美国，以及大多数国家的膳食指南都推荐人们每周吃 2~3 次鱼，这就好比让大家都应该开两辆汽油车一样。然而这些目标根本就不能达成，即使当前鱼资源的储备较为充足，而随着人口的持续增长，这个目标就显得更不切实际了。我最近一次去希腊旅行，在那田园般的岛屿餐厅就餐时才意识到这个问题有多严重。我发现餐厅后厨冰冻柜里装满了从泰国捕捞的冰冻鱿鱼和大虾，这是因为地中海本身的供给早已跟不上了，而且大量的渔船都被改为去意大利蓝洞（Blue Grotto）① 的观光船了。

---

① 蓝洞是位于意大利南部卡普里岛的一处海蚀洞，也是著名的观光胜地。——译者注

70 年前，没有一个人会想到有一天我们会无鱼可吃。如今还能在大西洋海岸线上看见绵延数里深达百米的鱼群，每只雌鱼都会产下数千个卵，这似乎意味着取之不尽、用之不竭的水产资源。然而自 1970 年开始，人口的增长速度就超过了产鱼的速度。

如今欧洲超过 50% 的鱼需要进口，而在美国这个比例超过了 90%。这些鱼主要来自亚洲。不过这些出口鱼的国家不太可能长久维持现状，因为目前世界上 90% 的鱼类都濒临灭绝。在现有的鱼类品种中，有 1/3 已经正式被认为是过度捕捞了，而另外 2/3 也达到捕捞上限了，这些官方数据还没把 10%~20% 的非法捕捞算进来。工业化捕捞会用巨大的网进行粗暴的捕捞，这会导致数百亿条鱼意外死亡。再加上我们还有重重严格的筛选标准、消费者的偏好和超市对品质的要求等，这会进一步导致我们捕捞上来的鱼，有至少一半被杀后直接扔掉了。

大规模的工业捕捞行为正在破坏海床的生态结构，好比在陆地上砍伐森林。大西洋的三文鱼已经不会再回到爱尔兰和苏格兰的河流，它们如今也是濒危物种了。一直以来都是英国国菜的炸鱼（裹上面糊炸）薯条也为此付出了巨大的代价，皆因此前最常用的鳕鱼和黑线鳕鱼由于过度捕捞而供不应求，如今此国菜的价格已经非常不亲民了。另一道很英式的香料烤鸡咖喱因此成功上位，几乎成为新的国菜。

养鱼业

大多数人都还不知道我们如今吃的鱼主要来自养鱼场，不过自 2009 年起人工养殖的鱼才超过野生捕捞的鱼，而养殖鱼还在持续增长。我们吃的大多数三文鱼、鳟鱼、鲤鱼、罗非鱼、鲇鱼、鲈鱼、鲷鱼、无须鳕、大虾和小虾都是人工养殖的，养殖鱼的种类和数量还在持续增加，因为其野生品种越来越少，价格也因此水涨船高。鳕鱼如今也是养殖鱼的一种，尽管它有着桀骜不驯的个性，很难被圈养在鱼池里。就连独行侠——八爪鱼都开始被人们养殖，皆因野生的实在太贵了。但是，人工养殖鱼越发达，对野生鱼类的威胁也会越大，不仅是因为一些人工养殖的逃窜分子会破坏当地水域的野生品种，还因为它们的肉食性。比较讽刺的是，很多人工养殖的鱼都是用更小型的鱼来饲养的，比如凤尾鱼和沙丁鱼，为的就是能给饲养的鱼类增加一些 ω-3 脂肪酸。除了磨成粉的小鱼之外，鱼饲料还包括鱼油、大豆、转基因酵母、鸡油，还有的会加入羽毛粉末。野生三文鱼以富含天然色素的虾、海草和磷虾为食，因此有了漂亮的橙红色肉质。人们为了让养殖的三文鱼看上去更像野生的，会用一种叫虾青素的色素喂养它们。这是一种天然海洋类胡萝卜素的人工合成物，经常作为抗氧化补充剂出现在保健食品中。

水产养殖业在可持续方面备受压力。2015 年，每养殖 1 千克的三文鱼就需要耗用 1.3 千克野生捕捞的其他鱼，这就意味着养殖三文鱼会造成 30% 的水产资源的净损失。还有人宣称实际上更可能是 2.5 千克野生鱼才能换来 1 千克的三文鱼，并指出苏格兰的养鱼场每年消耗的 46 万吨鱼饲料，相当于整个英国人口一年的鱼类消耗量。[3] 水产养殖者则声称他们的喂养产出比再高也不可能比猪肉（2.8）和集约化养鸡场（1.8）高。挪威和苏格兰（也是挪威人经营的）的养鱼场从业者表示，他们一直都在努力减少使用野生水产鱼饲料，以降低这种喂养产出比，因为这的确会很快削弱海洋生态系统，不过使用陆地的农作物资源也存在类似的问题。而其他养鱼场则对此似乎不太在意，只要有利可图就行。

在消耗自然资源的同时，一些集约化养殖的水产品还可能有害人类健康。在一些监管较松的国家，三文鱼养殖业使用高剂量的抗生素是业内公开的秘密，目的就是减少其因感染造成的损失。仅在智利，2014 年就使用了 30 万千克的抗生素，造成了渔业严重的微生物感染及耐药的问题，还波及人类。2014 年美国开展了一项研究，抽查了来自 11 个国家的 27 种鱼类样本中的抗生素水平，这些样本都是从加利福尼亚州和亚利桑那州的商店购买的，其中包括小虾、罗非鱼、三文鱼、鳟鱼和鲇鱼，其中 75% 的抽查样本都检出了抗生素，包括那些标有“无抗生素”的鱼。不过所有检出的抗生素含量都低于美国规定的抗生素限制量，但正如我们之前阐述的抗生素在老鼠实验中的结果一样，它们仍然会对人类的肠道微生物造成不良影响，并增加肥胖和过敏的风险。[4, 5]

大多数声誉良好的养鱼场都已经不再常规性地使用抗生素了，不过一份 2017 年的研究报告指出，工业鱼饲料依然是一个潜在的问题。它们检测了来自世界各地批量生产的 5 份鱼饲料，不仅发现其中含有相当多的抗生素，而且还检测出了耐药性的基因片段。该研究团队指出，这些化学物质能够通过鱼饲料进入鱼体，被人吃下后继而进入人体。[6] 在一些国家，还在使用抗生素来养殖小型鱼类。这些鱼会被用于生产廉价的鱼饲料，尽管其中的微生物会在制作饲料的过程中被杀死，但是小鱼自带的耐药基因在做成饲料后仍能影响其他微生物。这种规模庞大的水产养殖业也会带来问题：30 万条太平洋三文鱼从普吉特湾一个装载失误的笼子里逃了出来。所以你也能想象到这必然会吓坏当地海域的鱼群。它们看着这群脏兮兮的、浑身有病还吃了抗生素、饥肠辘辘的不速之客侵入它们原本平静的世界，还要与之争夺本来就有限的生存资源。

把数百万条鱼放在一个海中的大笼子里饲养，看上去似乎像“半天然”的养殖场，不过你别忘了，还需要及时清除这些鱼的粪便、大量化学物质和抗生素等废物，是不是细思极恐？从某种程度来说，要在苏格兰建成世界上最大的养鱼场，其排放的有毒物质和粪便废物要比拥有60万人的格拉斯哥产生的还多。

你吃的鱼有多新鲜

我还记得我曾经带着孩子们去一个渔场钓鳟鱼，他们很开心，大约隔五分钟就能钓上来一条鱼（是我花钱买的），不过这些棕褐色的鳟鱼吃起来乏味且油腻。人工养殖的鱼，其味道好坏与其养殖的环境有很大的关系，口味也不都是这么差。当地的鱼贩说，大多数养殖的鲈鱼味道都相当好，而且品质如一，因为野生的鲈鱼其实质量参差不齐，这取决于它们能吃到什么。不过那些从海中钓上来的野生鲈鱼总是味道最棒的，因为钓上来的鱼受到的惊吓和伤害要比用渔网捕捞上来的鱼少得多。不过高品质背后是高价，这种钓上来的野生鲈鱼价格是其他同类的5倍。

买鱼之前先闻一闻总是没错的，鱼在新鲜的时候闻起来有种淡淡的鱼腥味，而没有硫化物或者烂果味。新鲜捕捞上来的鱼闻起来有种鲜草或草本植物的气味，因为它们与植物有着同样的不饱和脂肪酸。鱼类和贝壳类水产在0℃左右的环境能保存比较久的时间，它们还可以储存在有冰块的冰箱里。通常，海鱼的气味和味道要比淡水鱼浓郁，这是因为它们含有的诸如谷氨酸这样的氨基酸浓度比很多肉都要高，才有了这种浓烈的风味。有些鱼，比如说鲨鱼、鳐鱼、鳕鱼和黄线狭鳕家族，有着很高含量的三甲胺（TMA），这种胺类化合物就是“腥味”的特征性物质。正如我们前面在讨论动物肉的章节里说到，肠道微生物会把 TMA 转化成它的氧化态氧化三甲胺（TMAO），并起到不同的作用。在人体内，更高 TMAO 意味着更高的心脏病风险，但是在活鱼体内，TMAO 反而是健康的指标。鱼死后，TMAO 会被鱼身上的微生物还原成 TMA，鱼就会散发出腐臭味。柠檬酸或醋酸可以减少这种腐烂的可能，不过我们并不清楚这种有鱼腥味的化学物质对身体是否有害，或许只是闻着不舒服罢了。

三文鱼

如今，三文鱼在水产中的地位好比鸡肉，成为最受英国人欢迎的鱼，在美国则屈居第二。过去，人们曾经在河流中捕捞大西洋三文鱼，如今在它们蔚为壮观的 5000 英里的迁徙过程中人们在海洋捕获三文鱼。然而，很多依靠捕鱼和制作烟熏鱼而生的本地小产业目前都已经绝迹了。而在 30 年前，烟熏三文鱼还是一种大众难以吃到的顶级奢侈食物，如今虽说不至于烂大街，但是很多街头小店，烟熏三文鱼跟廉价火腿一样常见了。造成三文鱼价格大跳水的原因就是工业化的养殖场一下子把三文鱼的产量提升了三倍，他们在苏格兰、挪威、加拿大和智利的海边开设了巨型渔场，几乎由挪威公司或者一些跨国公司掌控。好消息是，如今大多数人都能买得起三文鱼了。然而坏消息是：“命运馈赠的礼物，早已在暗中标好了价格。”

为了让鱼长得更快，让所有人都能吃上，养殖三文鱼跟野生的表亲比，已经大不一样了。由于养殖的三文鱼只能在有限的区域逡巡，季节变化也全依赖于人工照明，因此感染变得非常常见，而在一些监管不严的国家，大量使用抗生素简直就是家常便饭。有一种在过去非常罕见的寄生虫叫鲑鱼虱，如今已经变成了主要的害虫，估计苏格兰 250 个渔场中的一半都受其影响，世界其他地方的很多渔场也饱受其困扰。虱子能对鱼造成极大的伤害，甚至会杀死鱼。目前每五条鱼中就有一条是因虱子寄生而死亡，因此导致渔业每年的经济损失超过 10 亿英镑。治理虱子非常困难，因为这些虱子对几乎所有抗生素和杀虫剂都有抗性，所以很多公司不得不使用成百上千吨的过氧化氢控制它们，可想而知这对经济和渔业的双重损害有多大。

把鱼放到一个更冷更深更开阔的水域饲养不经济，不过挪威的养鱼场已经开始投资一些离岸的养殖场，就像钻井平台那样，在离海岸更远的地方养鱼，目的就是尽可能减少鱼被虱子感染的数量。从行业法规来看，一条鱼身上是不允许有一只虱子的，而实情是英国超市所售的三文鱼平均每条有超过 3 只虱子，有时甚至能多达 20 只，而且通常都被我们吃了。消费者被告知这些虱子相当安全，因为它们会被加工中的化学物质和杀虫剂杀死，不过靠吃死虱子来补充点蛋白质的确不是什么好事。[7]

吃点小鱼

我们还被鼓励多吃一些脂肪丰富的小鱼，比如马鲛鱼、鲱鱼、沙丁鱼、凤尾鱼和小鲱鱼，但是它们越来越少地出现在我们的餐桌上，而更多的这种小鱼被养鱼场用作喂养其他大鱼的饲料了，或者是代替牧草成为其他动物的饲料，以提供宝贵的 ω-3 脂肪酸。在大西洋中生活着大量的马鲛鱼，它们在德文郡沿岸自由游行，有无数次我都目睹它们蹦跶着就跳上了小船，连鱼钩都省了。而如今此番景象已极为罕见。马鲛鱼的脂肪含量比牛排还高，其中饱和脂肪酸与臀肉牛排相当（约为 4%），蛋白质含量也不相上下。我一直以来都以为凤尾鱼只能用在比萨上，直到我在罗赛斯湾的布拉瓦海岸写这本书的时候，成天都与成千上万只凤尾鱼在海里同游，它们在夏天会长得更大一些。这些凤尾鱼在当地会被做成美味的烤鱼，配上橄榄油和柠檬，或者被腌制好做成罐头。而沙丁鱼则是可以替代金枪鱼罐头的好东西，两者的营养价值和美味程度相当。在世界其他地方，这些富含脂肪的小型鱼类正濒临灭绝，因为捕鱼者从海洋中大规模捕获它们，仅仅将它们作为其他动物的饲料，这种行为对海床造成了重创。这样的做法对整个地球都有风险，正如很多人认为的，这类小鱼是一种关键物种，因为它们以浮游生物为食。

浮游生物就等同于水生的草类，它们能把阳光转化成能量和 ω-3 脂肪酸。为了能进入我们的食物链，浮游生物需要先被类似于凤尾鱼这样的小鱼吃掉，然后小鱼再被更大的鱼吃掉，最后才被人类所吃。小鱼通常会以罐头的形式保存。罐头工艺我们在前面已经探讨过了，它们对于保存大多数鱼类都很安全，无论是用清水、盐水还是油浸泡。世界上大多数的沙丁鱼和金枪鱼都是以这种形式售卖的，这种加工和储存工艺不会造成明显的营养损失，跟冷冻鱼相比也没有相应的毒素或者污染物的风险。同时，罐头鱼有长达一年以上的保质期，食物浪费的风险几乎为零，所以你壁橱里的凤尾鱼或马鲛鱼罐头真可以成为你美味大餐里的基础食物。

有益大脑食品？

一些研究 ω−3 脂肪酸与儿童大脑功能的随机临床试验的总结性荟萃分析表明，没有一致的证据证明补充这类营养素对儿童大脑有益，但是医药商如今仍在针对儿童大力推广营销 ω−3 脂肪酸补充剂产品。[8] 我曾强迫我那怎么都不肯吃鱼的儿子汤姆每天吃点 ω−3 脂肪酸补充剂，希望他能在学校表现更好，但事实证明这是徒劳。我后来才发现他每次都会把有鱼腥味的胶囊偷偷吐出来，以至于在我家厨房抽屉后面藏了一堆软绵绵湿漉漉的鱼油胶囊。挪威人则力荐吃富含脂肪的鱼，而不是鱼油补充剂，他们选了 214 个学龄前儿童做了个试验，把孩子们吃的肉全都换成马鲛鱼或者鲱鱼，为期 4 个月，结果并没有发现孩子们在认知能力上有任何改善。[9] 所以除非你怀孕了，否则服用 ω−3 脂肪酸补充剂对身体是否有益还不确定，因此不建议日常服用。

鱼、长寿与健康

退一万步讲，即使吃鱼本身有利于可持续发展，我们真的有必要像膳食指南推荐的那样，为了长寿而一周吃两次鱼吗？《国家地理》杂志拍摄的一张照片——一位来自日本南部的 110 岁老寿星边微笑边吃着寿司，这个画面曲解了我们对吃鱼有益的看法。长久以来，无论是鱼类还是草饲动物的油脂都被人类视为珍宝，大约有 10% 的美国人在服用 ω−3 脂肪酸营养补充剂，而这个数字在英国高达 1/5，可谓英国人最常吃的膳食补充剂。它被广泛推荐给那些每周吃不到两次鱼的人，以预防心脏疾病或者癌症。不过最新的研究和大规模临床试验都表明，服用这些补充剂没有任何明显的益处。[10]

吃鱼有益健康也很难通过流行病学研究证实。一项包括 50 万欧洲人参与、随访长达 15 年的大型观察性流行病学研究发现，吃鱼对总体死亡风险没有影响，反而有迹象表明，过量吃鱼还可能导致总死亡风险轻微升高。[11] 一项汇总了 29 个最新研究（都有点瑕疵）的综述表明，每周吃一次鱼能减少 7% 的死亡风险，而坚果能减少 24%。[12] 2018 年美国的一项荟萃分析仅仅纳入那些研究时间较长、高质量的研究，结果更加明确：任何膳食补充剂对降低心脏病或脑卒中的风险没有帮助，所以它们都不应该被推荐服用。[13] 独立的综述也发现，吃鱼对痴呆、认知功能衰退或骨关节炎这些常见的疾病没有任何显著的改善。[14, 15] 爱吃鱼的记者、水产生态学家保罗 · 格林伯格曾经尝试，每一顿饭都要吃一些他能搜罗到的各种鱼和水产品，希望能借此来证明这些水产中的营养素和 ω-3 脂肪酸能让他更健康。在他不懈的努力下，他终于看到自己血液中 ω-3 脂肪酸的浓度跟日本人或地中海居民的一样高了，并期望能更聪明、更健康，不过结果令他失望了。[16] 他唯一看到有所变化的是他的血压，而且很不幸还是往不好的方向发展。而最后一个众所周知的盖棺论定是，考科蓝于 2018 年发表的一篇声明指出，ω-3 脂肪酸补充剂的作用确实被夸大了，而从坚果中获取的 ALA（α-亚麻酸）① 也许能提供一样的健康益处。[17]

不过，确实有一些人能从 ω-3 脂肪酸补充剂中获益。一项来自

① α-亚麻酸也是一种 ω-3 脂肪酸，是人体的必需脂肪酸之一。它是来源于鱼类的长链和超长链的 ω-3 脂肪酸（如 DHA 和 EPA）的前体，人体有能力将其转化成后者。——译者注

考科蓝的综述，综合了有对照组的 70 项关于孕期服用 ω-3 脂肪酸补充剂的随机研究，发现服用 ω-3 脂肪酸补充剂能减少 11% 的早产风险，并减少 42% 的中期流产（34 孕周以前流产）风险。[18]

所以，吃完整的鱼对健康有益的说法证据不足，尽管很多吃鱼的人看上去都很健康，尤其是当他们同时采用类似地中海饮食或亚洲膳食模式时。不过我们并不排除对一些人有益的个体差异，有的人无论喜不喜欢吃鱼，都能通过吃鱼使体内独特的微生物获益。2017 年，我研究团队的同事安娜·瓦尔德斯和克里斯汀娜·曼奈就在我们招募的 850 对成人双胞胎受试者中，观察他们血液中来自鱼油脂肪酸的浓度，结果发现，那些鱼类 ω-3 脂肪酸水平更高的人，其肠道微生物也更健康，血压更低。[19] 这是由一个间接的机制引起的结果，在那些体内有着大量毛螺菌科（*Lachnospiraceae*）微生物的人中，吃鱼会在其肠道中产生一种代谢产物（N- 氨甲酰谷氨酸，NCG）并作用于血管。在未来的研究中，我们或许会直接让受试者服用这种微生物产生的代谢物（也叫“后生元”），而跳过吃鱼这个环节。这个机制或许能在某种程度上解释那些爱吃鱼的国家的居民都很长寿的现象。

如果我们认同来自鱼类的 ω-3 脂肪酸对健康有益，但是由其提取物制成的补充剂则没有作用，是因为它们很可能缺少了其他一些重要成分，那么我们究竟该吃哪种鱼才有利于健康呢？尽管野生三文鱼的 ω-3 脂肪酸含量很高，但一些养殖三文鱼的 ω-3 脂肪酸含量可能更高，一些富含脂肪的小鱼，如马鲛鱼、鲱鱼和凤尾鱼，也是如此。另一方面，扇贝、小虾、鳕鱼、黑线鳕鱼和罗非鱼的 ω-3 脂肪酸含量则比较低，金枪鱼介乎两者之间，而且含量不稳定，所以不算稳定的来源。在食物链上，越是靠近浮游生物的鱼类，就越有利于我们的健康，所以对我们来说，最好的做法就是去吃那些以浮游生物为食的小鱼，而不是去吃那些天然以这些小鱼为食的野生鱼或养殖鱼。食物链的这一原则适用于所有从动物获取营养的方式。问题是，你怎么知道你吃的是什么鱼呢?

鱼里鱼气的标签

给鱼类贴标签是个重要的全球性问题，我们很容易就被忽悠了。有些鱼的名字完全是编造出来的，用来哄轻信的消费者开心。比如说太平洋岩鱼，就是一种过去往往被扔掉的无名小鱼；还有丑丑的小鳞犬牙南极鱼，曾经是一种被人遗弃的鱼，自从 20 世纪初它被重新更名为智利鲈鱼后，就大获成功。这种改改名字的事还好说，尤其是如果这样能让一些本该被扔掉的鱼重新回到餐桌，对环境也有益，但刻意而为之的食物造假那就另当别论了。

正如我们前面所述，以次充好的假鱼是一个巨大的产业。一份涵盖全球 55 个国家、25 000 份样本的报告指出，这种造假的问题波及目前在售的 1/5 的鱼，其中有 58% 都存在以次充好的假冒问题，还有一些是有潜在危害的鱼类，比如亚洲鲇鱼或者玉梭鱼。在意大利，有 82% 的石斑鱼、河鲈鱼和剑鱼被更加廉价的鱼代替，而且经常用的还是濒临灭绝的品种。在比利时和德国，绝大多数的蓝鳍金枪鱼和比目鱼所售都非本物。[20] 在英国，用来做炸鱼薯条的昂贵鳕鱼经常被便宜的狭鳕所替代。在洛杉矶用 DNA 测序方法做的一项抽检调查表明，2013—2015 年，寿司里的生鱼片有一半都名不副实，比如鲷鱼和大比目鱼就被更廉价的普通比目鱼取代，而且这些往往连餐厅老板都被蒙在鼓里。[21]

金枪鱼因其有着较大的市场需求和在高端市场的昂贵价格，被推向造假风暴的中心。美国的一份调研报告表明，有超过 70% 的金枪鱼寿司中的鱼是假的，餐馆里使用“白金枪鱼”也已司空见惯。然而，问题是并没有什么所谓的“白金枪鱼”，它实际是玉梭鱼。这是一种很便宜的鱼，而且被戏称为“泻药鱼”，因其对肠道有刺激，在日本和意大利已经被禁止食用。[22] 在捕捞金枪鱼的时候，有种副产物就是海豚，它们被误捕上来后往往会被直接扔回海里，但会落下一身伤残甚至死亡。海洋管理委员会（MSC）认证的金枪鱼至少能保证你吃的金枪鱼三明治不是完完全全的环境和道德上的灾难，但它远不到万无一失可以放心消耗的程度。除非你跟料理店或寿司店老板关系非常好，或者说你很担心汞残留的问题，否则你最好别去饭店吃金枪鱼。现在我把我们的蛋黄酱金枪鱼三明治换成了同样令人满足和营养丰富的优质鹰嘴豆黑麦酸面包，然后自带金枪鱼罐头，用叉子捣碎后加点柠檬汁、香芹籽、葱花、蒜粉盐和蛋黄酱即可，再撒上点撕碎的海苔片风味更佳，切片的西芹则能使口感更清脆。

生鱼片

生鱼肉比陆地栖居的动物肉要嫩得多，这是由于重力和在水里漂浮，鱼类不需要过于强健的肌肉结构来支撑自身，不需要太多的结缔组织把肌肉纤维连接在一起，因此其肌肉纤维也会更细、更柔软。这就是为什么做鱼时一不小心就煮过了，而且鱼肉也会变干，所以一片薄薄的鱼肉只需煮 1 分钟就熟了。

几个世纪以来，日本人都以吃寿司或者刺身的方式生吃鱼肉，而秘鲁人和智利人则喜欢吃柠檬汁腌生鱼片，从没出现任何重大健康问题。虽然生吃鱼肉会有摄入寄生虫的风险，但风险远比吃生肉要小。用盐和米饭包裹生鱼片做成的寿司，最初是一种保存鱼肉的方法，因为其中的微生物发酵后能阻止生鱼片腐坏，而这种方法逐渐演变成了如今我们看到的风靡全球的美食。

与生肉不同，人们能更加安全地消化生海鲜，并从中获取大多数营养成分。能识别最好吃的鱼和最佳的食用部位本身就是一门艺术。最近一次去日本北海道，彻底刷新了我对寿司的认知。我们在那里吃到了口感最为绝妙、入口即化的金枪鱼，那种被宠溺的味觉自此令我永生难忘。

日本人以对每种鱼的产地及其经销商了如指掌而感到自豪，这样确实能大大减少食物感染的风险，即使有感染概率也非常低。在日本，鱼是不是应当先冷冻一直存在争议，寿司大师坚持认为冷冻会让鱼肉的质感尽毁。在欧洲和美国，提前冰冻生鱼以杀死其中的常见寄生虫是强制性规定。以异尖线虫为例，它是每年导致日本数千例肠胃不适的罪魁祸首，要么是直接因寄生虫感染引起的，要么是对其过敏诱发的不适。日本科学家还采取了品评小组的感官测试方法，来探究冷冻和新鲜的马鲛鱼和墨鱼寿司（最常见的感染源）到底有没有区别，他们让40名医学院的学生品尝了大约300种样品。大多数品评员是无法尝出区别的。荷兰人也有生吃鲱鱼的传统，不过欧盟的法规强制规定生鲱鱼必须先经过冷冻，这是一种减少感染而不会影响其味道的方法。

鱼柳

对在 1955 年以后出生的许多人而言，第一次品尝的鱼很可能就是克拉伦斯·伯宰船长发明的冷冻鱼柳。英国是该产品的发源地，现在依然保持着日销 150 万根的热度。这种鱼柳是用一大块冰冻的白鱼制作而成，颇具有伪装性——根据 2017 年英国营养基金会的一项调研，每五个英国成年人中就有一人认为这是鸡肉做的。大多数鱼柳都有真鱼肉，不过所谓的鳕鱼柳经常是由狭鳕或者尝起来还不错的绿青鳕做成的，而且往往被当作更加珍稀、更贵的鳕鱼条来出售。因为鱼柳的价格一路上涨，其中鱼肉的含量自然就一路下滑，如今鱼肉含量为 50%~70% 不等，其他则由面包糠、裹粉糊和其他配料组成。不过鱼柳依然是英国人最常见的吃鱼形式，它在澳大利亚也极受欢迎，不过那里用的鱼是新西兰长尾鳕。

重金属污染

还有另一个问题是，鱼类遭到了重金属污染。镉、铅，尤其是汞等重金属化学物质伴随不同的工业加工过程流入河水和海洋中，然后进入鱼类体内，最后被我们吃到肚子里。对多数人来说，吃鱼和贝壳类水产所遭遇的重金属中毒的风险或许并非最大的健康问题，不过的确有一些鱼和贝壳类水产中的汞含量很高。这是一种强力的神经毒素，可能对正在发育的胎儿及儿童神经系统造成伤害。对成年人来说，严重的汞中毒也会导致认知水平加速衰退。那么，我在医院吃的金枪鱼罐头三明治工作餐是让我更健康，还是加速了痴呆的步伐？芬兰是全世界痴呆发生率最高的国家，该国吃鱼的量也远远在其他多数国家之上，不过还要考虑到他们必须经历漫长而缺乏阳光的冬天，所以抑郁症患病率和自杀率也非常高。这就得出了一个结论：因为吃鱼和接触工业环境引发的高汞暴露，再加上由漂浮在湖面的蓝藻产生的一种叫 BMAA（β－甲氨基 -L- 丙氨酸）的特定神经毒素，联合形成了增加痴呆症的“完美风暴”。这个结论虽然非常抓人眼球，但仍然缺乏有力的科学证据。

除了一些非常极端的公开案例，关于鱼类汞中毒的真实危险性其实很大程度取决于具体情况，因此对普通消费者而言，很难知道每个人该吃多少鱼，以及吃哪种鱼。不过还是有些通则，更大型的鱼诸如黄芪金枪鱼、鲨鱼、旗鱼、大比目鱼或者剑鱼这种寿命较长而且以很多其他鱼为食的品种，就会有较高的汞含量，食用这些鱼肯定会摄入汞。一些体检机构如今把重金属检测也作为常规检查项目，我有一个朋友就因为血液中被检测出较高含量的重金属而被告知要减少金枪鱼的摄入，转而吃一些小型的鱼。但问题是这些新的血液检测要比十年前的敏感性高很多，这让我们产生了一种重金属污染近年来在急剧增长的错觉，而实际情况可能一直未变。

关于人类体内重金属的风险研究质量参差不齐，尽管有超过 30 项研究指出重金属与很多疾病有关，但是迄今为止这些证据并不确凿。[23] 2016，美国食品药品监督管理局认定美国人吃金枪鱼罐头（显然提升了智商）是有益的，孕期的女性也包括在内，而且它的益处远超汞中毒的风险。[24] 我们还在双胞胎队列研究中发现，血液中铅和镉的水平在一定程度上会受到基因的影响，所以重金属水平通常因人而异。对孕妇而言，确实应当少吃金枪鱼或者旗鱼三明治，因为其中所含的重金属很可能会在发育中的胎儿体内累积。而对其他人群而言，重金属的危害性仍然证据不足，所以只要保持多样化的膳食结构，偶尔吃吃鱼是没有问题的。同时，少吃那些寿命较长的野生鱼无疑有助于生态平衡。

*

如果你喜欢吃鱼，尽量吃各种各样的鱼。如果可能的话，尽量选择那些可持续捕捞的鱼，最好是小型鱼类，它们含有较低的抗生素和汞，营养价值也较高。多吃那些被养鱼场当作鱼饲的小鱼，从生态学角度来看更加合理，且更有利于健康。如果在你所在的地区选择可持续捕捞的鱼类比较困难，那么建议你寻求海洋管理委员会及其网站的帮助，以获取必要的信息。不过正如我们前面讨论的，目前鱼类的标签还存在很多问题。[25] 为海洋环境着想至关重要，无论是来自封闭的垃圾填埋场，还是散落在陆地和海洋中的垃圾，如果我们不采取行动，废弃塑料将会在 2040 年翻一番，达到 3.8 亿吨。到那时，大约会有 1000 万吨废弃塑料以微塑料的形式进入食物链，最终被我们摄入。

尽管吃鱼对健康的益处被夸大了，但如果你跟我一样很喜欢吃鱼，那么单纯把养殖肉换成养殖鱼可不是正确的做法。因此我要重申的是，多花点钱去购买更高品质的食品，并吃得更少一些才对环境更有意义。除了吃鱼的一些固有健康好处之外，我们更应该考虑的是环境、伦理道德和可持续发展等问题。

关于鱼的五个事实

1. 除非你怀孕了或者正处于心脏病的康复期，否则 ω-3 脂肪酸并不是一种有效的营养补充剂，它的作用被高估了。
2. 我们买的鱼有一半涉及食物造假，所以要多关注其原产地，且要买品质好的鱼。
3. 每周吃两次鱼并非维持健康所必需，而且也不利于可持续性。
4. 我们所购买的大多数鱼类都是渔场养殖的，而且所投入的小鱼饲料是养殖鱼的两倍，这导致环境和道德的双重灾难，所以要借助可信的标签和网站来做出明智的选择。
5. 如果我们继续以当前的捕捞速度捕鱼，那么世界上大部分地区的鱼类资源将在 20 年内枯竭。

甲壳类海产与其他海鲜

甲壳类海产相当于水产界的昆虫，比如龙虾、虾类和蟹类。这些“海虫”（北美螯龙虾）在19世纪70年代前在缅因州被人视作跟潮虫（西瓜虫）一样无法食用的东西。当地的龙虾如此之多，以至于它们在海滩上都堆成了山。当时，它们一般被当作仆人或囚犯的食物。甲壳类水产背负了非常多的污名，这也解释了在全世界各地龙虾或者小龙虾为什么有着许多奇奇怪怪的名字。比如在澳大利亚，“摩顿湾虫子”（东方扁虾）和“巴尔曼虫子”（巴尔曼螯虾）[①]直到最近才被人视作一种珍馐美味。龙虾迅速成为一门大生意，越大的龙虾越值钱。不过按常理来说，更加富有滋味的蛋白质实则来自一些小型的水产动物。龙虾的美味也同样源于其中的氨基酸和糖相遇后发生的美拉德反应。这种反应只需要较低的温度就能发生，因此如果快速烹饪的话，烹饪龙虾的温度比肉要低得多。大多数的缅因州龙虾和欧洲龙虾都不能大规模养殖，因为它们会互相伤害并吃掉对方，不过位于英国康沃

① 此处原文为 Moreton Bay Bugs or Balmain Bugs，摩顿湾位于澳大利亚昆士兰州布里斯班以北，巴尔曼位于新南威尔士州悉尼附近。——译者注

尔郡和澳大利亚塔斯马尼亚州等地的一些龙虾养殖场，人们已经逐渐学会如何低成本地养殖一些性格更加温和的龙虾品种了。

虾（英文中 shrimps 和 prawns 经常可以相互替代，前者是指小虾，后者往往指大虾）是美国人最爱的海鲜，人均每年要吃掉超过 2 千克的虾，而其中 99% 都是从印度、越南、泰国和印度尼西亚养殖场进口的品质不高的虾。为了保护好虾的颜色，如果它们要去壳，就需要在包装前加入亚硫酸氢钠，就像廉价的火腿一样。此外，还需要加入三聚磷酸盐来保持水分，以获得更高售价。要想知道你买的虾有没有这些化学添加剂，唯一的办法就是认真看食品标签或者购买带壳的生鲜虾，它们基本不太可能有人工干预的机会。

在亚洲，为了能够开辟出大量的海鲜养殖场，对红树林的砍伐已经到了惊人的程度，而这些水产养殖场几乎没有任何有关杀虫剂和环境方面的监管。为了产出 1 千克的虾，会消耗差不多 2 千克野生鱼饲料。这些野生鱼会被拖网从海底粗暴地打捞上来，这样不仅破坏了海洋环境，海龟也深受其害。

有机农场养殖的虾要贵很多，它们个头要小 12% 左右，不过依然是用鱼饲料喂养的。但如果管控较严，一般不会使用化学制剂、抗生素或杀虫剂，因此对环境要稍微友好一点。另一方面，来自地中海或墨西哥湾等地的新鲜野生虾，简直是绝顶美味，尽管其价格是普通虾的 10 倍，为了保护海床，或许我们应该为这些罕见珍贵的食物买单。

软体动物是对带壳类动物的统称，比如蜗牛、蛤蜊和牡蛎等，或者说曾经有壳的那些动物，比如蛞蝓（鼻涕虫）、鱿鱼和章鱼。南极深海螯虾和薯条[1]是英国酒吧的经典名菜，大多数英国人认为南极深海螯虾是愉快地生活在大海里的物种。事实上，它们是20世纪60年代在食品实验室用都柏林湾虾制作出来的食物。如今更加廉价的这类食品已经鲜有虾的成分了，即使有，也是由海螯虾的碎屑，以及一些味道寡淡的白鱼鱼肉，如越南的巴沙鱼，再添加一堆化学物质、香精和色素黏合一起再放进模具里制作的，这样看起来就能像真虾了。

蟹是一类很聪明的甲壳类动物，它们能识别生病的同类，这可让大西洋鲎倒了大霉——因为它们蓝色的血液里被发现有种独特的蛋白质能识别细菌感染[2]，因而被用于制作新冠病毒疫苗制剂。蟹柳棒则是一种完全跟蟹毫无关系的食物，它的主要原料是一种养殖的白鱼肉糜，这种白鱼鱼肉可塑性强，被碾成泥后染个色，再加入蟹味香精和其他添加剂就能做成蟹柳。

扇贝很难造假，它在全世界较冷的水域均能发现，把它两面都煎一下或生吃都很美味。因为扇贝经常以脱壳的形式售卖，很多餐厅都喜欢用它们代替一些更贵的品种，比如说欧洲大扇贝，而不是廉价的日本扇贝。扇贝最主要的问题是它们大部分是从海底被拖网捕捞上来的，这种捕捞法在前面讨论过，已经对海洋生态系统造成了长达数十年的破坏。尽管这种粗暴的捕捞法应当被全面禁止，但迄今只有挪威一个国家真正执行了。解决这个问题的出路要么是给予潜水捕捞者更高的劳动回报，要么从一些口碑较好的水产公司采购水产品，因为他们的捕捞方式更具可持续性。

---

① 此处原文 scampi 是英国的菜品，它是一种用面包糠包裹的油炸小吃。scampi 在澳大利亚和新西兰地区是指另一种真正的生食深海螯虾，不应混为一谈。——译者注

② 这种蛋白质能识别格兰阴性菌产生的内毒素。疫苗这种生物制剂如果被内毒素污染，会造成严重后果，因此它被用于疫苗中，作为一种提示有没有生物污染的指示剂。——译者注

被塑料困住的鱼和软体水产

我们常吃的许多鱼都含有微塑料。一项研究发现，73% 的大西洋深海鱼类（生活在海洋中层带）体内都检出了一定量的塑料，尤其是海鲈鱼和马鲛鱼。[1] 而这些鱼正是一些大型鱼类诸如金枪鱼赖以为生的食物。贻贝、蛤蜊和牡蛎等软体水产也会吸入微塑料。它们有着双阀门的结构，可以天然地过滤海水，留下一些无法消化的沉积物。吃鱼时我们会去除内脏，而我们吃这类软体水产的时候往往把它们的肠子一块吃下去了。[2] 仅仅 6 只牡蛎就含有大约 50 个塑料微粒，贻贝中的含量可能更高。西班牙人吃海鲜的量在世界排第一，而比利时则是人均吃软体水产最多的国家，其国菜就是贻贝配薯条，所以比利时人每年大约要摄入 11 000 个塑料微粒。

我们对这些塑料在人体肠道中累积后的潜在风险一无所知，但更了解肠道微生物会如何反应。在小鼠身上的研究表明，用塑料微粒喂养小鼠后，它们的肠道微生物变得更具炎症反应倾向，而且免疫反应更差。[3] 不过我们仍不确定我们吃下去的塑料微粒甚至更小一点的纳米级别的微塑料是不是比空气中的那些塑料碎片危害更大。一位科学家估计，我们每年通过呼吸吸入的塑料相当于一张信用卡所含的塑料量。2022 年发布的一份报告表明，每 13 个接受过肺部手术的人中就有 11 个人的肺部深处有塑料。[4]

全球变暖对政客来说或许还有一定的争议性，但如果你养牡蛎或者其他甲壳类软体水产，那就会面临极其严峻的现实。因为海洋会吸收更多的二氧化碳，因此水的整体酸度会上升，进而导致牡蛎繁殖力下降。长期来看，浮游生物这类微生物或许是最大的赢家，因为软体水产数量的下降对其他所有生物都是坏事——它们是海洋生态系统的清洁卫士，这显然要比一次性塑料问题更为紧迫。

生性浪漫的健康食物

根据对澳大利亚原住民的一些考古学研究，食用牡蛎的习惯已经持续了两万年之久。那时，罗马人在如今的英国海岸线上养殖牡蛎，于是牡蛎成为大众的流行食物。在19世纪中叶的伦敦，海鲜市场每年卖出5亿只牡蛎，直到后来实在没那么多牡蛎了，于是价格飞涨。牡蛎是蛋白质、维生素的重要来源，同时也提供了丰富的锌。法国医生至今都把牡蛎作为治疗维生素缺乏症的一种天然补充剂，即使对儿童也不例外。2~4只牡蛎就能满足你每天所需的B_{12}的需求，同时还可补充一些铁、钙、锌和镁元素。跟其他海鲜一样，它们也富含（无害的）胆固醇。

不过我们并不清楚我们的祖先之所以吃牡蛎，是因为这种滑溜溜的食物营养又美味，还是因为它们的催情作用。在拉丁语中，描述贝壳类食物都颇为暧昧，说粗俗点儿，就是暗指女性的生殖器——这种对外形的描述可能与它在全世界的广泛流行不无相关。据说贾科莫·卡萨诺瓦[①]的一个习惯就是要在早餐吃60只牡蛎来保持其雄风，不然那122段风流韵事从何而来。至今在世界很多国家，牡蛎的销量都会在情人节前后暴涨。

尽管科学家并没有找到关于贝壳类食物具有催情作用的证据，

① 贾科莫·卡萨诺瓦，意大利冒险家、作家，他的一生以“永不停息的游历者”以及有众多女性情人著称。——译者注

但依然有网站在宣传贻贝和牡蛎的催情作用，并宣称牡蛎中的锌能帮助男性制造睾酮。可是土壤里也有锌，怎么没见过兴致勃勃地吃土呢？这些故事足以说明我们多么容易被忽悠，以及“安慰剂”效应的强大。而更有可能的原因是，把牡蛎这种黏糊糊的生物吞进嘴里的触感体验可能是实验动物所无法企及的。

牡蛎、蛤蜊和贻贝都是非常好的非加工天然食物，它们只需要简单烹饪就可食用或直接生吃。贻贝和蛤蜊蒸几分钟就能吃，而大多数人都喜欢直接生吃牡蛎。生吃它们的体验无异于对海洋食物的直接品尝。如果你直接在海边食用它们，感受到的不仅仅是略带海水中矿物质的金属味道，还能品尝到如黄瓜、蘑菇甚至柠檬一样的挥发性味道和气味。它们被打捞后等待的时间越久，就会变成鱼腥味，接着微生物还会分解蛋白质，并产生难闻的硫黄味。

吃牡蛎有时会有风险。每年新闻都会报道几例因吃牡蛎而死亡的事件。比如 2018 年一位来自得克萨斯州的女性旅行到达路易斯安那州，并在那吃了 20 多只海湾牡蛎，然后死于一种“食肉微生物”——这种微生物攻击了她的腿部皮肤。但她也有可能不是因为吃牡蛎而感染的，而是因为她腿上有小伤口，又涉水捉螃蟹而被感染。有两类微生物需要注意：一是大肠杆菌，会导致肠道感染和食物中毒；二是创伤弧菌（*Vibrio vulnificus*），它是导致霍乱这种流行病的难缠细菌的表亲。这些细菌通常是因粪便污染进入生活用水中，或者是在暴风雨灾害后，牡蛎会过滤这些被感染的水并增加病原菌的浓度，最后导致吃了这种牡蛎的人被感染。美国每年都会报道约 84 000 例感染事件，平均约有 10 人死于这种感染。美国疾病预防控制中心（CDC）每年记录在案的全球死亡案例约为 35 例，不过据报道，这种病菌污染案例正在增加，英国的水域也难以幸免，这是因为全球变暖导致水温升高，因此感染的概率也增加了。[5]

软体水产跟人类一样，也很容易感染病毒，尤其是在病毒局部流行期间，比如诺如病毒，因为其先天免疫系统只能抵御低水平的病毒，因此很容易就不堪重负。2009 年，英格兰著名的米其林三星餐厅“肥鸭”(The Fat Duck) 就经历了一场食品安全事故——有 500 人吃了它家著名的贝类菜品而感染了诺如病毒，导致该餐厅不得不暂停营业。

为了减少这方面的风险，知道牡蛎或贻贝的来源就尤为重要，对你购买水产的鱼贩或餐厅的信任也很关键。一般来说，来自江河入海口，以及美国水温较高水域 (尤其是夏季高于 26℃) 的贝壳类水产的风险更为常见。大多数水域都会每周检测大肠杆菌、弧菌的水平，以及可能导致疾病的藻类异常繁殖情况。牡蛎在打捞上来并清洗后：前两天会先放在新鲜的海水池中，然后用紫外线把绝大多数细菌 (不是病毒) 都杀死。不过美食家认为，清洗牡蛎会减少其独特的海洋风味，就像对牛奶或者奶酪进行巴氏灭菌一样。干净的牡蛎可以在冰箱里放几周，但贻贝一旦放进淡水里就会很快死亡，而且也不太建议冰冻。

为了降低食品安全风险，很多人会扔掉那些难以撬开壳的牡蛎和贻贝。“千万别吃煮后还不开口的软体水产”这个说法就源于贻贝。这一说法是由英国著名美食作家简 · 格里森在其 1973 年的《鱼之书》(*Fish Book*) 中提及的，这个说法很快就传遍了全世界。澳大利亚的生物学家尼克 · 鲁伊洛则亲自做试验反驳了这个说法。他煮了 30 批次的贻贝，发现贻贝在烹煮过程中平均有 1/9 打不开。这就说明这些“难以开口”的贻贝其实很平常——只要你加把劲儿撬开它们，100% 都是能吃的，因为它们没有任何坏掉的味道或者感染的迹象。他把这种现象归因于肌肉结构的差异。这个影响力巨大的说法导致贻贝和其他很多软体水产，比如蛤蜊，都被习惯性地过度烹饪，或者被白白浪费了。还有另一个说法是，在英文月份单词出现“R”字母的那几个月（9 月到次年 4 月，北半球寒冷的月份）别吃贝壳类水产。尽管这个说法有很多地域性的变体，它并非为了避免感染的风险，而是源于牡蛎和贻贝的繁殖周期，因为它们会在夏天消耗很多能量和资源繁殖下一代，因此刚进入秋冬会较干瘪。所以除非海水变得更加温暖，否则这个所谓的“R 原则”更多的是为了追求口感。

西班牙、法国和意大利人喜欢吃生海胆，这也是一种精美的日本寿司食材。不过，胆小的盎格鲁－撒克逊人觉得海胆的口感实在是太黏腻了。在缅因州，当地人还客气地称其为“海之荡妇”。水母（海蜇）是一种食肉动物，而非严格意义上的鱼类，它应该被称作啫喱最为确切。在亚洲美食中，海蜇是一道非常精制的料理——通常需要一位技艺高超的“海蜇大师”来制作，去掉其中的毒素，然后可以干吃、盐渍或者切成条拌醋生吃等。我曾经在上海吃过一些腌制的海蜇粒，不过我未经训练的味蕾没能让我享受到其美味。虽然我的观点不一定对，但是别认为吃海蜇能拯救地球，相反，全球气候变暖搞不好能直接让海蜇占领世界。

我们在吃鱼子方面可没那么矫情，尤其是鲟鱼的鱼子或鱼子酱。贝鲁加鱼子酱产自里海，每千克售价高达 7000 美元，而如果鱼子来自一种更为罕见变异的个头较大的白鲟，那么每千克价格可以卖到 2 万英镑。这种长寿的鲟鱼体形很大，可以长到 900 千克，这让它们非常容易受到过度捕捞和污染的伤害。因为鲟鱼子的价格飞涨，贝鲁加鲟鱼如今正濒临灭绝，很多国家禁止捕捞它们。鱼子酱为何成为一种珍馐尚不得而知，但是贝鲁加鲟鱼曾经在欧洲的河流里相当常见，在 14 世纪，甚至连英国皇室都对其关注有加，还给予它“皇家鱼类”的地位。这样一来，所有在英国水域捕获的鲟鱼就能名正言顺地归他们所有。为了能获取宝贵的鲟鱼鱼子，最老的雌鱼会被优先捕获并注射镇静剂，接着人们会取出它的卵巢和鱼子。而其他一些渔民则会使用小切口，以便雌鱼继续产卵。这些鱼子会被先清洗干净，然后要么被腌制，要么就保持原样来留住最初的风味和质感，或者进行巴氏灭菌，虽然这样会影响其风味，但是能保存更长的时间。

因为诸多的禁令、高昂的价格和过度捕捞，工业化养殖的鱼子酱已经在一些国家完全代替了野生鱼子酱，从加拿大到中国和沙特阿拉伯都如此，每年能生产数百万吨鱼子酱。除了人工养殖的鱼子酱和野生鱼子酱，还有很多便宜的鱼子酱。它们通常来自鲟鱼的近亲或杂交鲟鱼，或小又缺乏光泽的鱼子品种，有的干脆直接用鳕鱼或者三文鱼鱼子。价格越高的食物，假冒伪劣自然越多，而用廉价的鱼子代替真货门槛特别低。保加利亚和罗马尼亚的渔民能从黑海和多瑙河捕获到极为罕见的野生鲟鱼，这是为数不多的野生鱼子酱的原产地。所有的鱼子酱都会有一个标签，会标明原产地和具体品种，并注明是野生还是养殖的。然而，在对 27 个鱼子酱的样品做基因检测时，只有 10 个样本是如实标注的，有 7 个完全是假冒的，有的甚至连鱼的成分都没有，还有许多用的是圆鳍鱼的鱼子，还有 4 个用的是非法品种的野生鱼子。[6] 所以花高价买鱼子酱就像玩俄罗斯轮盘。如果你只是个平平无奇的富人，习惯于每天早上来一勺真的鱼子酱，那么好消息就是你能从中获取每天需要的维生素 B_{12} 和大量蛋白质。但是坏消息是，如果吃的是野生的鲟鱼子，那么你会吃下去不少类似汞这样的重金属，它会导致你脑子不好使，继而忘了把钱放哪儿了。

发酵鱼

人为地给鱼肉加点儿微生物，是让不可食用或有毒的鱼类变得可吃且能长期保存的传统方法。最知名的发酵鱼就是冰岛发酵鲨鱼，据说是由维京人引进的，未经发酵的鲨鱼肉由于尿素和TMAO含量很高而不可食用。如果你想试试这个方法，尤其想给邻居一个大惊喜的话，可以这么做：先去当地的鱼贩那里买一些格陵兰鲨鱼，记得让他们帮忙去头和清理内脏。买回来后把鲨鱼放进挖好的坑里并用土埋起来，3~4个月后再拿出来，接着把鱼肉切片，并在阴凉处晾几个月。最后只需要把它切成小块，然后用签子插着就能吃啦！当然，你可以用它们来招待那些不吃寻常肉的客人，他们绝对不会失望的。就连戈登·拉姆齐[①]吃了它都不得不吐出来，另一位硬核的大厨和美食作家安东尼·伯尔顿将其描述为他职业生涯中尝过的“最糟糕、最恶心和最难吃”的食物。大多数人都难以忍受这种强烈的腐烂气味和氨气味，尽管有一些狂热者还是能从中捕捉到一丝令人愉悦的鲜味和复杂的坚果味。

在一次宣讲图书的瑞典之旅中，有人送了我一些发酵的鲱鱼。这种鱼跟前面说的发酵鲨鱼制作方法类似，不过是用盐水腌渍的。但他们给我时忘了提醒我：如果你在家里打开它，那强烈的恶臭会在房子里经久不散。当然，我也可能在打开它之前就被捕或是死了。不妨大胆设想一下：我把这个鲱鱼罐头放在随身行李箱里带上了飞机，如果罐头爆炸了，随后其散发出来的恶臭在机舱里几乎让机组人员丧失

① 戈登·拉姆齐，名厨、节目主持人、美食评审。——译者注

工作能力——坠机也不是不可能。但无论如何，我还是活着带着鲱鱼罐头回到了家。那个罐头看上去鼓鼓胀胀的，充满不祥的征兆，于是我把它放在后院里，然后忘得一干二净。直到两年后，几名建筑工人跑来跟我说他们可能失手把我家后院的下水管道挖破了，我才突然想起这事儿，赶紧去后院，在一些土下面找到了这罐破了的鲱鱼罐头。当然，用醋腌制的鲱鱼就让人愉悦多了，它跟较少见的烟熏鲱鱼一样美味，还能提供大量的 ω-3 脂肪酸和蛋白质。

藻类食物

种植更多的藻类（也叫海藻）是一条应对全球变暖和鱼类种群减少的可靠出路，不过海藻通常是藻类（细菌）和真菌类植物的统称。最近我才得知，我的一些澳大利亚祖先最初是在天空岛养殖海带的农夫，19 世纪他们把大多数海带都出口到了法国，直到肥皂和玻璃生产工业化之前，他们的供应才停止。海藻能减少二氧化碳排放和水体酸化，而且是一种可持续性的营养供应来源。它们的风味跟软体水产品一样，蕴含大海之本味。虽然目前只有 35 个国家在养殖食用的海藻，而如今这是一个价值数十亿美元的产业，预计在 2025 年前将达到 300 亿美元。跟陆生植物一样，水生的海藻也是水生动物的口粮，因此也会衍生出一系列的防御系统，包括氯化物、硫化物、碘和溴，这些也构成了它们的特征性气味。海藻早在古代的亚洲就已经是一种美味佳肴，就连 6 世纪的修道士圣高隆庞（St Columba）在爱奥纳孤岛上也部分依赖于海藻食物，以提供多酚和抗氧化物，其中所含的碘还能预防甲状腺肿大。几个世纪以来，爱尔兰人一直将海藻加入粥和布丁里，而威尔士人则将其与燕麦组合制成莱佛面包。除了能直接食用外，海藻还经常被用于制造富有黏性的“天然”食用凝胶。这种凝胶能作为食品添加剂用于很多加工食物中。根据其成分而非人体试验数据，人们普遍认为这种添加剂是一种健康的配料。[7]

海藻主要分为四大类：绿藻（如海白类）、褐藻（海带或味噌汤里的裙带菜）、红藻（紫菜或是寿司用的海苔）和蓝绿藻（螺旋藻）。它们的主要成分都是水，不过也富含蛋白质、膳食纤维、碳水化合物和一些饱和脂肪酸，以及抗氧化的多酚和一系列重要的矿物质，如钙、镁、铁、硒和多数维生素（维生素 A、维生素 B、维生素 C、维生素 D、维生素 E、维生素 K）。几个世纪以来，日本人、韩国人和中国人一直在养殖和食用海藻，其中日本每年人均要吃掉超过 5 千克的海藻，[8] 他们的健康与长寿可能部分归因于海藻里丰富的膳食纤维和营养素。日本人吃海藻的形式多样，可以包食物、做寿司，可以做调味汁或汤。不过日本人体内只有大约 20 种天然的消化酶能分解这些来自海藻的复合碳水化合物，除非恰好“感染”了一种特殊的菌——拟杆菌。这种菌带有一个能够消化海藻中多糖的基因，它们通常定居在海里。正是因为肠道里有这类菌，人才得以消化海藻复杂的结构并汲取其中全部的营养素和多酚。某一天，这种菌经由一些吃海藻的鱼为媒介，成功入驻人类肠道，再把它们的这种特殊基因转录给肠道中的其他菌群。如今这种能消化海藻的菌就定植于部分日本人的肠道中，引颈期盼每天如期而至的海藻美食。

很多沿海而居、爱吃鱼的西班牙人似乎天生有这类特殊的微生物基因，而多数欧洲内陆居民和美国人则没有获得这种基因。不过随着我们吃更多的海鲜和海藻，我们“感染”这种菌的概率也在逐渐增加。最近的研究表明，还有很多其他以海藻为食的水生细菌，如今已经把它们的部分基因转录到人类的肠道微生物中，从而使这部分人能消化一些罕见食物，并能“捕获”这个新的利基市场。这是一种完美的共生关系，因为这种罕见的微生物会在人的肠道中繁殖，而人又能借此吸收更多的营养并获益于肠道微生物多样性。所以即使我们对寿司兴趣不大，我们也应该时不时来一口海苔，以重新建立与大海的连接，并进一步改善体内微生物的多样性。海藻还有一种吃法，就是购买类似意大利面的海藻产品。我把这种海藻面、意大利扁面与新鲜樱桃番茄、欧芹、初榨橄榄油和大蒜一起煸炒，制作成一道非常美味、充满海洋之味的食物。得益于其中丰富的膳食纤维，我的血糖显著降低了。

一些被炒过头的藻类补充剂，比如螺旋藻，如今已经形成一个巨大的“超级食物”产业了。除了作为一种添加剂出现在很多高价的沙拉和奶昔中，它也被用在抗衰老护肤品中。有证据表明，螺旋藻可能有助于减肥，服用螺旋藻制成的膳食补充剂能帮助肥胖的受试者减重。我们向来对这种具有益生菌功效的微生物不甚了解，直到后来我们发现它能够生活在人类的肠道中，尽管它更喜欢素食者的肠道。50年前，它被误认为是一种藻类，而事实上它是一种古老的光合细菌。它是史上最早的、能够把光转化成氧气的细菌，并为人类创造了得以畅快呼吸的环境，可以说我们的存在有其功劳。

节螺藻属在营养成分方面独树一帜。除去所含的水分后，它有近50%是蛋白质，再加上它还含有多不饱和脂肪酸，并含有所有必需氨基酸，也不乏B族维生素、微量营养素、胡萝卜素和容易吸收的铁。有的网站错误地宣称它是维生素 B_{12} 的来源，之所以错误，是因为它制造的维生素 B_{12} 是人类无法利用的。节螺藻属喜欢生活在35℃左右的温暖碱性水体中，而且基本无须喂食，只需要在阳光或者人工 LED 灯的照射下即可生长。养殖这些微生物十分经济——要产出同样多的蛋白质，它们的耗水量不到种植大豆的 1/10。它也被认为是一种能够拯救饥荒的廉价解决方案，还是完美的素食果昔的配料（不过很贵）与太空飞行的理想食物。既然它这么好，那么为啥我们不把它当作每日的益生菌补充剂呢？这是因为，以上种种健康益处均是从它本身的营养特点、试管研究以及动物实验中得出的结论。而相关的人体试验不仅样本量太小，而且质量也很低，因此我们无法据此推导出可靠结论。

一项针对加沙地区 87 名营养不良儿童的研究表明，连续 3 个月每日口服 3 克螺旋藻补充剂的效果要比复合维生素补充剂更好。此外，还有一些在艾滋病人中进行的小型先导试验也得出了积极的结果。[9] 在美国等一些国家，螺旋藻多年来一直被批准为“安全”的补充剂，不过比较讽刺的是，对其没有进行过任何常规的安全质量检测（不像药物那样管理），而螺旋藻实际上很容易受到其他有毒蓝藻的污染，继而致病。希腊对 31 种在售的螺旋藻补充剂进行了抽检，结果发现这些补充剂中含有数百种细菌（都是不该出现在产品中的杂菌），还有一些甚至含有对人体致病的有害菌。[10] 如果想获得螺旋藻全部的营养益处，我们必须每天吃足够的剂量（每天约 3 克）才行，如果你负担得起，可以把它加到果昔里，不过要确保其来源可靠。不过鉴于有诸多更廉价的蛋白质来源，我不打算劝你把浴缸改造成养藻池。

细胞培养的海鲜（IVS）

对海鲜爱好者而言，一个令人激动的未来前景是在实验室里造出细胞培养鱼肉。鱼肉本身的特性让它尤其适合用这种细胞培养的方式制造，因为鱼肉细胞的生长耗氧量很低，也能耐受低温，同时能使用以菌菇和蟹肉蛋白为基础的培养基。目前正在进行的这项工程表明，我们很快就能吃上更合乎道德、富有营养以及对环境更加友好的海洋蛋白质了。

*

海鲜既营养又美味，不过针对它的不少健康宣传和某些产品的价格并不属实。牡蛎也不会改善你的两性关系，鱼子酱是一种从鱼身上残忍地剥取鱼子的产物，而且假货泛滥。然而，海藻则不会让你失望，而且我们还能放心吃贻贝（配不配薯条都行）和香蒜白酒蚬肉意大利面，因为它们对地球友好，对健康有益。

关于海鲜的 5 个事实

1. 许多虾和其他海鲜都是以不可持续的方式捕捞的。
2. 牡蛎和贻贝是蛋白质和营养素的优质来源。它们的养殖不但具备可持续性，而且对环境友好，但不一定对你的性生活有帮助。
3. 深加工的海鲜用的都是人工饲养的鱼，南极深海螯虾也不是真正的海鲜。
4. 微塑料污染正在危害海洋鱼类，而且很可能也会危及人类健康。
5. 海藻是一种极富营养价值的未来食物。

奶类和奶油

在我 17 岁时，为了治疗长期困扰我的鼻窦炎，我妈妈带我去看了针灸医师和自然疗法医生，医生给我开了一个无乳制品的饮食处方，因为接待我的专家坚信乳制品是导致我鼻腔黏液过多和过敏的肇因。接下来几年，我认真遵循了这种无乳制品的饮食建议，但我的症状和感染率丝毫没有改善。这些关于牛奶、酸奶、黄油和奶酪（有时还包括鸡蛋）的警示，让我长久以来对乳制品都很谨慎，而且这种情况不只发生在我身上。由于担心过敏和患心脏病，很多人不得不放弃牛奶而去喝山羊奶，又或者是被迫去选择加工的植物乳品，如豆奶、大米奶、燕麦奶、椰奶和扁桃仁奶。另外，他们把黄油换成人造黄油（氢化植物油），并放弃了奶酪。自 20 世纪 70 年代中期开始，英国的牛奶消费量就遭遇腰斩，每人每周只有 330 毫升，超市的销售压力加上低价格致使很多奶牛场破产，还导致牧场群体的高自杀率。[1] 在 2017 年的一项调查中，6 个英国人中就有 1 个表示自己“不是已经戒奶，就是正在戒奶的路上”。这种“反乳制品”的情绪在 45 岁以下的人群中最为强烈，其中最主要的原因是对健康的顾虑，其次是对动物福利和环境因素的考量。在健康方面，主要还是聚焦在乳制品的脂肪和乳糖上，担心这些成分会导致肥胖和心脏病。然而，尽管低脂乳制品依然占据着商店货架的大半壁江山，但最新的销售趋势表明，大众的消费正在两极分化：要么是完全拒绝乳制品，要么是回归牛奶、酸奶或黄油等天然全脂乳制品的怀抱中。

在如今的健康之争中，我们似乎忘了最初喝牛奶的初衷。奶类是一种脂肪球在水中的天然乳液，就像是一个个小滚珠，带给我们的味蕾丝滑愉悦的口感。妈妈的母乳是无与伦比的健康饮品，它随着人类进化了逾百万年，才得以拥有恰到好处的营养和平衡来确保婴儿的生长、保护和生存。事实上，几乎所有动物的幼崽都本能地喜爱吃母乳，而且能消化它。而一旦野生动物被人类驯化，喝牛奶、绵羊奶或山羊奶就成了人们能够找到的最接近母乳的替代物。

在人类顺利从奶类中获取营养的路上有两个主要的绊脚石。第一个是奶类会让人们不适。地球上大多数成年人其实都缺乏乳糖酶基因，因而难以将乳糖分解为更小分子的糖，以被人体吸收。大约在 8000 年前，一个编码的乳糖酶基因发生了偶然的突变，而这就能让一些人在过了儿童期后还能继续跟婴儿一样大量喝奶。这种突变帮助部分幼童能够在致命的感染中存活下来，并能长得更快、更高。很快，这一群体在生存和生育上的优势使其在北欧占据了主导地位，达到了总人口的 90%。然而，这个关于喝奶基因的背景故事竟然被一小撮“白人至上”霸权主义者（主要集中在美国）添油加醋地包装成了种族的权柄——把喝奶当作一种只有白人才能享有的特权，并宣称“如果你喝不了奶，就回家吧”。然而很不幸，他们读的书显然太少，否则他们应该意识到这种基因同样存在于部分东非人身上，尤其是中东人，这种基因突变对中东人也同样有重要的影响。

牛奶

牛奶是全世界消耗量最多的乳制品，而如今它甚至比一瓶瓶装水还便宜。牛奶中大部分（87%）成分是水，它在经过自然进化后富含特定的激素和微量营养素，从而保证小牛在出生后的头一年能依赖母牛乳快速生长。除了水之外，牛奶主要由各种碳水化合物的混合物（主要是乳糖）、蛋白质（主要是能够发生凝乳反应的酪蛋白和乳清蛋白）和脂肪（主要是饱和脂肪酸）这三者构成。它还含有大多数重要的维生素、氨基酸和其他许多营养物质，这些在草饲奶牛产的牛奶中尤其多。在过去 8000 年的大部分时间里，你只有住得离牧场很近，才有可能经常喝到生牛奶，因为生牛奶中的有害微生物会让牛奶很快变质。而改变这一切的是 19 世纪末发明的巴氏灭菌法。这种灭菌方法并不会杀死所有的微生物，而仅仅会杀死那些对热最敏感的微生物，也包括一些有益微生物，因此它无法保证牛奶在后续储存过程中不被其他微生物污染，但这已经让巴氏灭菌的牛奶比生牛奶安全很多了。

在 20 世纪的大部分时间，人们认为喝奶对孩子们大有裨益，而对成年人的好处则一直存在争议。从 20 世纪 60 年代到 70 年代，有政府支持的乳制品企业大力宣扬牛奶是一种天然的高蛋白营养食物，是促进生长发育和健康的必需品，还吹嘘其能让皮肤更嫩滑、头发更有光泽，能治疗包括经前期综合征在内的几乎所有疾病。而如今很多人却认为，牛奶是一种异体的致敏原，还是导致发胖的元凶，对儿童也有害。再加上全球约有 65% 的成年人缺乏消化乳糖的乳糖酶基因，因此即使喝不到一杯也会出现乳糖不耐受，甚至出现一些很严重的不适反应。对牛奶蛋白过敏（不同于乳糖不耐受）虽然较为罕见，但的确是存在的。每 15 个婴幼儿中，就有 1 个受到牛奶过敏症的困扰，不过它通常会在5岁时自然消失，而且只要完全不吃牛奶及乳制品，就能轻松避免过敏症状。[2]这种过敏症状可能表现得很严重，但也经常在哭闹不安的宝宝和被其折磨得疲惫不堪的父母中被过度诊断，继而导致这部分婴儿从吃母乳转向食品生产商提供的更贵却不那么健康的婴儿配方奶粉。

近来，一些独立的研究和媒体报道的事情都涉及牛奶与现代疾病的关联，其中包括在儿童和年轻人中频发的湿疹、痤疮、消化不良、肠易激综合征（IBS）和过敏。这些结论来自一些比较随意的观察性研究，而且良莠不齐，因此难以得出牛奶与相关疾病的因果关系，但最近的一些证据则表明，大量喝牛奶可能会导致炎症反应，但这与牛奶脂肪含量无关。

在淘汰高脂食物的饮食行动开始后，很多政府都鼓励人们选择那些味道欠佳的脱脂牛奶或者低脂牛奶。顶着一堆不好的名声，牛奶在大多数西方国家的销量自20世纪70年代开始缓慢下滑。与此相反的是，在非传统食用乳制品的国家，诸如中国和其他亚洲国家，牛奶饮用量却呈现逐渐增长的趋势。许多中国人只喝温热的奶，还有些商场甚至用形似婴儿奶瓶的容器包装牛奶，以此作为营销手段把牛奶卖给成年人。这可能是促使这些地区人均身高增长的一个因素，不过身高增长也可能与该地区经济繁荣互为因果。

摄入牛奶和身高增长在很多人群中都有关联，比如欧洲人均身高最高（荷兰人第一，其次是北欧人）的人群，也是喝牛奶最多的人群。对所有动物而言，牛奶含有必需的矿物质和维生素，能帮助其生长发育。儿童喝奶有助于预防因蛋白质和维生素B_{12}缺乏造成的肌肉问题，以及因维生素D缺乏造成的佝偻病。

在进化史中，任何动物的母乳从来都不适合三岁以后的幼崽饮用，不过因为我们有了这种基因突变，因而成年后依然能喝奶，而这也有利有弊。人们普遍认为成年人喝奶有利于强健骨骼，因为牛奶中富含磷和钙（有的国家还会强化维生素 D）。很多国家的政府和医生都会推荐成年人每天喝一品脱（约等于 568 毫升）的液态奶来促进骨骼健康。而最新的证据并不支持这种说法。一项随访了逾 20 万名女性并发现了 3500 例骨折案例的研究表明，喝牛奶并不能防止骨折的发生。[3] 其他一些研究则表明，能耐受牛奶的基因与骨折率之间没有明显的关联。[4] 其实我们早在 30 年前就猜到上述结论，因为喝牛奶最多的欧洲人虽然身高最高，但是也有着最高的骨折率。而自古以来就很少喝牛奶的中国人和日本人，反而有着最低的骨折率。从全球范围来看，对于强健骨骼所需的营养素，大多数人并非从乳制品中获取，而是从各种日常食物中获取，例如，植物类的有羽衣甘蓝、花椰菜、西蓝花、甘蓝、菠菜等绿叶蔬菜，以及罗勒等香草和扁桃仁等多数坚果，还有芝麻酱等酱料和种子、鱼骨（马鲛鱼、罐头三文鱼），或者肉骨头和骨头汤。

喝奶对我们到底有没有好处？

既然喝牛奶对成年人的骨骼健康无明显益处，那么它有什么其他健康益处呢？人们对牛奶的最大担忧是导致心脏病和增重，这主要基于对动物脂肪的过时观点。最近，人们的关注点则转移到了牛奶促进儿童生长发育上，但并没有考虑每个儿童不同的营养状况，以及这种额外促成的发育究竟是否有利于个体长期的健康。人体中营养感应通路（mTOR）[①]会被牛奶激活，这对于早期的生长发育的确有意义，但是这种通路的激活也与癌症、衰老和心脏病的发病机制有关。流行病学研究最近也证实，牛奶摄入量与出生体重、体脂率、女童性成熟时间、儿童身高发育（体现在荷兰人身上）之间有关联；同时，牛奶摄入量也与痤疮、2 型糖尿病、几种癌症和总死亡率有关联。

目前美国对于奶类的推荐摄入量，仍是出于确保钙摄入的目的而设定，但是他们采用的证据仅来自一项包括 155 名受试者的不太可靠的研究，实际上还有不少其他更有说服力的证据。对于喝奶这个问题，相关的膳食情况也很重要。一项研究对 21 个牛奶摄入量比较少的低收入发展中国家的 13.8 万人进行了跟踪（PURE 研究），研究结果表明，较高的乳制品摄入量对降低心脏病和总死亡率有一定作用。[5]不过这个结论很可能是受到了生活习惯的偏倚所影响。为了能排除这种偏倚，研究人员对一个包含 190 万人的研究进行分析，其中用能分解乳糖的基因表型作为“能喝奶”的指征（这种方法叫孟德尔随机方法），发现这个基因与肥胖相关，尽管它与更低的胆固醇也相关。在考虑了这些最新的证据后，保持长期喝奶的习惯对多数人似乎并不合理，因此适度原则最重要。

低脂奶和脱脂奶

大多数脱脂奶都是把全脂奶放在高速离心机里旋转处理后生产而成的，脱脂后得到完美分层的液体：一层是充满乳脂的奶油层，一

---

① mTOR，全称为哺乳动物雷帕霉素靶蛋白，它是一种主要的生长调节分子，可感受并结合不同的营养因素和环境因素，包括生长因子、能量水平、细胞应激，以及氨基酸；激活 mTOR 后会增强细胞的合成代谢，因此能促进儿童生长发育，但同时 mTOR 信号转导异常也常见于癌症、心血管疾病和糖尿病中。——译者注

层是脱脂的牛奶液体。这种稀薄的牛奶会进一步被浓缩，然后进行喷雾干燥去除水分，制成脱脂奶粉。这种对牛奶的加工过程与精制谷物加工类似，剩下的部分是淀粉类的碳水化合物，没有脂肪，也去除了原先大部分化学物质和营养素。

各类研究都一致表明，把全脂奶换成低脂奶对血脂并无改善作用，一些研究甚至指出全脂奶更有利于血脂健康。与美国农业部（USDA）推荐喝低脂奶相反的是，研究表明在控制体重方面，低脂奶与全脂奶相比并没有优势。事实上，对儿童而言，长期喝低脂奶甚至比喝全脂奶更容易让体重增加。

我们普遍认为牛奶就是脂肪和钙的混合体，忽略了其他数百种成分，而这些成分可能与我们的免疫和代谢系统相互作用。一些小的蛋白质（支链氨基酸或短肽）能够开启或关闭控制衰老或癌症的开关（类似 mTOR），甚至包裹着脂肪球的那层化学物质也具有抗炎作用，这些都对我们健康有益，尤其是在婴儿时期。我们愚蠢地认为，利用工业化的方式就能轻松去除牛奶中的脂肪，从而留下所有有益健康的成分。殊不知，脂溶性维生素和营养物质会随着被去除的饱和脂肪酸一同流失，比如维生素 A、维生素 D、维生素 E 和维生素 K，以及像 ω-3 脂肪酸这样的健康脂肪酸也会损失，它们在草饲奶牛产的牛奶中含量很高。这也是儿童不该喝低脂奶的另一个理由。

替代母乳

我们对牛奶的还原主义倾向诱使我们陷入另一个误区——觉得母乳能被婴儿配方奶粉随意替代，并不影响宝宝喂养。配方奶粉的厂商在奶粉中添加了至少 20 种物质以尽可能模仿母乳，不过它们与母乳其实相差十万八千里。新的技术表明，母乳中有数千种相互作用的化学物质，这都为了更健康的下一代经过上千年进化而成的，而这个过程几乎不可能被配方奶粉所复刻。其中包括数百种甚至数千种被称为乳寡聚糖（HMOs）的大分子糖类，它们的含量比蛋白质还要多，而它们存在的唯一目的就是滋养宝宝的肠道微生物。母乳的成分高度个性化，并且为每个宝宝量身定做，因为它会根据每次喂养时宝宝的需求而发生变化。尽管我们对它知之甚少，但是比较明确的是，母乳含有关键的免疫调节蛋白（如免疫球蛋白和乳铁蛋白）来帮助宝宝在出生后的几个月内保持健康，因为他们自身的免疫系统还在发育中。如果你无法进行母乳喂养，也不必绝望，因为如今的配方奶粉都受到严格监管，并且其配方都是标准化的，甭管其价格如何，这些产品质量都是很可靠的。许多公司正在努力改进婴儿配方奶粉，在其中加入类似母乳中的微生物以帮助婴儿建立更好的免疫系统。而在丹麦，妈妈们发起了分享母乳的互助活动，这也是另一种非常利于后代健康的趋势，值得我们学习。

棕色的奶牛如今怎样了？

过去 60 年，为生产牛奶而采取的集约化养殖模式，已经大大缩小了产乳动物的基因库。如今牛奶主要来自荷斯坦牛[①]，它们堪称长腿

① 荷斯坦牛就是黑白花奶牛。——译者注

产奶工厂。它们在人工受孕的方法下诱导乳腺产奶，然后会用机械泵刺激其泌乳回路，而产下的幼崽则会被带离并采取人工喂养的办法让母牛产奶量最大化。这种奶牛能吃其他品种奶牛无法接受的人工谷物饲料，而且它们的产奶量是其他传统品种奶牛的十倍。荷斯坦牛平均每天能产36升牛奶，且脂肪含量较低，而英国的娟珊牛[①]每天只能产奶26升，脂肪含量比前者高出50%，不过后者的味道也更浓。我们喝的大部分牛奶并不是来自草饲的有机牧场。在过去55年内，每头奶牛的产奶量翻了一番，而我们喝的奶也变得越来越淡而无味，且营养成分越来越少，这也影响到了各种乳制品的品质。

其他动物奶

直到17世纪，欧洲的健康书籍中常常会有建议喝母乳的小提示。这些作者鼓励人们去找一个年轻、开朗、健康又乐于奉献，最好还要长得好看点儿的女性——做你的专属奶妈。[6]尽管在新冠疫情暴发之初，母乳的神奇力量又被再次肯定，但这种说法在如今看来简直不可思议。这种势头可能有小小的复辟倾向。实际上，你选择喝哪种牛奶应当是基于口味，而不是听信一些误传的伪科学或谣言。如果仅从最原始的宏量营养素层面来比较各种乳汁，母乳是最甜的，蛋白质含量相对更低，不过其中脂肪球的体积最大。而牛奶中的蛋白质是母乳的三倍，但是乳糖要少30%，脂肪含量则相差无几。绵羊奶、水牛奶和

① 娟珊牛就是标题中所说的棕色奶牛。——译者注

牦牛奶的脂肪含量都比普通牛奶高，而山羊奶的脂肪含量则要略低一些。如果想试试低脂奶，可以尝试骆驼奶，它有奶酪的咸鲜味，或者试试仅含 1% 脂肪的马奶。

黄油和奶油

多数牛奶会天然地析出含有大约 20% 脂肪含量的奶油，这与让我们舌头感觉绵密的脂肪球成分很类似，这种绵密的质地让人非常享受。淡奶油或低脂奶油大约含有 20% 的脂肪，而高脂奶油的脂肪含量可以达到 50%。低脂奶油不适合烹饪，因为它们很容易结块并且凝结成小颗粒，因此通常脂肪含量高于 25% 的奶油才能让脂肪球保持顺滑均一的质地，也能被搅拌和保持一定形态。因为奶油已经成了饱和脂肪酸的代名词，所以它在很多国家不受待见，尤其是在美国，在很多州你甚至都无法买到一款全脂非超高温灭菌的鲜奶油。相比之下，法国人对营养建议的看法要务实得多——你能买到各种不同的奶油产品，包括法式酸奶油，它含有 35% 的脂肪，而且通常是用微生物发酵生产的，因此还含有少量的益生菌。

尽管奶油名声不好，但是没有任何可靠的证据表明经常吃奶油会导致心脏问题或者缩短寿命。其他人为替代方案可能更差。为了跟随这种低脂潮流，如今奶油的替代产品在许多国家随处可见，而且这类产品上的“类乳制品”标签让消费者难以知道究竟买的是什么。在英国，你能买到你想买的各种“奶油”，但它们实际上是用黄油、棕榈油、菜籽油和其他七种化学物质混合，并模仿奶油“口感”的产品。没有任何一种能媲美天然奶油，不过大豆奶油和椰子奶油还不错，尤其是加热后味道和质地都很好，适合替代奶油。

大多数黄油是用巴氏灭菌后的奶油制作而成，含有至少 80% 的脂肪与最多 16% 的水分，通常还需要加 1%~2% 的盐。黄油的颜色和香味都能反映奶牛的伙食质量，不过前提是这种黄油未经染色或没有加胡萝卜素。如果黄油呈现漂亮的黄色，就表明奶牛是草饲而非谷饲奶牛。因为黄油的主要成分是饱和脂肪酸，很多国家已经开始减少摄入量。美国心脏协会（AHA）仍然建议每天仅能有 5% 的能量来自饱和脂肪酸，这实际上意味着你再也不能把黄油抹在面包上了，而只能用那些加工的替代产品来抹面包。英国公共卫生署（如今叫英国健康安全局，HSAUK）也建议民众用低脂的酱料代替黄油，却没有给出任何支持证据，因为实在没有证据。真正的黄油总是很美味，如果是用草饲牛奶生产的黄油，还富含维生素 A 和 ω−3 脂肪酸。我每天都喜欢用黄油而非一切人造的乳化脂肪酱，不过我们也不应该过量吃黄油，这不仅是为了保持苗条，也是为了我们的地球。

关于奶类和奶油的 5 个事实

1. 喝牛奶不会改善骨骼健康，也无法增加维生素 D 的摄入，但是可能会让你变胖。
2. 喝牛奶的确能促进儿童生长发育，但对已经有充足且多样化膳食的儿童而言并非必要。
3. 选择有机和草饲奶牛产的全脂牛奶，不过也要关注其对环境的影响。
4. 奶油的替代产品越来越多，不过要留心额外的添加剂和棕榈油。
5. 黄油没有什么健康益处，不过它非常美味，而且它的替代物可能更加有害。

发酵乳制品（酸奶、开菲尔和发酵乳）

当你不经意把牛奶遗忘在某个角落，或者是热完牛奶后让它自然冷却，然后加入一些喜欢乳糖的微生物，它们会让牛奶蛋白凝固并让整个环境酸化——酸奶就这么神奇地产生了。酸奶可以由任何含有较高脂肪的动物乳汁制成，比如牛奶、山羊奶和绵羊奶。我在写这段文字的时候，就正在品尝一种不太常见的有机过滤乳清的山羊酸奶，[①]它来自哥斯达黎加一家特殊的农场，农场主卡洛斯·卡兰萨以前是位兽医。这种酸奶吃起来丝滑、美味，得益于它有丰富的脂肪球，而且山羊奶中的脂肪球要比牛奶中的更小，它们都产自一种饲养良好且愉快生活的山羊。除了以奶作为主料，制作酸奶时还需要对奶进行巴氏灭菌，再加入微生物培养基来发酵，通常用的是乳双歧杆菌、嗜热链球菌、嗜酸乳杆菌以及另外两种德氏乳杆菌。这些微生物都能分解乳糖并产生乳酸，让酸奶呈酸性，并抑制其他潜在有害的微生物生长。

发酵的过程以及活性微生物的参与就意味酸奶与牛奶在细微的

① 这是希腊酸奶的制作工艺，是指把较为稀薄的乳清蛋白过滤，剩下浓稠的以酪蛋白为主的部分。——译者注

方面有着本质的区别，比如酸奶并不会激活 mTOR 这种参与促进生长与癌症的通路，我们在上一章已经讨论过。酸奶很可能早在几千年前就被土耳其或者波兰民众食用了，它也是在冰箱出现前用来保存和饮用牛奶的一种传统方法。直到 20 世纪初，一位离经叛道的俄国科学家（后来获得诺贝尔奖）伊拉 · 梅契尼科夫发现保加利亚的农夫拥有超乎寻常的健康体魄和更长的寿命。他和当时的许多人一样，认为肠道溃疡是造成很多疾病和健康问题的罪魁祸首，而酸奶中的微生物能帮助我们逆转这种境况。他在巴斯德研究院所做的工作吸引了很多公众对酸奶潜在健康益处的关注，因此激发了一些企业家创业，比如卡塔兰 · 艾萨克 · 卡拉索在 1919 年创立达能，代田博士 1930 年在日本创立了养乐多。他们把酸奶从一种农民食物变成了一种特定的药物，继而发展成价值数十亿美元的食品产业。

不过这里有个漏洞。因为大多数酸奶都富含饱和脂肪酸，而我们又常常被"低脂饮食"洗脑，因此在市面上很难找到富含牛奶中全部营养素和活菌的健康天然的全脂酸奶。相反，你在超市买到的多数酸奶都是经过深加工的，全部或者部分使用乳制品替代产品，并额外加入蛋白质和淀粉。许多产品还加入了糖、香草或者甜味剂来掩盖品质上的缺陷。儿童酸奶的含糖量最高——一份酸奶中的添加糖就占了每天能量需求的 45%——而且标签还具有误导性。[1] 简而言之，最好避免食用儿童酸奶。真正的酸奶价格不便宜，而且质地更加浓稠，通常都是以浓缩型酸奶或者凝固型酸奶的形式呈现。一般好几升的高品质牛奶才能做出一升酸奶，而这个过程也会在一定程度上造成环境和伦理道德问题。土耳其和希腊的天然酸奶就是这种全脂浓稠（过滤乳清蛋白）的酸奶，而黎巴嫩则喜欢在酸奶中加入少许食盐，再过滤乳清蛋白来获得浓厚绵密质地的酸奶。通过讨巧的市场营销，所有希腊酸奶如今已经成为高品质、浓稠、全脂、过滤乳清蛋白酸奶的代名词，但这种名称难免带有欺骗性。多数超市的过滤乳清蛋白酸奶并非来自希腊，也不是用希腊的牛奶制作的。在英国这类酸奶被称为“希腊式”全脂酸奶，它甚至不需要过滤就可以合法地贴上“希腊酸奶”的标签，只需添加人工制造的乳粉、果胶和淀粉（作为增稠剂）来达到相应的质地即可。所以认真阅读标签就显得很重要，因为市场调研发现不同类型酸奶之间的差异非常大。总的来说，相比于那些果味或者香草风味的酸奶产品，希腊酸奶或者说通过天然工艺发酵的酸奶通常有着更高的蛋白质含量和更多活菌，含糖量也更低。

鲜乳酪是另一种形式的酸奶产品，通常是与含糖的水果一起装在小碗里，专门给儿童设计的。严格来说，它并不是酸奶，而是一种未经熟化的发酵奶酪，只是脂肪含量更低。根据法国的法规，必须含有活菌（不同于白乳酪）才能称为鲜乳酪。尽管理论上它应该有一些微生物，不过大多数鲜乳酪的糖分很高（13% 的含糖量，或者每碗约有 3 茶匙糖），再加上其低脂的环境，其实非常不适合微生物生长。有些品牌还会给儿童的鲜乳酪加糖，含糖量能达到 19%。因为喝酸奶已经成为许多人的一种生活习惯，很多公司开始寻找机会，用酸奶撬动传统的谷物市场，企图用这种“健康”的超加工食品代替酸奶。[2]

然而，真正的好酸奶根本不需要化学家团队来制作。在家自制酸奶非常简单，你所需的全部材料就是一些活的发酵剂。我曾经自制过酸奶，非常好吃，不过要想获得褒奖，还需要在质地上多下功夫。

脱脂酸奶

低脂酸奶使用脱脂牛奶或者几乎脱脂（2% 的脂肪含量）的牛奶制作而成，有时会添加一些乳清蛋白、糖或者果胶来增强其质地和风味。它含有发酵的微生物，也有着浓稠绵密的质地，不过正如我们说过的，其中的脂肪被去除后就意味着少了一些脂溶性微量营养素，而缺少的这部分脂肪往往会被额外的糖来弥补。冰岛酸奶是一种与众不同的低脂产品（来自冰岛），因为其中的乳清蛋白会以一种传统的过滤法分离，因此造就了这种温和绵密的发酵产品，其蛋白质含量达15%。尽管这种产品被宣传为一种健康、优质和天然的产品，但尚没有任何证据表明它们比其他天然发酵的全脂乳制品更有益健康。低脂的天然酸奶尚未被证明更健康，但是其中的微生物发酵剂还是有潜在的好处。而那些加了果粒或香草、糖或甜味剂的风味酸奶味道肯定不如天然发酵的不加糖酸奶，最好不要选择这类产品，尤其要避免儿童食用。生产低脂酸奶一般要用到脱脂牛奶，其中的亲脂性维生素也一同损失了，因此有必要再人为添加这部分营养素。那么问题来了，早知如此，何必当初呢？所以其实只要你选的酸奶是天然发酵的，而且含有活菌就没有问题。尽可能避免选择低脂酸奶，除非你真的喜欢清淡的味道、额外的添加剂和碳水化合物。

酸奶真的健康吗？

酸奶，它真的是一种健康食品，还是一个聪明的噱头？这个问题从梅契尼科夫那个时代就已经开始争论不休了。十年前，酸奶生产商就曾因夸大酸奶的健康功效而被斥责，原因是媒体质疑酸奶中有利于健康的微生物无法保持活性穿过胃酸，继而无法发挥相应的作用，而酸奶生产商也无力自证。2018 年，在小鼠和一些人身上的研究表明，酸奶中的微生物的确没法如广告所说的那样，在肠道中存留并繁衍。[3] 因此媒体大肆宣扬说“益生菌没用”。2017 年，一项对来自世界各地近 30 万人参与的 9 项观察性研究的荟萃分析表明，这种“无用论”对偶尔喝酸奶的人的确如此——确实对心脏病没有改善。但是对于经常吃酸奶的人，如果每天能食用 200 克酸奶（2 小盒），还是有益处的，他们的心脏病风险要更低一些。[4] 但因为这个结论仅仅基于观察性数据，所以很容易受到“更好的生活方式”与其他因素的干扰，不过这个结论也得到了 7 个小型临床试验的支持——喝酸奶那组的人血糖有显著的降低，血脂标记物也有改善，尽管酸奶中饱和脂肪酸和热量较高。[5] 最近的研究还强调，喝酸奶和发酵乳制品比喝非发酵乳制品更健康——前者能减少癌症、2 型糖尿病甚至心脏病的风险，不过这项研究是达能赞助的。

那么酸奶会如何影响你的体重呢？毕竟除了发酵的微生物，酸奶实际上是一种浓缩的牛奶，每克酸奶会有更高的蛋白质、脂肪、矿物质和维生素，当然热量也更高。关于酸奶与体重的研究只有两个短期的小规模临床试验，而且也没有得出一致的结论。不过，大型观察性队列研究倒是有 10 个，在长时间随访 21.9 万有喝酸奶习惯的参与者后，10 个研究中有 9 个都显示出与预测的方向相反的证据（喝酸奶不会长胖）。其中一项研究还发现喝酸奶的人在减重和腰围上都有改善，而且喝酸奶要比喝普通奶益处更多。[6]

那么我们该如何总结酸奶的健康作用呢？酸奶对心脏病和减重有一些益处，虽然它含有较多的脂肪和热量，而且其中的微生物并不会在我们肠道中繁殖。我的团队则发现，酸奶对健康的益处并不是依赖于其中的微生物本身，而是通过它们产生的化学物质来发挥作用。2022 年，我们对 4000 多对英国双胞胎进行了关于喝酸奶与肠道微生物关系的研究。[7] 研究发现，与不喝酸奶的人相比，经常喝酸奶的人的肠道微生物组要显著丰富（也就是更健康），而且内脏脂肪也更少。我们此前还发现，常喝酸奶的人其肠道中一些微生物（链球菌属、乳杆菌属和双歧杆菌属）数量会显著增多，而这些微生物并不存在于酸奶里。更重要的是，我们发现在经常喝酸奶的人的血液和粪便中，存在很多微生物的代谢产物，这些代谢产物能减少内脏脂肪的囤积。[8] 因此，我们认为经常吃含有益生菌的酸奶本身会增加我们肠道中微生物的多样性，同时这些增加的微生物还会产生一系列健康的代谢产物，进而帮助我们更好地控制体重和新陈代谢。我们对益生元和益生菌都不陌生，吃酸奶则很可能开启一个新的"后生元"时代，因为我们能够利用微生物产生有利于健康的化学物质。在双胞胎队列研究中，我们还发现肠道微生物通过 ω-3 脂肪酸形成了有益心脏健康的作用机制。[9]

酸奶还有助于改善免疫系统，而且能帮助猪和小鼠对抗一系列呼吸道和肠道的病毒感染。在一些未发表的双胞胎研究中发现，喝酸奶和不喝酸奶的两组人血液中的免疫标记物有着明显的区别，尽管这种差别在临床上是否有意义我们还不得而知。相关新冠病毒队列研究表明，服用益生菌能够减少 14% 的重症发生率，因此我们预计酸奶也会有类似的效果。[10] 关于这些神奇的微生物代谢物，如短链脂肪酸，到底在身体里发挥了什么作用，我们还要研究学习。我们目前已知的是，这些益生菌能够产生其他一些多糖（如胞外多糖，EPS），这类多糖既能保护微生物本身，又能改善我们的免疫系统，能够增加人们患癌后的存活率。

酸奶的替代品

目前市面上有一种产品——椰子酸奶能与酸奶相媲美。椰子酸奶是用椰子肉制作而成，椰子肉中的脂肪含量比椰子油低很多，而且富含膳食纤维，用椰子酸奶代替动物乳制品本身就对环境更友好。椰子酸奶不仅很美味，还不需要太多的添加剂，但它真的有传统“活”酸奶那些健康益处吗？似乎真的有，至少在益生菌含量方面是这样。不过椰子酸奶中的蛋白质与牛奶做的酸奶没法比，尽管营养强化能增加其中的钙含量。一家生产椰奶开菲尔的公司宣称其开发出了目前市面上最强效的益生菌产品，每天只需一勺，就能吃到高达 4 万亿个菌落形成单位（CFU）的活菌，而且包括 40 多种不同的益生菌菌株。[11]

发酵乳制品和开菲尔

我在 2017 年一场全国性会议中提到，在 10 个英国全科医生中只有 1 个听说过开菲尔，不过这一局面正在迅速改变。与酸奶相比，像开菲尔这样的酸牛奶更接近液体饮品，而且这类酸牛奶在不同的国家有不同的种类，比如北欧酸奶、中亚的乳酒或马奶酒（它带点儿气泡和酒精），以及土耳其的爱兰（带有咸味和泡沫的发酵乳饮品）。开菲尔在中亚、巴尔干半岛和东欧地区很流行，如今在英国也很常见了。开菲尔在土耳其语中的意思是“感觉良好”，它可能发源于高加索山区。传说先知穆罕默德教牧羊人把一些神秘的菌种放入羊奶中，然后羊奶就变成了神奇的食物。开菲尔与酸奶的不同之处不只在黏稠度上。

发酵开菲尔所用的菌种中含有一系列休眠的微生物组，其微生物种类是酸奶的十倍以上。所有的这些微生物都会产生复杂的化学物质，从而影响开菲尔的风味。它的另一个特别之处就在于其中的微生物产生了一些复合糖，而围绕这些复合糖又形成了一个独特的小群落结构。这是另一种胞外多糖，名叫开菲朗，它可能自身就具有调节免疫力的功能（尽管研究样本量很小，结果也不确定），并且能丰富乳制品的口感。正是因为有这样一个由不同的细菌、真菌和独特的胞外多糖骨架结构组合而成的混合体，才得以让开菲尔中的微生物群落持久协作。

自制开菲尔比较简单。你可以在网上先购买制作开菲尔的菌种，然后把它加入全脂牛奶中，并让混好菌种的奶在温暖的地方静置36小时，或者直到它闻起来略有酸味，然后就可以把开菲尔放进冰箱冷藏，每次喝之前过滤一下就好。做好一批开菲尔后记得留一些做引子，这些引子中含有的微生物就能用于下一批的发酵。这就很像制作酸面包，如果这种微生物引子得到妥善的保存和喂养，它几乎能在发酵中永续不断。不过在这个过程中你需要不断地试错，通过调整发酵温度、更换不同的奶（我个人喜欢全脂奶）以及更换菌种才能做出适合你口味的开菲尔。鉴于做开菲尔有如此多的变量，有不同的条件和菌种，所以你需要点儿运气才能做好它。你可直接购买开菲尔成品。市售的开菲尔有各种各样的口味、酸度和质地，有些产品还略带气泡。如果是用山羊奶制作的开菲尔，味道将更浓烈。所以如果你一开始还难以接受开菲尔的酸度，告诉你个小妙招——把开菲尔与酸奶混合着吃，直到你慢慢习惯。

那些口味温和的市售开菲尔中的微生物可能比自制的开菲尔少得多。一项研究比较了传统工艺制作的开菲尔与市售的开菲尔中微生物的差异，发现数量是差不多的，但是传统发酵的开菲尔对抗感染性微生物的能力似乎要更强一些。[12] 尽管还有些关于开菲尔对健康有益的研究，但它们的样本量都很小，而且通常都是在试管中或者动物身上做的，质量参差不齐。虽然没有什么可靠的证据支持开菲尔的健康功效，而且它们种类繁多，但我们还是应该把开菲尔当作一种超级酸奶，如今关于其健康功效的证据越来越多且更可靠了。[13]

酸奶和开菲尔还都能像咖喱那样作为调味料，在烹饪菜肴时加入开菲尔可以丰富酱汁的味道，只要不过度加热，我们依然能获得其中的活性微生物。尽管发酵的乳制品比不发酵的牛奶要健康得多，也要好喝得多，不过它们依然需要消耗奶类资源，对环境不友好。因此草饲、有机农场生产的酸牛奶和发酵乳制品可以很好地当作日常的营养加分项（不过别过量吃），这样或许能在身体健康和环境友好之间取得平衡。还有，或许我们真有必要严肃考虑一下未来可能的情况——如果只能把非乳制品作为唯一选择。

关于发酵乳制品的五个要点

1. 风味酸奶、鲜奶酪、水果酸奶或者加糖的酸奶并不健康，因此不应该让儿童常吃。
2. 低脂酸奶其实不那么健康。
3. 有活菌的酸奶和像开菲尔这样的发酵产品能通过肠道微生物来改善我们的免疫系统。
4. 天然活菌发酵的酸奶和开菲尔通常有益健康，但我们还是需要关注生产牛奶对环境造成的不良影响。
5. 开菲尔和发酵乳制品是富含益生菌的健康食品，在家自制方便且省钱。

奶酪

我们的祖先很早就发现，将凝固的牛奶干燥后放在洞穴里冷却，美味的奶酪就做成了。奶酪含有蛋白质、脂肪、矿物质和能量，以及活性微生物，它的能量和营养能让旅行的人坚持好多天。我在写上一本书的时候还尝试挑战“纯奶酪饮食”的概念，当时我刚从失败的纯素饮食之旅中调整过来。所以我觉得如果有红酒帮助，纯奶酪的膳食模式应该很容易坚持。我当时想观察奶酪对肠道微生物的影响情况，所以我用了三种不同的生牛奶法式奶酪（莫城布里奶酪、埃普瓦斯奶酪、洛克福蓝纹奶酪）。第一天简直不要太轻松！而且我发现吃奶酪很容易饱腹，甚至有种冲动想写一本畅销书——“28 天奶酪革命”。第二天感觉也还行，可是到了第三天我就觉得腹胀难忍了，还伴随着极其难受的便秘。我开始渴望吃点绿色的东西，至于那本“28 天奶酪革命”的书就别再提了。虽然很多证据表明，吃奶酪与更长的寿命有关，但人们不太可能把奶酪作为唯一的营养食物。

传统上，制作奶酪是需要把它们放在洞穴、地窖、马厩和磨坊里熟化，没有什么固定正确的方法，这也是为什么奶酪可以有无限种不同的风味。为了更好地了解奶酪，我们来看看全世界最流行的一款奶酪——切达奶酪。从宏观层面来看，切达奶酪含有33%的脂肪（其中23%是饱和脂肪酸，9%是单不饱和脂肪酸，1%为多不饱和脂肪酸），25%的蛋白质和1%的碳水化合物，此外还有钙和其他营养素。切达奶酪来自英格兰西边一个叫切达的小村庄，该村庄位于峡谷的中央，周围是肥沃的牧场。在切达村如今只剩下一位奶酪匠人，最繁盛的时候曾经有数百名。除一些手工奶酪外，切达奶酪已经成为全球超市奶酪。几乎没有人记得用传统方法熟化的切达奶酪的味道，直到一位名叫朵拉·萨克的奶酪匠人在1917年写的一本书在十年前被挖掘出来，人们才发现其中详细记载着如何制作切达奶酪，以及它特殊的咸鲜味和坚果味。奶酪的制作过程非常慢，这样才能让它充分发酵出各种风味物质，凝乳的蛋白质也会层层堆叠。

要做切达奶酪，通常的做法是先将牛奶与几种嗜乳糖细菌以及凝乳酶混合（凝乳酶是小牛胃中一种能够凝固酪蛋白并能分离乳清蛋白的酶），接着过滤分离析出的乳清蛋白，将半固体的凝乳切成长条，加上盐后放进模具中压制。然后将这种半成品一直放置在一个凉爽的地窖（或者洞穴），几个月后，表皮会长出一层霉，它能促成整个熟化和产生风味的过程。在这一过程中，发酵剂、周围环境、发酵时的酸度与湿度以及发酵的速度都会影响奶酪的风味。切达奶酪或者斯蒂尔顿奶酪等英国奶酪就是典型的水分低的酸奶酪，更加软一些的法国卡门贝奶酪则酸度较低而水分高，孔泰奶酪这类高山奶酪比较干且酸度较低，而臭臭滑滑的埃普瓦斯奶酪又酸又湿。

随着时间的推移，奶酪中的微生物一直在不断进化和变化。每一种奶酪，甚至每一块奶酪其味道也会因多种因素而略有不同，这些因素包括产奶动物所吃的食物（谷饲还是草饲）、产奶动物的基因、发酵剂，以及牛奶、农场、洞穴中不同的微生物。诺埃拉·马塞利诺修女就是一位传统的奶酪匠人，她根据法国农夫的配方制作奶酪，让牛奶在木桶中自然酸化，而不是用现代化的不锈钢桶。在一场李斯特菌感染暴发后，健康稽查人员告诉她不能再用木桶发酵了。她使用不锈钢桶发酵后，奶酪中的大肠杆菌数量激增。事实证明，木桶里本身的微生物使得奶酪未被大肠杆菌污染。

如今，绝大多数奶酪都是在严格受控的环境中制作而成的，用的是少数几家跨国供应商提供的商用凝乳酶和微生物发酵剂，以确保品质的一致性。这种产品尤其适合在销量巨大的商超售卖。

很多人声称他们吃了奶酪会做噩梦或感到奇奇怪怪的头疼，这些称作"奶酪反应"。1966 年，研究表明这种"奶酪反应"与奶酪中含有较高的名为酪胺蛋白质有关，它是一种与大多数发酵食品里都有的嗜酸微生物产生的组胺有关的化学物质。[1] 尽管只有少数人真正受到它的影响，而多数人可能仅仅是因为心理暗示所导致的，正如在 20 世纪 80 年代所出现的吃味精导致头痛现象一样（其实并不会）。[2] 奶酪熟化的时间越长，其中酪胺和组胺的含量就会越高，造成"奶酪反应"的风险也越大。不过如今可以通过人为控制发酵剂中微生物的比例来减少这些物质的产生。而其他一些发酵食品，比如巧克力、萨拉米香肠、酱菜、红酒和啤酒也会给一些尤其敏感的人群带来类似的问题，不过十分罕见。出现这种问题的原因我们尚不清楚，但这可能与他们的肠道微生物组有关。

工业化奶酪

一位名叫约瑟夫 · 卡夫的加拿大人彻底颠覆了我们对农场奶酪的

了解。他发明了一种对奶酪进行超高温加热并彻底灭菌的方法，这样虽然杀死了其中所有的健康微生物，但也能让奶酪成功塑形并且保持油脂不分离。更重要的是，这大大延长了奶酪的保质期。第一款工业化的奶酪就是“卡夫奶酪片”，它是历史上最畅销的方便食品之一。无论用的是什么牛奶，来自哪个牧场，以及微生物有多么不同，每一包的味道都是一样的，而且它迅速成为每个奶酪汉堡、三明治和预制速食午餐的标配奶酪。来自卡夫公司的另一爆款工业奶酪就是那种涂抹式的三角奶酪，这很可能增加儿童吃奶酪的量。卡夫公司还收购了菲力奶油乳酪，这是一个早在19世纪80年代就在美国成立的品牌。奶油奶酪是用未熟化的奶酪与奶油混合制作而成，它跟贝果搭配在一起，成为标志性的纽约早餐。它包装在一个小方盒子里，看起来像是经过深加工的产品，但通过基因检测后，它确实含有所有的嗜乳糖细菌——有一个好的指征是放置1~2周后它会发霉。一种有着更长保质期名为布尔辛奶酪的产品由弗朗索瓦·布尔辛在1963年发明，它是由味道清淡的诺曼底奶酪加入大蒜和香草制作而成的。

在20世纪六七十年代，黄油和奶酪在整个欧洲和美国都非常流行。人们开始逐渐减少购买牛奶，这是因为大家对脂肪引起的肥胖更加担心，于是对牛奶中的脂肪产生了抵触，导致牛奶价格下跌，政府为此不得不采取措施来保护乳制品行业。因此就有了这种政治上的简单粗暴的做法：对乳制品企业进行补贴并鼓励它们开发牛奶的衍生产品，尤其是大力开发利用生产脱脂奶后剩下的脂肪，用这部分副产品去制造超加工奶酪，而全然不顾品质、风味和独特性。大多数的这类奶酪都要经过超高温灭菌，这个温度超过了微生物能存活的温度上限，因此这类奶酪不再含有活的益生菌。它们往往被加入比萨、预制餐这类缺乏营养的超加工食品中。

用数百种不同的化学物质、增味剂就能绕过微生物的大部分工作，并能重现切达奶酪、卡门贝奶酪或者蓝纹奶酪的精华。这种风味物质可以被加在廉价清淡的奶酪中提升价值感，也能加入奶酪通心粉、饼干、脆片以及素食奶酪中，以完全替代天然奶酪。这种额外的风味对低脂奶酪尤其重要，因为低脂奶酪富含纤维素、蛋清蛋白、乳清蛋白和植物碳水化合物，它可以替代天然奶酪中的脂肪，并模仿其风味。尽管它们已经用尽全力模仿，可是尝起来始终略苦又有弹性。你如今还能买到酶改性干酪（EMC）酱，这种奶酪比天然奶酪风味要强 20 倍左右，是把凝乳与一些神秘的酶制剂和微生物发酵剂混合制作而成。这种浓缩的奶酪酱往往被加入很多廉价的奶酪馅料中，比如意大利饺子和千层面中，它能以极低的成本大大增强这些食物的味道，但对我们的健康和体重无益。

比萨奶酪

制作比萨奶酪已经成为一个独立产业了。马苏里拉奶酪就是最受欢迎的一款比萨奶酪。传统的手工马苏里拉奶酪是用高品质的本地水牛奶制作而成，它是一种精致的奶味十足的乳白色椭圆形奶酪，脂肪含量相对较低（17%）。食用马苏里拉奶酪时，最好与酸味的食物搭配吃，比如与意大利香醋或新鲜的番茄。尽管如今由水牛奶制作的马苏里拉奶酪在全世界生产，也遍布意大利，不过其中顶级品质的奶酪叫“坎帕尼亚水牛马苏里拉奶酪”，是在意大利南部一个受原产地特定保护的地区生产的。不过有利润的地方就必然滋生罪恶，卡莫拉

（Camorra）[①] 就“精准地”实践了上述格言——他们在 2008 开始染指排放废物的产业。不过他们显然不是为了帮助处理废物，而是发现了一个廉价的处理工业有毒废物二噁英的办法——直接排放在著名的水牛牧区。结果不出所料，没有人会想吃带有二噁英风味的奶酪，所以这种马苏里拉奶酪销量暴跌，整整 6 年过去后，许多当地的奶酪还依然含有较高的二噁英污染物。2021 年，当地民众依然被异常高的白血病发病率困扰，可见当年的伤害是多么深远。卡莫拉依然对奶酪行业不罢休，把它当作洗钱的手段。朱塞佩 · 曼达拉（他自诩为马苏里拉里界的阿玛尼）就因为用廉价的波罗伏洛奶酪以次充好将其当成水牛奶酪销售，加之销售被污染的问题奶酪——数罪并罚而锒铛入狱。[3] 直到 2016 年，基因检测结果依然表明每四份“正宗本地产”的马苏里拉奶酪中就有 1 份含有来自爱尔兰和德国的外地牛奶成分。许多那不勒斯人在餐厅购买马苏里拉奶酪时都要求店家出示产地证书，但要弄到假的证书显然也不是什么难事儿，毕竟犯罪分子还在当地的农业投资了数十亿的黑钱并哄抬物价。罗马人一语道破天机：购买奶酪，买者自负。[4]

比萨很可能是 1889 年在意大利某一地区发明的，不过悲哀的是，全世界每 7 个美国人中，就有 1 个吃的是用完全面目全非的马苏里拉奶酪制作的比萨。这种马苏里拉奶酪通常会经过高温灭菌、冷冻保存，其中还往往掺杂了像切达、波罗伏洛这样的廉价奶酪。冷冻比萨则是专门为超长保质期而设计的产品，目前其全球市场规模已经高达 1500 亿美元。它用的是仿真奶酪，这个词专门指由一小部分真奶酪

① 卡莫拉是类似黑手党的秘密社团，起源于意大利坎帕尼亚地区和那不勒斯市，是意大利的有组织犯罪团体之一。——译者注

与一堆添加剂混合而成的奶酪，是成本低廉的一种产品。这种仿真奶酪通常是由氢化植物油、酪蛋白、植物蛋白、黏合剂、稳定剂、乳化剂、乳化盐、酸度调节剂、盐、色素、香精、防腐剂和水混合制作而成，不含任何发酵剂或凝乳酶。高品质的奶酪在融化时不会有明显的营养损失，而仿真奶酪在加热或者冷冻的过程中，其中的钙就会部分流失，油脂会变得异常。各国对这类仿真奶酪的标签监管要求不一，不过 2016 年在英国进行的一项调研表明，在各种比萨店销售的产品中，有 1/4 的比萨用的就是这种仿真马苏里拉奶酪。[5]

法国人和臭奶酪

在法国，文化和民族自豪感让法国人更加偏爱小型手工奶酪。拉克塔利斯集团（Lactalis）是全世界最大的乳制品企业，拥有意大利葛巴尼品牌（马苏里拉奶酪）以及很多全球的乳品品牌，比如“认真牌”（切达奶酪）、“社会牌”（洛克福奶酪）、“总统牌”（布里奶酪和卡门贝奶酪）皆为该集团旗下品牌。它那巨大的工厂生产一种叫“诺曼底制造的卡门贝奶酪”。这是一种质地均一的巴氏灭菌奶酪，它有一层漂亮的白色真菌外皮，由一种叫卡门贝青霉菌（*penicillium camemberti*）的真菌构成，保质期相当长。在几公里以外的另一个地方，他们生产了另一种名称相近的奶酪，不过这种奶酪的名称受到原产地保护，叫“诺曼底卡门贝奶酪”，除了名称基本相同，两者实质上毫无相似之处。后者是当地少量奶酪匠人使用诺曼底本地的奶牛产出的生牛乳手工制作的，沿用的是古老的传统精炼凝乳工艺，并用真正的真菌发酵而成。这种手工奶酪的味道比想象的要浓郁复杂。这些奶酪匠人一直以来都顶着 AOP（原产地命名保护）的巨大压力，以重塑所有诺曼底奶酪品牌。要是有条件你可以在家做个实验，把一块规模化生产的总统牌布里奶酪和一块莫城布里奶酪放在两个盘子里，然后在室温环境下观察几天。你很快就能知道哪一款奶酪有更多的微生物和更少的防腐剂了。

英国民众花了好长时间才勉强接受了发霉的蓝纹奶酪，比如戈贡佐拉奶酪和洛克福奶酪。不过早在 1724 年，坐落在剑桥郡的一个小村庄斯蒂尔顿就已经开始用一种蓝色条纹的霉菌来制作奶酪了。它第一次被提起是缘于有位途经该村庄的游客发现当地人在用勺子吃这种奶酪，而且连上面的蓝色霉菌也一起吃了，甚至还吃奶酪上还在动的螨虫和蛆。不过斯蒂尔顿奶酪如今已经没有螨虫了，它的做法是把奶酪与干霉菌的孢子一起搅拌，通常是洛克菲特青霉菌（*penicillium roqueforti*），并加入其他发酵剂，在完成塑形后，奶酪会被针扎一些孔，好让其中的霉菌呼吸顺畅并繁殖。而为了能够命名为斯蒂尔顿奶酪并受到原产地保护，这种奶酪需要严格遵循生产规定并经过巴氏灭菌。非常讽刺的是，在斯蒂尔顿当地唯一用生牛奶制作手工奶酪的匠人（不经过巴氏灭菌），不得不把他制造的绝美奶酪命名为“斯蒂切尔顿”。

我最爱的奶酪，包括埃普瓦斯奶酪、芒斯特奶酪、主教桥奶酪，它们都含有一种亚麻短杆菌（*brevibacterium linens*），它能在奶酪的表面变成橙色，并产生一种有着浓烈气味的甲硫醇物质。喜欢吃奶酪的这种微生物也同样存在于我们的皮肤上，尤其是在潮湿的脚上，所以产生了类似“奶酪脚”的化学物质。

米莫莱特奶酪产于法国里尔市，它微小的奶酪螨虫看上去很像灰尘，不过实际上它们都是活的，而且带有浓郁的风味。这种螨虫往往在亮橙色的奶酪上爬来爬去，甚至肉眼可见。向来拘谨的美国当局禁止了这种奶酪的进口，但这反而引起了民众对这种奶酪的渴求，所以带火了黑市。意大利的撒丁人制作了另一种著名但比较罕见的奶酪，叫卡苏马苏奶酪，它甚至都不能合法地售卖。因为它是由意大利的佩克里诺羊奶酪二次发酵而成，并用蛆诱导出独特的风味。所以吃着还在蠕动的蛆显然不是每个人都能接受的，更别考虑向美国人申请一张进口许可证了。

其他的欧洲奶酪

里科塔奶酪早在青铜时代就已经在意大利出现了，不过它是不是奶酪还一直存在争议，因为它并没有经过正常意义上的发酵工序。它是以其他奶酪（如佩克里诺羊奶酪）制作过程中的副产物——乳清蛋白为原料，加醋再用高温烹煮杀死所有微生物，不过它的味道很好，脂肪含量很低，但是不含益生菌。这种奶酪用途广泛，通常通过烟熏、烘烤、腌渍或者加点糖可以做成甜品或甜品馅料（比如西西里奶酪卷）。在家自制也出奇地简单，只需要把全脂牛奶、盐、醋（或者柠檬汁）混在一起加热，然后过滤产生凝乳块就大功告成了。茅屋奶酪也差不多，严格来说也不是真正的奶酪，而是利用酸性物质使奶中的固体凝乳结块。它的蛋白质含量很高，脂肪的含量低，深受举重运动员和减肥人士的欢迎。

菲达奶酪是一种古老的希腊加盐奶酪，在荷马的《奥德赛》中就被提及过，是由绵羊奶（最多 30% 的山羊奶）制作而成。它的制作工艺与其他奶酪差不多，但是成形后会与盐混合，并在 7% 的盐水罐里浸泡数周。盐会促使一些特定的微生物生长，在菲达奶酪中检出的有益菌多达 12 种，它们都能保护奶酪本身不受污染。通常认为硬质的菲达奶酪品质要比软质的好一些，在全世界也有各种不同的产品。不过必须是来自希腊的产品才能叫菲达奶酪，其他的都只配叫白奶酪。

另一种来自塞浦路斯、咬上去清脆作响的半硬奶酪叫哈罗米奶酪。它含有活性微生物，是以牛奶或者绵羊奶为原料制成的。工业制作的哈罗米奶酪最好先煎一下再吃。在英国的汉普郡有一种新的英式哈罗米奶酪——巴夫罗米奶酪，它是用水牛奶和牛奶制作的，质地更软一些。

“有风险”的生乳奶酪

在位于苏格兰的拉纳克郡，有一家专门用生牛乳制作奶酪的艾灵顿牧场，2016 年因其生产的蓝纹奶酪登上了新闻头条，不过不是因为什么光彩的事情。在这个事故中，一名三岁的儿童因为吃了被大肠杆菌污染的奶酪而死亡。在此事件后的 10 周内，又陆续有 25 位当地居民感到不舒服，其中 17 名被送至医院治疗。苏格兰的健康稽查部门在调查这个食品中毒事件时追溯到了原始致病菌——大肠杆菌 O157。官方立马就怀疑起这家牧场，在它们生产的几种奶酪中果然发现了同样的致病菌。于是这家牧场当夜就被关闭。艾灵顿牧场为此咨询了微生物专家的独立意见，专家表示没有任何证据表明该牧场生产的任何奶酪的致病性微生物多到足以引发食物中毒，因此他们与政府卫生部门开始了一场公共舆论和法律诉讼的争辩，以寻求赔偿。最后针对这种奶酪的禁令终于被取消了，一年后对该牧场的控诉也撤销了，但这对乳制品公司也形成了致命性的压力。而此次食物中毒的根源始终未找到。

所有的生乳制品都有被大肠杆菌或李斯特菌等致病菌污染的风险，而这些致病菌会时不时入侵到奶酪中。通常，奶酪中嗜酸的微生物会把这些致病菌杀死，或者把它们的数量控制在一个很低的范围内。虽然这类生乳奶酪时不时存在污染的问题，但用巴氏灭菌乳牛奶做出的奶酪并不等于完全无污染，因为如果生产、运输和储存环节的监管有所疏漏，往往会因为对其产品过于自信反而出问题。

李斯特菌只在 1983 年才与食物中毒扯上关系，因为这种菌的感染事件实属罕见。在美国，最常见的李斯特菌感染事件与一种未经熟化的软质墨西哥自制新鲜奶酪有关。这种奶酪的水分含量非常高，而且没有什么酸度，因此操作过程中要是卫生条件不够好，就非常容易被污染。根据美国媒体和卫生机构的说法，这类食物被污染的风险高得吓人。吃这种由生牛乳制作的奶酪，感染的风险是原来的 800 倍，住院的风险是原来的 45 倍。[6] 而若有人因食物中毒而不幸死亡，在美国就会闹得全国皆知。2017 年春天，在康涅狄格州就发生了在全食商店（Whole Foods）购买生乳奶酪而造成 2 人死亡、4 人致病的严重食物中毒事件。

然而，风险统计数据总是充满误导性。在美国，大约每三年会有 1 人因生牛乳污染事件死亡，而在每 500 万消费者中，会有 720 人遇到生乳食品安全问题。也就是说，尽管这种食品相对风险比较高，但是每个个体遇到的绝对风险微不足道，更别提美国不允许进口软质奶酪，尽管美国一些州的软质奶酪生产商越来越多。另外，值得一提的是，其实很多人本来或许会被感染，但是他们的肠道微生物保护了他们而未出现任何症状。我们许多人的肠道天然存在少量的李斯特菌和大肠杆菌，它们都是无害的。个别食品安全事件纵然是悲剧，但这种风险应当在一定背景参照下谨慎解读。

虽然生乳奶酪风险甚微，而且还有许多健康微生物，但它们真的就比巴氏灭菌的奶酪更好吃吗？英国广播电台的美食栏目做了一些盲品测试，结果品测专家普遍认为，生乳奶酪的确在味觉的层次感和复杂度方面更胜一筹，但是高品质的巴氏灭菌奶酪尝起来也很美味。所以我们应该支持传统的奶酪匠人，以保护这种集多样化的风味、质地和微生物于一身的食物，并且能时刻清楚真正的奶酪是什么滋味。如果不这么做，我们可能很快就只能吃到充满香精分子、保质期长的仿真奶酪了。

奶酪的环境成本

很遗憾的是，对所有跟我一样的奶酪爱好者来说，哪怕是传统手工制造的奶酪，生产工艺效率都不高。究其原因，生牛奶的生产是一个主要原因，不过也有其他原因导致制作奶酪的高能耗。传统的奶酪制作工艺需要耗费大量的淡水资源以确保加工环境的卫生，制作奶酪还会产生大量的乳清蛋白，这种副产物中的蛋白质营养价值仍然很高。同时，硬质奶酪较长的熟化过程还可能需要冷却设备的辅助。每生产 1 千克的切达奶酪通常会产生 14 千克二氧化碳当量，但如果能改善牛奶的生产方式，并且用无氧发酵的方式对其副产物乳清蛋白进行发酵以生产生物燃料，这样制作的切达奶酪就可能变成负碳产品。[7]

*

在微生物能帮忙搞定奶酪中乳清蛋白的问题之前，我们能为环境所做的事就是尽可能吃来自小工坊，用有机、草饲奶牛的奶制作的手工奶酪，以此作为偶尔的享受。

关于奶酪的五个要点

1. 奶酪品种成千上万，其中的脂肪含量也千差万别。
2. 用传统工艺制作的奶酪富含活性微生物、蛋白质、钙和维生素 D。
3. 预制食品、汉堡、冷冻比萨和一些奶酪小吃中的奶酪通常是超加工的仿真奶酪，没有真正的健康益处。
4. 生乳奶酪只要好好保存是可以安全享用的，要多多支持手工制作的含有活性益生菌的奶酪产品。
5. 所有的奶酪都会产生巨大的环境成本，这与生产奶类及消耗淡水资源有关。

替代乳制品

许多人如今已经改喝植物“奶”了，比如豆奶、大米奶、燕麦奶、火麻仁奶和扁桃仁奶，不仅自己喝，也给孩子们喝。除了担心健康和过敏，很多人认为这种转变还是基于环境因素。许多替代乳制品的生产商宣称，生产一品脱的豆奶或燕麦奶使用的土地要比生产等量牛奶少 80%，碳排放要少 30%。[1]

植物奶都是工厂加工的产品，通过把谷物或坚果中的脂肪挤压出来，与其中的水和蛋白质一同形成乳化的脂肪球，这就是各种替代乳制品的精华。除此之外，还可以加入各种添加剂、蛋白质和化学物质来改善其质地和风味。我自己从来都没觉得豆奶好喝，尽管我知道很多亚洲人是喝豆奶长大的。扁桃仁奶尝起来还算过得去，但是瑞典的燕麦奶则大大超出了我本就不高的期望值，而且与茶一起喝相当美味。颇为惊讶的是，我听说土豆奶也正在兴起，谁知道这个市场会发展成什么样子呢。

随着世界各地植物奶市场的迅速增长（每年 7% 左右），对这些新的植物奶过敏的人也在增长，这表明动物奶中的蛋白质并不特殊。在很多西方国家，对那些膳食质量本来就不高的人而言，如今还要放弃喝动物奶，往往会遇到一些营养问题，如佝偻病（缺乏维生素 D）、碘缺乏、血液酸化导致的肌无力。[2] 其中一个担忧就是在 100 年前英国发生的碘缺乏可能再度出现。碘缺乏过去通常被称为克汀病（呆小病），主要原因是在缺乏碘的土壤环境中导致孕妇缺碘，所以胎儿出生后会因为缺碘而出现轻微的发育迟缓问题。

碘对大脑的发育至关重要，而如今在英国大多数不喝牛奶的女童和少女普遍都缺碘，这可能会对她们后代的智商和阅读能力带来不良影响。[3] 低质量或食材单一的膳食、缺乏来自乳制品或诸如海鲜食物中的天然碘以及还没有普及加碘盐的国家（美国已普及了加碘盐），都面临碘缺乏的风险。尽管也有例外，但许多替代乳制品几乎不含碘，所以如果打算长期喝这类替代乳制品，一定要在购买前认真看看标签。通常来说，植物奶不如牛奶营养全面，它们的蛋白质含量更低，容易吸收的钙也更少，但是糖含量更高，也可能存在抑制微量营养素吸收的抗营养因子①。一直保持着喝牛奶习惯的荷兰女童，她们的碘缺乏率就要比英国女童更低。除了牛奶中的碘之外，你还可以从海鲜、海藻、鸡蛋和西梅中获取碘。不过好在如今植物乳制品市场正在迎头赶上，开始在其产品中增加微量营养素，这就让这种环境友好的植物食品成为一种平衡膳食的好选择——前提是你能轻松吃到其他富含钙、碘、蛋白质的食物。然而，这类植物奶中易于被吸收的糖会对血糖造成截然不同的影响，所以一定要谨慎，不能直接默认它们是毫无风险的健康饮品。

① 抗营养因子是一类干扰营养物质消化吸收的生物因子，比如有机酸、凝集素、酶抑制剂等，通常存在于植物食材中。——译者注

黄油替代品（人造黄油）

有关脂肪的那些警告总是危言耸听，于是很多人如今都把黄油替换成了苍白油腻的人造黄油。人造黄油于1869年在法国出现，最初是以“穷人家的黄油”形式出现——它是由牛油、牛奶和一点点黄油调味汁制作而成。30年后，当植物油氢化技术被发明后，它就变成了一种以植物油为基础的产品了，不过需要添加色素才会可口。它之所以能够流行，不是因为好吃，而是因为它含有所谓的“健康脂肪”，主要是不饱和脂肪酸。有史以来最大的一个健康虚假宣传是，我们被告知要吃“对心脏友好”的人造黄油和植物油，而放弃高脂肪的黄油和奶油。这种面向公众提出的膳食建议其实是在没有对人造黄油做任何合理的安全性试验的情况下提出的，它仅仅基于专家们盲目相信的一个简单粗暴的事实——人造黄油中的“头号公敌”（饱和脂肪酸）更低。而他们忽略了这类产品往往含有其他的化学物质，而且通常为了弥补脂肪的缺失而加了更多糖。那些制造氢化植物油的聪明化学家同时也制造出了一种新的化学键，它将我们的身体处理不了的脂肪分子连接起来，形成所谓的反式脂肪酸。反式脂肪酸对我们的身体有百害而无一利，因此许多国家对它下了严格的禁令。

1990—2005年，人造黄油的销量在许多国家都超过了天然黄油。这对我那来自比利时爱吃黄油的太太简直是个噩梦，因为我差不多有十年的时间都会苦口婆心地劝她去买能轻松涂抹（脂肪更健康）的人造黄油，后来还孜孜不倦劝她买橄榄油做的人造黄油，尤其是盒子上还印着意大利橄榄园图片的那种。这些产品的包装上都宣称自家产品降低了多少胆固醇（确实降低了些，但并不意味着有益健康）。它们同时也含有很多不必要的化学添加剂、乳化剂、香精和色素，比如我曾购买的橄榄油人造黄油就仅含有一丁点儿低质量的橄榄油边角料，连同其他 18 种配料，包括棕榈油、葵花籽油、菜籽油，以及一些可以忽略不计的有益的多酚。为了减少其中的反式脂肪酸，人造黄油和其他植物油除了会使用更精良的氢化技术之外，还会更多地采用一种叫“酯交换”技术来产生一种极度氢化油①。这是把化学制剂、酶制剂加入液态油脂中发生的热反应，最后得到固体脂肪的一种方法。这种固体脂肪接下来会与盐水混合，并加入乳化剂、淀粉和奶粉。不过这种修修补补费大力气打造出来的脂肪是不是真的比反式脂肪酸更健康还是个问题。

不过它很可能比单纯的氢化油要更安全，有资料表明，酯交换技术处理的脂肪对血液指标的影响似乎是“安全”的，但它对身体的长期影响我们还一无所知。也有研究表明，这类在超加工食品中添加的混合酯交换脂肪似乎对人的血脂和代谢有负面影响——虽然它们不像反式脂肪酸那么差，对此还需要更多的数据才能下结论。[4] 我们仿佛在重蹈覆辙。自那以后，我就把我们家的植物黄油都扔了，转而用真黄油或者特级初榨橄榄油抹面包。而这么做的远远不止我一个。世界上最大的食品制造商——联合利华，是花牌（Flora）、斯多克（Stork）、贝塞尔（Becel）和“难以置信这不是黄油”这一系列销售植物黄油公司的母公司——这类产品的销量在全球范围内都在下滑。真正的黄油在很多料理中都是一种具有独特可塑性的乳化食材，能天然地在 0~32℃间保持一定的形状，无须任何化学物质的辅助。值得庆幸

---

① 反式脂肪酸本质上还是一种不饱和脂肪酸，因为只有不饱和（含有双键）的分子才存在顺式和反式一说。因此通过酯交换技术产生了充分氢化的“极度氢化油”这种饱和脂肪酸，自然就减少了反式脂肪酸的量。——译者注

的是，没有任何迹象表明使用黄油会招致数量巨大的动物死亡事件。

有机坚果黄油（比如素食者黄油块）是一种新晋的“纯素黄油”，它是用乳木果油加上其他植物油，比如椰子油、菜籽油等更天然（非氢化）的油脂制成的，味道更加接近黄油。

假奶酪

纯素食品制造商和曾经是奶酪爱好者的素食主义者尝试了各种办法来制造完美的素食奶酪。这是一个刚起步的产业，但 2022 年这一市场产值就已经高达 11 亿美元，而且预期会有 12.8% 的年增长率。大约 6 年前，我尝过一些市面上的素食奶酪，结果发现它们无一例外地难以让人满意，这也是我没办法坚持纯素食的一个重要原因，但很快就出现了改变我们看法的产品。市面上的纯素奶酪大致分为两大类：一种主要由淀粉和植物油制成，另一种则以坚果为主要原料。

素食奶酪的市场引领者是“纯素光芒”（Violife），它是一种味道清淡、价格不贵、略带咸味的以淀粉为基料的奶酪。它的表面过于光滑，所以看上去不太自然，不过当我的客人在不知情的情况下吃这种奶酪时，其中一些人不仅没有觉察到不同，而且很喜欢吃。不过这种奶酪是用精制的碳水化合物、油脂制成的，仅含有很少的蛋白质，在营养方面几乎没有任何益处，跟深加工的奶酪一样差——只不过它没有动物成分。为了能替代帕尔玛奶酪，撒上一点营养酵母粉就能带来恰到好处的鲜味与营养价值，而且对环境的影响非常小。

以坚果为主料的奶酪，尤其是那种手工制作的产品，比如由来自“绿色奶酪之体验”① 的安德烈·奥兰蒂尼制作的产品，就用了完整的坚果，还常常加入其他种子和罗勒等草本香料，其价格与由动物奶制作的手工奶酪不相上下。大多数这类素食奶酪也都含有活性微生物发酵剂，通过发酵椰奶或植物基开菲尔来增加其风味和延长保质期。它最好放置数周乃至数月，待其自然干燥后再食用。为了制造出完美平衡比例的素食奶酪，通常需要更多的尝试，甚至投入较多资金做实验。我个人最爱的素食奶酪就是“绿色奶酪之体验”店里的荨麻奶酪，它是用巴西坚果和发酵曲味噌酱为原料，经过长达 6 个月的发酵制成的。它的许多品质都能与陈年帕尔玛奶酪相提并论，只是风味稍逊。其他产品则用了一些其他的坚果，比如腰果、扁桃仁、核桃，并加入意大利香醋、无花果等，这类产品很可能含有有益健康的多酚和蛋白质。

根据谷歌的搜索结果，听说纯素光芒也有口碑很不错的帕尔玛奶酪，Miyoko 公司生产很好吃的素食马苏里拉奶酪，但我还没有找到一个满意的替代品。在美国，“树线”（Treeline）奶酪就是一款比较知名的环境友好型产品，它是由环保树坚果和益生菌发酵的腰果酱制作而成，调味品用的是大蒜和草本香料。在英国，盲品测试的结果表明，包装华丽和市场营销噱头很猛的产品并不占优势，反倒是一些超市自有品牌，用对心脏不那么友好的椰子油为主料制成的奶酪产品获得更多人的青睐。[5]

在选择素食奶酪时，味道最好和拥有最多益生菌好处的产品似乎都是小规模手工乳制品作坊制作的。所以对环境最优的策略就是把

---

① 这是一家位于伦敦的植物乳制品商店，主要出售素食奶酪。——译者注

冷冻预制餐中的仿真奶酪换成如今日新月异的素食奶酪，比如这些富含益生菌的产品，其中用了整颗的腰果，而且制作简单。

关于替代乳制品的五个要点

1. 植物奶通常要比牛奶的热量更低，蛋白质、维生素的含量也更低，它们通常经过深加工。
2. 素食奶酪有好有坏，其中以坚果为主料的产品有一些健康益处，而以淀粉为主料的则没有健康益处。
3. 乳制品行业对环境有负面影响，因此找到可持续的替代乳制品很重要。营养强化的植物乳品和素食奶酪虽然尚不完美，但确实是有潜力的替代产品。
4. 人造黄油虽然品类繁多，配方持续迭代，但依然对健康无益。
5. 吃高品质的特级初榨橄榄油，或者吃少量的黄油和自制酪乳，都是更好的选择。

蛋类

蛋类是幼鸟的完美营养来源，相当于植物的种子。它们对儿童的生长发育有着至关重要的影响。在超市，蛋类通常与奶类放在同一个货架区，而且在全世界很多地方，蛋都是冰箱里常备的一种日常食物。蛋类以一己之力撑起了一大类食物，一颗蛋就包含了人体所需的一系列营养素，包括：13% 的蛋白质（超过 100 种不同的蛋白质）、11% 的脂肪、维生素 A、维生素 D、维生素 B_{12}、维生素 B_6、钙和镁。它还含有类胡萝卜素、叶黄素和玉米黄素这类对眼睛有益的营养素（不过比浆果低多了），以及许多尚未被充分研究证实的生物活性物质。我们吃的蛋类主要是鸡蛋，而其他禽类的蛋味道其实味道差不多。对很多孩子来说，鸡蛋是他们人生中第一次烹饪的食材，但我们似乎正在渐渐失去对蛋类的兴趣，烹饪技术也大不如前。

2016 年的一项调研发现，在 25~34 岁的英国人中，1/3 的人不会煮鸡蛋，还有 1/10 的学生曾经用微波炉煮蛋（千万别尝试——会爆的！）。这可能是父母过度溺爱导致的结果，当然也可能是因为时代“进步”了。如今带着健康标签和添加剂的谷物麦片早餐渐渐取代了含有沙门菌和高胆固醇的鸡蛋。在饱和脂肪酸上位之前，胆固醇是

20世纪70年代健康领域的头号公敌，人们不惜一切代价把胆固醇拒之门外。不过与大多数的营养建议一样，胆固醇作为假想敌也是基于错误的数据和假设，毕竟它是我们身体每个细胞的组成部分。它存在于包括鱼类在内的很多健康食物中。然而，这种粉饰得极佳的宣传颇具影响力，以至于50年后的今天，还有很多人直接把吃鸡蛋跟心脏病发作联系在一起，而无视大量设计精良的系统综述和荟萃分析，这些海量的研究均表明吃鸡蛋与心脏病发作毫无关系。

2018年的一项随机试验比较了50名受试者吃早餐后的情况，一组人吃两个鸡蛋，另一组人吃一碗燕麦粥，4周后发现，相比吃燕麦粥的那组人，吃鸡蛋的那组人的血脂水平要更好，也有着更高水平眼睛所需的色素类化合物和更低的饥饿激素。[1] 在持续时间更长的其他一些吃鸡蛋试验中也得出了类似的结果。[2] 回溯到20世纪80年代和90年代，那时医生还会基于一些观察性流行病学研究（存在偏倚且不可靠）结果来告知病人吃鸡蛋会增加心脏病发作的风险。而如今此类资料越来越多，有超过16项研究表明，吃鸡蛋与任何类型的心脏病都毫无关联，其中在中国进行的一项大型研究还表明，每天吃一个鸡蛋可能对心脏还有保护作用。[3, 4] 因此，虽说每天吃一个蛋不一定能让你长寿，但现在看是一个很健康的饮食习惯，即使你已经得了心脏疾病或糖尿病。[5] 未来，我们可能会基于你身体对脂肪的代谢能力给出吃鸡蛋的个性化建议。

在地球上，下蛋母鸡的数量跟人类的数量差不多。这种集约化养殖模式使得它们所产的蛋非常容易受到沙门菌和弯曲杆菌等致病菌的污染，因此总会有一小部分笼养鸡出产的鸡蛋受到感染。沙门菌的感染在商业化农场中早已司空见惯，其污染源主要是蛋壳。在美国，刚下的鸡蛋会迅速用强力清洗剂（含氯的喷剂）冲洗干净，因此感染率能低至三万分之一。在欧洲，则没有这样的操作。20 世纪 80 年代，在英国曾经历过一次严重的鸡蛋感染事故，卫生部门随即宣布英国大部分鸡蛋都被污染了。这导致大面积的恐慌，民众对鸡蛋的信任度降到了冰点，最终造成数百万只鸡被处理掉，鸡蛋的需求下降了 60%。尽管英国已经大大改进了鸡蛋的处理程序，感染率也大幅度下降，不过从全球鸡蛋市场来看，鸡蛋感染问题依旧存在。2017 年，英国当局从荷兰进口的 70 万个鸡蛋中检测出高浓度的氟虫腈的污染物——氟虫腈是一种祛除鸡身上虱子的违禁杀虫药。除英国外，还有数百万个受到污染的鸡蛋在欧洲被一同销毁。

哪种蛋最好？

在过去的 30 年里，包括英国在内的许多国家都建议风险群体（婴儿、老年人、孕妇）避免吃生蛋或者不全熟的蛋。这个建议于 2017 年被取消，原因是有 85% 的英国蛋鸡都完成了沙门菌疫苗的接种（鸡蛋上有红色狮子印章就代表完成了接种）。吃生蛋的饮食方式时不时流行起来，比如电影里的洛奇 · 巴尔博亚靠吃生蛋来长肌肉，继而一举成为好莱坞拳王；艺术收藏家查尔斯 · 萨奇每天吃 9 个生鸡蛋来减肥。喜欢吃生鸡蛋的人认为这样对身体更有益。尽管生鸡蛋的确可能含有略多一点的维生素 D 和胆碱（越来越多的证据表明，这些营养素对 2 岁以内的婴幼儿神经和大脑发育很重要）。但其不足之处是，相比熟鸡蛋，生鸡蛋中只有大约一半的蛋白质能被吸收。[6]

褐色蛋壳的鸡蛋看上去更天然、更有机和更健康，但蛋壳的颜色其实与母鸡的品种及其产地有关。我不信真有人测过白壳蛋与褐壳蛋尝起来有什么区别，蛋壳的颜色就好比人的发色，对营养和口味几乎没有影响。那么，大鸡蛋和小鸡蛋的味道有差别吗？跟很多人想的不一样，平均来说欧洲的鸡蛋个头要比美国的大，但没有任何证据表明鸡蛋大小会影响口味。

那有机鸡蛋与笼养鸡蛋有区别吗？欧盟和美国加州如今已经禁止在特别局促的空间饲养母鸡。在欧洲，这个禁令可谓为母鸡争取了一个“皮洛士式胜利”[①]——它们的笼子成功地从 600 平方厘米（A4 纸那么大）扩容到了 750 平方厘米，还美其名曰“豪华鸡笼”。2020 年，英国大约 40% 的鸡蛋都来自这种“豪华鸡笼”，40~60 只鸡养在一个笼子里，并共享一个“奢华”的啄食区。另外 60% 的鸡蛋则来自散养鸡或者非笼养鸡。在欧盟以外的国家，包括美国，还在用小笼子养鸡。这些笼养的禽类只有短短 12~18 个月的寿命，然后会被宰杀做成各种食物。而散养的母鸡则能下蛋超过十年，创世界纪录的、保持了最长下蛋期的母鸡下蛋长达 13 年。对其他农场来说，要宣称“非笼养”手段也有很多，有的农场每天只给母鸡区区一小时舒展双腿，也算“非笼养”；而另一些农场则真的会给母鸡更加宽松的饲养条件，让它们全天大部分时间都在户外欢快地啄食。大多数母鸡都是用廉价的混合谷物和大豆蛋白做成的饲料喂养的，它们每年最多产 300 个鸡蛋。在过去的 80 年里，母鸡的产蛋量增加了两倍，而且蛋也变得更大、更便宜了，有时一个鸡蛋只需要花 10 便士。这种扩产的结果就是鸡蛋的蛋黄更小了，所幸其中的营养素自 20 世纪 80 年代以来并没有减少。只有脂肪的含量略有减少，而维生素 D 和矿物质硒的含量略有升高，

① 此处原文为 pyrrhic victory，是指付出极大代价而获得的胜利。——译者注

这与土壤中的相关含量密切相关。而且越来越多证据表明，缺乏硒与加速衰老有关。[7,8]

研究表明，有机鸡蛋和笼养或散养鸡蛋还是有一定的区别，其中笼养鸡蛋的蛋黄更大、蛋清更少，而散养鸡蛋的蛋黄颜色更明亮。更重要的是，有机鸡蛋的营养价值会更高，因为其中含有更多的多不饱和脂肪酸以及相对较少的饱和脂肪酸和单不饱和脂肪酸。此外，给有机饲养的母鸡喂养不同的草本植物也成为热门研究课题。如果用罗勒叶、菊苣、荨麻和香草，以及新鲜的牧草混合喂养母鸡，其产的鸡蛋就会含有独特的多酚和多不饱和脂肪酸等，这些对我们的身体是有益的。[9]

我们的味蕾真的能够分辨出那些有着明亮蛋黄的有机散养鸡蛋的味道吗？一些美食作家就做了盲品测试，比较有机鸡蛋、散养鸡蛋、笼养鸡蛋和富含 ω-3 脂肪酸的鸡蛋。[10]试验结果显示，富含 ω-3 脂肪酸的鸡蛋尝起来略带鱼腥味，而几乎所有人都喜欢深橙色蛋黄的鸡蛋，无论产蛋的鸡是怎么养大的。事实上，蛋黄的颜色取决于鸡饲料中一些特定的营养素，而鸡饲料一直都在被人为操纵以降低成本，因此只要改变其中脂肪酸的比例，就能让蛋黄看起来更诱人。然而，蛋清的澄澈度和量不那么容易被操控，不过可以发现那些在户外欢快啄食的鸡所产的蛋的蛋清要更加透明、更多。如果鸡蛋都被染成蓝色，那么受试者就再也无法分辨出这些鸡蛋的任何区别了，如果非要区分，人们会更喜欢集约化养殖的鸡蛋。这再次说明，我们的视觉容易被欺骗，并可能凌驾于我们的味蕾上。[11] 这告诉我们，只要你清楚地告诉客人有机鸡蛋很贵，他们就会觉得味道更好。大多数母鸡的饲料中都有提供蛋白质的廉价大豆，但要是能加入一些亚麻籽，就能增加鸡蛋中 ω-3 脂肪酸的含量。想要获得微微带红色蛋黄的鸡蛋，可能就需要付出代价了。新的饲养方式已经被采用，比如把传统的大豆蛋白饲料替换成粉碎的蚂蚁粉，这样会增加类胡萝卜素的水平，继而能让蛋黄变得更红一些。[12]

根据政府的统计数据，英国的有机鸡蛋市场正在以两位数的速度增长，如今已经占了全部鸡蛋销售额的10%，很多欧盟国家也出现了类似的增长趋势。笼养鸡蛋和散养鸡蛋的变化势头也很明显，散养鸡蛋的销量稳步上升，而笼养鸡蛋销量则在下降。从全球范围来看，如今已经没有多少鸡蛋壳上能检出沙门菌了，这可能是因为生产商暗地里使用了抗生素。2017 年在对越南鸡蛋的抽检中，发现 1/5 的鸡蛋都有较高含量的抗生素，这会导致很多致病菌产生耐药性。[13] 因此，我们最好了解吃的鸡蛋的原产地在哪里。

如何制作一盘完美的炒滑蛋，对所有的美食作家和大厨而言都是一个颇具争议的话题。不过多数的大型餐馆、酒店和团体餐饮供应商用的都是些预先炒好的鸡蛋料理包，只要在出餐前热一热就好；或者用鸡蛋和奶粉的混合物，这让我们难以分辨。如果说蛋壳的颜色、蛋黄是否发红、喂养母鸡的饲料以及饲养环境是否人道，这些因素都对鸡蛋的味道或烹饪特性没什么影响，那么什么才是关键因素呢？一个一致的答案就是新鲜程度。

一个刚下的新鲜鸡蛋会有着更加层次分明的结构，因此用来做煎蛋或煮蛋更加合适，用它们做乳液和酱料也比那些放置超过一个月的鸡蛋品质更好。放置比较久的蛋也不是说只能丢了，这取决于储存环境。如果保存得当，哪怕放置超过 70 天或过期几周，它们还能做烘焙食品。多数超市里的鸡蛋都能放置 1~2 个月，在你的冰箱里还能存放更久。中国人就发明了数种能让鸡蛋保存更久的方法，比如把鸡蛋放在一种由茶叶、石灰、草木灰和盐组成的混合物中，直到鸡蛋发出硫化物的气味，这时蛋黄变成了暗绿色。只要你能受得了那种气味，这种“百年蛋”（松花蛋）其实非常美味。在正常存放过程中，鸡蛋较宽那一头的气室体积将增加，鸡蛋会逐渐碱化。所以如果不确定鸡蛋还能不能吃，不要看包装上的保质期，可以把鸡蛋放进一盆水中，就像中世纪用来识别女巫的漂浮实验——如果鸡蛋沉下去了，就还能吃；如果浮起来了，就该扔了。

鸡蛋是蛋白质、多种营养素和优质脂肪的重要来源。在英国，我们人均每年要吃约192个鸡蛋。对大多数人来说，每天吃1个鸡蛋似乎更健康，但不少人可以吃更多。如果你对网飞纪录片深信不疑，自然会觉得吃任何形式的动物蛋白对我们和地球都是致命的，尤其是鸡蛋。事实上，目前的预测认为，在所有动物蛋白来源中，鸡蛋是对环境影响最小的一种——每生产50克蛋白质（约一个鸡蛋）只会产生2.1千克二氧化碳。而同样50克的其他食物，比如牛肉则会产生17.7千克二氧化碳。可见，鸡蛋对气候的影响显然要远小于其他动物蛋白来源，也比一些植物蛋白食品要低，尤其是豆类，所以吃鸡蛋实际上对环境更友好。EAT-柳叶刀可持续及健康饮食委员会建议每隔一天吃一个鸡蛋。[14]这样既能兼顾身体和环境的健康，又能避免过度集约化养殖母鸡来满足人类对鸡蛋的需求。最美味、最新鲜的鸡蛋很可能就是解决我们和环境之间平衡的最佳方案，所以多多购买本地的鸡蛋，尤其是散养母鸡生的蛋吧。

有“道德”的蛋

如今，我们可以买到从实验室生产的鸡蛋，几家公司都想抢先占领新市场。VeganEgg（素食蛋）这个产品用了大约10种原料，其中包括藻类粉末；而 NeatEgg（清洁蛋）只用了鹰嘴豆和奇亚籽两种原料；JUST 鸡蛋显然有更为充裕的市场营销经费，而且该产品能在一些特殊场景中替代鸡蛋，比如烘焙，但它们还不能完全替代真正的鸡蛋。素食蛋对鸡蛋过敏的人群很有帮助，而且能够成为环境友好膳食的一个重要组成部分。不过遗憾的是，你还没法用当前的这些产品做出“士兵吐司条蘸蛋”① 这道经典菜。

关于蛋类的五个事实

1. 鸡蛋是人们获得营养的极佳来源，含有 100 多种蛋白质和所有必需氨基酸，以及多种维生素。
2. 选择散养的有机鸡蛋——这种鸡蛋的蛋清更加清亮透明。
3. 每天吃一个蛋不会对心脏和健康有害，很多人还能吃更多的鸡蛋。
4. 把生蛋放在水里看其沉浮是判断其是否坏了的好方法，沉下去的就还算新鲜，浮起来的就别要了。
5. 如果你每周吃 3~4 个鸡蛋的话，不仅能补充动物蛋白，而且对环境最为友好。但人们依然要面临数十亿只笼养鸡和对小公鸡的系统性扑杀等道德问题。

① 原文为 dippy egg with toast soldiers，是一种经典的英式早餐，通常是把切成条的吐司蘸着煮到恰到好处的水煮蛋（溏心蛋）的蛋黄吃。——译者注

甜品

所有我们喜爱的甜食中，最核心、最重要的一个成分就是糖。这种简单的碳水化合物有许多大同小异的形式，名称也五花八门。为了能让消费者相信自己购买的是不含添加糖的健康食品，至少有250种关于糖的名称被发明出来，用来掩饰“糖”——从较为常见的葡萄糖（dextrose）、麦芽糖、玉米糖浆、葡萄水果糖（grape sugar）、海藻糖、水果浓缩物、麦芽糖浆、转化糖、白砂糖、玉米甜味剂、果糖、浓缩果汁、葡萄糖（glucose）、原糖、蔗糖（sucrose）、糖浆、冰糖、蔗糖（cane sugar）、结晶果糖、蒸馏甘蔗汁、椰子花提取物、玉米糖浆固形物，到神秘的斯兰（silan）糖浆[①]——这种“网红”糖浆在著名社交媒体照片墙（Instagram）上受到健康饮食博主的热捧。不过你别上当，它们都是糖，即使略有不同，也都可以忽略不计。枫糖浆和蜂蜜也常常被宣传为健康的食物，然而它们都含有与糖类似的成分，也都很甜，而且大量研究发现，它们也会导致血糖飙升和骤降，最后的

① 斯兰糖浆是从红枣中提取的糖浆。——译者注

结果是低血糖诱发的饥饿。

白砂糖就是蔗糖——两种单糖（果糖和葡萄糖）的组合，或多或少存在于所有植物中。在欧洲，蔗糖的主要来源是甜菜；在美国，蔗糖的主要来源是玉米；而在加勒比地区和巴西，蔗糖的主要来源则是甘蔗。我们之所以喜欢吃糖，是因为它是我们大脑细胞所偏爱的能量供体，能快速且轻松地转变成能量，思考、说话、形成记忆、感受愉悦，以及大脑所能企及的一切美妙的体验都离不开糖。那么吃糖为什么变成一种错呢？为了能明白为何我们如此渴望甜味，又为何会不断适应增加的甜味，从进化的角度去了解糖的生物优势很重要。每一克糖都饱含热量，因此它能立即释放出能量以供大脑和肌肉使用。对体力活动极其频繁的祖先而言，找到富含糖的甜味浆果、蜂蜜简直跟中头彩一样，这能让他们迅速拥有充沛的体力，得以追赶猎物或避免被当成猎物而丢命。寻求甜味的本能似乎根植在我们的基因中，从出生后初尝第一口母乳的沁甜就开始了，人们会不自觉地选择带甜味的茶饮，而不是苦涩的绿茶。食品工业自然深谙糖的魔力，所以他们会把糖加在几乎所有食品中——从早餐麦片到即食意式肉酱。吃糖不仅能立即激活我们大脑中的奖赏机制，还能让我们感到能量充裕，并能应对一切行动，就像按遥控器那么简单。

在我小时候，糖就不是什么稀罕的食物，它就放在桌上，可以随时加在食物或者饮料里，根据口味轻松调节放糖量。如今美国青少年平均每天摄入 30 茶匙的糖（包括所有形式），而世界卫生组织针对儿童和女性的推荐糖摄入量的上限为 25 克（约 6 茶匙）。英国 NHS（国家医疗服务体系）推荐成年人每天最多吃 30 克（约 7.5 茶匙）糖，儿童则更少，但实际我们人均吃糖量远远高于此，成年人每天约 80 克，青少年约 110 克。[1] 我们摄入的糖主要来源于含有添加糖的食物，比如早餐谷物、软饮料、速食食品、饼干和零食，它们占了全天总热量的13%。如前所述，食物中的糖会导致血糖飙升，随后会因为低血糖诱发饥饿，并引发炎症。从长期来看，这会增加肥胖和心脏病的风险。那么，为何糖在一开始作为一种稀有且珍贵的救命食物，如今却如此廉价，以至于被滥用于所有超加工食品中呢？

对习惯吃蜂蜜的早期欧洲人而言，大多数人第一次听说“甜味盐”是在中世纪早期的十字军东征时期。他们当时能吃到的最接近蜂蜜的食物大概就是枣干了。枣干含有约70%的糖，有几千年的食用史。提纯的糖先是在印度出现，后来传入中国，至今也有几千年的历史。在最初纯糖极为罕见的时代，它是一种药物，接着被富人当作奢侈的甜点。而如今它变得如此廉价，因此被加入几乎所有的加工食品中，为的就是降低成本。如今，由于糖要征税，而且公众对糖的态度也发生了巨大的变化，于是生产甜饮料和甜品的食品厂商也在更新他们未来的产品。然而，只要食物平均减少7%的糖量，就能被成年人觉察出来，因此一边想要保持产品的美味和复购率，一边还想减少食品中的糖量，这似乎很难。以色列的一家小公司Doux Matok就通过一些小花招成功地将榛子巧克力的糖减半，还能做到不影响其甜度和口感。这种保密技术的其中一个机理是让糖分子与唾液更好地融合反应，好让大脑认为这种东西吃起来比实际更甜——这种产品还不含棕榈油或其他添加剂。

糖的伪善与健康

抵制的钟摆似乎从过去的健康公敌——脂肪，开始摆向这种叫糖的“白色毒物”了，因为目前肥胖、心脏病、癌症和痴呆的发病率较高。然而，当政府告诫我们少吃糖，并像模像样地征收惩罚性糖税时，它们却继续给制糖工业补贴，以维系糖的低廉价格。这主要归咎于欧盟的农业政策，食品厂商能一直采购到低价的糖，糖的售价因为政府补贴的原因一路下滑。如今全球糖的价格只有 2011 年的一半左右。厂商为糖支付的价格如此低廉——一磅只需 12 便士，这意味着在英国用不到 25 便士就能买到一桶 2 升的柠檬气泡水。所以即使对糖征收 100% 的税收，也基本于事无补。

大多数观察性研究都表明，大量摄入含糖饮料与多种疾病相关。但是荟萃分析通常得不出那么确凿的结论，原因是很难把吃糖这个因素与膳食的其他因素分开，除非有大规模的临床试验予以验证。大型制糖和汽水公司已经不再大张旗鼓地把糖宣传成“天然能量来源”。专家们也一致认为需要减少来自添加糖的热量，虽然摄入糖与其他疾病的关联受到很多复杂因素的干扰，也缺乏足够的证据，然而吃糖多造成龋齿是实实在在的证据确凿的副作用之一。[2] 世界卫生组织和多数发达国家如今建议的每日糖的摄入量上限是占全天能量摄入的 10%。现在许多人建议将这个限额进一步降到 5%，或者是少于一个易拉罐汽水的糖①。不过对于糖中哪种成分是主要的健康黑手，目前还没有一致的意见。有几位知名的作家和科学家认为蔗糖中的果糖成分是造成各种代谢问题和糖尿病的主要肇因，因为果糖的代谢途径不同于葡萄糖。过去十年，关于果糖和肥胖的话题一直争论不休，如今越来越多的证据表明，果糖的确会影响糖代谢，并可能导致代谢功能障

① 中国市面上常见的易拉罐为 330 毫升，按照平均汽水含糖量 10% 来计算，大约是 33 克糖。——译者注

碍。从理论上说果糖对健康的危害比蔗糖更大，可是在实际生活中，这种差异可能几乎没有影响。因为无论是哪种糖，吃多了都必然有害，尤其当糖是以人为添加的形式（添加糖）摄入后（而不像在水果中作为天然食物的一部分）。食品制造商面临日益增长的压力与糖税，导致一些国家和地区的糖摄入量下降，这迫使它们开始大量使用人工甜味剂来替代糖，可是这不见得对我们有益。

生活中的糖有许多不同的掩体。很多人喜欢用黑糖（红糖、棕糖），因为相信它们更健康，但这类糖实际上只是白砂糖与煮沸的糖浆中产生的糖蜜混合的产物。这个过程会让黑糖（红糖、棕糖）吸收更多水分，因此在放置一段时间后会结块。糖蜜跟糖浆是一回事，它是甘蔗榨糖过程中的廉价副产品（不是来自甜菜，甜菜的副产品不可食用）。糖蜜几乎没什么营养价值，在很多国家甚至被临时用作覆盖扬尘路面的廉价材料，类似于那种有气味的柏油路面。而白糖本身的变体则取决于其结晶颗粒的大小。更加细腻的绵白糖通常用于烘焙，因为它能让更多的空气被面团中的脂肪捕捉，继而形成气泡，让烘焙食品更加蓬松。更加细腻的糖粉则用来做有丝滑质感的糖霜。

纯粹的糖中没有任何营养成分，也没有任何复合风味物质，这是糖的不寻常之处。不过把糖加热，或者进行焦糖化反应后，就会释放出各种风味分子，给食物带来一种坚果般的焦香风味。这种焦糖化是在 160℃以上发生的一种化学反应，只要在糖中加一滴水，就能帮助启动这个反应过程。当蔗糖发生焦糖化反应时，它会分解成两种单糖（果糖和葡萄糖），其中果糖会在更低的温度下发生转化，这就是苹果、梨这类高果糖水果容易发生焦糖化反应的原因。如果加热的时间很长，糖会渐渐发苦。焦糖被广泛用于各种甜食、小料中，或者作为一种食用色素添加到很多食品中，比如可口可乐和百事可乐。另外，焦糖化反应还会生成一些具有防腐或抗氧化作用的物质。焦糖本身有复杂的味道，只需加上些盐，就能变成具有强烈“成瘾性”的物质，因此它是很多超级畅销甜品不可或缺的一部分。无论我们的基因有多嗜甜，关于糖真的具有成瘾性的证据却被过度夸大了。

加拿大和墨西哥的糖

全世界有 70% 的枫糖浆产自加拿大，因此加大拿人会很自豪地告诉你，枫糖浆是一种非常了不起的天然食品。它最初是由北美的原住民通过煮沸枫树的树汁获得的。枫糖浆大约含有 30% 的水分，剩下的几乎都是糖，主要是蔗糖。它确实含有一些微量元素和多酚，而且据枫树专家说，它含有 80 多种不同的风味物质。尽管枫糖浆比蔗糖要多这么多成分，但是并没有什么有力的证据表明它对健康有益。

龙舌兰糖浆在被蒸馏成龙舌兰酒之前，其实是由仙人掌的汁液制作而成的一种糖浆。它跟枫糖浆类似，不过其中多酚和营养成分更少一些。它往往被标榜成很健康的代糖，实际上它由果糖和少许葡萄糖制成，所以非常甜。它是一种高度精制的糖浆，而且乏善可陈，不过如果你是龙舌兰的铁杆粉丝，那就另当别论了。

用椰子、枣或者是油棕制作的糖或糖浆可能听上去很奇特，但是它们无论从营养还是环境影响方面都不值得推荐，环境方面尤甚。糙米糖浆被一些健康博主吹成“天然甜味剂”。与蜂蜜和龙舌兰糖浆不同，它不含任何果糖。更糟糕的是，糙米糖浆几乎是 100% 的葡萄糖，比白砂糖中的葡萄糖含量高出 40%，所以吃它会导致血糖飙升。此外，糙米糖浆也是一种超加工食品，它是由煮熟的糙米经过发酵后再加热煮出糖浆制成，这个过程会破坏所有的营养成分。它不仅是一种空热量食物（一汤匙就含 75 千卡），其 GI 值在各种糖和甜味剂中最高，因此几乎所有人吃它后都会发生剧烈的血糖波动。

所有的糖都一样吗？

就甜度而言，果糖排第一，其次是白砂糖（果糖和葡萄糖混合体），然后是葡萄糖。蜂蜜的甜度取决于其中的组成成分，不过它通常要比白砂糖甜一些，因为其中果糖含量更高。不过一切还是要回归到 GI 值上，它是用来衡量吃某种食物血糖升高的幅度与喝葡萄糖后血糖波动的比值。这个数值其实仅仅是个粗糙的估计值，因为它统计的是平均值，而不是具体每个人的数值。我们的研究表明，包括肠道微生物在内的许多因素决定了我们吸收葡萄糖的速度与胰岛素反应的速度。[3] 但微生物是如何精准控制糖的释放速度，这种机制尚不明确。这可能发生在小肠内，而关于小肠部分的微生物方面的研究难度还比较大，也可能是通过肠道其他部位的信号分子对糖进行控制。

要让大众对食物中糖的看法达成共识，并不是容易的事，比如高糖水果和浆果有益于健康，蜂蜜对身体可能有益，与蜂蜜的主要成分基本一样的精制糖却被认为是致命的食物……这些关于糖的争议，正是我们在营养膳食中遵循“还原主义”的又一个含混不清的例子。显然，正如我们之前所看到的，食物中研究较少的其他成分，如膳食纤维和多酚可能更重要，它们或许能抵消糖带来的损害。我们甚至还能发现嚼块甘蔗或吃点枣干也有益健康，而蜂蜜自始至终对人类都是一个恩赐。

蜂蜜

在坦桑尼亚居住了至少 5 万年的哈扎部落男女，甚至会为了一小捧新鲜的蜂蜜而放弃吃肉。在我造访他们部落的一个午后，他们觉得是时候再去一棵猴面包树上试试运气了，因为那棵树一年前有蜂巢在。他们有一支三人的成年小分队：一位年轻的猎蜂人带队，一名青少年和一个 8 岁的男童当助手。他们有时还会被当地一种向蜜鸟发出的特别叫声吸引到一棵新的树旁，这是一种非常特别的人—鸟协定合作。这种鸟会通过与猎蜂人合作，找到有蜂巢的树后通知猎蜂人，并获得人类采集蜂巢后剩下的战利品。猴面包树是一种非常著名的树种，人们会首先在树下点起一堆冒浓烟的火把蜜蜂从巢中熏走，然后用刀把树枝修剪成能攀爬的支点，用斧头在本没有落脚点的树干上凿出台阶一样的踏板，这样就可以攀爬了。最终猎蜂人就能攀登上离地高达 30 英尺的树顶。要知道，从这么高的地方摔下来后果非常严重，因此这也是导致当地居民四肢骨折甚至偶尔死亡的常见原因。

蜜蜂们在猎蜂人耳边嗡嗡作响，尽管他被蜇了很多次，但当那个得力的小男孩爬到树顶把一束点着了的树枝递给他时，他依然能从唇齿间挤出得意的笑。猎蜂人则用这冒烟的树枝熏蜂巢，这样一来能让蜜蜂们眩晕，二来还能让它们陷入困惑——浓烟阻碍了它们之间的沟通，从而打乱它们的防御。于是就在这烟雾和愤怒的蜂群仓皇逃窜的混乱之中，猎蜂人从蜂巢中铲出蜂蜜，并放进随身携带的桶子里。他尝了几口蜂蜜，笑得更开心了。随后他会把蜂蜜从人手搭成的梯子传下来。因为这棵树离营地很近，所以树下早有一大群人在等候。这群人迅速包围装有蜂蜜的桶子——20 只手已经开始掏蜂蜜吃了，丝毫没有让客人先吃的意思。我费了九牛二虎之力，终于穿过人群，最终抠到了一小块——这是我见过的色泽最为澄澈明亮的蜂蜜，蜂窝、蜜蜂幼虫与蜂蜜混杂，其味道自然无与伦比。那时我终于明白为何他们不惜冒着可能骨折的风险乃至生命危险去获取这么一份珍馐美味了。

对我们的祖先来说，蜂蜜或许是继母乳之后最早遇到的让他们有罪恶感的极乐之味了。这是源于本能的一种驱动力，在公元前2000年就已经有记载。蜂蜜还在很多文化中被赋予神秘或宗教性的地位。然而，蜂蜜的确是蜜蜂的呕吐物。它是由数百种蜜蜂通过采集含糖的花蜜转化而来的。蜜蜂先把花蜜吞下去，然后与其体内的微生物混合后再吐出来，如此往复数次就形成了蜂蜜。

有一种看似合理的进化理论认为，人类是因为习得了捕猎蜂蜜并快速获得热量的能力，其大脑才比其他灵长类动物的大脑长得更快。人类学会取火后，也不清楚是用来熏蜜蜂还是用来烹饪更重要，反正这两种对火的运用技能都很可能对人类的成功进化做出贡献。哈扎部落的男性能一次性食用大量蜂蜜后数日都不再进食，有时一天摄入的能量达到惊人的7000千卡。他们非常喜欢吃蜂蜜，所以每年有15%的能量都是来自蜂蜜（远高于西方国家的推荐摄入量）。尽管他们如此嗜甜，但他们非常健康，也没有得肥胖、过敏、心脏病或者糖尿病等疾病。事实上，他们每天会摄入70~100克膳食纤维，而且其肠道微生物是西方人的两倍，这可能才是主宰他们健康的关键。

作为药用的蜂蜜

坊间偏方和网上发表的关于蜂蜜疗效的文章几乎把蜂蜜吹成了神药，从治疗支气管炎、哮喘、糖尿病，到帮助伤口愈合，再到治疗癌症，无一不有益处。蜂蜜主要由单糖组成，其中大部分是果糖，其次是葡萄糖，还包括大约 10 种其他单糖（也有寡糖）。关于蜂蜜的真实功效，是否真的含有特殊功效的成分，还是只是伪科学的吹嘘？不过有一点可以肯定，蜂蜜确实拥有复杂的成分。它含有超过 200 种成分，外加 500 多种挥发性物质，因此造就了蜂蜜如此特别的风味和香气。蜂蜜中的许多物质都可能对健康有重要意义，如多酚、有机酸、类胡萝卜素衍生物、一氧化氮代谢物、抗坏血酸、芳香化合物、酶、微量元素、维生素、氨基酸和蛋白质。蜂蜜的成分与蜜蜂的饮食显著相关，其中核心的营养成分和独特的风味物质都来自蜜蜂所吃的花蜜。某些品种的蜂蜜甚至含有色氨酸的代谢物（它与大脑所需的很多物质有关），因此可能对大脑有益，甚至能产生抗炎纳米颗粒。

在对动物和人类进行的数百项研究中，大多数均表明蜂蜜对健康有益。但其中重要的一个漏洞就是高质量的人类研究数量极少，而大多数研究都还是试管研究，并且还是生产蜂蜜的企业资助的。总的来说这些研究质量堪忧，其中关于蜂蜜与抗癌的关联性研究无可靠证据支持。不过也有些值得注意的例外，其中一个就是蜂蜜对咳嗽有出奇的功效。一项综合了 14 个研究的综述表明，蜂蜜能降低患上呼吸道感染的成年人咳嗽的频次，还能改善（普通感冒）的严重程度。[4] 还有一个一致的结论是吃蜂蜜很安全，甚至能直接敷在眼睑，也能促进伤口愈合。当然给不满一岁的婴儿喂蜂蜜可能有一定的风险，因为婴儿肠道免疫系统比较脆弱，因此对蜂蜜中可能存在的一些微生物，比如肉毒杆菌等比较敏感，而这些微生物往往对较大的孩子和成年人无害。许多国家和地区的人则全然不顾这个提示，对用蜂蜜喂养宝宝的行为习以为常，并且认为这能帮助婴儿预防一些其他疾病，毕竟肉毒杆菌虽然有害，但确实非常罕见。另外，那些在土耳其黑海附近山区散步的人，记得千万别吃杜鹃蜂蜜（又名“疯狂蜂蜜”），吃了它会如其包装罐所警示的一样变得疯狂，这是因其含有植物中的某种化学物质。

一些人体试验表明，吃本地出产的蜂蜜能显著改善花粉热（花粉过敏）的症状。[5]这说明蜂蜜很可能具有良好的抗过敏功效，解释这个机理的最佳理由就是它具有抗炎作用，而且本地蜂蜜含有当地植物的花粉，吃下去后能够被肠道微生物识别为无害的蛋白质，因此可以避免过敏性鼻炎。

那么又该如何解释蜂蜜对我们的皮肤和减少肺部刺激的潜在益处呢？可能是其他数百种非糖成分发挥了关键作用，其中许多都是抗氧化物或者多酚，要么直接发挥作用，要么辅助我们体内的微生物发挥作用。研究表明，五种多酚——高良姜素、山奈酚、槲皮素、异鼠李素和木犀草素存在于所有蜂蜜中，其具体类型和浓度取决于蜜蜂所采花蜜的种类。蜂蜜也含有微生物，不过多数都处于非活性孢子状态，因为它们无法在蜂蜜如此高的糖度和酸度环境下存活太久，因此我们也难以知晓这些微生物对我们的健康有多少益处。针对蜜蜂本身的研究表明，它们自身携带的微生物受蜂蜜品质的影响。蜂蜜品质又取决于蜜蜂生存的环境、是否使用农药和抗生素。

来自新西兰的麦卢卡蜂蜜被认为是含有很神奇的美容和保健成分的蜂蜜，是全球最昂贵的蜂蜜之一，有的一罐就要 500 美元。它得名于蜜蜂所吃的一种学名叫松红梅（*Leptospermum scoparium*）或俗名叫麦卢卡的植物。麦卢卡这个商标如今被澳大利亚人使用并保护了起来。他们认为早在 1864 年，塔斯马尼亚就已经种植麦卢卡树（在当地被叫做茶树）并最先用于制造蜂蜜。麦卢卡蜂蜜因其对伤口和敷料具有卓越的抗菌作用而闻名，因为它能延缓皮肤细菌的生长。大多数品种的蜂蜜实际上都有助于皮肤伤口愈合，因为它们含有的过氧化氢具有消毒作用，但伤口渗出的组织液会让其失活。不过麦卢卡蜂蜜或马来西亚的 Tualang 蜂蜜等特种蜂蜜在这种情况下表现更佳，因为其中含有额外的如甲基乙二醛这种化学物质，能作为温和的抗菌剂，但不会影响你的肠道微生物。[6]

蜂蜜已经成为一个巨大的食品产业，这个高需求导致大规模养蜂业的过度发展。人工养殖的蜜蜂如今能以更少的花蜜生产更多的蜂蜜，飞行距离和授粉机会相比野生蜜蜂要少得多，这让严格素食主义者认为吃蜂蜜与喝牛奶一样残忍。蜜蜂在许多物种的生存中的确扮演了重要的角色，包括我们人类。要是没有蜜蜂参与授粉，我们根本无法吃到这么多水果和蔬菜。无论你是用蜂蜜来治疗花粉热还是调味，都应该铭记，一勺蜂蜜需要耗尽 12 只工蜂毕生的努力。所以要吃就吃本地养蜂人出产的高品质蜂蜜，并且把其当作自然界最珍贵的一种赏赐——犹如我们的祖先冒着骨折甚至生命危险换取的那种蜂蜜。

蜂王浆

蜂王浆是给蜂王特殊准备的专属口粮，它是一种自古希腊以来就有的蜂蜜副产物，而且因其具有广为人知的疗愈功效，一直以来都被视为很特殊的食品。蜂王浆是一种泥土状的酸性液体，含有的营养成分比普通蜂蜜还多，包括更多的 B 族维生素、氨基酸和额外的多酚。这种营养丰富的物质能让蜂王生存数年。相比之下，工蜂的衰老速度就要快很多，往往仅有数周的寿命，而这也引起了美容行业极大的兴趣（和利润）。因此蜂王浆作为一种奢侈成分被加入到很多面霜、洗发水等产品中（不过要是你知道蜂王浆是内勤蜂的唾液，而且带有苯酚气味，可能感觉就不那么优雅体面了）。有研究表明，蜂王浆能延长部分虫子的寿命，并被广泛宣传为一种神奇的抗衰老食物，但很可惜的是，并没有证据表明它能延缓人类的寿命。不过，蜂王浆确实有抗菌作用。蜂胶是一种树脂状物质，是蜜蜂用来当作胶水用的材料，含有大量的多酚。它也同样被吹捧成另一种保健品，并没有任何好的临床研究证实，价格却不便宜。你还能在很多治疗喉咙痛的酊剂和蜂蜜润喉糖中找到蜂胶的身影，它们可能对那种喉咙发痒和咳嗽有点用，这也要归功于蜂蜜和“神奇”的蜂胶本身。

蜂蜜造假

蜂蜜的消耗量（大多数在美国）远远超出了蜂巢的最大产出量。例如，从新西兰实际拥有的蜂巢数量来看，麦卢卡蜂蜜的销量就是实际产能的三倍多，因此我们在商店里买的很多蜂蜜实际上都是伪造的——通常是用真蜂蜜、糖和廉价玉米糖浆混合而成。这种蜂蜜基本不可能含有很多健康的多酚。

自 2013 年发生“蜂蜜门”丑闻后，蜂蜜经销商们也变得更加聪明谨慎了。蜂蜜是世界上仅次于牛奶和橄榄油的第三大造假食品。[7] 欧盟最近一次检查表明，至少有 1/3 在欧洲销售的蜂蜜是假蜂蜜。[8] 这种假蜂蜜对人体不一定有害，但这种巨大的非法交易直接压低了真蜂蜜的价格，继而威胁到真正的养蜂人的生计。因此，从你信任的供应商那里购买蜂蜜最靠谱。如果蜂蜜很便宜，恐怕就不是勤劳的小蜜蜂所做的。

濒危的蜜蜂

在许多国家，由于杀虫剂的使用以及蜜蜂身上和栖居地的健康微生物减少，蜜蜂种群数量正在快速减少，即使对那些非蜜蜂爱好者来说这也应当是一个警示。常见的杀虫剂（比如新烟碱）就会直接伤害蜜蜂，造成其种群数量锐减。除草剂（比如全球广泛使用的草甘膦）也是个问题，它既破坏了蜜蜂的食物来源，又扰乱了其肠道微生物。蜜蜂微生物组的这些变化也与它们行为和摄食习惯的改变有关。据估计，全球有约 2 万种蜜蜂，美国有约 4000 种。但最近马萨诸塞州有 20% 最常见的本土蜜蜂消失。大多数野生蜜蜂并不产蜜，它们的主要功劳是为我们人类吃的一些植物和水果授粉，比如梨和草莓。在美国扁桃仁种植农场，每年都需要引进人工养殖的蜜蜂来帮助授粉，因为当地已经没有足够的野生蜜蜂来完成这项工作，这进一步破坏了本来就很脆弱的生态系统。蜜蜂实际上是反映地球健康状况的晴雨表，然而现在的情况似乎不太妙。

巧克力和可可

这种来自亚马孙可可树的苦果荚是如何成为全世界最受欢迎的一种饮料和最讨人欢心的糖果的，至今仍是个谜。可可树早在公元前 10 000~15 000 年就生长在南美洲的赤道区域，厄瓜多尔人在公元前 3500 年就开始发酵并享用热可可了。可可豆很快传遍南美洲，并进入墨西哥，当地部落也开始种植可可豆，并在移居中美洲后把可可豆也一同带到那里。它们把可可豆带给了玛雅人，然后传给了阿兹特克人。可可豆荚一直被当地人所珍视，而且还作为硬通货使用。可可豆荚含有 20~30 个苦味的种子，需要费很多工夫才能将其变成一种奢侈的巧克力饮品，在这个过程中需要添加香草、鲜花和香辛料，有时甚至是血。这个故事与蒙特祖马（Mintezuma）有关，据说他有一次喝了50多杯起泡的巧克力，为的就是在与他众多妻子共度良宵前提振精神。到了16世纪80年代末，巧克力被传到了西班牙以及欧洲腹地。在那里，巧克力被加热后饮用，甚至还受到了教皇的认可。又过了一段时间，一位名叫汉斯·斯隆的英国人把牛奶加入巧克力中饮用，而他正是大英博物馆和切尔西药用植物园的创始人。

大约又过了两个世纪，人们才学会把这种液体的饮料转化成固体。巧克力棒直到1847年才被英国的弗莱父子公司发明。来自英国伯明翰的理查德·凯德伯里于1868年使用压榨技术提取了可可脂，并发掘了一个巨大的细分市场——把巧克力放进心形的盒子里。30年后，瑞士的雀巢公司把黑巧克力与奶粉融合，让味道更柔和，尝起来更甜。美国的好时公司则把部分酶解的牛乳脂肪与黑巧克力混合，并加入略带酸味的奶酪，从而与可可风味浑然天成。好时巧克力仅含有13%的可可，很多人难以适应其口味。很多欧洲人都跟我一样，总觉得这种巧克力有种令人不悦的酸臭味。

发酵的巧克力

很多人并不知道，巧克力实际上是一种发酵食品。可可种子在充满糖分的豆荚中，豆荚中的果肉富含蛋白质和脂肪，可以滋养新生的可可种子。此外，还有一系列化合物起到了防御作用，可以驱赶掠食者。这些化合物包括多酚、带苦味的可可碱和咖啡因。然后，它们会变成可可豆，而可可豆在发酵后就无法发芽了。农民们会把豆荚打开，把豆荚和豆子堆放在一个大桶里，然后等待阳光和水分共同作用。微生物会迅速开始对酸性的果肉饕餮一番，天然酵母则会启动这个复杂的发酵过程，让整个混合物变成棕色。这些酵母会先制造出酒精，然后失活，取而代之的是一群嗜乳酸微生物，再接下来又被能产生醋（乙酸）的微生物代替。这些酸性物质会侵蚀豆子并改变其结构，数日后便会产生许多其他的化学物质，从而产生丰富而浓郁的气味。发酵过程结束后，农民们会把豆子摊开在阳光下晾晒数日。一旦豆子干了，其中的微生物也无法存活了，而此时豆子就准备进入烘烤阶段了。

这个手工采集和发酵的过程必须在农场中一气呵成，这样才能保证品质。与奶酪不一样，可可豆大多依赖于自然发酵过程，因为那时使用的发酵剂还相当不成熟。发酵剂能有效提升品质并能减少失败，但我们可能失去一些独特的巧克力风味，因为没有当地特色的一些微生物参与发酵了。

发酵后带着醋味的豆子会被轻度烘烤，要么以整豆的形式烘烤，要么会被碾碎后再烘烤，这叫可可碎。规模化生产的巧克力和传统工艺生产的最大区别就是前者只会烘烤巧克力碎，因为这样更加有效率，尽管会损失不少风味；而用传统工艺制作的巧克力往往会烘烤整颗豆子，以获取更富有层次感的味道。烘烤后，巧克力碎会进一步被碾压成更小的颗粒以释放出油性可可脂，使其更丝滑。这种颗粒度在每个国家有不同的标准，美国巧克力的颗粒度比欧洲的要大，因此能在舌头上被感知。接下来，多数巧克力还要经历一个粗糙混合的工序，叫研磨和精炼（之所以这么叫是因为精炼巧克力最初用的是“贝壳”扇叶搅拌机）。这个阶段可以加入糖、牛奶、香草或其他物质，它们被混合后会相互摩擦并加热，从而释放出更多的风味和适中的酸度。最后，在把可可脂反复加热、再冷却塑形前，通常还会加入更多的可可脂（也可用植物脂肪和棕榈油代替）和天然的卵磷脂。

巧克力已经和最初苦苦的可可种子相去甚远，因此难以想象我们的祖先是如何想出这种几近疯狂的美妙点子的。巧克力拥有超过600种风味物质，因此口味和香味极其多变，这得益于发酵微生物的参与，这也是我们经常品尝的最复杂的食物之一。在最初的生豆子发酵阶段，有数百种多酚散发出来，至于最后有多少多酚能顺利通过干燥和烘烤的阶段留存在巧克力里，尚不清楚，这往往取决于具体的加工工艺。

在制作可可粉时，一些大型工厂往往喜欢走捷径，采取一种叫“碱化”（Dutching）的方法，这会降低巧克力的酸度，让其口味更加温和，但很可能破坏了很多有益的多酚。

巧克力有多健康?

在过去一百年的大部分时间里，巧克力都被认为是一种甜品，会让你长胖、长痘，引发蛀牙。我们的双胞胎研究结果已经证明，吃巧克力与长痘之间无明显关联，而长痘实际上与基因密切相关。[9] 那么，巧克力对健康究竟有益还是有害的证据是什么？它含有的多酚和经历的发酵过程是不是能冲抵糖的危害？观察性研究数据表明，这是有可能的。14 项超过 50 万人参与的研究表明，每周吃 3~6 份巧克力的人，其患心脏病、脑卒中和糖尿病的风险要低 10%~15%。[10] 不过这些数据并不完美，因为每项研究的实验对象所吃的巧克力种类千差万别，且并非均记载在案。显然，吃工厂生产的仅含 13% 的可可成分而其余全是糖、脂肪和各种添加剂的牛奶巧克力（比如好时巧克力棒），与含有 90% 以上可可成分且无添加剂的黑巧克力有着云泥之别。巧克力是由可可豆制作而成，所以它其实富含膳食纤维——每

100 克含 70% 可可的巧克力棒中，含有 7~12 克膳食纤维，牛奶巧克力则只含有 3 克膳食纤维。这可不是什么小数目，要知道欧洲人平均每天摄入的膳食纤维不到 15 克，而且一份巧克力所含的膳食纤维是一片全麦面包的两倍。

巧克力具有健康功效的临床试验证据不足，这是因为在使用巧克力产品的 10 项研究中，不仅总量较少，而且种类各不相同。研究人员用了不同量的牛奶巧克力和黑巧克力，分别测试它们对心脏健康和血液标志物的影响。这些研究很难摸索出一个规律，仅仅知道巧克力对已经患有上述疾病的患者有益，而对健康志愿者的效果尚不明确。一项纳入 35 个研究的独立综述表明，巧克力可能有降低血压的作用，虽然降幅只有 2 毫米汞柱。[11] 2017 年的一项随机研究（由好时公司赞助）则表明，扁桃仁和黑巧克力一起食用，能有效降低超重人群的部分血液标志物水平，也即降低患心脏病的风险。[12] 大多数研究都表明，吃巧克力可能对心脏健康有保护作用，但这可能只适用于吃高品质的黑巧克力。[13，14]

最纯的黑巧克力就是用可可饼、可可脂和糖混合制作而成。如果再加其他配料，往往就会降低巧克力的品质，减少潜在的健康益处。巧克力包装上应标明可可含量，这个比例越高，就说明巧克力越纯，当然味道也越苦。人们一致认为，可可含量达到 70% 以上才算是健康产品，因为其中发酵成分和多酚带来的好处要胜过其中脂肪和糖带来的坏处。不过鉴于这个说法相当武断，我个人还是推荐每天少吃一点。加了榛子和其他坚果的巧克力也很健康，但会降低其中的可可含量。可可含量较高的巧克力棒的咖啡因含量大致跟一杯茶差不多。与牛奶巧克力相比，黑巧克力的饱腹感会更强，你甚至都没法一次吃掉半块巧克力。千万别把黑巧克力扔给你家的狗吃，狗体内缺乏消化可可碱的酶，可能会中毒。

巧克力基因?

很多盎格鲁－撒克逊人觉得可可含量超过 50% 的黑巧克力很难吃，这并不是遗传的原因。我们通过双胞胎队列研究发现，这纯粹是文化因素所致。英国人（包括旧帝国时代）之所以喜欢吃牛奶巧克力，是因为他们早期唯一能吃到的黑巧克力，就是吉百利的纽扣黑巧克力。除了极个别的，这种巧克力完全不算黑巧克力。大多数昂贵的可可脂都被脱去用于美容产品中，它只有 36% 的可可含量（就为了达到欧盟 35% 的最低标准）。我近日又试了试这种巧克力，时隔约 30 年，还是觉得太甜了，而且吃起来既不丝滑又没有层次感。它仍然是英国市场中最畅销的黑巧克力，一块 100 克的巧克力棒价格不到 1 英镑。如果孩子从小就习惯吃甜甜的牛奶巧克力，等他们长大了再吃苦味的黑巧克力就很困难了。而欧洲其他地区的人则相反，他们因为更早接触黑巧克力，因此总觉得牛奶巧克力太甜了。所幸这种口味偏好会随时间而改变。我从小就喜欢吃吉百利的牛奶巧克力（可可含量 23%），但如今爱吃黑巧克力，而且能慢慢适应可可含量更高、糖含量更少的巧克力了。白巧克力实际上是用词不当的一种巧克力——只有几种罕见的手工白巧克力才能配得上这个名字。它是一种去除了所有可可脂、有益的化学物质以及所有风味后的产物，因此只含糖、乳固体和乳化剂，严格来说它不是巧克力。所以吃英国电视广告里的“牛奶棒”（Milkybar）的孩子到他们七老八十的时候估计剩不下什么好牙了，因为白巧克力的含糖量超过 50%。

用低品质巧克力粉制成的巧克力牛奶几乎不含可可、膳食纤维或多酚。最常见的一些品牌含有大约 20% 的可可粉，再经过碱化、脱脂，并用棕榈油代替被脱去的可可脂，这种超加工食品每杯含 20 克糖。许多厂家还借助维生素强化宣传这种饮料，声称是“健康”饮品。

世界上最受欢迎的一款榛子巧克力酱——能多益（Nutella），每罐大约有 55 个烤榛子（全世界 1/4 的榛子都被用来做这种酱了）、58% 的糖、10% 的饱和脂肪酸以及极少量的可可。但你很容易做出更加健康的版本，可以把烤榛子、优质黑巧克力、一小把盐、一点点亚麻籽油和一些香草香精放进搅拌机一起搅拌——健康的榛子巧克力酱就做成了！

巧克力和大脑化学物

除了多酚，大多数巧克力还含其他能够调节情绪与温暖人心的化学物质，哪怕不是装在一个粉色的心形盒子里。一部分人说，吃巧克力时有种温暖而幸福的感觉，这可能是因为其中被称为“爱情激素”的苯乙胺和色氨酸（能帮助产生血清素）双双发挥了作用。不过这些物质在巧克力中是否有足够的量能发挥作用还是个未知数。在 8 项关于情绪的小型研究中，其中 3 项表明巧克力有明确的积极作用，但是不清楚这是巧克力的物理特质还是化学物质发挥了作用。[15] 自 2005 年开始，好时、玛氏等大公司斥巨资赞助了数百项关于吃巧克力与健康关系的科研项目，几乎都不出所料地得出了吃巧克力能让受试者感觉更棒的结论。然而，我们需要多一点合理的质疑。

2015 年，一篇来自德国的研究文章提出，吃巧克力有助于减肥。这个消息马上就登上了头条，全球各大媒体纷纷转载，而大众则对巧克力趋之若鹜。然而，这竟然是一篇假论文，是由不怀好意的人恶意捏造了一个根本不存在的研究机构胡诌出来的一篇论文。此前作者在网上海投了多家学术期刊，最终交了3000英镑的“开源期刊”费用，发布在一家缺乏可靠的同行评审的期刊上。[16]

尝试手工制作的巧克力

巧克力的风味大约由600多种化合物中的30多种挥发性物质产生。单个看，这些物质可能分别像卷心菜、桃子、土壤、汗水和猪油的味道，而这些物质一旦混合在一起就十分美味。在最近的一次巧克力品鉴中，我被告知不能一口吞下巧克力，而是要先把它掰成小块，因为好的巧克力被掰开后应该呈现棱角分明的小块，它的表面应该带有光泽，质地丝滑。咀嚼前，让它在舌头上停留至少30秒，因为其中的可可脂会在36℃（与我们体温接近）环境中从固态转变为液态，在渐渐融化过程中它还会带来一丝清凉，这时候让它在整个口腔彻底释放所有的香气。

手工制作的巧克力与流水线生产的巧克力从包装上看不出什么区别，但是一吃味道就大不一样。正如其他大规模生产的食品一样，工厂生产的巧克力会有长长的配料表，可能包括乳化剂、大豆卵磷脂、各种添加剂、香精和产地不明的植物油。与之相对的是，手工巧克力棒只有三四种原料：可可饼、可可脂、糖，可能还有牛奶。最好的巧克力生产商，比如托尼巧克力（Tony’s Chocolonely）还会努力确保可可种植者的安全和工作环境的公平。判断巧克力品质和健康度的一个好办法就是成本，低于3英镑一包的巧克力通常品质堪忧；其次看配料表，尽可能不选超过3种或4种配料的产品；再次，你最好还能知道制作巧克力的可可豆的精准产地（是农场庄园还是合作社）以及它们是由谁加工的。要注意的是，欧盟的法规并没有要求必须标注产地和加工者的信息，所以基本上只有好的生产商才会觉得有必要把这些印在包装上。最后，还可以做一个实际的测试，就是看你一次能吃多少黑巧克力。如果你一次能吃掉一整个巧克力棒，那么你应该换更黑一点、更健康的巧克力。我曾鼓起勇气尝试过，不过我发现自己难以攻破一个可可含量为 70%~80% 的高品质巧克力，所以每次吃两小块当作甜点最适合我。

好的巧克力应该慢慢享用。了解你所吃的巧克力是如何制作的还能让你以别样的方式来品尝它。所幸的是，如今的市场趋势正在往 17 世纪的根基靠拢，巧克力又渐渐被人们视为一种具有疗愈功能的食物了。你还能在药店买到可可胶囊和添加了膳食纤维的可可棒，甚至包含上百万活菌的益生菌巧克力棒。

把巧克力作为其他化学制品的载体正成为如今的主流。比如现在有个新潮流就是一种半合法的巧克力迷幻“菇”。还有一些公司把益生菌发酵剂加入巧克力的产品中。吃巧克力的最健康方法就是避免选择那些加了乳化剂、色素、人工甜味剂或者精炼油脂的产品。

巧克力的黑暗面

巧克力在大众市场的销售速度正在放缓，部分原因可能是全球的恐糖潮。同时，人们对一些能突出原始产地和可可豆品质风味的独特手工产品兴趣渐浓。因此，既拥有大众品牌又有高端线的国际大公司开始转向高端市场，希望用更巧妙的广告策略扭转颓势。但似乎没有一个大公司能真正告知可可豆的原产地或者加工地。只有很少量的比利时巧克力是在比利时本地生产的，而其他大部分很可能是在波兰和罗马尼亚等地生产。

此外，关于巧克力还有一些道德方面的担忧。全世界有 80% 的可可来自科特迪瓦和加纳，当地可可豆价格低廉，农民生存艰难，每天只能挣 40 便士（约 78 美分）。在可可生产行业，使用童工也引起了人们极大的关注，尤其是在科特迪瓦，这个问题却被大型厂商所无视。

口香糖和“无添加糖”

售卖糖的方式或许有你想不到的，但没有你买不着的糖，比如口香糖就是一种。美国在 1869 年发明了口香糖，它由树胶（是来自人心果树的一种乳胶，数千年前玛雅人就已经嚼这种胶了）与糖混合而制成。泡泡糖的发明紧随其后，用的是另一种韧性更好的乳胶。现在，大多数口香糖都是由一种人造的聚合物制作的——跟自行车轮胎用的材料类似——再加上糖和糖醇（多元醇，是一种糖和醇的混合物，比如葡萄糖、木糖醇）。还有另一种令人惊讶的赤藓糖醇，经常出现在蘑菇、酱油中，因为它是一种能够穿肠而过不被消化的不寻常甜味剂。

“无添加糖”的口香糖吃起来很甜，这归功于其中的糖醇。木糖醇主要是从玉米芯、山毛榉树或来自中国的硬木中提取，而赤藓糖醇则是由经过基因调整的微生物在发酵罐里大批量生产的。结果是，这些吃起来甜甜的物质的热量只有普通糖的一半而已。当然，食品生产商用了它们之后，还能在食品包装上标注“无添加糖”。

低糖口香糖含有更多的人工甜味剂（如阿斯巴甜、三氯蔗糖）或天然糖醇（如木糖醇和少量糖），如同鸡尾酒般混搭。口香糖对健康有害还是有益还存在争议。而我小学老师的说法又给它平添了一丝惊险气息。她说嚼口香糖会产生一种让胃穿孔的酸性物质，而且如果你不小心吞下去，可能会致死。可惜她的说法没啥科学依据，不过嚼多了的确会出问题。过量嚼口香糖的后果往往是腹泻、胀气以及下巴痛。

如果你不介意胃肠道的副作用，木糖醇的吸收速度的确比糖慢许多，因此能够让你的血糖升幅更加缓慢，减少胰岛素的释放，而且还可能延缓胃排空的时间，有助于减肥的人控制食欲。对小鼠的研究表明，木糖醇会大幅改变肠道微生物，有人认为这对脂肪代谢不利，但也有人认为消化木糖醇能产生短链脂肪酸并发挥有益的作用。不过这些研究多数都是在小鼠身上做的，而尚未有在人类身上做的安全性实验。[17, 18] 赤藓糖醇就更加复杂了，因为它只有 10% 能达到肠道下段，而且似乎也很难被微生物发酵。尽管有证据表明，它可能与体内脂肪相关，但由于赤藓糖醇也能在体内产生，所以我们很难确定上述这种相关性是原因还是结果。

人工甜味剂，如阿斯巴甜的研究证据更加令人困惑。最近对不完整证据的综述表明，我们并不能假定这些人工甜味剂在代谢上是惰性的。一些研究表明，这些甜味剂确实会造成代谢性疾病，不过要得出确切的结论，还需要一些更加高质量的研究。[19] 与此同时，我会与人工甜味剂以及一系列混合的代糖保持距离。

制造商宣称嚼口香糖，无论是低糖还是普通款，都能减少蛀牙，因为蛀牙与口腔中的微生物以糖为食。口香糖的确能刺激唾液分泌，从而起到清洁口腔的作用，而且它还能锻炼我们因为长期吃细软精白食物而变得很弱的咀嚼肌。但证据表明，含糖的口香糖其实会增加蛀牙的发生率，因为糖还是会使口腔滋生有害菌。一些随机研究用木糖醇口香糖给受试者测试至少一个月，发现它的确能减少蛀牙风险，这是通过适度降低口腔中变异链球菌来发挥作用的，这种菌正是导致蛀牙的元凶；木糖醇口香糖或许还能减少牙菌斑，但前提是你同时保持良好的刷牙习惯。[20，21]

嚼口香糖在新加坡被全面禁止，不是因为健康原因，而是因为吐掉的口香糖粘在人行道上，不仅污染环境而且不会降解，清理成本比买一块口香糖要多 50 倍。在伦敦，每年牛津街上被口香糖污染的面积就能达到 86 000 平方米。英国每年花费 6000 多万英镑来清理口香糖，清理的残余物会进入供水系统，最后可能进入鱼或鸟类的体内。生产可降解的口香糖是解决办法之一，比如墨西哥有机品牌 Chicza 就是这样一种可降解口香糖，不过目前价格相当昂贵。

清爽的薄荷糖

吃薄荷糖可减少和掩盖口臭，所以非常受欢迎。调查表明，1/5 的人吃薄荷糖就是基于这个原因。造成口臭的原因很多，其中较差的口腔卫生、牙龈病（牙周炎）和口腔干燥是常见的几种。微生物也会导致口臭，因为它们制造的大多数物质都是不好闻的挥发性物质。清晨起床口气不佳也是因为它们存在。在我们睡觉时，白天栖居在口腔里的微生物就会渐渐感到缺氧，于是减少繁殖，取而代之的就是昼伏夜出的不需要氧气的微生物。这些所谓的厌氧微生物就会产生我们早晨起来闻到的口臭化学物质，不过很快氧气和咖啡就能把它们驱散。尽管薄荷糖能短暂地缓解口臭问题，但它们的主要成分是糖，只有一丁点儿薄荷成分。滴答薄荷糖（Tic Tacs）是 1970 年出现的，现在已经成为全球最受欢迎的薄荷糖，含糖量达95%，但是在一些国家竟然号称“0热量”，因为一颗薄荷糖只有1克不到的碳水化合物。还有其他传统薄荷糖，比如宝路糖（Polo）中间有个洞，像老式的美国救生圈，它们都有薄荷成分，薄荷是一种天然能产出油脂的植物。这些油脂含有气味丰富的多酚，比如薄荷醇，它能给舌头带去特殊的清凉感，这种感觉实际上是对舌头表面温度受体的一种刺激，让这些受体误以为它们接触到了比环境低5~6℃的物质。绿薄荷中的薄荷醇成分比较少，因此无法产生同样的凉感。但有些证据表明，长期吃薄荷糖可能会加重口臭问题，因为糖会导致口腔不良微生物滋生。

薄荷味的漱口水和牙膏也有很大的市场，不过这种情况可能很快就会改变。研究表明，用含有氯己定等杀菌剂的漱口水会导致唾液微生物组发生明显变化。我们口腔中的微生物兢兢业业地维持着合适的pH值以预防牙龈疾病，同时也能抵御导致蛀牙的不良微生物，所以人为地去改变微生物种群并不是一个好主意。好消息是，对口腔微生物更加友好的新一代牙膏、润喉糖和漱口水已经进入市场，它们能帮助我们保护现有的有益菌，并且一些早期临床研究显示其对治疗牙龈疾病有效。[22]

有一些研究表明，经常喝酸奶和吃苹果可以更好地解决口臭问题；而其他研究表明，大蒜和酸橙漱口水要好于其他市售的化学漱口水。[23]不过薄荷的确有一些药用功效，而且在历史上一直被用于缓解轻微的肠道感染和肠易激综合征等肠道问题。然而，纵使它有功效，只要是跟糖在一起，其健康益处就会大打折扣，所以喝新鲜的薄荷茶才是更好的选择。

甘草糖

我从母亲那里继承了对温和的澳大利亚甘草糖的喜爱，而且我认为这种糖与其他糖果不是同一类。但我的想法也不一定对。甘草糖由甘草的根制作而成，它以能生津止渴和提神醒脑的独特风味而著称。直接嚼甘草根本身就是一种享受，而且对减少胃反酸有一定好处，但当其中的甘草酸被单独提取出来并做成甘草糖，以及其他产品时，甘草的益处就大大减少了，而这种加工的糖甚至可能致命。长期吃甘草糖可能导致血压升高，并且会让血钾降低，因此时不时就听到一些因为每天大量吃甘草糖成瘾而导致心搏骤停的报道。[24, 25] 但说实话，这并没有完全劝退我。

代糖

如今全世界最常见的甜味剂是三氯蔗糖和阿斯巴甜，有 1/3 的软饮料都含有这两种物质。健怡可乐和无糖百事可乐自 20 世纪 80 年代推出后，销量就一路稳步上升。这种代糖思路就是：这些人工合成的分子比天然糖甜数百倍，它们能有效地刺激我们的味觉受体，能把自己伪装成糖，但是却没有能量——就像个忍者一样，能神不知鬼不觉地从我们身体穿肠而过。食品健康倡议者经年不懈地试图证明这些人工甜味剂可能会致癌，不过显然失败了。

所以，这些无害的化合物应该能成为完美代替那些让我们成瘾的甜饮料中的代糖。而如果我们把糖换成人工甜味剂，理论上应该能成功减重。早期的科学研究的确支持这一说法，然而，随着越来越多关于代糖的新研究出炉后，证据愈加不可靠。2017 年，英国、美国和巴西的独立流行病学家查阅了所有研究后综述，没有证据显示人工甜味剂饮料有助于减重。[26] 他们在各类研究中发现了很多有偏倚干扰的情况，致使实验结果有倾向性。生产人工甜味剂的代糖饮料公司赞助的研究结果往往是积极的，而由糖业赞助的研究得出的往往是负面结论。因此他们的总结就是，无论哪个国家都不应该把代糖饮料当作健康饮食的一部分纳入推荐膳食中。其他一些独立机构所做的研究和综述也得出了类似的结论，表明人工甜味剂代糖饮品对普通人而言是没有益处的，且从长期来看可能有害。

那么，为什么人工甜味剂饮料完全起不到该有的作用呢？有两个研究揭示了理由。第一个是在 2017 年进行的一项规模虽小但设计颇为巧妙的试验。它招募了 15 名体重正常的志愿者，让他们在几天内喝了 5 种不同的饮料，并且给他们进行大脑扫描。[27] 这种大脑扫描仪很像测谎仪，因此能规避可能存在的偏倚。尽管这些测试的饮料中加入了增加热量的麦芽糖糊精和有甜味的三氯蔗糖，但受试者是分辨不出来的。研究人员发现，相比于有热量的甜饮料，大脑的奖赏中枢对无热量的甜饮料更为敏感。他们推测这是因为缺乏能量却有甜味的饮料扰乱了正常的脑回路，因此大脑会向身体发出信号，以获取更多的能量。

第二个研究则探索了人工甜味剂饮料对小鼠和人类肠道微生物的影响。这个研究是对之前一些研究的推演，即喝人工甜味剂饮料的人更有可能发生肠道微生物异常的问题。最近的一项研究表明，孕妇喝人工甜味剂饮料与下一代发生肠道微生物紊乱并诱发肥胖有关联。[28] 这些研究表明，所有常见的人工甜味剂（三氯蔗糖、阿斯巴甜和糖精）都会改变小鼠的肠道微生物并导致血糖异常，哪怕没有摄入任何“真正”的糖。当把这些用人工甜味剂喂养小鼠的肠道微生物移植到无菌小鼠体内，这些微生物会使新宿主的血糖升高。随后，研究人员使用抗生素来杀死小鼠体内这部分新移植过来的微生物，于是观察到小鼠血糖异常消失了。

为了证实这个结论，他们又找来 7 位人类志愿者，并让他们服用糖精，结果发现有 4 人出现了血糖波动，然后把这 4 个人的肠道微生物移植给无菌小鼠后，同样的代谢反应也出现在小鼠身上。如今已经有多个研究得出类似的结论，尽管大多数都是在小鼠身上做的研究，而且所使用的剂量和研究质量还有待改进。关于人工甜味剂，究竟在体内有多少被吸收，又有多少能到达肠道微生物处，可能才是关键点。有一种新的人工甜味剂，叫安赛蜜，它吸收的速度比其他甜味剂要快，现在已经被广泛用在食品饮料里，通常是与其他甜味剂混合使用。不过研究表明，它也同样可能对肠道微生物产生负面影响，从而引发血糖波动，而血糖波动对我们的新陈代谢和炎症反应至关重要。[29]

有证据表明，人工甜味剂饮料远远不是所谓的惰性物质，而且也不是加工食品和饮料中糖的健康替代品。令人担忧的是，许多人工甜味剂正与其他类型的糖醇混合，如木糖醇、赤藓糖醇、甘露醇或异麦芽酮糖醇，这些糖醇比蔗糖甜度略低但热量更少。这种复杂的化学混合物，是在自然界中前所未有的，因此可能导致身体和肠道微生物的紊乱，甚至可能改变我们的正常代谢和行为模式。糖是一种来自植物的天然产物，那么我们能否同样从自然中找到它的替代品呢？

甜菊糖——新的神奇糖精？

甜菊糖来自一种真实的植物——甜叶菊，它原产于巴拉圭和巴西的一种灌木，因此可能对健康有潜在好处。其叶片的主要成分是甜菊糖苷，甜度是白砂糖的300倍。2008年，美国食品药品监督管理局将首个“公认安全”（GRAS）认证授予甜菊提取物。2011年欧盟批准其成为新型食品原料，并于2017年允许其用于大多数糖果、口香糖和其他含糖糖果的生产中，以降低热量。可口可乐也给原本“化学配方”的可乐开发了一个新配方——通过加入甜菊糖而研发了一种更加“天然”的可乐，将其命名为“生机可乐”（coke life）。不幸的是，尽管该配方顺利通过了感官评鉴测试，但它还是在销售一段时间后停产了，原因是很多消费者抱怨它有甘草味和苦涩的后味。这是因为甜菊糖中的主要成分——瑞鲍迪苷A能同时刺激甜味和苦味的味觉感受器，而很多人对此十分敏感。大型企业如今已经开始大规模使用酒精和酵母来发酵甜菊叶，以批量生产更多的糖苷化合物（瑞鲍迪苷M）——这种化合物在天然情况下较为罕见，这种糖苷能产生甜味却不会有甘草那样的苦涩后味。这种经过发酵产生的甜菊糖很可能就是甜味剂中的圣杯。

甜菊糖本身具有抗菌作用，因此可能有助于预防致病菌（如李斯特菌和沙门菌）感染食品，但可能对我们肠道中的有益微生物有不良影响。目前尚没有开展适当的人体肠道研究，不过在小鼠实验中，它似乎的确会减少肠道细菌的生长，这跟糖精是一样的。[30]随着戒糖的压力与日俱增，几乎每种原本加糖的加工食品都添加了甜菊糖，所以这一领域的投融资火爆也就不足为奇了。但我们要保持警惕的是，这种工业甜味剂是否真是“天然的”，我们的肠道微生物是否会对其有不良反应。在甜菊糖被证明对人体肠道微生物更安全之前，我们都不应该用这种“神奇甜味剂”来代替“有毒”的糖。

*

尽管很多人在新冠病毒大流行的居家隔离期间变得更加健康了，但 2021 年的一项研究表明，英国人均摄入的糖更多了，这些糖主要来源于饼干、蛋糕、甜点和松饼等零食。[31] 报告强调了额外摄入糖的潜在来源：一份肯德基的奶昔就含有 19 克糖；而厨房里常用的酱料，比如番茄酱、沙拉酱和著名的酱菜如布兰斯顿或杧果酸辣酱中竟然含有高达 30% 的糖。我们还需要对那些打着“无糖”旗号的产品保持警惕。在 20 世纪 80 年代，“轻”香烟并不比普通香烟好，许多自称“无糖”和“低糖”的甜食实则同样不健康。对一些食品而言，本身含有的糖并不是问题的关键，而当它被包装粉饰一番、改名、隐藏信息以及把糖加工替换成另一些物质才是问题所在。就甜食而言，大自然为我们提供了无数新鲜的水果，它们可以与可可豆一起制作成巧克力。所以，那些小甜点、蛋糕和饼干偶尔品尝一下就好。

关于甜食的五个事实

1. 蜂蜜对身体的作用与白砂糖类似，但蜂蜜中含有一定的活性物质，所以它可能对缓解过敏性鼻炎和花粉过敏有一定帮助。
2. 黑巧克力含有大量对肠道微生物有益的多酚和膳食纤维。你最好选择那些配料表只有 3~4 种原料的高品质黑巧克力。
3. 大多数市售巧克力棒都是超加工食品，还可能使用了有道德存疑来源的可可豆，所以尽量选择可可固形物含量高的品种。
4. 要留心食品标签上五花八门的“糖”的变体名称。
5. “无添加糖”的产品可能含有糖醇或其他名称的糖（碳水化合物）或人工甜味剂，这些成分对我们肠道微生物不一定有益，而且可能对我们的新陈代谢不利。

坚果和种子

坚果是一种带有硬壳的单种子果实。种子本质上就是小型坚果，而且与坚果营养价值差不多。直到最近，许多人却认为坚果是一种不健康的高脂、高热量的零食，最好避免食用。它们的确是你能吃到的热量最高的一类食物，大多数坚果都含有 50%~60% 的脂肪，比肥牛排的脂肪还高，是意面的两倍。所以，按照传统的营养学观点来推断，一种高脂肪、高热量还加了盐的零食无论如何都不利于健康。怪不得 20 世纪 90 年代一个小规模的关于核桃的随机试验，得出了它能降低胆固醇的结果后引起了一些人的注意，但是考虑到脂肪有害这种近乎教条式的批判，上面这个试验的结果在很长一段时间内都没能够改变人们对坚果的看法或者吃坚果的习惯。[1]

正如很多天然食物一样，坚果中的高脂肪是一种混合物，主要由不饱和脂肪酸组成，比如橄榄油中的健康油酸这些不饱和脂肪酸可能是单不饱和脂肪酸，也可能是多不饱和脂肪酸，通常还含有 ω-3 脂肪酸，加上大约 10% 的饱和脂肪酸。这一切营养成分的存在，都是有原因的，是为了滋养和保护植物日后发芽。除了以脂肪作为能量的主要供体，坚果还含有膳食纤维（5%），以及很高的蛋白质

（10%~30%）。作为种子的能量来源，大多数坚果都会以脂肪的形式来储存能量，不过少数坚果如栗子，则是个例外，除了脂肪以外，它们还含有相当多的碳水化合物和游离糖。腰果则含有较多的淀粉，因此它可以用来给汤和酱汁勾芡。在坚果的外层，有高含量的 B 族维生素、叶酸和维生素 E 这样的抗氧化物与多酚，大多数都集中在坚果硬壳之下的那层果皮之中。这层皮也许味道比较苦，但是它能防御掠食者并防止腐烂。很多坚果因为油脂含量较高，还能被用来榨食用油。把外层的硬壳去掉之后，坚果一般能直接生吃，不过最有益处的吃法还是把坚果轻微烘烤几分钟：这样能让坚果更加干燥，以释放出更多的风味物质。

从松子到椰子，坚果的大小形状各异，而且大多数都长在树上。对于实属豆类的花生，我们通常也把它纳入坚果之列。多数关于坚果与心脏病的观察性研究表明，坚果有助于预防心脏病，这点出乎很多人的意料。2017 年，一项颇具影响力的哈佛研究联合了三个大型的实验——覆盖 20 万人、超过 500 万人年[①]的观察随访数据，该研究表明，与不吃或极少吃坚果的人相比，每周 5 天，每天吃一份（28 克）坚果的人患心脏病的风险要低 20% 左右。[2] 研究人员还进一步探究了坚果的类型，发现核桃比其他坚果益处更多。总的来说，把坚果和种子纳入我们日常膳食，是有益健康的。[3]

其他来自世界各地的大型观察性研究和一些小型短期随机试验的荟萃分析发现，吃坚果能改善许多与心脏病相关的指标。迄今为止，最大规模的临床试验结果来自一项名为 PREDIMED 的研究，该

---

① 人年是流行病学队列研究中常用表示样本量（人数）合并观察市场（年数）的术语，比如此处超过 500 万人年，就可能是对 20 万观察对象观察超过 25 年的结果。——译者注

研究对大约 7000 名 60 多岁的男性和女性进行了长达 7 年的随访。研究人员将受试者分为两组：一组每周吃 30 克的坚果，另一组则采取低脂膳食模式。在超过 5 年的随访期内，每周吃坚果的那组人心脏病、脑卒中和死亡的发病风险比低脂饮食组的人低了约 30%。而且，吃坚果似乎也能降低患乳腺癌的风险。这个随机对照临床试验的结果与对同一批人进行观察性研究得出的数据类似，结果表明，经常吃坚果的人死亡率降低了 39%。[4] 这项研究经历了非常严格的审查，并且结果被重新分析了一次，因为部分地区和人们因这个结论对疾病治疗方案产生了担忧。重新分析也得出了大致相同的结果，吃坚果的那组实验者的死亡率比另一组低了 30%。

另外，还有 18 项前瞻性观察性研究也得出了类似结果，即吃坚果能降低 25% 的死亡率，所有的癌症死亡率也降低了约 13%。[5] 在降低死亡率方面，每天摄入约 12 克坚果获益最明显，相当于半份（一小把）坚果。其他一些证据可信度较低的研究表明，吃坚果还有助于精神健康以及黄斑变性、其他与衰老相关疾病的改善，不过这还需要更多的研究来佐证。

即使坚果对心脏有益，而它们所含的多余脂肪还是会让你长胖，不是吗？一项美国的实验招募了一群志愿者，在日常膳食之外，每天让他们额外吃一根由水果干和坚果混合制成的含有 350 千卡的特殊坚果棒，3 个月后，他们的体重并没有增加。另一项研究给实验组吃坚果棒，对照组吃普通零食，结果发现，三个月后，吃坚果组的人均体脂率降低了 1%~2%，同时还减去了部分内脏脂肪。[6] 另一项综述则发现，吃原生态的水果干和坚果，比吃深加工的坚果棒更有利于健康。[7] 最近的一项荟萃分析汇总了 40 多万人、70 多个短期饮食试验的数据，得出了相当确凿的结论：吃坚果不会让你长胖。事实上，每周一份坚果还能减少4%的肥胖风险，那么像我这样一周要吃5份坚果的人来说，理论上就能降低20%的总体死亡风险。[8]在PREDIMED研究中也发现，在五年的观察期内，每天吃坚果能减少增重，并能减少腰围约1厘米。那么理论上，如果每人每天都能吃一把坚果，不仅能让我们更苗条，每年还能挽救400多万人的生命，如果我们愿意，还能让我们的寿命延长2年。当然，这很可能是极度乐观的推测，因为上述结果也可能是因为对癌症的治愈率提高所致，但这些结论显然证明了坚果是健康的零食，加上它易于运输和保存，所以是最佳的随身携带零食。

减肥坚果

那么坚果是如何让人保持苗条的呢？这可能仅仅是因为坚果不含有让你饥饿和加剧炎症反应的糖和不健康的升高血脂物质。坚果中大量的蛋白质和膳食纤维能让你更快感到饱腹，而且这种饱腹感持续时间也更长；或者说坚果中的脂肪和其他化学物质能直接发挥作用，以加速我们的静息代谢和能量消耗。还有人认为，因为我们对坚果的咀嚼不充分，脂肪未被吸收所以它们会增加饱腹感，却无法完全被小肠吸收。因此，很可能我们对一些诸如扁桃仁、腰果和核桃等坚果实际贡献的热量高估了25%，导致它们背了高热量的黑锅，这也让我们对宣称的食品热量提出了质疑——一些国家已经开始对食品标签上的能量数值进行重新评估了。[9]最后，坚果的健康益处还可能来自多酚的抗炎作用，以及作为益生元的膳食纤维经由肠道微生物发挥的作用。我的同事莎拉·贝瑞牵头进行的一项研究表明，只需要简单地把日常的零食替换成扁桃仁，就能降低低密度脂蛋白这种“坏胆固醇”的水平，因此吃坚果有益健康。[10]

微生物也爱吃坚果吗?

业界有少量关于坚果与微生物关系的研究。一个为期三周的随机交叉试验对每天食用大量核桃（42 克）的 18 名健康受试者进行了测试，结果发现他们的肠道微生物有所改善，其中，具有抗炎作用的菌类如普拉梭菌（*Faecalibacterium*）或罗斯氏菌属（*Roseburia*）都增加了，这些菌能产生丁酸盐这样的短链脂肪酸。相反，肠道中能消化脂肪的不良微生物数量减少了。[11] 另一项针对 55 名患者的试验则表明，吃核桃对肠道微生物有特定的健康改善作用。[12] 其中一些有益微生物能把坚果中的脂肪转化成更健康的形式，这或许能解释为何吃坚果对心脏有益。[13] 其他关于扁桃仁的小型临床试验也得出了类似的结果，这表明大多数坚果可能都对微生物有益。[14]

核桃在众多研究中都被认为是特别健康的，哈佛大学的研究团队评估，偶尔吃一把核桃与其他类型的混合坚果获益会相差无几。那么为何核桃表现格外出色呢？与其他坚果相比，核桃的营养成分看上去平平无奇，它含有 15%~20% 的蛋白质、约 60% 的脂肪和 15%~20% 的碳水化合物，在许多国家，“核桃”也通常是坚果的“代称”。一个可能的原因就是，人们常常生吃核桃，完全不经任何加工，因此它会连同那层深棕色的皮一起被吃下去，这层皮含许多在去皮或烘烤坚果时丢失的抗氧化多酚。核桃中的 ω-3 亚油酸含量很高，虽然很健康，但也意味着如果你没把核桃放在阴凉的地方保存，就很容易发生油脂酸败的问题（建议把核桃放在密闭的罐子里冷藏保存）。夏威夷果原本来自澳大利亚，但如今在夏威夷种植较好，它的含油量超过 70%（主要是健康油酸），也需要格外小心保存。

扁桃仁目前是世界上最常见的坚果之一。在现代育种以前，它们的祖先是苦扁桃仁，具有一种极不好闻的氰化物味道，但也能产生令人愉悦的扁桃仁味道。现代扁桃仁有着非凡的营养价值，与核桃相差无几。不过因为扁桃仁中含有更少的多不饱和脂肪酸（以及更多的单不饱和脂肪酸），因此也能存放更久。人们经常用烫煮法把外皮去除后食用，或者是烘烤后食用。一些国家售卖红甜椒粉包裹着的扁桃仁，这是把不同多酚组合起来一同食用的极好方法。

巴西坚果和腰果都产自亚马孙地区，食用时都需要去掉外壳，这对吃腰果可是个好事儿，因为腰果的硬外壳有毒。

松子有高达 75% 的脂肪，有些品种的松子会在干烤时散发出非常诱人的香味。它们是意大利青酱和中东菜肴的重要原料，但价格越来越高。

健康的种子

无论是出于健康考虑还是出于美食价值，许多高脂肪的种子（把它们想象成迷你坚果就好）非常值得一提。亚麻籽就是其中一种含有最多 ω-3 α-亚麻酸的种子，不过它并不能完全代替鱼类中的 DHA 这种 ω-3 脂肪酸。亚麻籽有 30% 的重量是膳食纤维，所以它如今经常用于微生物组相关实验中。一些短期的人体试验表明，亚麻籽对餐后血糖和血脂有一定的改善作用，这就促成了一项更大规模的研究，采用的是从黏性亚麻籽中提取出的黏液。该实验纳入了 58 名肥胖的女性受试者，每人每天吃 10 克亚麻籽黏液，或者一种乳杆菌益生菌，或者安慰剂，持续 6 周的时间。结果发现，吃亚麻籽黏液后受试者的肠道微生物组发生了明显的变化，胰岛素和血糖指标显著改善。这种益处似乎主要来自作为益生元的亚麻籽膳食纤维。[15]

15 项针对亚麻籽的临床试验的总结表明，如果连续三个月每天都吃亚麻籽，可以降低血压大约 2%。亚麻籽的外壳非常粗硬，因此如果咀嚼不充分或者将其研磨成粉，那么其中的油脂和营养素可能难以被吸收。研磨亚麻籽会稍微减少其中可利用的膳食纤维，不过会释放出更多的 ω-3 脂肪酸。另一种办法就是把亚麻籽浸泡在温水里 20~30 分钟（冷水需要浸泡更长时间）。有超过 45 项小型试验研究了亚麻籽与减重的关系，结果发现连续三个月每天吃亚麻籽，能小幅度减少体重（大约 1 千克），不过这意味着，你若想获得更显著的效果，每天至少得吃 30 克亚麻籽。一汤匙的亚麻籽大约是 7 克，所以如果想要充分获得它带来的益处，可能每天要吃上 4~5 汤匙，这可是满满一大口的亚麻籽。

还有一些比较弱的证据表明，亚麻籽可以预防乳腺癌或者能改善传统癌症治疗的效果。这些数据来自一系列观察性研究，以及在小鼠身上做的乳腺肿瘤实验。在人类身上，有一项研究观察了正患乳腺癌的女性，受试者在接受乳腺癌手术前每天吃亚麻籽或安慰剂，共持续 6 周。结果显示，吃亚麻籽的那组受试者的肿瘤标志物有所改善，可能是因为亚麻籽中含有抗雌激素效应的木脂素，但也可能是其他物质如 ω-3 脂肪酸或者多酚起了作用。还有一种可能是亚麻籽具有增强治疗乳腺癌药物（如他莫昔芬）功效的作用，这是通过促进肠道特定微生物群的增殖而发挥作用的，因为肠道具有代谢雌激素基因，即它能产生调节类固醇激素的酶。但因为缺乏更大规模的实验，所以亚麻籽有助于癌症治疗的结论还需证据支持。[16]

奇亚籽，薄荷家族一种开花植物的种子，曾是阿兹特克人的主要作物，用在各种食物和宗教祭祀中。奇亚籽被宣传为“超级食物”。它含有约 34% 的膳食纤维、20% 的蛋白质和 30% 的脂肪，其中主要是不饱和亚油酸，还有很高含量的多酚。这些数据让人眼前一亮，表明媒体对它的吹捧至少有点儿是真的。奇亚籽的蛋白质含量比燕麦高，跟亚麻籽相比，奇亚籽的膳食纤维略高，ω-3 脂肪酸含量与之相当，亚油酸含量也略高。奇亚籽的价格比亚麻籽和其他富含脂肪的种子贵得多。跟亚麻籽一样，奇亚籽也能吸水，并膨胀到原先干重的 9 倍，这让它们在制作奇亚籽布丁、给奶昔增稠、做粥方面所向披靡，同时还能提供大量的膳食纤维。

跟亚麻籽一样，奇亚籽也能代替鸡蛋，让蛋糕成形，这对纯素食者来说尤其有帮助。但是很可惜的是，目前还没有任何关于奇亚籽益处的人体试验研究发表。2018 年发表的一篇综述认为，当时的 12 项小型研究的质量都是“低或者非常低”，意味着无法从中得出任何结论。[17] 在我们能获得一些来自人体试验的良好结果之前，奇亚籽在健康益处方面是否能胜于亚麻籽，我还是保持谨慎的。如今越来越多的商家把奇亚籽加入各种食品中，比如黄油、人造黄油，企图让它们的配料表更好看，而且还能支持一些健康宣传。欧洲如今每年从中南美洲进口 2 万吨奇亚籽，这造成了巨大的环境影响，当然也带来了机遇。如今法国等国家正加快生产奇亚籽，因为种植奇亚籽的土地利用率可比种植欧盟补贴的制糖作物甜菜要高多了。

罂粟籽个头超级小，而且主要用来榨油，它们的颜色会随着不同光照而发生变化。这种作物起初的用途主要是做成鸦片，当它未成熟之前，把其中乳胶状的汁液挤干即可。所以如果你吃掉了一整个罂粟籽蛋糕，要小心你还真有可能在毒品类的药物测试中呈阳性。不过罂粟籽中的鸦片成分几乎可以忽略不计，所以你不太可能有啥“上头”的感觉。

葵花籽、南瓜子和芝麻都富含膳食纤维、脂肪和蛋白质，同时也富含多种微量营养素，因此可能对我们身体和肠道微生物都有益。在日本，我发现有些超棒的餐厅会给每个客人一个迷你小锅，用来自行焙烤芝麻，这样就能使后续各种菜肴充满浓郁的烟熏香味。

火麻仁如今在多数国家都已经合法了，只要其中含有的大麻素（THC）低于 0.5%。火麻仁中的蛋白质和膳食纤维含量很高，其主要营养素是 ω-6 脂肪酸。如今火麻仁也加入越来越多的超级食物里。

黑种草籽（nigella）并不是以英国明星厨师[①]的名字命名的，它实际上是一种很小的古老黑色种子，有时也会被称作黑洋葱籽，因为它的口味与洋葱有点类似，而非真的有基因上的相关性。黑种草籽只需轻轻焙烤一下即可食用，它常被加入像馕这样的亚洲面包中。它能很好地激发食欲，因为它带有如胡椒一样的口味，综合了辣味、烟熏味和甜味。黑种草籽脂肪含量很低，但有超过 40% 的膳食纤维。关于它也有很多野路子的健康宣传，比如减重、治疗头疼和痤疮。不过要想获得这些效果，你可能得吃一千克的黑种草籽，而且还不一定有显著的作用。所以，你还是把它当作一种增添菜肴风味的调味品吧。

---

① 此处指英国著名美食作家奈杰拉·劳森（Nigella Lawson），恰好与黑种草同名。——译者注

坚果种子酱

种子经研磨后能使其营养成分更容易被吸收，但研究表明，吃坚果酱不如吃整颗坚果健康，因此要尽可能减少对坚果的加工，从而让其中的营养成分保持完整。举个例子，这就意味着吃一把完整的扁桃仁要比吃涂在苹果上的扁桃仁酱更健康。然而，对于种子来说是另一回事，比如吃芝麻酱或者南瓜子酱就能获得更多有益的营养成分和矿物质。最关键的还是要选择用高品质原料制作的坚果种子酱，未添加任何棕榈油或人工香精，还要注意有没有添加糖和盐。

*

坚果让我们发胖？这大概是最荒谬的说法了，目前有非常强有力的证据表明高脂的坚果和种子对心脏是有好处的，它们还能有助于预防癌症和延长寿命。它们还有潜在的尚未被证实的改善情绪与大脑的功能，以及延缓衰老的功效。正如很多复杂的含有高膳食纤维的食品一样，它们也可能是通过肠道微生物起作用。每天吃一把，或者是每周吃 3~4 次坚果和种子是非常理想的一种饮食习惯。核桃因为有着更高含量的 ω-3 脂肪酸含量和经常连皮一起生吃的原因，在众多坚果种子中营养价值出众。其他坚果的营养价值则差不多（包括花生），不过最好的吃法就是连着那层薄薄的皮一起吃，而且把各种坚果和种子混合一起吃，这样能获得最大的健康益处。亚麻籽目前是种子里拥有最好健康证据的食物，而更昂贵的奇亚籽估计也有差不多的好处。

关于坚果和种子的五个要点

1. 要吃大量的坚果和种子并非易事，坚果和种子最好不经加工直接生吃。
2. 无论是坚果还是种子，都有相当合理的证据表明它们有助于预防心脏病和癌症。
3. 坚果和种子越来越多地用于制作植物替代乳制品，它们也是蛋白质和健康油酸的好来源。
4. 有些坚果和种子（如亚麻籽）的健康证据比其他种类要更确凿一些。
5. 建议每周都吃混合的坚果和种子来增加食物多样性。家里常备一罐混合坚果或种子，以便随手放进酸奶和果昔中，或者撒在沙拉和面包上。

调味料与香辛料

可以说，整个世界的秩序、历史和文明的形成，在很大程度都归功于盐和香辛料，以及人们对它们的渴求。我们对盐的渴望源于根植在骨子里的求生本能，因为盐中的钠离子是保证我们身体数百亿个细胞保持完整的关键。盐或许是第一种作为日常调味料的商品。

香辛料既能用于保存食物，也能用于增强基础食材的风味。大多数重要的香辛料都来自印度、中国或者阿拉伯南部，这些地区也因此快速积累了口碑与财富，因为希腊和罗马帝国从东部地区采购香辛料后，再把它们运至欧洲——在欧洲，这些香辛料摄人心魄的香味被视为一种难以想象又充满神秘感的应许之地的标志。在罗马帝国陨落之后，欧洲的香辛料之路也随之被切断，因此随之而来的黑暗时代（Dark Ages）的菜肴可以说寡淡无味。在中世纪时期，16 世纪的威尼斯人发现他们自己就身处新开辟的漫长的香辛料之路的腹地——从印度起始，途经阿富汗、伊朗、叙利亚、土耳其和巴尔干半岛，再到威尼斯，此后，香辛料就以高昂的价格通过海路或陆路转运到欧洲其他地方，这让威尼斯至今都是世界上最为富庶的城市之一。

如今，香辛料的热度并没有下降，我们正从世界各地品尝更多品种的香辛料。20 年前，两位美国神经生物学家研究了来自世界 36 个国家的 93 本食谱书中的 4000 个食谱，发现菜肴的辣度与该国的平均温度有关。这一点儿也不足为奇，但他们还将辣度与烹饪过程中香料杀灭的致病性微生物的预测数量联系起来。这表明我们对香辛料的喜爱是基于吃它们能让我们避免部分食源性感染。

所有的香辛料都是干燥后存放数年之久的蔬菜或水果的变体。它们富含抗氧化物和具有保护性的多酚，它们通常都对人类有毒。但当我们极少量地食用香辛料时，它们含有的复杂化学物赋予了其独特的香味，继而能让寡淡无味的食材彻底改头换面，同时也为我们带来健康益处，不过有时也会带来危害。

盐

盐由来已久，海水成分的 3% 为盐，自古它就是人类所珍视的食物调料和财富之源。世界上第一座欧洲城市，是公元前 4500 年前位于保加利亚的古城索尔尼萨塔（Solnitsata），当时非常繁盛。人们认为这是一座建立在盐矿之上的城市。萨尔茨堡（Salzburg）、德罗伊特威奇（Droitwich）等其他城市也都有盐泉，罗马军队的军饷就是一袋袋的食盐，因而英文单词士兵（soldier）和薪水（salary）都与盐有关，现代意大利语中的现金（soldi）也与盐有关。

当我在意大利山顶因为突发高血压而感到不适时，我立马减少了盐的摄入量。大学期间，老师在课堂上反复强调减盐能降低血压，减少脑卒中和心脏病的风险。虽然对此有一些批判声音，但来自世界各地的证据似乎坚如磐石。观察数据表明，膳食中的含盐量就能反映出血压情况，当没有高血压并且盐摄入量较低的人群移居到新地区后，如果盐摄入量增加，那么他们血压升高的风险也随之增加。证据是如此令人信服，以至于这不仅仅是减少盐摄入量的问题，更重要的是减少多少的问题。2010 年美国营养膳食建议中关于盐的推荐量是 50 岁以上或患有心脏病或糖尿病的人，每天不得超过 2 克；而对于所有大众的推荐量则是每天最多 6 克，而实际上人均盐摄入量要远远高于这个推荐值，每天达 10~12 克。这就意味着我们亟待大幅度减盐。据美国估计，吃过咸的食物将造成每年大约 160 万人死亡，而英国一个乐观的数据模型预计，如果到 2050 年人们把盐的摄入量降至每天 5 克，就能净节约 13 亿英镑的医疗经费。[1]

隐藏的盐

反盐倡导团体指出，许多超加工食品正是隐藏盐的罪魁祸首，其中包括早餐谷物、饼干、番茄酱和罐头汤。2018 年，一项针对伦敦中餐外卖的调查发现，有 97% 的外卖餐食中，每份含盐量超过 2 克，其中有两个酱油海鲜煎饼中的盐达 3.8 克之多。[2] 快餐消费者经常低估其盐摄入量，实际摄入量可能是正常需求量的 6 倍，但他们往往不知道他们最爱的松饼、甜甜圈和贝果中其实含有大量的盐，因为盐可以增强甜味并延长保质期。[3] 事实上，在外就餐或吃加工食品是不可能使每天的盐摄入量控制在 2.4 克以下的，更别提 50 岁以上的人要限制在 1.5 克以内了。

最近，我们对盐的敏感度上升到了一个新高度。通过对数千名参与者的研究，我们发现人们对高盐或低盐的反应存在巨大差异。如果你的祖辈是非洲人，那么你对盐的反应就要比欧洲或亚洲人更敏感，但即使是在同一细分人群内，人们对不同的盐摄入量的反应也有显著区别。因此，即使降低盐的摄入能让人们的血压平均降低1%~3%，然而对多数人来说血压的改变是不可预测的，而只有10%（或者8%）的降幅才会有明显的健康益处。[4]我们从双胞胎和家庭研究中得知，不同人对盐的反应很大程度上取决于基因，黑人似乎对盐尤其敏感。遗憾的是，如果你没办法待在医院里接受为期三天的各类检测，你便无从知晓你对盐的反应究竟属于哪一类。

在英国，自2005年以来人均盐摄入量下降了11%，尽管还是比推荐值要高不少，但有可能救了不少人的命。事实上，我在2013年写作《饮食的迷思》一书的时候，甚至都不觉得减盐是一个应该被提及的话题。而事实证明我错了。这个转折点是因最近一个随机临床试验而出现的，该试验对低钠饮食的糖尿病患者进行研究发现，相比正常摄入钠的糖尿病患者，低钠饮食的患者非但没有改善，反而更早地死于心脏病。[5]而鉴于如今糖尿病患者或糖尿病前期患者已经占到了全部人口的很大一部分，那么采取低钠饮食策略就有可能招致更高的死亡风险。盐对我们身体许多关键的生理功能至关重要，限制其摄入可能会引发许多其他的不良反应。少数对此有所觉醒的人，已经开始认真审视关于限盐背后那些自相矛盾的结果。2017年的一项独立荟萃分析，纳入了185个随机试验且覆盖12 000名受试者，该荟萃分析肯定了限盐的确能降低血压。[6]但是，这可是个大大的"但是"，对大多数健康人来说，因限盐而降低的血压微不足道，并且在临床上几乎没有意义。尽管还有很多其他的研究，但是却没有一致的证据表明低盐膳食能降低患心脏病、心力衰竭、脑卒中或者过早死亡的风险。[7]同样是在这项2017年的荟萃分析中，研究人员还观察了血液中代表身体应激反应的标志物检测情况。其中肾脏激素升高了

55%~127%，肾上腺素和去甲肾上腺素分别升高了 14% 和 27%，胆固醇升高了 3%，甘油三酯升高了 6%。因此，虽然高血压与高盐摄入相关，但是降低盐的摄入却对多数人的血压改善效果不大，尤其对特定人群而言，降低盐的摄入还可能因为干扰身体其他关键系统，诸如心脏，而导致死亡风险增加，因为钠是心脏的关键电解质。[8]

这听起来就如 20 世纪 80 年代关于胆固醇或饱和脂肪酸的故事那样让人担忧，不同的是，尽管仍有证据表明低盐饮食能降低高血压，但我们的失误是未对饮食形成更大的全局观，也忽视了食物之间相互作用的复杂性。2016 年《柳叶刀》杂志对 46 个国家开展的一项研究表明，关于盐与健康的关系呈现两极分化的情况，类似于酒精呈现出所谓的 U 形或者 J 形曲线。经常摄入大量的盐，尤其是那些隐藏在加工食品中的盐，比如早餐麦片，显然是不好的习惯，因此我们应该少吃超加工食品。当然，我个人认为把减盐当作清规戒律般执行，并用其他化学物质代替是另一个误区，因为减盐过度也可能有害。[9] 对食品生产商而言，减少过量的盐诚然是件好事，但为了减盐而额外加入十多种化学防腐剂以延长保质期或改善风味，那只会造成其他问题，尤其是在肉制品中。

“低盐”替代品，如氯化钾和氯化钠混合盐，尝起来咸咸的，但是略带一丝金属味。2022 年一项纳入 26 个试验的荟萃分析得出一个令人吃惊的结果，用这种低盐替代品能降低 4.7 毫米汞柱的血压，并且能减少脑卒中和心脏病的风险，这个降幅比单纯减盐还要明显。[10] 香蕉、豆类或绿叶菜等植物都是钾的良好来源，并且还能预防肌肉痉挛，但钾摄入过量也会致命，它会导致心律失常和心搏骤停。钾还会与人们服用的约半数降压药相互作用，比如利尿剂和 ACE（血管紧张素转换酶）抑制剂。

如果你吃的盐太多，要么是因为你吃了太多的超加工食品，要么就是你在一家米其林星级餐厅工作，那里道道菜都离不开盐。全世界每个国家的每一家餐馆里都会在食物中添加盐，皆因盐能让食物更加美味。它几乎能增强任何一种味道，因此基本每一个优秀的大厨教给你的第一个烹饪技巧就是如何给食物加盐，而且烹饪中第一大罪状是不够咸。一些专家建议在烹饪过程中不要放盐，而是在食物出锅后根据自己口味再酌情加盐。经过各种实践后，你可能会发现这种方法还不如在烹饪过程撒盐好，因为等菜做好再加盐可能比烹饪时撒的盐更多，因为临时撒盐更加难以带出食材的风味。不过也有例外，比如在吃沙拉的时候，你可能需要在装盘后再撒点海盐来刺激下味蕾。盐还能改变食物的结构，比如它能让沙拉中的黄瓜变软；在烹饪茄子前，用盐腌渍（或者放在盐水里煮一下）就能有效地缩小茄子的体积，这样茄子就不会吸油过多；用盐腌一下鱼则能让其中多余的水分析出。

不是所有的盐都一样

盐并不仅仅是氯化钠，也不是每种盐的产品都一样。大厨们对盐极其挑剔，而且通常会用手和手指小心地撒盐，而不是用勺子，而且誓死认定不同晶体结构的盐一定有着不同的味觉特征。餐桌上的食盐是一种精制盐，颗粒细小均匀，通常含有 2% 的抗结剂，如碳酸镁或硅酸铝钠，以防止盐在存放过程中结块。食盐还往往会进行“碘强化”来预防甲状腺功能减退和智力发育迟缓问题。不同国家的食盐添加剂差别很大，近半数的法国食盐中含有氟化物，以减少龋齿的发病率，因为他们的饮用水中通常不加氟。德国和匈牙利也有加氟的食盐。其他一些国家还会加一些听上去怪危险（不过是合法批准的）的化学物质，比如亚铁氰化钠或叶酸和铁。厨师则更加喜欢用犹太盐或是厨房用盐，它们与食盐不一样的地方在于不含添加剂，颗粒更大、更不规则，所以浓度（和咸度）比食盐低 1/3。撒盐的时候最好离锅保持一定的高度（动作幅度也要大），好让盐撒得更加均匀。非精制的海盐则有着更大的表面积和不规则的晶体结构，它含有多种矿物质，如钙和镁。有的海盐还含有藻类，闻起来带点儿腥味。这类有独特味道的盐最适合直接加到已经装盘的食物里，这样舌头能品尝出其独特风味，加之它们的价格不低，因此烹饪时直接加到锅里有点浪费。

精品盐

有的海盐品种已然形成了一项价值数十亿美元的全球业务。如今你在世界各国的超市都能找到喜马拉雅粉盐，甚至你还能从一整块大的纯晶体上自己研磨出想要买的量。跟普通的食盐相比，其中一些产品有着超过 5000% 的溢价。海湾盐或者海盐都很有名，当然市场引领者是盐之花（Fleur de Sel），数百年以来它都是采集自布列塔尼海岸和卡马格地区的湿地，西班牙、葡萄牙和加泰罗尼亚也有类似的品种。英国的海盐则主要来自埃塞克斯海岸（莫尔登）、威尔士和康沃尔郡，它们含有的水分较少，风味独特，也都非常受欢迎。黑盐则来自印度的黑色岩盐块或是棕红色的粉末堆，带有烟熏硫化味。

最昂贵的天然盐很可能是韩国的竹盐，20 克一小罐的竹盐售价约 50 英镑。它的制作工艺是把灰色的海盐放入竹筒里，竹筒用泥巴糊上并密封，然后用加热的方法迫使其熔化、冷却后再结晶。它的味道很浓、很咸，有矿物质味道并有一些药用价值，所以你不能吃太多竹盐，它的价格也足够让你悠着点儿吃了。

食物和肠胃里的盐

盐不仅是一种重要的营养物质，也是众多种类食物延长保质期的关键。大多数发酵食品，包括酸菜和泡菜，都需要先把蔬菜浸泡在盐水中，为的就是让有益微生物得以存活，并杀死其他不需要的微生物。其他嗜盐的微生物（如乳杆菌）就会开始繁殖并产生乳酸，使盐水变得更酸，最后形成一个鲜有微生物活跃的稳态环境。这种基础的方法同样用于发酵大豆以制造酱油。很多亚洲国家桌上常用的是酱油，而不是食盐。用这种方法发酵食品并不容易：盐太少，乳杆菌难以繁殖，盐太多它们又会停止生长，甚至死亡。

我们人类的消化道与上面很相似。2018 年我们团队首次将肠道微生物的多样性与人体血管的韧性这两个指标联系起来，因为血管韧性是影响心力衰竭和血压的重要因素。我们对 617 名女性做了细致的分析，发现一些吃膳食纤维的特定微生物（如瘤胃球菌）对人体具有保护作用，这可能是因为通过微生物产生的丁酸盐等化学物质能让血管保持柔韧性。[11] 这种对血管的影响，是传统风险因素（如肥胖、高血糖）对血管影响的四倍。在 ZOE PREDICT 研究中，我们观察了 1003 个参与者的数据，发现几种特定的肠道微生物与更高的盐摄入量相关，其中大多数是对健康有利的益生菌，包括酸奶中常见的一些益生菌。[12] 在喂大剂量食盐的小鼠中，乳杆菌全都死掉了，因此破坏了能防止血压升高的免疫细胞。这种影响能被含乳杆菌的益生菌所扭转。12 个志愿者参与的试验也得出了类似的结果，他们每人每天都多吃一茶匙的盐，持续两周，相当于他们的盐摄入量从正常范围（健康的量）一下子翻倍了。[13] 试验前从这些志愿者的肠道中能检测出有益的乳杆菌，而在试验后全部没有了，这就证明我们的肠道和代谢与腌制酸菜一样，取决于其中的盐与微生物的平衡程度。

如果你对限盐有心理和生理上的双重不适应，那么益生菌或富含膳食纤维的发酵食品对你可能很有帮助。对一些小型随机对照试验的荟萃分明表明，含有乳杆菌的发酵乳对健康人和患高血压的人都是有效的。[14, 15] 但我们尚不清楚哪种乳杆菌最有效，以及最佳剂量是多少。

大多数健康人摄入的盐也许都是适宜的，这样才能保证盐与肠道微生物相互适应，也能让肠道微生物产生化学物质来维护免疫系统的健康和血管的通畅。总之，除了日常需要避免吃过咸的食物之外，大多数人在如今严格限盐的膳食指南下再加一点盐也没问题。

黑胡椒

世界多数地方的餐桌上，除了盐罐子，还有另一个调料罐——黑胡椒罐。黑胡椒作为另一种重要的香料，是机缘巧合和历史原因让它登上了人们的餐桌。黑胡椒是人类发现美洲大陆的促推因素。14 世纪和 15 世纪，欧洲冒险家就已经驾驶着单薄的船只去寻找胡椒粒的产地，这比去原产地印度要快得多。哥伦布乐观地认为他到达了西印度，而实际上他只是到达巴哈马。在罗马时代，胡椒被用来当赎金，而一些埃及人甚至用胡椒粒和金子当作陪葬品。几乎中世纪的每个欧洲城市都有一条香料街，其中胡椒的味道就是整条街最有辨别度的特征性气味，以至于街道的名字都以胡椒命名。中世纪时期，胡椒的价格是其他香料的十倍，并且主要由威尼斯人控制以此牟利。当英国在 18 世纪控制了印度后，胡椒的价格猛跌，然后迅速变成象征性支付的代名词，如象征性租金。

胡椒粒是一种印度野生藤蔓植物的果实。胡椒粒的颜色有红色、白色、绿色和黑色，这些全都是长在一根藤上，只是处于不同的成熟期罢了。黑胡椒是把尚未成熟的浆果放在太阳下晾晒并发酵（再次感谢微生物），然后干燥后变成皱巴巴的模样。绿胡椒也是未成熟的胡椒粒，但不经过干燥这一步；白胡椒其实就是黑胡椒浸泡后脱去外皮后的样子，而时间长了，就会由白变红，最后变成了红胡椒粒。它们与其他香料一样，也都富含保护性抗氧化物。对于研磨成粉的胡椒粉，香味大约能留存 3 个月，而整颗胡椒粒则能保存数年，所以最好是现吃现磨。胡椒的核心成分就是香味化合物胡椒碱，其风味既浓烈又辛辣，能够刺激唾液和胃液的分泌。黑胡椒有好几个历史背景不一的同类，其中有些我们每天用餐时都会磨一些来吃，比如更加辣一些的亲戚长胡椒[①]，它们在中世纪时期被希腊人所食用。它们都含有胡椒碱，作为主要的活性生物碱化合物，它能给菜肴带来愉悦的辛辣刺激感，但并非每种胡椒产品的差异都很大，所以一些标价很高的五彩胡椒品种就有价格虚高之嫌。令人困惑的是，粉色的胡椒粒根本就不是胡椒，它实际上是一种干浆果，散发着高贵的香味，但一点儿也不辛辣。如果你对开心果或腰果过敏，那么你要小心，可能会对这种粉胡椒产生免疫交叉反应，但是对真的黑胡椒则不会。

当 1453 年君士坦丁堡陷落后，香料的贸易之路也随之被切断，

① 中国称之为荜茇，在我国常常作为药用香料，在《本草纲目》中亦有记载。——译者注

胡椒价格飞涨，新世界的人们不得不去寻找更廉价的替代品。西班牙水手说阿兹特克人正在使用一些有辛辣味的香料，他们管它叫“多香果”，这是胡椒的西班牙语，这让本来就五花八门的胡椒品种更复杂了。西班牙和葡萄牙人随后就把这些多香果出口到了世界各地，包括印度和远东地区，从而永久改变了当地饮食和人们的口味。

芳香植物

在我们家窗台上能随时收割的香料就是看上去毫不起眼的罗勒和香菜，它们在超市也随处可见。它们有着绿油油的叶子，毫无疑问它们富含多酚，风味和营养俱佳。罗勒在地中海美食和印度的阿育吠陀医学中非常受欢迎，也是制作意大利青酱的主要原料。一项对用多种香料烹制的番茄酱中多酚含量的研究表明，在传统番茄酱中加入罗勒、马郁兰和牛至可以提高整体的营养价值，其多酚含量远远超过超市售卖的番茄酱。[16]

香芹和香菜同样富含维生素 A、维生素 C 和维生素 K，以及具有抗炎效果的多酚。薄荷在哪里都能蓬勃生长，新鲜的薄荷吃起来有点儿甜。它也富含多酚，传统上薄荷可用来助消化与助眠，尤其在莫吉托鸡尾酒中大放异彩。

迷迭香和百里香的叶片都比较干，因此相对更加容易包装和运输，而不会过多地损失其中的精油和化学物质。相反，罗勒、香芹和香菜则在越新鲜的时候才可能保留更多的营养素。为了能让干燥的草本香料留香时间更久，建议把它们装进密闭的容器里并放在阴凉处，暴露于空气中会让它们在 6 个月内魔力尽失。

香料

孜然主要产于印度，是一种香味浓郁的种子香料，其中包含 100 多种化学物质和挥发物。还有人声称孜然能帮助人们减重，不过背后的科研证据并没有说服力。一个纳入 12 项小型试验（有一半在伊朗进行）的系统综述表明，每天只需要吃很少（75~225 毫克）的孜然，就能起到减重的效果。[17] 另一个试验则尝试每天给受试者吃一茶匙（约 3 克）孜然，也得到了类似的结果。[18] 所以我们应该把孜然纳入日常烹饪中，说不定我们能变得更苗条。许多人用孜然是因为它们可能具有抗菌和抗炎特性，这让孜然成为一种能缓解胃部不适的常用香料。

姜黄在印度和中国既被当作香料使用，又能入药。在伊朗、马来西亚、印度尼西亚、泰国、越南等许多国家它也被用于烹饪。它还能用作防腐剂，用在美容产品中，作为染料、食材配料以及预防和治疗许多疾病，包括抑郁症、心脏病和癌症等。它是开花植物姜黄的根，隶属于姜科大家族，因其具有特殊的颜色以及能作为藏红花的替代品而被人类很早种植。新鲜的姜黄如今也可以在英国等地买到，并常常用来制作咖喱类食物，也越来越多地成为许多菜肴的配料。

它本身并不是一种很强劲的香料，而被用作一种平衡风味的媒介，使菜肴看上去更加温润调和，色泽明亮。姜黄的成分非常复杂，碳水化合物占 69%，还有蛋白质、脂肪、矿物质和水。姜黄素是其中最主要的活性成分，大约占 5%。它有另外一个更加俏皮而不失优雅的名称——二芳基庚烷。除了姜黄素，姜黄中还有其他很多成分，而姜黄素本身还能形成很多代谢产物，每一种产物都有自己的功效。单独吃姜黄素对血液几乎没什么影响，这被我们称为“低生物利用度”。

一些研究表明，黑胡椒能帮助姜黄素吸收。姜黄素这种易滞留在肠道中的特性让一些实诚的膳食补充剂公司焦急万分，但更重要的是要考虑肠道微生物，而这方面我们知之甚少。由于姜黄素和辣椒素都对痛觉感受器有一些共同的影响，因此两者能以类似的方式影响肠道，都能轻微地调节肠道微生物组的酸度并改善健康。

试管级别的研究一致表明，姜黄素能作用于免疫和癌症的几个关键通路（这些结果我们大可忽略不计），不过如今也有数百个规模较小的临床试验使用了不同剂量的姜黄素，这些研究结果和荟萃分析往往都发表在级别较低的期刊上，严谨性略差。然而，最近一项对22个小型临床试验的系统综述，主要研究服用姜黄素对肿瘤患者的影响。这个综述的结论表明，肿瘤患者在化疗期间服用姜黄素似乎有更好的疗效，而且每天摄入10克姜黄素都是安全的。[19]另一项研究则表明，同时服用姜黄素与黑胡椒粉，能让肠道的息肉缩小，而肠道息肉往往是肠癌前期病变的征兆。但另一些研究则认为，单独服用姜黄素没有效果。[20]当把数量有限的一些研究综合起来，你会发现姜黄素在减轻骨关节炎患者的疼痛上（10个研究）有效果，这种减轻疼痛的能力堪比布洛芬。而从另外6个超小型的研究来看，它还能改善严重的抑郁问题。[21, 22]还有20个研究表明它对2型糖尿病患者控血糖可能有一定的帮助。[23]

不过实际需要吃多少姜黄素还不清楚，但据猜测，如果你正在经历关节疼痛，那么每天吃2汤匙的姜黄粉是值得尝试的，这同样适用于正在化疗的患者。但对于自身免疫病或痴呆，则没有确切的研究资料支持。我们还需要等待更多关于姜黄素功效的大型独立研究，与此同时不可否认，姜黄是非常安全的，所以最好将其与辣椒一起吃下去，或者在酸奶或开菲尔里放一小撮胡椒粉和姜黄粉也是个好习惯。

如按重量论价格，藏红花也许是世界上最昂贵的物质之一。这个词（saffron）来自阿拉伯语中“线”的意思，它浓郁的红色则源自其中的多酚类胡萝卜素。目前，它的价格大约是黄金的一半，比排名第二贵的香料——香草要贵10倍。几个世纪以来，这种色彩艳丽的藏红花都被掌权者和贵族作为炫耀其财富之物。除了作为奢侈的调料为食物增香着色，它还能给头发和织物染色，甚至能用在皮肤上作为一种快速而昂贵的美黑染料，让皮肤变得如金色般亮泽。据说亨利八世曾穿用藏红花染色的金色紧身衣，而且他最爱的一道宫廷御宴“金天鹅”也使用了大量的藏红花。在16世纪和17世纪，英国埃塞克斯郡的“藏红花小镇”萨夫伦沃尔登取代伊朗，成为全球藏红花新的生产中心，它原本是以英国最为干燥的地区而出名。这里出产藏红花持续了200年之久，都是靠人工把紫色花瓣中的那三根红橙色的柱头小心翼翼地摘取下来。每15万朵花才能产出1千克的干藏红花。工业革命为这项具有浓郁色彩的香料种植业务画上了句号，因为很多廉价的劳动力开始流向大城市。最近一位勇敢且敬业的藏红花种植户，又在原先的场地重新开启了藏红花的种植，因为这个地方非常适合这种花的生长。由于藏红花植物极度娇嫩，难以经受任何机械化的处理，所以人工依旧是藏红花产业的刚需。如今藏红花种植业又重回康沃尔郡，这可是多年后的首次回归。

高品质的藏红花含有大量苦味的类胡萝卜素和藏红花素。它们能以极少的量展现巨大的染色能力，比姜黄还要强。新鲜时，它吃起来有点像蜂蜜或者干草的味道，在很多咖喱类或米饭类菜肴中经常会用到。腓尼基人把藏红花带到欧洲后，西班牙人用它来做西班牙海鲜饭，意大利人则用它做意大利调味饭，法国人用它做马赛鱼汤。新鲜的藏红花很快就会枯萎，所以最好保存在冰箱的密闭容器里。为了充分发挥其品质，在使用前可以拿几根藏红花在水和酒精的混合溶液里浸泡一夜。与其他香料一样，藏红花虽然可能也具有一定的健康益处，但迄今还没有人愿意投几百万去做临床试验来证明这些益处。同时，对医生而言，它还是极为有利可图的一种草药，能代替诸如姜黄和染色草这类廉价的产品。在中世纪，藏红花造假通常会被判死刑（还可能更惨），不过如今这种风险很小了，因为高额利润的诱惑，藏红花造假很常见。2016 年，一项使用新的化学指纹识别技术（代谢组学）的调查显示，市场上号称是来自西班牙的高品质藏红花实际上有 50% 都来自伊朗和摩洛哥的低质作物，不过这个技术也再次确认来自西班牙拉曼查，有欧盟原产地保护认证的天价藏红花确实货真价实。[24]

姜也被认为具有一系列抗氧化、抗炎和抗癌的特性。姜酚是决定生物学特性的主要成分。最近的一项荟萃分析发现，姜酚对减重有帮助，但可惜只适用于动物，而非人类。[25] 几项临床试验表明，生姜提取物具有轻微缓解骨关节疼痛的功效，还能缓解麻醉后的恶心，但效果都不明显。[26，27]

丁香自古以来就被认为能缓解牙痛，至今丁香油有时仍是治疗牙痛的处方药，因为人体试验表明它与麻醉凝胶一样有效。[28] 丁香也是一种既安全又能有效缓解宝宝出牙不适的方子。丁香油酚就是丁香提取物的主要活性成分，以具有抗炎和抗菌作用而闻名，在肉豆蔻和桂皮中也有它的身影，因此这两种香料也有类似的功效，不过尚缺乏人体试验予以支持。在牙科之外，虽没有什么好的人体试验数据支持丁香的其他健康功效，但不妨碍它仍是烤苹果或热红酒的绝佳伴侣。此外，桂皮和中东香料漆树也有类似的健康功用。

辣椒

人们在新世界发现的西班牙辣椒就是辣椒属大家族的成员，其中产生辣味这种灼热感的活性成分是辣椒素，它集中在辣椒籽内部及其周围。辣椒家族包括甜椒、卡宴椒、红甜椒粉、墨西哥辣椒以及其他数千种辣椒，它们都含有免于被动物吃掉或被太阳晒伤的保护性化学物质。个头更大一点的甜椒就像是这个家族数百只白羊中的那只黑羊——它含有隐性基因，因此不产生任何辣椒素。红甜椒粉则是由一种更加温和、略带甜味的红辣椒磨成的干粉，它最初种植于 17 世纪的匈牙利，当时叫“土耳其椒”，经常出现在匈牙利红烩牛肉这道菜中。其他甜椒品种还有西班牙辣椒、意大利辣椒。而卡宴椒是由特辣的辣椒的辣椒籽制成的。辣椒是辣椒属大家族的一个通用名，实际上各品种的辣椒素含量千差万别，其中有的辣椒品种还被专门选育用来提取辣椒素。这就意味着，你每次吃辣椒都跟抽奖一样，辣不辣只有吃了才知道。在西班牙，有道传统的名菜叫“帕德龙辣椒大杂烩”，是由各种各样的烤辣椒组成的，其中多数辣椒不辣，但往往有一种很辣的辣椒，所以吃这道菜就跟玩俄罗斯轮盘一样。

辣酱和香辛料如今变得越来越受欢迎，为什么我们这么喜欢给舌头找虐呢？这是因为我们面部的三叉神经和舌头本身就担负着双重角色——感知灼烧感和感知凉感。而辣椒里的辣椒素则会通过释放出一种叫 P 物质的化学物质来影响这些神经。P 物质被痛觉受体感知，它先是刺激神经，接着便会使神经麻木。心理学家把这种刻意吃辣椒的行为称为良性自虐，因为这个过程会让人释放内啡肽。鸟类是除了人类之外唯一能吃辣并享受其中的动物，因此可以帮助辣椒传播种子。喜欢吃辣椒显然是带有明显的文化色彩的行为，但在不同人群中，人与人之间吃辣也有显著差异。在欧洲人中，我们在双胞胎队列研究中发现基因对吃辣与否有相当强（58%）的影响，这可能与个性或痛觉阈值的遗传差异相关。[29]

辣椒素除了会让你感到口腔疼痛外，还能作为止痛药用。我就经常把含有辣椒素的乳膏当成止痛药开给有关节痛或者肌肉痛的病人，试验表明有效。涂抹辣椒素乳膏后，一开始没啥感觉，接着会有几分钟的灼烧感，然后疼痛就会渐渐减轻。我每次都会叮嘱我的病人，用完辣椒素乳膏后，一定要仔细洗手，千万不要接触眼睛和身体其他敏感部位。显然，大多数人犯过一次错后就记住了。吃辣是可以锻炼出来的，你能通过不断尝试吃辣椒或浓咖喱来提高对辣味的耐受程度。温达卢（vindaloo）咖喱被公认为是最辣的一种经典咖喱，不过另一种叫"费尔"（phall）的咖喱则被其他"专家"认为是最辣的。费尔咖喱并非源于印度，而是20世纪70年代由英国伯明翰的一位孟加拉国人发明的，他当时就吹嘘这是在英国能买到最辣的咖喱。

吃完刺激的辣咖喱或辣椒后，最可怕的事儿就是喝汽水。因为碳酸饮料会进一步刺激你的三叉神经，继而延续辣椒带来的痛苦，不过喝白开水也于事无补。虽然墨西哥人坚信吃一角酸橙最解辣，不过我发现最有效的解辣法还是喝全脂牛奶或者酸奶，这也是为什么在很多传统餐厅都流行印度拉西发酵乳饮品。

每个国家都有自己的辣酱。韩国的辣酱就是用辣椒、发酵黄豆和糯米制作而成的。印度尼西亚人拥有自己的参巴辣椒酱，泰国则有是拉差辣椒酱。在加勒比地区，超级辣的苏格兰帽椒酱几乎出现在每个餐桌上，而葡萄牙的霹雳霹雳辣椒酱如今在英国也随处可见。塔巴斯科辣椒酱就是用卡津辣椒制作的一个著名辣酱品牌，这种辣酱的特点就是出售前会经过三年的熟化过程来达成最佳风味。哈里萨辣酱则是北非人最爱的调味品，它的质地相当黏稠，还略有颗粒感，不过也不失柔滑和绵密。它由红辣椒粉、孜然、香菜和少许橄榄油制作而成，这种较少加工的辣酱可能是多酚含量最佳的辣酱产品。

辣椒是健康食物吗?

为了比较各种辣椒的“辣嘴”程度，人类发明了史高维尔（SHU）来衡量其辣度。辣度最高的是由100%的纯辣椒素制成的物质，辣度达到1500万SHU，而另一个极端是橄榄里的西班牙甜椒，其辣度只有区区100 SHU。塔巴斯科辣椒酱的辣度是2500 SHU，一道做得好的温达卢咖喱的辣度为10万SHU，但这对我来说也是足够辣了。对于那些硬核的吃辣食客而言，只有能参加辣椒大赛的特殊育种辣椒才能算得上辣椒界顶流，如印度鬼椒、莫鲁加蝎子椒、卡罗来纳死神椒，其辣度都达到200万SHU。这些都非常适合用于吃辣椒比赛，也可用于制作警察常用的辣椒水。吃这类辣椒除了会大汗淋漓和让你恨不得砍掉舌头，其他并无害处，但也有人碰上了更大的麻烦。一位土耳其人吃了浓缩的卡宴辣椒粉后心脏病发作，而另一名34岁的男子在吃了一个世界最辣的卡罗来纳死神椒两天后，因为严重的霹雳样头痛而住院。辣椒素导致他的脑动脉痉挛，继而导致头痛，所幸他最终有惊无险地康复了。别怪我扫兴，其实经常适量地吃点辣椒对身体是有好处的。

2017年，一项覆盖16 000名美国人并随访长达19年的观察性研究发现，相比于不吃辣椒的人，那些经常吃辣椒的人的死亡率和血管健康问题的风险要低13%。[30] 其他的研究也得出了类似的结果。一项跟踪7年、覆盖48.8万名来自10个地区的中国人的大规模研究发现，那些经常吃辣椒的人过早死亡的风险要低约14%。[31] 对于癌症而言，那些得出吃辣椒能抗癌的研究数量估计跟得出恰好相反结论的研究数量不相上下。这些研究多数质量堪忧，而且基本是直接把辣椒滴入癌细胞的不靠谱试管实验，又或者是病例对照研究①，所以往往受到各种偏倚因素的干扰。2017 年，一项囊括 39 个研究的荟萃分析表明，吃辣椒既不能改善癌症也不会致癌。[32] 唯一需要澄清的是，吃辣的男性患胃癌的风险增加了 70%，女性则没有发现异常。胃癌如今在西方国家很少见，但在亚洲仍很常见。另外，还有一些设计合理的人体试验证据表明，长期吃辣有助于减轻胃灼热和胃部不适的症状，这可能仅仅是因为吃辣提高了个人的痛觉阈值罢了。

关于辣椒对肠道微生物影响的精良研究在 2017 年以前都寥寥无几，直到有一个实验用辣椒与高脂膳食一同喂养小鼠，发现辣椒能减少高脂饮食带来的体重增长。这可能是辣椒通过肠道微生物群落而发挥的作用。辣椒能够减少我们通常不需要的变形菌（如大肠杆菌）的数量，同时能增加嗜黏蛋白阿克曼菌，此种菌在小鼠与人体（我们团队自己的研究）内被证实与减重有关。另一个设计精良的小鼠研究表明，辣椒能减轻体内的轻微炎症反应，这可能是引发肥胖的一个因素。[33] 这种抗炎效应是通过肠道微生物发挥出来的，主要是瘤胃球菌属家族，它们似乎也很喜欢吃辣椒，因此它们产生了更多丁酸盐，继而能维持肠道微生物的多样性与健康的肠道内膜，从而减少炎症反应和体重增加。

有 4 项人体研究均做了随机加入安慰剂组的临床试验，在 288 名

① 病例对照研究是流行病学研究方法的一种，属于观察性研究，意思是在已经发病的人群中，回溯该人群的生活暴露史，以求确定某种暴露因素与疾病的关联；它无法推出因果关系，容易受到选择偏倚等因素干扰。——译者注

受试者中研究辣椒素与减重之间的关联。[34] 没有一个研究完全令人信服，它们使用的辣椒素剂量从每天 6~600 毫克不等。不过把它们四个综合起来看，辣椒素对减重似乎有些效果，它还能改善代谢和减少食欲。许多数据资料都是基于辣椒素这一种成分，而忽略了辣椒中可能包含 200 多种其他化学物质，而这些物质可能会发挥更广泛的作用。用整个辣椒来做临床试验难度很大，因为即使是经验丰富的辣椒食客，也很难接受临床试验把辣椒当作饮料或者药物单独来吃，而不是作为真正的传统食物。所以，我个人对辣椒的态度就是保持谨慎的乐观。如果你喜欢吃辣，就继续吃你喜欢的辣菜和咖喱，但要避免超加工的即食食品。

芥末

芥菜籽是来自卷心菜家族的一种植物的种子，把它碾碎或者加入液体中后，就会散发出辛辣的气味。芥菜籽里的化学物质会在室温下散发到空气中并刺激鼻腔，不过当它们被烘烤或者与液体混合后，气味会变得温和很多。芥菜籽曾经被罗马人碾碎后与未发酵的葡萄浆（酿酒副产品）混合，芥末酱因此应运而生，而这个传统一直延续到中世纪的欧洲。黑芥菜籽是所有芥菜籽中风味最强劲的，其中的黑芥子苷浓度也是最高的，不过因为它的种植难度比棕色的芥菜籽高，因此后者才是目前欧洲最流行的品种。白色的芥菜籽含有一种更加温和的化学物质白芥子甙，它在美式芥末酱中更加常见。第戎芥末酱自 13 世纪就有了，它产自法国城市第戎。现在的第戎芥末酱由加拿大的棕色芥菜籽与红酒醋混合制作而成，不过也有些会加入黑色或棕色芥菜籽。英国芥末酱自 1814 年在诺里奇生产，用的是印度的棕色芥菜籽，它也是风味最强劲、最浓郁的品种，其中最知名的品牌是科尔曼（不过这家公司最近刚被收购）。美国的芥末酱，比如最著名的品牌弗兰奇斯（French's），因为加了姜黄而呈现亮黄色，但是口感非常温和，一是因为它被稀释过，二是它用的是白色的芥菜籽。德国芥末酱品种繁多，通常颜色更深也更甜。

山葵酱是亚洲版本的芥末酱，它是用一种亚洲卷心菜的根部制作的。这种植物的根也含有黑芥子苷，可以防御外敌。新鲜的山葵酱应当是直接从山葵的根部研磨到菜肴里，这样才能释放出多种不同的芬芳化合物。山葵酱的香气通常在研磨后 5 分钟最浓，20 分钟后气味就会逐渐消散，剩下就是温和而馥郁的滋味。日本以外的大多数商店和餐厅的山葵酱都不是真的，用的一种廉价的染色辣根，再配上芥菜籽，所以它便宜多了。因为人们对寿司和山葵酱的需求日渐增加，在日本已经没有足够的土地种植这么多山葵了，而山葵也因此获得了“全世界最贵的蔬菜”的头衔。2015 年，一位来自英国南部汉普郡的农民成功地在他的田地里种植出了欧洲第一颗山葵。他一直未公开自家农田地址，然后一直种植着山葵，并且开始售卖自家出产的山葵根，很多人对这种自然生长又珍稀的蔬菜趋之若鹜。

香草

香草豆是一种原产于墨西哥爬藤热带兰科豆荚里的种子，如今主要种植于马达加斯加。它是继藏红花之后比较贵的香料，因为它实在太娇嫩了，而且需要很繁复的加热、干燥和储存工序。它的价格会随着生长情况和产量的不同出现高达20倍的差异，2017年其价格一度飙升至每千克500美元。尽管香草豆具有潜在的抗氧化和抗菌作用，但是它最广为人知的特点还是其独特的芳香物质——香兰素。大多数人闻到香兰素都会感到舒适而放松，而且人们还发觉香兰素能像母乳一样安抚婴儿，因此一些配方奶粉里就添加了香兰素。

欧洲殖民时期之后，马达加斯加成为世界香草之都，当地政府成立一个垄断利益集团，旨在保持高价，因此摧毁了许多其他潜在的香草种植户，进一步使价格飞涨。最近，因为一系列热带龙卷风破坏了更多香草作物，当地香草价格再次上涨。面对这样的不确定性，美国食品巨头的化学家们坐不住了，他们开始研究人工合成香兰素的方法，原料是来自树皮中的木质素。这种合成的香兰素与天然的香兰素在化学式上完全一样，但它是在实验室里通过加工松树皮获得，价格还不到天然香兰素的一个零头。这也解释了为什么在制作烟熏肉制品和鱼的时候能闻到一丝丝香草的味道。如今，大多数香兰素都是石油化工的副产品，小部分来自造纸业所用的树木，显然后者具有更诱人的风味。这种人工合成的产品在很多廉价的预包装食品和蛋糕预拌粉中随处可见，并且在很多国家成为酸奶的配料。美国人似乎就乐此不疲。在美国，你基本找不到任何不加人工香兰素的“天然”酸奶，甚至在高端食品商店也不例外。香兰素之所以如此广为使用，是因为它具有增强许多菜肴和食物风味的魔力，比如巧克力、焦糖和咖啡，香兰素能让这些食物尝起来比实际更甜。如今香兰素经常与一些人工甜味剂（如阿斯巴甜）同流合污，用来掩盖食品的不好味道。

每50个人中就有1个人缺乏香兰素的味觉感受器，而这个群体的个体差异又很大，其中一些人会觉得大多数香草口味的冰激凌和饮料很难喝。[35] 在蛋糕和饼干中，用盲品测试通常无法分辨天然香兰素和人工香兰素。不过在冰激凌中，二者的区别就很明显。如今全球大约 99% 的市场使用的都是人工合成的香兰素，在美国和英国，人工合成的香兰素所占市场份额超过 95%，但在法国和意大利，这个比例竟然不到 50%，在这两个国家，香兰素外加天然香草豆中的另外 171 种风味化学物质的组合更受欢迎，哪怕它们让焦糖布丁或冰激凌的价格贵了不少。尽管现在有很多食品公司宣布它们将回归用天然的香草，但就冲着充满不确定性的这点儿香草产量，都觉得不太现实。一些狡猾的替代品也逐渐出现，比如一些所谓"天然"香兰素就是用酵母发酵米糠制成的。还有，因为合成香兰素的基因片段已被发现，因此对微生物进行基因改造就能让微生物为我们生产香兰素。

*

在膳食中加入多种不同的香料，有助力于你的身体获得一系列潜在有益的化合物和膳食纤维。一项非常有趣的随机研究，让参与试验的中国男性每天随餐加入 6~12 克混合的咖喱香料（姜黄、孜然、香菜、余甘子、桂皮、丁香和辣椒），结果发现这样能显著而快速地改善肠道微生物的组成，能滋养那些对身体有益的菌群生长，继而让我们更健康。[36] 所以是时候把这些香料从华丽但蒙尘的香料架上拿下来加入食物中了。我们尚不清楚这会带来哪些确切的效果，也无法给出最佳剂量的建议，且并不能解释每个人对其会有什么不同的反应。但食用多种天然复合香料似乎是明智的，因为它们既能增加膳食纤维和多酚的摄入量，又能增加你所食植物的多样性，何乐而不为呢？

许多大厨都说你尽可能用新鲜的香草，而且要买整颗的香草，待到用它们的时候再用杵和臼来研磨它们，才能恰到好处地释放它们宝贵而独特的风味，此话不假。尽管多酚能够在干燥的草本香料中保存完好，但是维生素C和类胡萝卜素的含量则会随着脱水而大幅下降。不过目前大家的共识仍然是，即使是干燥加工过的草本香料，也是我们绝佳的抗氧化帮手，所以甭管是新鲜的、干的香料，还是做成酱的香料，尽管让它们成为你三餐的一部分。

关于调味料与香辛料的5个事实

1. 在食物中加盐能改善其风味，而且只要适量，它对绝大多数人都是无害的，但一定要避免经常食用超加工食品，因为其中含有很多隐藏盐。
2. 除了几种特殊情况，把盐的摄入量限制在极低的水平对多数人并无好处。
3. 香料是多酚和膳食纤维的极佳来源，它对你的肠道微生物有好处，也能帮助你实现一周吃30种植物性食物的目标（盐和胡椒不算）。
4. 姜黄或许有特别的健康功效，但我们还需要更多高质量的研究予以支持。
5. 在你的日常膳食中加入混合的香料能增加膳食纤维和多酚的摄入量，并且能改善你的肠道微生物。不过记得每6个月要换一批，以确保其新鲜。

饮品、食用油和调味品

饮品

在一本介绍食物的书中，又怎么能忽略我们每天都要喝的饮品呢？全世界有超过 90% 的人每天都喝茶或咖啡，每个人都需要喝水以维系生命。各国对饮酒量的统计数据差异巨大，不过可以肯定的是，对大多数人来说，一生中总会喝点儿酒。关于人们日常所喝的饮品对健康的影响存在不可思议的巨大争议，从如何选择一瓶适合自己的水，到喝咖啡的好处，甚至喝红酒是不是真的对健康有益。

读这本书，你会明白，我们每个人都是独一无二的，每个人对这些饮品的反应也不相同。除了水这种必需品之外，每天喝什么饮品更多基于个人偏好和他对这种饮品的反应。个体反应差异最大的一种饮品应该是咖啡。

咖啡

咖啡有时确实会致命。咖啡因的致命剂量是 10 克，相当于 100

杯咖啡。不过据我所知，还没有人在几小时之内能喝下这么多咖啡来验证这个理论，尽管确实有一个来自英国诺丁汉郡的 23 岁年轻人，在吃下两汤匙纯咖啡因粉末后不幸离世。这个剂量相当于 50 杯浓缩咖啡。咖啡一度成为医生危险饮品清单上的常客，主要是因为咖啡因能加速心跳并且可能导致心悸。然而，这些都是基于给紧张的实验室老鼠喂大剂量的咖啡因得出的结论，很多咖啡与癌症相关的研究也是如此。[1] 但目前的证据已表明，摄入正常剂量的咖啡因还是很安全的，也不会致癌。这些证据部分来自许多国家的大型观察性研究，部分来自给高危心脏病患者每天服用较大剂量的 100 毫克咖啡因的临床试验，这部分证据更为重要。[2]

当然，咖啡远远不只是咖啡因。对于咖啡的研究很多，对超过 100 万人进行的 76 个观察性研究表明，喝咖啡能将心脏病和死亡风险降低 20%，可能还会降低糖尿病风险，每天喝 3 杯咖啡受益最大。[3] 对超过 50 万人的大规模研究也支持咖啡对心脏有保护作用的结论。[4] 英国生物样本库最近的一项研究发现，喝咖啡（不包括速溶咖啡）的人也有着更低的死亡率。[5] 其他研究也一致表明，咖啡能够减少几种常见癌症（乳腺癌、结肠癌和前列腺癌）的风险。[6] 甚至有研究表明，喝咖啡能提高心脏病发作后的生存率。[7] 所以，我们现在可以放下咖啡有害的这种疑虑了，不过孕期除外，因为有研究建议孕期最好还是减少咖啡量为佳。尽管有如此多的证据表明喝咖啡有益健康，但是研究人员依然无从知晓究竟是咖啡里的哪一种成分发挥了健康功效，但从脱因咖啡带来的类似健康益处来看，似乎是咖啡里一系列的植物多酚起了作用，而不只是咖啡因。

咖啡也是膳食纤维的合理来源，一杯咖啡提供的膳食纤维比等量的橙汁还多，两杯美式咖啡所含的膳食纤维比一根香蕉多。茶也含有多酚，但红茶中的多酚难以被吸收，尤其是如果你还喜欢往红茶里加牛奶的话。绿茶的多酚含量比红茶要高，不过要论膳食纤维和多酚，谁都比不过研磨得极为细腻的抹茶绿茶粉，而且用传统方式搅拌时味道更美味。

水，无处不在的水

国家膳食指南通常建议我们每天喝八杯水，尽管对健康人而言，这个建议并无可靠的证据予以支持。[8] 但对于全球饮品公司来说是个利好，因为它们如今卖出的瓶装水多于汽水。[9] 市售瓶装水主要有三类：天然水、矿泉水和纯净水。天然水来自一些特定的水源区，但不同地区的水其成分也各不相同。天然矿物质水则是另一回事，同样是来自特定产区，但要求其中矿物质或电解质的含量必须达到一个最低值（总可溶性固体浓度须大于 250ppm）。有一些矿泉水，比如意大利的圣培露和法国的波多，就含有大量的钙（超过 180 毫克），有助于避免钙缺乏，而其他很多品种的矿泉水几乎不含钙。纯净水中的矿物质含量最少，而且它通常是对自来水进行廉价的再处理和再包装而来。尽管水对我们的健康如此重要，但生产水的厂家却无须在标签上强制性标注水的来源和其中使用的任何添加剂。可口可乐和百事可乐公司都不得不承认它们最畅销的达萨尼（Dasani）和纯水乐（Aquafina）瓶装水实际上用的都是过滤的自来水。这些纯净水通常没什么味道，因为其中的关键矿物质被过滤后不得不用其他添加剂来代替。然而讽刺的是，多数瓶装水中依然缺乏矿物质，反倒是那些人们想方设法避免的消毒剂和化学物质一样不落。[10]

调研表明，如今人们更倾向于喝瓶装水，因为他们认为瓶装水味道更好，而且含有的化学物质也更少，中毒或感染的风险也更低，因此更加安全。人们还认为只要瓶装水的瓶子能够回收利用，也不会污染环境。然而，政府对瓶装水安全的管控要比对自来水的管控松，毕竟我们的生活用水每天都要被抽检好几次来确保安全。在英国和北欧地区，长年以来直接饮用自来水都没有出过任何重大恐慌性事件。在一些人口更多的国家，比如美国，生活用水是没有政府管控的，因此时不时会有点饮用水方面的小插曲发生。不过对生活在发达国家的大多数居民而言，喝自来水发生食物中毒的概率比走在街上被闪电劈死的概率还低。不过制造恐惧是强有力的市场营销手段之一，尤其当它通过“纯洁”的广告做宣传时：在冰川火山中冉冉升起的比基尼女神，手中拿着非常时髦的瓶装水。再说了，很多买瓶装水的人压根儿就不知道装的水是矿泉水还是过滤后的自来水。许多关于瓶装水的健康警告和召回事故也时有发生——百事可乐公司就因为被检出过量的溴酸盐，在 2013 年召回了一批“纯净自来水”。溴酸盐是一种潜在的致癌物——这意味着可能更多的隐患尚未被发现。那么瓶装水对环境有什么不好的影响吗？许多瓶装水漂洋过海来到我们的城市，而事实上这里并没有什么伤寒或干旱来为其正名。显然这是一笔不划算的账。

其他“软”饮料

许多人还喜欢喝果汁、汤力水、气泡水和可乐。这类饮料存在的主要问题是它们无一例外都不如白开水健康。可乐、汽水和多数运动饮料或能量饮料要么加了糖，会导致肥胖和龋齿，要么加了人工甜味剂，虽然我们对此了解甚少，但大概率会对我们的新陈代谢和肠道微生物产生不良影响。果汁常常被标榜为“健康饮品”，它们甚至被纳入“每日五蔬果”的健康饮食计划中，这才是真正损害我们健康，尤其是损害儿童健康的饮品。喝果汁不仅缺失了部分在整果中的膳食纤维，还含有大量极易被迅速吸收进入血液的糖，不如吃整果有益。一杯标准的橙汁往往需要6个橙子才能榨出来，而我从未见过哪个人能一次吃6个橙子，就算真的吃得下，吃橙子的时间也远远多于喝杯橙汁的时间，更何况我们还能从膳食纤维中获益。

微醺的饮料

最后一类饮品是我们很多人喜欢的甚至成瘾的酒精饮品。关于各种酒精饮品的科学和社会背景资料数不胜数，相关内容可再写一本书，而我也必须坦陈我非常享受晚餐的时候来一杯红酒。饮酒这个问题之所以有如此大的争议，是因为酒在许多文化和社交场合中都有极为根深蒂固的地位，好在有一些高质量的科学研究供我们参考。

在我们能买到的所有酒精饮品中，我们知道红酒中对身体有益的多酚含量最高，比如白藜芦醇，它甚至受到不少人的狂热追捧。为了多酚而喝红酒并不是个好理由，毕竟新鲜的浆果要健康得多，但这的确让我们能够理解为什么一些研究会发现喝红酒是有益的。白葡萄酒中的多酚含量略少一些，所以你要喝更多才能获得与红酒同样多的好处，但这显然是捡了芝麻丢了西瓜。其他一些酒精饮品似乎没有任何健康益处，喝酒有害健康尽人皆知——从认知能力减退到呕吐、失去意识等。关于饮酒与健康的危害，如今已经有越来越多非常确凿的证据表明，饮酒能增加几乎所有疾病的风险，但这个风险增加到多大程度才算有临床意义，这点尚不明确。[11] 我个人的观点是，一周最多喝三次，每次喝一个单位[①]或一小杯相对安全，不过每个人对酒精的反应也各不相同。所以如果你真的很爱喝酒，目前的证据似乎对红酒网开一面，每天跟朋友聚餐时喝一杯红酒对延长寿命和心脏健康是有益的，这可能是因为酒中的多酚带来的，又或者是因为社交因素让人更健康了，当然也可能二者兼而有之。[12]

橄榄、种子油和坚果油

我们很早就学会了如何从各种各样的植物中榨取油脂，从椰子到油棕、从牛油果到橄榄，这些油脂都有着独特的健康宣传，当然也有各自的拥趸和风味。正如我们在前面所讨论的，当我们考虑如何消化食物中的脂肪时，一定要重点考虑食品基质。我们都知道吃整颗扁桃仁比吃扁桃仁酱甚至扁桃仁油有更好的血脂反应。一旦油脂从食物中被榨取出来，其中的脂肪酸就会对我们的代谢产生更大的影响，这适用于所有提纯状态的油脂。但唯一例外的似乎只有特级初榨橄榄油，这是因为橄榄仅通过物理压榨就得到了富含多酚的食用油脂。通常，油脂经历的精炼工艺越多，就会对血脂产生越不利的影响。我们的血脂（比如甘油三酯）会在进食后数小时之内发生变化。如果血液中残留的脂肪没有得到及时清理，就会造成局部炎症和氧化应激，这对我们的血管有害。尽管所有油脂都会引起血脂的变化，但是抗氧化剂（或多酚）含量较高的油脂，如特级初榨橄榄油则能帮助我们对抗

① 1个单位的酒是指含有10毫升或者8克纯酒精对应的酒量。——译者注

相关的炎症。不过，富含脂肪的培根则没有类似的抗氧化功效，这使特级初榨橄榄油比动物脂肪更健康。

橄榄油

橄榄油的不同寻常之处在于，它既能作为调味品，又能用作烹饪油，而且至今还是一种药用食品。但三种等级的橄榄油也存在很大差别：最昂贵的是特级初榨橄榄油，然后是初榨橄榄油，最廉价的则是混合的橄榄油（仅称为橄榄油），从风味和营养价值来看都有很大不同。橄榄实则是一种水果，只不过它不是通过制造糖来滋养自己的种子，而是制造油，所以被归为浆果，因为橄榄核才是种子。如此一来，橄榄油可以被认为是一种果汁，但不是早餐时喝的那种普通果汁。不经过调味腌制的话，成熟的橄榄基本上难以下咽，这是因为其中含有大量单宁多酚，它既有保护果实的作用，又对我们的身体有益。橄榄是最早被人类种植的水果，在古文明中，橄榄用途广泛，在烹饪、保存食物、照明、按摩、入药和清洗方面无所不能。油橄榄树的生命力尤为顽强——它能生长在干旱的环境中，并能存活一千年。尽管它起源于地中海东部地区，而随着近些年气候的变化，如今许多国家都可以种植了。但这个行业属于劳动密集型行业，因此需要很多廉价的劳动力才能盈利。

作为补品的特级初榨橄榄油

特级初榨橄榄油这种神奇的果汁自古以来就被用来医治常见的疾病。希腊和萨丁岛人不同寻常的长寿得主要归功于他们大量食用特级初榨橄榄油，意大利和西班牙人也是一样，尽管他们摄入了大量的谷物和乳制品。根据官方的数据，现代的希腊人平均每人每周要摄入0.5 升的橄榄油，意大利和西班牙人紧随其后。英国目前每年大约进口 6000 万升橄榄油，这比 1990 年的进口量增长了 10 倍，而当年橄榄油仅仅在药店有售。

不过英国人均每年的橄榄油食用量也仅仅是 1 升左右而已，这与美国相当，但与地中海地区的居民相比就显得微不足道了——就连地中海超级小国圣马力诺人均每年都能消费高达 24 升的橄榄油。20 世纪 70 年代，那些早期到访西班牙的游客常常被当地泡在特级初榨橄榄油中的菜肴吓坏了，这种食物能量极高，而且含有饱和脂肪酸与不饱和脂肪酸，从而被贴上了易导致极度肥胖甚至不健康的标签。然而，对欧洲人口的健康调查结果显示，尽管摄入这么多的脂肪，但南欧人的寿命更长，心脏病人也更少。事实上，他们吃的特级初榨橄榄油可能起了关键作用。

地中海饮食

10 年前，有一项名为 PREDIMED 的特别临床试验招募了 7500 名 60 多岁轻度超重的西班牙男性和女性，他们有患心脏病和糖尿病的风险。[13] 他们被随机分配到为期 5 年的两种膳食干预组——一组坚持西方国家大多数医生都推荐的低脂饮食，另一组则是坚持高脂地中海饮食，辅以特级初榨橄榄油或坚果。结果发现，坚持地中海饮食的那组，心脏病、糖尿病和脑卒中的发病率都要比低脂饮食组低 1/3，而且他们的体重减轻了些，记忆衰退和乳腺癌的发病率也更低。补充特级初榨橄榄油似乎还对心律不齐有额外的保护作用。传统的低脂饮食捍卫者面对这个结果依旧负隅顽抗，他们执意认为是西班牙的研究者没有把低脂饮食组的脂肪降到足够低来做出合理比较，但这显然不是重点。事实上，任何时间较长且能反映真实生活中具有可行性饮食方式的临床试验都表明，地中海饮食胜出。在筛选和分析数据时，研究人员发现额外补充特级初榨橄榄油的那组要比额外补充坚果的那组表现更好一些，而两组无疑都优于低脂饮食组。

我们自己所做的 ZOE PREDICT 研究则告诉我们，那些遵循全植物和全谷物膳食的人，很自然地就能从富含脂肪的食物中获得 39% 的能量，这些食物有牛油果、坚果和全脂乳制品。这个脂肪供能的比例与在 PREDIMED 研究中地中海饮食组取得的结果一样，而这种情况还能推及临床试验之外自由饮食的人群，那些拥有健康血液指标的人往往饮食模式也是如此。另一项规模较小但是设计更严谨的干预试验让 219 名受试者把他们所有的烹饪用油和沙拉酱都换成特级初榨橄榄油，然后检测与他们衰老相关的表观遗传学生物标志物。除此之外，受试者还被要求采取地中海饮食模式，选择全谷物、水果和蔬菜，多吃鱼，少吃肉，并且每周仅吃几次乳制品。而结果清楚地显示，与仅仅锻炼的对照组相比，这些接受饮食干预的受试者的衰老生物标志物下降了。[14]

不过这种益处还是无法归功于某一种食物，尽管特级初榨橄榄油可能是最接近真正的“超级食物”，因为指向特级初榨橄榄油的证据本身非常强。特级初榨橄榄油中独特的成分要归功于在橄榄油榨取过程中，既不需要高温，也不像很多其他种子油提取过程一样需要用溶剂萃取或漂烫法，从而确保在最终产品中比较好地保留了多酚和有益脂肪酸，比如油酸。有趣的是，廉价橄榄油（标签上写的橄榄油或者初榨橄榄油）对血脂则没有这些神奇的好处——必须是特级初榨橄榄油才有用，最近澳大利亚开展的一项临床试验也证明了这一点。[15]“特级初榨”这个词有点儿意思，实际上它意味着“过熟初榨”，意思是要用品质最高、最成熟、多酚含量最高（65 毫克 /100 克）的果实。几乎所有的普通橄榄油都是“初榨”工艺生产的，比如橄榄会在无需溶剂的情况下被碾碎，不过只有最高级别的油才能被称为“特级初榨”，因其酸度最低。最优质的橄榄油酸度低于 0.4%，特级初榨橄榄油的酸度低于 0.8%，而普通初榨橄榄油的酸度低于 2% 即可。所以，采摘和压榨之间的时间以及压榨时的温度（最好是偏冷）就很关键，控制好这些因素就能保证最终产品中的过氧化物尽可能低。因为如果过氧化物数量增加，油脂中的果香味会变淡，油脂也易酸败，这样的油脂就不再是“特级”的了。因而普通的初榨橄榄油的风味没有这么丰富，并且也更加“油腻”。而那些仅仅贴上“橄榄油”标签的橄榄油多酚含量最少，它们通常是由不同产地的橄榄油混合调配而成，这种不讲究橄榄采摘时间和压榨温度产出的混合橄榄油是不可能拥有新鲜橄榄果香风味的。但即便如此，低品质的橄榄油中的多酚也比其他种子油的多酚要高。

“特级初榨”

最好的特级初榨橄榄油与超市普通橄榄油的价格相差 10 倍，这是衡量二者品质差异的合理指标。在英国和美国，橄榄油的标签具有很大的误导性，尤其是那些专给大超市供货的大型供应商供应的橄榄油，其包装上会带有“工匠制作”“正宗”等字眼，而实则是由各种廉价的植物油混合而成的产品，其中只有 1% 的特级初榨橄榄油。所以在购买特级初榨橄榄油的时候，建议只考虑购买来自土耳其、希腊、意大利和西班牙的产品，这些地方通常没有集约化生产橄榄油的工厂，而是用传统的方式，无须用溶剂即可压榨橄榄油。另一个好的建议就是购买瓶身上标有压榨时间的特级初榨橄榄油——压榨的时间越近，多酚含量就越多，过氧化物也越少。压榨日期相较于生产日期是个更好的指标，因为后者仅仅告诉我们灌装日期，而不是压榨时间，所以如果可以，最好看看橄榄的实际采摘日期和压榨日期，而不仅仅是灌装日期。

在种植和收获并生产特级初榨橄榄油的国家，你能见到一些长者与年轻的学生在一同摇晃一颗橄榄树，他们要把已经成熟的果子收获到一个大网里，并尽可能减少果子的损伤，然后立即把收获的橄榄送去石磨中进行冷榨。橄榄的品质受到多种因素的影响：采摘时间（有的品种最佳采摘期是初夏，有的是夏末）、适合橄榄树种植的土壤（如白垩土或火山泥）、昼夜时长，以及温暖灿烂的白昼与湿润清凉的夜晚的温差——这也造就了托斯卡纳连绵山丘的晨雾。最后，尽可能缩短从采摘到压榨之间的时间，同时还要利用技术来确保压榨过程中有理想的温度与湿度，以确保成品油中的多酚含量尽可能地高。如今一些利用冷榨技术独家生产的特级初榨橄榄油的多酚含量超过 60 毫克 /100 克，这是优质特级初榨橄榄油的建议最低量的 4 倍。而这些采摘橄榄的长者，通常以获得橄榄油作为报酬，而不是现金，他们希望干完活后能带着新鲜压榨的富含多酚的特级初榨橄榄油满载而归。

高档特级初榨橄榄油是唯一值得购买用于做沙拉和烹饪的油。它含有至少 30 种不同的抗氧化多酚，包括酪醇、木脂素和其他有利于抗衰老和抗炎反应的黄酮类成分——它们对心脏和大脑尤为有益。不过你不必去喝一瓶油，如今有些意大利的小公司已经生产出了浓缩橄榄油多酚饮品，它们相当于一小杯超苦多酚，但在真实的食物上淋点儿特级初榨橄榄油似乎更好。

特级初榨橄榄油中除了含有有益于微生物和减少体内炎症的多酚，其他许多参与其中的化学物质或许也能解释为啥我们能“喝油减脂”，因为这种富含油酸的脂肪能降低总血脂水平。作为欧盟科研项目的合作伙伴，我们给 40 名来自意大利南部的不健康的超重受试者进行了一项为期 8 周的地中海饮食干预试验，该饮食包括大量的膳食纤维和特级初榨橄榄油，结果发现受试者血液中的脂肪和炎症标志物都有所改善。[16] 其他临床试验则表明，特级初榨橄榄油比黄油对血脂更有益，况且这还低估了橄榄油中抗氧化物对心脏的好处，因为它们还能通过减少血液中的炎症反应，继而降低心脏病发作和脑卒中等心血管疾病的风险。高油酸的葵花籽油和菜籽油在沙拉中直接使用时，也具有类似的抗氧化功效，但它们会在加热后迅速氧化，其他健康益处则会减少。

优质的特级初榨橄榄油不像“年份酿造”红酒那样越陈越香，尤其是当它没有避光保存时，所以最好用深色的玻璃瓶盛装并存放在壁橱里。否则，6 个月后它会酸败，所以打开后要尽快用完，而且千万别买透明包装的橄榄油。

假冒的特级初榨橄榄油

特级初榨橄榄油相对昂贵，因此可想而知，它在最容易被伪造的食品中名列前三。数一数意大利种植的橄榄树就知道，意大利生产的橄榄油高于其实际产能。其中一些橄榄油实则是由西班牙（产油量最大）和希腊（产出最多高品质特级初榨橄榄油）的橄榄油重新装瓶而来。同时，用低品质、寡淡无味且缺乏多酚的橄榄油来以次充好的不法行为也愈演愈烈。2016 年，美国哥伦比亚广播公司（CBS）开展的一项调研表明，有 40% 的意大利特级初榨橄榄油中都掺杂了其他成分，而 75%~80% 的美国进口橄榄油都名不副实，其中许多产品的检测结果根本达不到最低标准。[17] 2019 年，欧洲刑警组织在一次行动中逮捕了 20 名食品造假者，并查获了 15 万升添加了人工黄色色素以冒充特级初榨橄榄油的劣质油。因此，如何核实产品标签、内容成分和生产商是否真的存在，都亟待落实。而如今这样有组织的犯罪已经发展到了较为严重的程度，单靠警方很难完全扭转局面。

鉴别假货和评估橄榄油品质的最好方法就是结合现代科技和传统的品鉴方法。要想评估特级初榨橄榄油的品质，仔细闻一闻或者用舌头尝一尝，并与大量空气混合——就像品红酒一样。除了能尝到青草味甚至烟熏味，你应该还能尝出点多酚产生的胡椒香、新鲜的果香味。如果质量足够好，有时你甚至会被呛到咳嗽。我的意大利好友就习惯在他熟悉并信任的同一个种植者那里购买特级初榨橄榄油，在这方面他们从不贪小便宜。

烹饪油与烟点

在不同的国家，人们使用橄榄油的方式也不同。在法国北部和意大利，橄榄油主要直接加在食物或者沙拉中，而在法国南部以及整个西班牙和希腊，人们则喜欢把橄榄油当成主要的烹饪用油。关于特级初榨橄榄油，因为它偏低的 200℃烟点，因此人们担心用它做油炸食品时会有健康问题，为此最好避免在油炸时用特级初榨橄榄油。但是，在我看来，橄榄油的整体稳定性与多酚含量，使它仍然是最适合用来烹饪的油，哪怕你很喜欢把油锅加热到冒烟也无妨。

深加工、用溶剂萃取的“纯橄榄油或者精炼橄榄油”仅仅在美国有售，它有超过 240℃的烟点，最好避免使用这种油。油好不好，烟点不是唯一值得关注的，另一个关键特质就是其稳定性。油中含有的饱和脂肪酸越少，多不饱和脂肪酸越多，就越不健康。因此，晚餐尽可能不吃廉价的炸鱼薯条或油腻的烤串。特级初榨橄榄油在测试中具有更好的稳定性，而且含有较多的饱和脂肪酸以及较少的多不饱和脂肪酸，所以它很适合烹饪。此外，特级初榨橄榄油还能加到轻炙烤的蔬菜中，比如烤洋葱、烤胡萝卜、烤大蒜和烤西芹，可以提高这些蔬菜的多酚的可用性。

在人类身上进行的随机试验比小动物试验得出了更好的证据。在 PREDIMED 研究中，数千名西班牙参与者在长达 6 年的时间里坚持用特级初榨橄榄油烹饪食物，他们肯定也会用它来油炸食物，或者难免会把油烧到冒烟，这再次肯定了特级初榨橄榄油在健康方面还是优于其他植物油。因此，如果尽可能早购买并食用优质特级初榨橄榄油，我们就有机会让肠道微生物更加健康，尽管我们永远赶不上希腊人。

葵花籽油和其他种子油

葵花籽在很多国家都是传统的主要油料。我最近一次去格鲁吉亚旅行时，非常惊讶地发现，这样一个地中海气候的国家竟然找不到任何特级初榨橄榄油的痕迹，尽管格鲁吉亚盛产高品质的红酒。因为当地人喜欢当地产的葵花籽油，这种油有很多等级和品类，他们的餐桌上总是摆着一碗金灿灿的葵花籽油，用来蘸面包吃。它尝起来比我以前吃过的任何一种葵花籽油都美味，相比于那些流水线批量生产的精炼植物油，这足以显示出其品质的优越性。葵花籽油在过去30年间都被标榜成“健康油”，因为它比特级初榨橄榄油中的饱和脂肪酸含量更低，而且多不饱和脂肪酸、油酸和 ω-6 脂肪酸的含量更高。但与其他很多油一样，它也是多种含量很低的化学物的混合体。世界上大部分葵花籽油都来自乌克兰和俄罗斯，后来渐渐变少了。半精炼的葵花籽油中的风味物质更少，但是烟点能高达232℃，因此尽管它不太稳定，很多厨师依旧喜欢用它来做油炸食物。如今市面上至少有四种不同类型的葵花籽油，如高油酸、中油酸、低油酸等种类，它们各有不同的烹饪特性和健康功效，因此难以简单描述它们。由于葵花籽油味道不特别，所以常常在消费者面前毫无存在感。可惜的是，没有一种葵花籽油含有可测量的多酚。

菜籽油（也叫加拿大低芥酸植物油 Canola，因为加拿大是最大产区）常常被吹捧成一种健康的食用油替代品，它是从十字花科或卷心菜家族的植物种子提炼的一种油脂，因此含有一定的多酚。菜籽油在北美地区非常受欢迎，同时也是全球第三种常见的食用油。不过这种农作物直到1985年才被英国人所熟悉，然后产量稳步提升，渐渐把英国绿油油的农田变成了金灿灿的。菜籽油同样还能用作生物燃料或者润滑油，不过在欧洲生产的大多数油菜籽都用作动物饲料了，因为其中含有大量的蛋白质。菜籽油中含有的一类化学物质（如芥酸）对动物有害，因此它需要经过重重加工以减少这类有害物质，才能安全地被人类所食用。1981年，在西班牙就发生了一起食品安全事件。当时，有一种油菜籽被非法用于制作食用油，导致数百人食用后中毒，并给心脏和肺部带来严重不适。

高品质的菜籽油通常是无毒的，也不可能造成炎症反应，而且直

接吃还是 α－亚麻酸（ALA）这种 ω－3 脂肪酸的好来源，这也是为什么它也被用来当养殖三文鱼的饲料。[18] 关于菜籽油与人类健康研究的资料并不多，而深加工的菜籽油（包括完全氢化的油）都通过了美国和欧洲当局的安全审核，它被普遍认为（传统但不可靠）有益健康，因为其饱和脂肪酸含量非常低。菜籽油的一个明显缺点就是用其烹饪的食物会有点青草味，而且烟点只有 190℃，氧化稳定性只有特级初榨橄榄油的 1/4，这让菜籽油不适宜反复煎炸。北美的转基因油菜籽则改变了其中的脂肪酸构成比例，因此烟点升高了，但我自己还没有试过这种油。菜籽油跟其他植物油一样，有很多品种，品质也各有差异，因此可以买高品质的冷榨菜籽油做沙拉。虽然它仍不像特级初榨橄榄油那样抗氧化，正如一项尝试在地中海饮食中用菜籽油代替特级初榨橄榄油的研究结果所展示的那样。[19] 所以如果要买菜籽油，就选择高油酸的品牌，它更加稳定且适合烹饪，不过还是建议小火烹饪。无论你选择哪种菜籽油，基本不太可能含有任何有益健康的多酚，所以它们轻易地就被平价的橄榄油打败了。

芝麻油和亚麻籽油的烟点更低，不到 110℃，而且它们的饱和脂肪酸含量也很低，且不太稳定，所以最适合用来做冷盘沙拉。正如我们之前提及的，亚麻籽油是一种非常棒的 ω－3 脂肪酸的来源，所以你非常值得在壁橱里给它留一席之地，这对于不经常吃鱼的人来说尤其重要。芥末油则可以让一道菜点燃你的味蕾，并且能让烤土豆别有一番风味。

椰子油严格来说不是真正的油，因为在室温下它通常呈固体，所以应该被称为椰子脂。精炼的椰子油烟点可以达到 204℃，而且性质非常稳定，不易氧化，所以它基本不会出现酸败问题。但由于市场营销强大，椰子油被吹捧为治疗百病、洁白牙齿甚至延年益寿的神油。如今世界各地的人们把椰子油加到咖啡里，并用于烹饪、烘焙，这完全是基于明星的支持。然而，椰子油有个天然的缺陷，它让所有一切都变成了椰子味。如果你本身就喜欢椰子甜品或泰式青咖喱，这固然是件好事儿，只不过有时椰子味有点太浓。它还有个特点，就是天然就含高达 89% 的饱和脂肪酸，其中大多数是月桂酸，其余的则是一些不常见的中链甘油三酯（MCTs），而这正是我们所要警惕的。椰子油还缺乏减缓油脂吸收入血的膳食纤维，也缺乏椰肉中帮助抗氧化的多酚。然而，椰子油是一种能量密度极高的食物，而且含有较多不寻常的脂肪——中链甘油三酯。一些研究表明，中链甘油三酯能增加饱腹感，而且不会轻易增加常见的血脂指标。这些在纯中链甘油三酯得出的实验结果却被用于吹捧椰子油，可是椰子油脂肪中的中链甘油三酯含量只有 14%，而黄油也有中链甘油三酯。所以我宁愿吃更美味的黄油。

在各类健康网站上充斥着许多有影响力的大厨对椰子油的狂热追捧，宣称椰子具有神奇的健康功效，尤其对心脏有益，而这些都毫无证据支持，甚至可以说近乎欺诈。独立的综述也没有发现椰子油有任何健康益处。而且很多椰子油都是经过严格加工的，去除了其中的杂质和天然化学物质，营养价值也所剩无几。同时，为了让椰子油能够在室温下保持固态而吃下去能融化，往往还需要往其中掺杂经过酯交换的油脂和加工过的油脂。把油反复加热也会产生一些潜在的致癌化学物质，但这在长期用橄榄油开展的研究中并没有得到进一步的证实。[20] 所以要想吃椰子油，就要选高品质未经加工的椰子油来为你的亚洲料理增添一份滋味，但不要把椰子油当作日常烹饪油。我还听说椰子油是极佳的保湿剂或护发素，所以你家囤的多余椰子油也能派上用场。

牛油果油则是果肉，而非种子提取的油，这与特级初榨橄榄油的萃取方式一样。它本身也很像橄榄油，都含有较高的油酸和饱和脂肪酸，有着相似的物理特性，因此理论上可能有益健康。牛油果油的烟点很高，因此适宜煎炸食物，但其价格不太亲民，每升价格约 12 英镑。

虽然还需要更多的研究来证实牛油果油的健康功效，但冷榨的牛油果油似乎可以归为非精制的初榨或特级初榨油，因其保留了大量水果本身含有的有益多酚，因此几乎能跟橄榄油相媲美。然而，大多数牛油果油都是用热加工或者化学溶剂提取法与热烫法制作成的，实在是乏善可陈。这是因为牛油果本身价格就已经很高，如果再用更加天然如冷榨的方式榨取，产量会更低，价格会更高，商业上也更难以为继。

玉米油则较为便宜和常见，而且它通常都是精炼加工的，烟点高达 230℃，不过它在高温下稳定性相当差，因为它几乎不含饱和脂肪酸。在北美，它被大肆宣传为一种健康油，因为政府对玉米行业有着巨额补贴，所以销售玉米油有利可图。最近，有广告宣称玉米油比特级初榨橄榄油更健康，这首先是基于玉米油中多不饱和脂肪酸比单不饱和脂肪酸多，其次是基于一项对 55 个志愿者进行的随机研究。该研究让志愿者每天吃 4 茶匙玉米油或 4 茶匙特级初榨橄榄油，[21] 发现食用玉米油在短期内会较快地让血脂降低几个百分点。奇怪的是，研究者却没有强调玉米油导致血压和心率升高的事实，而这些指标显然与健康更相关，他们也没有强调这项研究是由玉米行业赞助的。

在全球大多数超加工食品中，你都能找到棕榈油的踪影，因为它具有非常好的加工性能和灵活性。在食品工业、动物饲料和燃油业中使用的所有油脂中，棕榈油就占了 40%，并且需求还在持续增加。不过棕榈油缺乏健康的脂肪，用于烹饪口感不佳，同时还因森林砍伐（婆罗洲 50% 的面积）给环境造成了灾难性的后果，因此最好不要用这种油。遗憾的是，目前尚没有任何理想的替代品能在加工食品中发挥与之媲美的多样性功能，而其他诸如黄油或猪油对环境更不友好。尽管棕榈油有许多缺点，但油棕作物不仅生长很快，而且占地面积比其他油料作物要少得多（仅占全球油料作物面积的 5%）。

所以对我们多数人来说，如果真的无法割舍所有的超加工食品，那就尽可能去选标有“可持续棕榈油”的饼干零食，或许更好。

酥油

酥油（不含乳制品的澄清黄油）是一种在全球许多地区很受欢迎的黄油替代品，尤其是在斯里兰卡和印度南部地区。它的烟点比黄油（250℃）要高 20%，而且由于它含有很高比例（超过 60%）的饱和脂肪酸，所以拥有很好的热稳定性，不易氧化。不过相比特级初榨橄榄油，它对血脂有不利的影响。有趣的是，2018 年，在一项 90 人参与、为期四周的临床试验中，与特级初榨橄榄油或椰子油相比，黄油对血脂的影响要更不利。[22] 这个结果不能仅仅归因于其中脂肪酸含量的差异，而这种简单粗暴的方法如今常常被用来给各种油脂进行健康评级。吃黄油造成的这种血脂差异是否真的会渐渐演绎成心脏病，目前还不得而知。

坚果油

多数坚果油的烟点都较低，因此如果用于烹饪的话，确实会让味道发生变化，并产生很多令人不悦的气味，所以还是少用它们烹饪或主要当沙拉酱汁为佳。花生油是个例外（因为花生其实不是真正的坚果），它很适合煎炸食物，尤其是如果你喜欢带点坚果风味的话。芝麻油和亚麻籽油更为典型，它们的烟点不到 110℃，而且饱和脂肪酸含量很低，因而很不稳定，所以它们也适合做沙拉，而不适合煎炸食物。亚麻籽油是 ω－3 脂肪酸的绝佳来源，所以可以作为常备油，尤其是如果你不常吃鱼的话。但我个人更喜欢研磨的亚麻籽粉，因为其中大量的膳食纤维会对肠道微生物更有益。核桃油在中医中被当成补充剂使用，一些对小鼠的研究表明，核桃油在肠道中具有很好的抗炎特性。[23] 我们对此特性如何转化到人体中尚不得而知，不过高品质的核桃油似乎的确含有仅次于橄榄油的多酚。所以只要你能接受核桃油的味道，那么用它调味是个极佳的健康选择。

摩洛哥坚果油（阿甘油，Argan oil）是最昂贵的油之一，如果你住在摩洛哥，你会看到它们确实长在树上。摩洛哥坚果油的炼制过程非常耗费人力，首先它的果实要费大力气才能被切开，并且还需要经过干烤和研磨两个步骤，所以当地人的传统就是让山羊尽情啃食这些树，然后人们捡剩下的果实，这样就省事多了。摩洛哥坚果油是多种油脂的混合物，有些与橄榄油的成分类似，也同样含有大量的多酚。它还被用于护理头发和制作美容美发产品，而可食用的摩洛哥坚果油的价格大约为每升 100 英镑。它可能有利于健康，但我们在未来 20 年估计都无法得到确凿的结论，因此要去冒险尝试的话代价也相当大。

火麻如今不再只用来做麻绳或肥皂。火麻仁是一种来自比较温和的大麻植物种子，如今是健康食品货架上的新晋明星，其中四氢大麻酚（THC）的含量较低。火麻仁中的饱和脂肪酸含量低，所以它很快就会酸败，而且与除亚麻籽油外的所有油脂相比，其中的 ω－3 脂肪酸和其他 6 种必需脂肪酸[①] 含量都非常高。它的烟点很低，因此不适合烹饪，也不稳定，吃起来略带有草味和坚果味。

调味品

酱料

油、酱汁和调味品在日常饮食中占有一席之地，它们常常让我们想起家乡的味道。从番茄酱到法国的蒜香蛋黄酱，再到印度的杧果酸辣酱，这些调味品并不是近来才有的。早在几千年前，古巴比伦人就开始用油和醋来做蔬菜沙拉了。

在室温下，油是液态脂肪，许多油都是由各种种子或香料制作而成。数千年来，我们都习惯于用动物脂肪（猪油）、芝麻等种子，以及橄榄等植物或坚果来制作天然的调味油，直到几十年前人造黄油被发明。最近，一位名叫凯撒·卡狄尼的美国人发明了与他同名的沙拉，其中最核心的配料就是沙拉酱。法国人依旧对英国的酱料不屑一顾，据说伏尔泰曾这样描写："在英格兰，有 42 种不同的宗教，却只有两种酱汁。"而且法国人至今都反感羊肉配薄荷酱。

许多酱料和酱汁其实主要用于掩盖或者突出食物的风味，油则用于给食物烹饪兼调味。与香料一样，酱料也在很早就被人们用来

① 严格来说，人体必需脂肪酸只有 α－亚麻酸、亚油酸。此处作者把另外四种基于前两者合成的也归为"相对的必需脂肪酸"，包括两种 ω-3 脂肪酸（硬脂四烯酸、二十碳四烯酸）和两种 ω-6 脂肪酸（γ－亚油酸、γ－次亚油酸）。——译者注

改善或者保存食物。几个世纪以来，我们的味觉也发生了改变。在西方，早期的酱料主要都用在肉类中，而且经常是以甜味水果为底料，比如无花果、枣，在中世纪多用蜂蜜。18 世纪法国宫廷厨师创造了许多以复杂酱料为基础的现代高级料理并延续至今。总的来说，一个国家或地区的酱料和烹调方式越复杂，通常就意味着该地区数世纪以前肉的质量越差。英国和美国的料理和酱汁之所以极为简单，皆因这两个地方很早就稳定供应高品质的肉。当你比较各国美食时，这种“懒人料理”理论似乎很有道理，尽管基因、宗教（天主教和新教）以及许多其他因素可能共同决定了我们所选的酱料。

醋

如果你把红酒和酒精放置得足够久，就有可能变成醋。它最早是被当成药和消毒剂来使用的，然后还被当成防腐剂和清洁剂，最后才被人们当成调味品。

醋的英文单词 vinegar 来自法语词 *vin aigre*，意思是酸红酒。任何含有糖能被酿造成酒的原料，也都能被制成醋，比如白葡萄酒或红葡萄、米、发芽谷物、大麦谷物、各种棕榈（比如来自菲律宾的水椰）以及苹果等水果。微生物能把其中的酒精发酵成乙酸，使酸度提升 4%~8%，这就确保了其他不嗜酸的细菌无法存活，与之竞争。在这个过程中，这些微生物同时还会制造一系列其他复杂的化学物质和风味物质，具体取决于用于产生酒精的原材料植物。发酵醋的引子用来给一批新的醋发酵用，它是由酵母和细菌组成的混合物，也能形成一个黏稠的团子，正如在康普茶中的红茶菌一样。如今市面上卖的绝大多数醋都是在没有活培养基的情况下进行巴氏灭菌的，因为发酵的过程既不稳定，也无法预测。如果你在醋的包装上看到了最佳食用期限，基本可以一笑置之，因为醋的保存期比人的寿命还要长。廉价的白醋则是另一个极端，它是由合成乙酸加水勾兑而成的。

厨师常常用醋来给很多菜肴平衡风味，尤其是与带有脂肪的菜肴，它还能用来凝乳。不过它的味道和气味并不仅限于酸，这取决于其中乙酸的刺激程度。最知名的红酒醋就是意大利香醋，它来自意大利的摩德纳省，自古罗马时期人们就用煮熟和陈年的葡萄浆来发酵醋。这是一个缓慢的焦糖化过程，这会让葡萄浆浓缩并改变其颜色和风味。真正的意大利香醋是把煮熟的葡萄浆放进一个木桶里，然后与其中已经久置放凉的葡萄浆混合均匀，然后静置一年，随着温度渐渐升高，其中的发酵微生物能处于存活状态。这种熟化和发酵的过程要持续至少 12 年之久，然后醋才能拿去售卖，有时甚至长达 25 年，因为新醋和老醋在木桶里反复循环，总会有部分剩余在桶子里。发酵的成果就是一桶浓郁的浆液，具有平衡的复杂风味，正如最佳的年份葡萄酒，这种原始的发酵引子会被一代代传下去，如同传家宝。与意大利的许多其他食物不同，意大利香醋的认证并不受法律保护，这就导致出现了很多仿冒者。真正的古董级宝贝叫传统摩德纳 DOP 香醋，不过你基本不太可能在市场上找到它，因为其产量很少，只有摩德纳的 66 家手工作坊生产这种醋，每升最低售价 200 英镑。

但在过去的 25 年里，从摩德纳涌出了数百万瓶价格亲民的意大利香醋，它们在世界各地都有销售。这些产品的做法跟传统的意大利香醋大相径庭。为了加快整个过程，它们利用红酒醋为底子，并加入葡萄浆和糖一起发酵。它被称为摩德纳香醋（有 IGP 地理保护标签），能在许多超市找到，售价为每升 4~40 英镑，具体价格取决于它在木桶里存放的时间，这与在工厂的工序是不一样的。这类产品中一些比较贵的品类尝起来还是很不错的。更令人困惑的是，其实市面上还有另一类根据熟化时长和不同木桶认证及打标的产品。在欧洲以外，规则就更宽松了，基本上任何醋都能伴装并称为摩德纳香醋，哪怕是用工业制造的醋加上焦糖化的糖和不等量的葡萄这种产品混杂，这些醋通常尝起来有着非常诡异的甜味。

苹果醋是一种新晋的被吹捧成能包治百病的神水。每天早上来一汤匙酸味液体，就好比是现代的一勺鳕鱼肝油。网上对苹果醋的褒奖有 20 条“被证实”的健康益处，其中就包括每天一勺就能有助于减肥和保持活力。2004 年进行的一项先导试验是这个苹果醋神话的始作俑者，该试验让 21 名糖尿病和糖尿病前期患者在一顿单一碳水化合物的正餐前，每人都喝一定量的苹果醋，结果发现他们的胰岛素和血糖反应都有了改善。[24] 接下来的研究还发现，相比对照组，每天餐前吃 1~2 勺苹果醋的参与者，在 12 周内成功减重 2 千克，并降低了甘油三酯水平。这些结果看起来让人超级惊喜，但是这些证据毫不意外地都被很多偏倚因素所干扰，并且也都是基于超小规模的人类研究。[25]

如果说苹果醋真的管用，也是其中的微生物、多酚或者乙酸本身起了作用。一部分人（主要是富裕的名人）相信未经巴氏灭菌的苹果醋其中的活性乙酸菌是关键因素。然而，没有一项人类研究使用的是含有活菌的醋，况且这种醋中的酵母通常都死了，因而无论如何都只剩下少量醋酸杆菌，而醋酸杆菌本身就是我们肠道中自然存在的一类微生物。关于苹果醋的健康功效有几种说法：有人认为其中的乙酸能让胃排空的速度变慢；有人则认为它会减缓将糖分解成葡萄糖的酶的速度，因此能延缓并降低血糖升高的速度和幅度；它还可能让你更容易有饱腹感，这就意味着你可以吃得更少。还有一种可能是，其中复杂的多酚与醋混合产生了对身体有益的物质，但基于目前还没有多少研究结果可供参考，建议还是别在昂贵的产品上浪费钱了——尤其是那些显然无用的苹果醋软糖。除此之外，任何不加糖的高品质醋功效都差不多，包括那些价格要便宜得多的红酒醋。

餐桌酱料

番茄酱是最早的加工食品之一，自 17 世纪以来就一直存在。学者认为这是一种来自中国或者马来西亚的深色发酵鱼露。18 世纪初的英国殖民者称其为“catsup（番茄酱）”，并试图在家里制作，用的原料是牡蛎、贻贝、蘑菇、核桃、柠檬、西芹，甚至连梅子和桃这样的水果都用上了。直到 1812 年，一位来自美国费城的科学家詹姆斯·米斯才真正发明了以番茄为原料的番茄酱。第一款大规模生产的番茄酱是在 1837 年生产的，紧随其后的是 40 年后亨氏公司生产的经过改良的版本，它至今在英国和美国都占据了市场的龙头地位。在英国，亨氏也不能免俗地拥有一个“清洁标签”，它的配料表按照占比多少顺序排列是：番茄、食醋、糖、盐、草药提取物、香料、西芹（以提供亚硝酸盐作为天然防腐剂）。美国的番茄酱还添加了果葡糖浆和一些不用太担心的“天然”香精。

大多数品牌的番茄酱都含有比人们预想得多（大约 25%）的糖，但甜味被醋和盐掩盖了，最初是为了延长保质期：一汤匙番茄酱的含糖量与一茶匙纯白糖（4 克）相当，或者相当于半条士力架，而很多儿童吃番茄酱的量更多。

低糖番茄酱如今也有，不过其代价就是添加了很多其他化学添加剂。其实你可以轻松地自制番茄酱，材料包括番茄汁、水、盐、醋、洋葱、芥末和丁香粉——然后根据自己口味加糖。番茄酱的流体力学至今仍是我们这个时代的未解科学之谜：玻璃瓶里的番茄酱要找准部位敲打，而塑料罐里的番茄酱则需要挤对地方，其中的番茄酱才能更顺滑地倒出来。而市售的番茄酱瓶子往往会有一层帮助其流动的化学涂层，这些都不会显示在食品包装上。200 年后，随着人们口味的变化，番茄酱可能也会消失。如今美国的辣莎莎酱和英国的蛋黄酱已经取代了番茄酱的主导地位。

蛋黄酱是由新鲜鸡蛋与橄榄油、醋或柠檬混合制作而成的乳化酱料。它可能起源于地中海梅诺卡岛的马洪，作为一种简单又纯正的酱料，只需要加入大蒜就变成了蒜香蛋黄酱，这种酱在地中海国家非常流行，常常与鱼类菜肴搭配，很美味。蛋黄酱还是很多预制三明治的常见原料，这会给每个三明治增加 100 千卡热量。现在蛋黄酱的市场引领者赫曼氏（Hellman's）是由在纽约的德国移民于 1912 年创立的，如今被联合利华收购。

因为其中有相当一部分成分是鸡蛋，蛋黄酱一直有被沙门菌感染的相关风险，而且如果酸度不够，这种病菌就会生长。1976 年，拉斯帕尔马斯一家航空餐饮公司就在蛋黄酱上犯了个大错，导致超过 2000 名乘客食物中毒，其中 6 人不幸死亡。这个事件和其他一些曝光事件加剧了人们对这种天然食物的恐慌，于是一种廉价、人造、大规模生产的无鸡蛋蛋黄酱便应运而生，这种低脂且有较多添加剂的产品几乎永远不会变质。一款典型的"健康"低脂、低热量的蛋黄酱往往含有 20 多种配料，而天然的只有 3 种。这类超加工的蛋黄酱是否比番茄酱更健康尚不清楚，但两者都不太可能对肠道微生物有益。

沙拉酱是一种非常英式的发明，在第一次世界大战期间被用来制作廉价、口味淡的亮黄色蛋黄酱，至今都很流行。在我读书的时候，这种酱常成为让我十分反胃的"三明治酱"，里面还常常夹着一些难以辨认的蔬菜。这种酱中有将近 20% 的糖分，还含有葵花籽油、芥末和一堆其他的化学添加剂以保持其质地和颜色。一言以蔽之，你最好别吃。

伍斯特郡酱 1837 年诞生于由化学家李先生和派林先生共同运营的一家伍斯特郡药房。最初的产品据说是根据孟加拉国的一个食谱制作的，如今这种酱已经演化出了各种版本，它是由一系列混合物发酵制成的。它有非常浓的鲜味，可以增强蘑菇、小扁豆或者血腥玛丽[①]的风味。

棕酱是质地更稀薄、含糖量更高的伍斯特郡酱，充满醋和胡椒的味道，在英国、加拿大和亚太地区，它是番茄酱的强劲对手。以议会大厦的名字命名的 HP 酱，其开设的餐厅是首家供应棕酱的餐厅之一，至今也是市场的领头羊。棕酱的底料是番茄酱，只不过加入了麦芽和酒精醋，还有一系列其他不同的配料，比如旧帝国时代会加入糖、枣、玉米面粉、黑麦粉、盐、辣椒粉、香料，甚至罗望子和凤尾鱼。目前还没有研究表明吃这类高盐、有时还高糖的酱对我们身体有好处。为了保存酱料而添加的糖、乳化剂和其他化学添加剂，往往完全抵消了制作酱料的水果和蔬菜中膳食纤维和多酚的好处。

泡菜和酸辣酱

泡菜和酸辣酱在全世界各地都有不同的版本，其中有许多都是

① 血腥玛丽（Bloody Mary），酒精含量较低的红色鸡尾酒，基本成分是伏特加、番茄汁和其他各种配料，如伍斯特郡酱、塔巴斯科辣椒酱、法式清汤、芥末酱、芹菜、橄榄、盐、黑胡椒、辣椒、柠檬汁等。——译者注

通过慢发酵产生蔬菜和水果原料的复杂风味。有一些泡菜的添加剂和热量都相对较少，比如用醋泡的犹太莳萝乳瓜泡菜，而那些工业化生产的泡菜含糖量很高。布兰斯顿泡菜和市售的杧果酸辣酱每 100 克分别含有 31 克和 52 克糖，这使得任何有益活菌都不可能存在。因此，唯一值得吃的泡菜就是真正的发酵泡菜，如德国酸菜、辛奇以及很多用传统方式制作的泡菜。它们都是用新鲜香草和香辛料生产的，加工程序简单，也几乎不含化学添加剂。

关于饮品、食用油和调味品的十个要点

1. 如果你不渴，就不必每天喝 8 杯水。
2. 在大多数高收入国家，瓶装水不一定比自来水更好。
3. 含糖或人工甜味剂的软饮料都不健康。
4. 咖啡和绿茶都是由发酵的植物制作而成，都有真正的健康益处。
5. 一杯咖啡的膳食纤维比一杯橙汁更多。
6. 酒精对大多数人都是有害的，除非只是小酌一口，或者只喝一小杯红酒。
7. 特级初榨橄榄油是最佳的烹饪油和调味油。
8. 大多数大规模生产的调味品，包括番茄酱、蛋黄酱和泡菜都没任何健康益处，因它们含有大量的盐、糖和食品添加剂。
9. 伍斯特郡酱有浓郁的鲜味，因此可适量添加以增强食材的风味。塔巴斯科辣椒酱是一种发酵的调味品，也是一种增强风味的酱料。
10. 真正发酵的泡菜，如德国酸菜、辛奇和传统工艺制作的简单加工酱菜，对人体肠道微生物大有裨益。

写在最后

我写此书，以及近期在 ZOE 做这些工作，就是为了让人们能够根据自己独特的生物学特性来更好地选择食物。借助我自身的生活经验，加上在食物、新陈代谢和微生物组方面不断涌现的大量科学证据，我希望这本书能成为你迈向未来健康生活的起点。关于食物，还有很多其他重要因素——比如我们所处的环境、每天的日程安排和社会环境——它们都在我们与食物的关系中扮演了举足轻重的角色。在本书中我讨论了其中一些问题，但还有很多问题值得我们去探索。

当我写完此书时，俄乌冲突爆发。这不仅是一个巨大的人道主义和外交紧急事件，也给我们的粮食安全带来了新的挑战。曾经无处不在的葵花籽油如今变得稀缺，小麦产量也受到威胁。与此同时，在斯里兰卡，一项因为环保而突如其来的化肥和农药禁令让农民无法收获，引发了粮食暴乱。全球的粮食价格上涨，英国和全球更多家庭如今都面临着粮食安全和贫困问题。

同时，也有一些积极的改变正在发生，正如我在本书中提及的，新冠病毒已经渐渐成为我们生活中“寻常”的一部分，旅行重新放开，疫苗研发也取得了重大进展。而一项长期被忽视的对女性和女性健康的科学研究也开始启动：得益于我们对两万多名女性的膳食研究——一项迄今为止最大的关于食物与更年期的研究，更年期的生理影响已成为一项广为人知的科学发现，该研究得出了令人满意的科学结论。[1] 过去一直使用热量计算模型来解释增重和肥胖问题，这如今已经越来越偏离科学实践了，人们越来越意识到食物的质量和季节性更重要。

在我们一生平均 2 万多天中，每一次的食物选择都会对我们的健康、地球的健康以及子孙后代的健康与福祉产生影响。远离那些用塑料包装的超加工食品是改善健康和保护环境的最简单的方法。我们的后代在生命更早期的时候就能拥有保护健康的工具和知识，这有助于他们做出更好的食物选择。我们必须为了这个转变而搭建起模型和框架，并启发年轻人参与其中——能健康且有活力地活到 100 岁的愿景，似乎比我们 10 年前想象的要更容易，当时，我们还认为代谢性疾病和虚弱似乎是衰老不可避免的一部分。

我希望本书能帮助你更好地选择食物。无论是你为自己和家人采购食材，还是帮助你的客户改善健康，抑或是对学生或孩子们进行言传身教，这本书中与食物相关的事实描述应该都能让你的选择更多样化、更明智、更合理。

如今食物的伟大力量就掌握在你手中。下面就是你该记住的 20 个要点，后面还附带了一些有实操意义的图表，可以帮助你对本书介绍的食物优先级进行排序。祝你好运！

让你和你的微生物都健康的 20 个要点

1. 好好睡觉，规律运动。
2. 避免吃零食，并且偶尔来个长时间禁食。
3. 每周尝试吃 30 种植物性食物，包括坚果、种子和香料。
4. 尽量不饮酒，要喝也只喝富含多酚的酒精饮品。
5. 吃富含多酚和膳食纤维的蔬果。
6. 少而精地吃肉和鱼。
7. 不要太计较食物的热量，而是在摄入同样多热量的情况下选择营养价值高、品质好的食物。
8. 选择食物的时候要关注它的原产地和配料表，以及它对你的肠道微生物的影响。
9. 多多帮衬小型食品生产商和当地的小商铺，而不是只在大型商超采购食品。
10. 选择食物的时候，多考虑它对环境的影响。
11. 经常吃菌菇。
12. 除非生病或怀孕，否则不要吃营养素补充剂。
13. 如果可以选择，首选天然食物。
14. 如果要吃方便食品，选择最少加工、配料表成分最少的食品。
15. 不要盲目听从他人的饮食建议——没有人是所谓的“普

通人”。

16. 明白食物即药物的意义，良好的膳食与很多药物起到的作用是等同的。
17. 每天吃点儿发酵食品，最好能成为居家发酵专家。
18. 尽可能自己动手做饭。
19. 试图从不同角度看待食物。
20. 把自己当作小白鼠，勇于尝试各种新东西。

3

食物表格和小提示

食物表格

水果中的多酚、膳食纤维和糖含量（每80克）

水果	多酚（毫克）	膳食纤维（克）	糖（克）
巴西莓	2560	3.4	1.8
苹果	161	1.9	8.0
杏	106	1.6	7.2
牛油果	122	5.6	0.6
香蕉	124	3.0	9.6
黑莓	456	4.0	3.9
野樱莓	1405	3.4	3.4
黑葡萄	148	0.7	12.2
黑橄榄	94	3.4	0.0
黑树莓	784	5.6	3.6
蓝莓	472	1.9	7.3
哈密瓜	88	0.7	6.4
蔓越莓	252	3.7	3.2
无花果	77	1.8	13.0
枸杞	140	3.4	11.3

（续表）

醋栗	376	2.0	0.0
葡萄柚	21	1.3	5.6
青橄榄	129	3.4	0.0
番石榴	101	4.0	7.2
白兰瓜	48	0.6	6.4
奇异果	144	1.5	7.2
柠檬	48	2.2	2.0
荔枝	23	1.0	12.0
杧果	116	2.1	11.2
油桃	44	1.2	6.2
橙子	223	1.4	7.2
番木瓜	46	1.8	6.3
百香果	46	8.0	8.8
桃	223	1.2	6.8
梨	86	2.5	8.0
菠萝	118	1.2	8.0
西梅	328	1.3	8.0
红醋栗	359	3.4	5.9
红树莓	124	5.6	3.5
酸樱桃	282	1.3	6.8
杨桃	144	2.2	3.2
草莓	231	1.6	3.9
甜樱桃	140	2.9	6.4
蜜橘	154	1.1	8.8
西瓜	41	0.3	4.8
白葡萄	97	0.7	12.2

数据来源：多酚类物质探索者（Polyphenol Explorer）和美国农业部食品数据库（USDA），数据修订时间为 2022 年 1 月。

注：多酚的总量是基于现有数据的平均值计算出的，具体数值会随着更新的数据汇入数据库而变化。

购买时令水果，让水果的营养价值最大化，最大限度地减少对环境的危害。或者你也可以食用常年供应的罐头水果、水果干或冷冻水果。不过谨记，虽然水果干因为水分减少而含有更多的多酚，但糖也会更多，所以每次要少量食用。

最常吃的十种水果

ZOE 评分是关于某一种食物的综合评分（0~100 分），它是基于食物对测试者个体的血糖反应、血脂反应以及肠道健康程度（微生物）的影响得出的。以下分数可能不适用于你，因为没有人会得出平均值。图中的数值代表的是个人对该水果的个性化反应，比如香蕉的个体化差异就很大，而树莓则几乎对所有测试者的新陈代谢普遍有益。

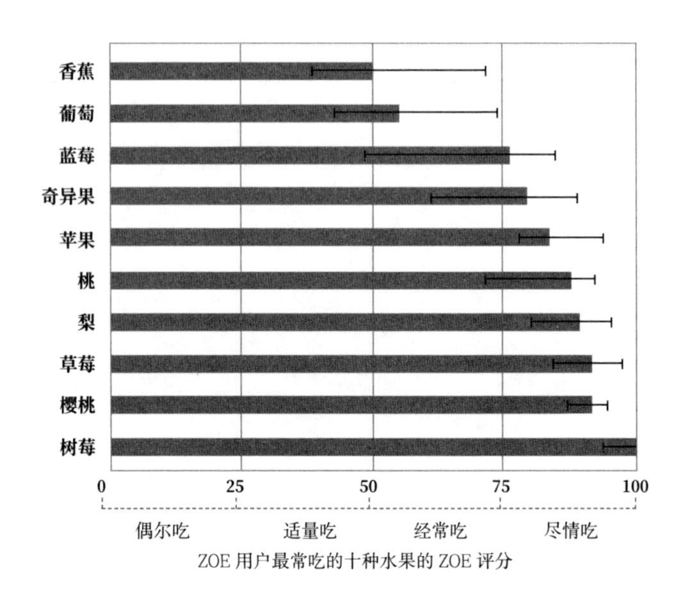

ZOE 用户最常吃的十种水果的 ZOE 评分

根据评分，我们应该多久吃一次呢？

0~24：“偶尔吃”

没有什么食物是你绝对不能吃的。你可以吃这类食物，不过要尽可能减少吃的次数，而且要尽可能少吃。

25~49 :“适量吃”

你最好选择更健康的替代食物，但每周吃 2~3 次，每次适量是没问题的。

50~74 :“经常吃”

你可以经常（隔天一次）吃这些食物。不过，吃多了还是对身体有害。

75~100 :“尽情吃”

这些食物有助于你的新陈代谢，你可以随时享用。

彩虹饮食法

在这个表格中，我按照蔬菜和豆科植物的颜色分门别类，以丰富膳食中的多酚。

红色	重要提示
杂豆 （红腰豆、赤小豆、红豆）	富含蛋白质、有益多酚和膳食纤维，可在每天的膳食中加入。
甜菜根	富含膳食纤维、维生素和多酚，包括花青素苷，其中含糖量较少，与苹果相近。可以切成薄片生吃或者煮熟吃（但不要煮过头，免得营养流失）。
甜椒	维生素 C 含量高于橙子，切成块拌在沙拉里生吃，能获取最多的维生素 C。
辣椒	富含抗氧化物和维生素 A，可以加入咖喱或汤里。
水萝卜	切片放进沙拉或者三明治里，也可以发酵制成泡菜，还可以烤着吃。
番茄	吃熟的番茄要比吃生番茄更好，因为煮熟后番茄红素吸收率更高。
橙色	
胡萝卜	最好是煮熟吃，以提高其中 β- 胡萝卜素的吸收率。
南瓜	一种被万圣节误导的葫芦科植物，它富含膳食纤维和维生素 A，特别适合做炖菜、汤或者咖喱。想判断它是否能吃，可以敲一敲它边缘的果肉，越紧实越美味。
甘薯（紫薯）	是富含淀粉的白土豆最好的替代品，还富含多酚，最好是连皮一起吃。
笋瓜	是一种营养丰富的宝藏蔬菜，适用于炖菜、做汤或者咖喱。
黄色 / 褐色	
花菜	富含营养物质的菜叶也可以吃，可以蒸着吃或烤着吃，再放入一点特级初榨橄榄油和柠檬汁就行。
鹰嘴豆	是膳食纤维和蛋白质的极佳来源，而且有证据表明它能降低血糖，可以搭配沙拉、汤和咖喱一起食用。
玉米	富含叶黄素和玉米黄素，可以帮助保持眼部健康（基于实验证据）。
大蒜	富含菊粉（膳食纤维）这种益生元，对肠道微生物组有益，且具有极好的抗炎特性。

菌菇	建议每天都吃一点菌菇来增加微量营养素的摄入，它同时也是蛋白质和维生素 D 的良好来源，比膳食补充剂更有营养。
欧洲防风	富含淀粉，因此能量较高，还能增加膳食纤维的多样性。
土豆	带着皮吃更好，其钾含量比香蕉高，膳食纤维比苹果多；富含维生素 C，也是铁的良好来源。
大豆	毛豆是未成熟的大豆，一份（100 克）毛豆就能提供大约 11 克蛋白质和 8 克膳食纤维。可用豆制品（如豆腐）当作肉的美味替代品。
绿色	
洋蓟	富含菊粉（膳食纤维）这种益生元，能滋养你的肠道微生物群落。新鲜的洋蓟很美味，冷藏或冷冻后味道也不错。
芦笋	芦笋是"多酚颜色规则"的少数例外之一，绿色和白色的芦笋多酚含量比紫色品种的更高。
牛油果	是单不饱和脂肪酸、膳食纤维、维生素和多酚的极佳来源。
蚕豆	是一种在欧洲和中东被经常食用的有营养又多功能的好食材，不过在英国被忽视了。它是膳食纤维和蛋白质的良好来源，还能提供充足的饱腹感。
西蓝花	多试试不同品种的西蓝花，包括紫色的。可以生吃，也可以做熟后吃，含有铁和有益的膳食纤维。
抱子甘蓝	最好以烤或者轻蒸的方式烹饪，水煮抱子甘蓝会发出难闻的气味。它是一种富含膳食纤维的时令蔬菜。
卷心菜	轻蒸不超过 5 分钟，以保存其中的营养成分，而且能避免发出臭鸡蛋的气味；还可以发酵食用，以滋养肠道。
芹菜	它与番茄、橄榄油和洋葱一起慢炖，能增强其他蔬菜的风味。
黄瓜	用它来蘸鹰嘴豆酱很好吃，可以算是一种植物食材，除此之外真的没啥特别之处了。
球生菜	它唯一的优点就是能在冰箱里放好几周。这是我最不喜欢的一种蔬菜。
小扁豆	富含蛋白质、铁、膳食纤维和其他营养素，它的铁含量要比同等重量的牛排或鸡肉还多。直接用干的小扁豆烹饪能带出富有层次感的风味。
豌豆	冷冻后还能保持良好的外形结构——不妨在冰箱里囤上一袋，这样就能随时随地给一顿饭轻松加菜了。
芝麻菜和其他沙拉菜	叶片颜色越深或越红，其中的多酚含量就越高。
菠菜	时常在冰箱囤上一袋菠菜，物美价廉还富有营养，可随时给你增加营养。
蓝色 / 紫色	
茄子	在烤茄子之前先用盐渍或快速焯水，或者用特级初榨橄榄油稍微煎一下吃，或者把它加入各种炖菜、咖喱中，能大大增加膳食纤维、多酚，获得独特风味。

羽衣甘蓝	抹上特级初榨橄榄油，烤成羽衣甘蓝脆片也不会损失多少营养，只要别烤煳就行。
菊苣	这是一种富含多酚、味道略苦的紫色叶菜，放入沙拉中生吃可能味道比较突兀。试着用意大利香醋烤着吃，或者把它的叶片泡在冰水里，让苦味变淡一些。
紫甘蓝	紫甘蓝含有的多酚是甘蓝（卷心菜）的三倍。可以蒸着吃、生吃或者做成泡菜，为你的餐盘增添色彩和膳食纤维。
棕色／黑色	
黑豆	富含蛋白质和多酚，是沙拉、辣椒炖菜和米饭的好搭档。
洋葱	是一种超级多能的蔬菜，颜色越深，菊粉和植物营养素含量就越高：红色＞黄色＞白色。
花生和坚果	事实证明，每天吃花生和坚果有益健康。一把混合坚果富含多酚和膳食纤维，有助于减少血糖波动。通常，原生坚果要比坚果粉更健康。但给婴幼儿做辅食时，建议用坚果泥或者坚果粉。

禾谷类食物和谷物、意大利面食及面包

下面三张图表分别是我对禾谷类食物和谷物、意大利面食及面包的 ZOE 评分。对这些食物的反应因人而异，并且会随着时间的变化而变化。我的个人评分是基于我对碳水化合物的血糖反应、对脂肪食物的血脂反应以及该食物对我的肠道微生物的影响共同得出的。我在此分享我的反应结果，就是为了让读者知道我们每个人对碳水化合物的反应是千差万别的。

我对禾谷类食物和谷物的反应（评分从最低到最高）

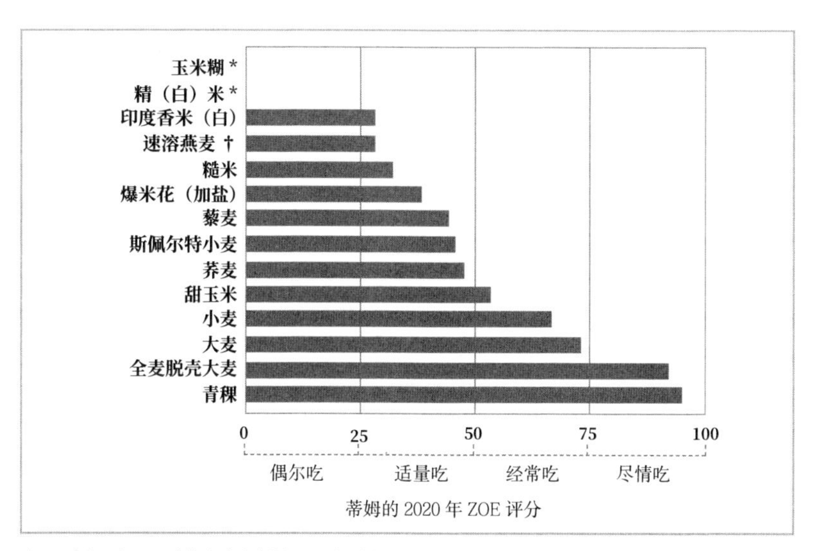

注：* 对我而言，玉米糊和白米饭的 ZOE 评分都是 0 分，意味着这两种食物我要尽可能少吃。
† 速溶燕麦的碳水化合物与膳食纤维的比例与燕麦片是一样的，不过它们的 ZOE 评分和 GI 值不同，而且每个人对这两种食物的反应也有差异，这是由于它们加工程度不同。这意味着，这两种食物虽然成分一致，但是对新陈代谢的影响截然不同。

我对意大利面食的反应（排序从最好到最差）

	蒂姆的 2020 年 ZOE 评分	碳水化合物：膳食纤维	蛋白质百分比
鹰嘴豆意面	59	4 ∶ 1	20%
全麦意面	49	8 ∶ 1	6%
全麦古斯米	45	6 ∶ 1	5%
新鲜鸡蛋意面	44	24 ∶ 1	11%
全麦斯佩尔特意面	42	6 ∶ 1	12%
杜兰小麦意面	41	18 ∶ 1	14%
荞麦意面	38	7 ∶ 1	11%
鸡蛋粗面	39	17 ∶ 1	12%
荞麦面	35	12 ∶ 1	13%
干鸡蛋意面	34	22 ∶ 1	15%
米线	34	16 ∶ 1	3%
普通小麦面	32	23 ∶ 1	5%
古斯米	22	18 ∶ 1	6%
意大利土豆球	21	12 ∶ 1	5%
方便面	16	21 ∶ 1	2%

请注意，碳水化合物与膳食纤维的比例通常越低越好，不过每个人的反应不尽相同。这个数值还会因品牌差异而不同。

我对各类面包的反应（排序从最好到最差）

面包类型	蒂姆 2020 年的 ZOE 评分 *	碳水化合物：膳食纤维 *
黑麦酸面包	32	5∶1~8∶1
全麦酸面包	31	7∶1~10∶1
黑麦面包	30	3 ∶1~8 ∶1
印度薄饼	27	4∶1~5∶1
印度全麦烤饼	26	7∶1~9∶1
全麦贝果	24	7∶1~12∶1
白面酸面包	22	11∶1~24∶1
超市吐司（瓜子面包）	20	7∶ 1~12∶1
佛卡夏	14	13∶1~20∶1
印度馕	9	16∶1~19∶1
超市吐司（全麦）	7	4∶1~7∶1
超市吐司（白面）	4	17∶1~22∶1
白面皮塔饼	3	23∶1~32∶1
白面贝果	0	16∶1~19∶1
法棍	0	22∶1~23∶1
夏巴塔	0	12∶1~23∶1

请注意，这些数值与不同面包的配方、品牌和烘焙条件相关。

不同来源的蛋白质对环境的影响（每100克蛋白质）

请注意，这些数值与一系列因素相关，包括奶酪的种类、生产奶酪的动物是草饲还是谷饲、生产蛋白质的能量来源以及生产蛋白质的农场位置和规模。比如，新西兰羔羊肉的碳足迹可能比英国的低，即使将其越洋运输至英国。

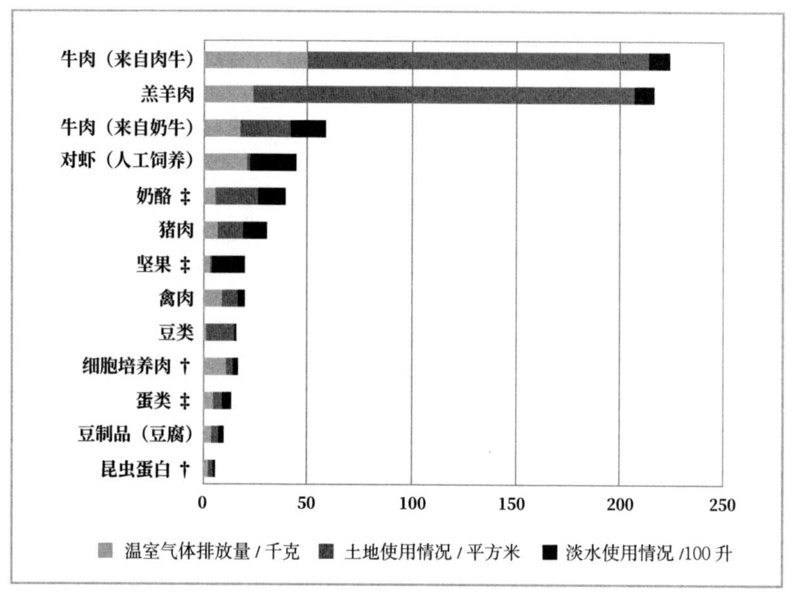

注：† 昆虫蛋白和细胞培养肉是根据目前有限的数据预估的。
‡ 蛋类、坚果和奶酪是基于每 50 克蛋白质计算的，以更好反映真实的进食分量。

加工肉（排序从最差到最好）

低品质		高品质
英国超市的低品质香肠*	香肠	新鲜灌制香肠
24 种配料		4~10 种配料
38% 的肉含量*		42%~99% 的肉含量
蒂姆的 ZOE 评分：0		蒂姆的 ZOE 评分：31
英国超市的低品质汉堡	汉堡	英国超市的高品质汉堡
17 种配料		3 种配料
62% 的肉含量		98% 的肉含量
蒂姆的 ZOE 评分：16		蒂姆的 ZOE 评分：37
英国超市的低品质火腿	火腿	自制香肠
8 种配料		2~5 种配料
45%~70% 的肉含量		98% 的肉含量
蒂姆的 ZOE 评分：26		蒂姆的 ZOE 评分：33
英国超市的低品质萨拉米*	萨拉米	传统西班牙辣味香肠
11 种配料		5 种配料
25%~45% 的肉含量		95% 的肉含量
蒂姆的 ZOE 评分：0		蒂姆的 ZOE 评分：0

注：* 英国法规规定，香肠至少必须含有 42% 的猪肉才能被称为“猪肉肠”，不过猪肉本身可以含有至多 30% 的脂肪和 25% 的结缔组织，并不需要全部用精瘦肉。

常见水产品的ω-3脂肪酸含量和汞含量

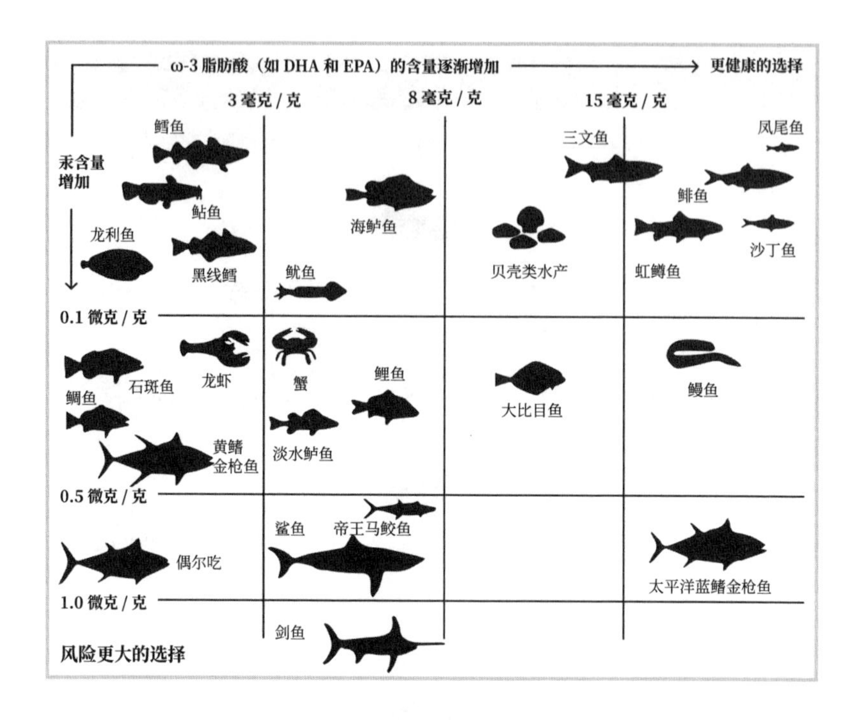

双壳纲的贝壳类水产，如贻贝和蛤蜊，都非常具有可持续性。

我们现在的饮食模式与更具有可持续性的饮食模式

下图中灰色柱子表示当前西方国家典型的食物摄入量，而虚线柱子则表示在更加可持续的膳食模式中理想的摄入量。

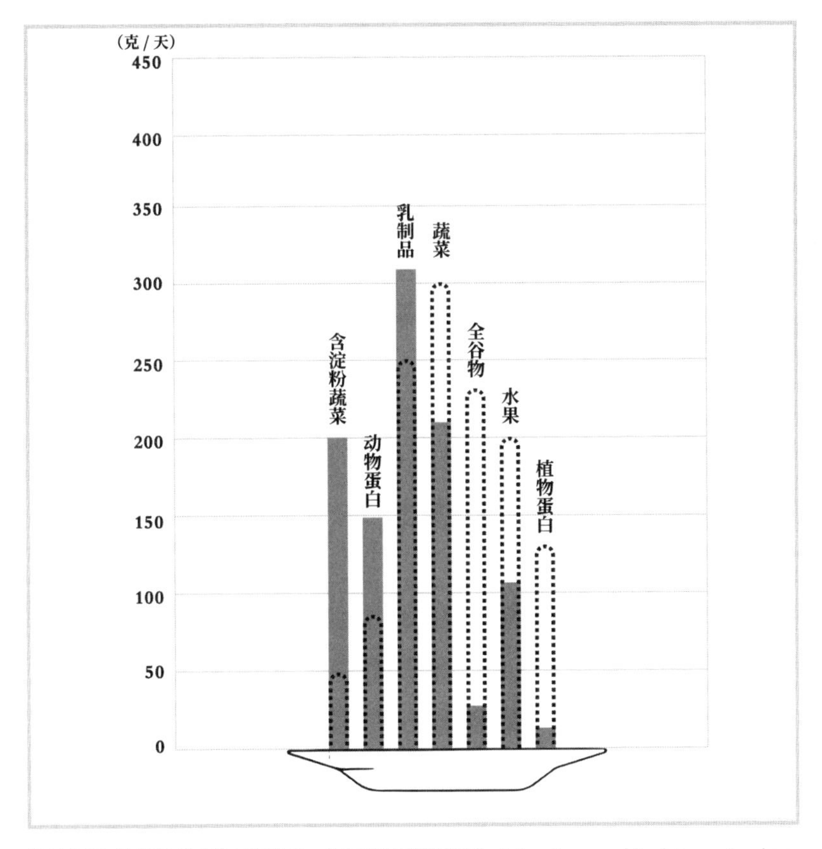

数据来源：数据世界“数据探索者：食物对环境的影响”，https://ourworldindata.org/environmental-impacts-of-food; R. E. Santo, ‘Considering Plant-Based Meat Substitutes and Cell-Based Meats: A Public Health and Food Systems Perspective’，Frontiers in Sustainable Food Systems (2020)；4:134; and C . Saunders, ‘Food Miles, Carbon Footprinting and their potential impact on trade’, Australian Agricultural and Resource Economics Society (2009).

不同奶类对环境的影响（每100毫升）

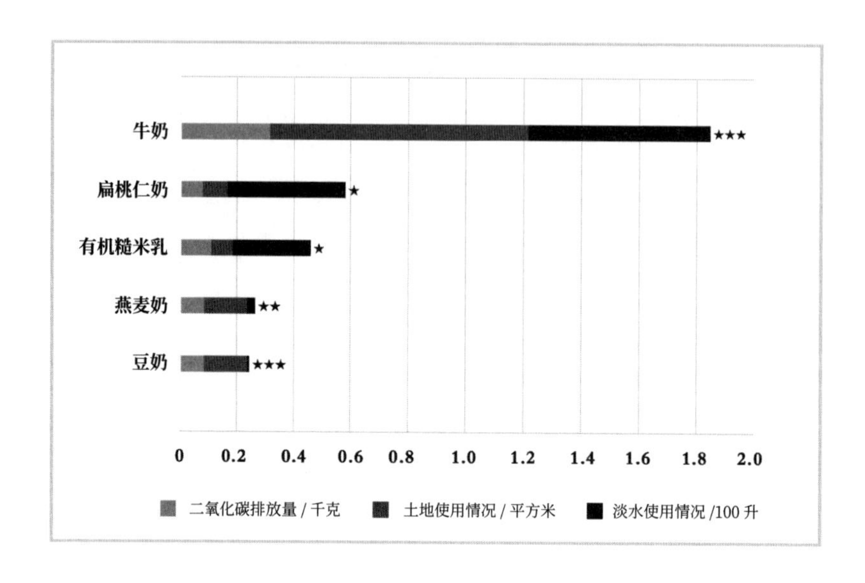

上图分别用星号表示每 100 毫升奶类产品中蛋白质、脂肪和碳水化合物的营养密度。1 星营养最低，3 星营养最高。

发酵食品和乳制品

类型	蒂姆 2020 年的 ZOE 评分	益生菌评分
辛奇	92	★★★★★
德国酸菜	91	★★★★★
康普茶 *	80	★★★★★
开菲尔（牛奶）	76	★★★★★
椰子开菲尔	70	★★★★★
希腊酸奶（全脂）	78	★★★★
蓝纹奶酪 †	48	★★★
水开菲尔	65	★★
切达奶酪 †	56	★
全脂牛奶	58	☆
半脱脂牛奶	50	☆
黄油	47	☆
低脂果味酸奶	41	☆
脱脂牛奶	40	☆
儿童酸奶和鲜乳酪	24	☆
全脂奶油	27	☆

注：★★★★★表示益生菌最多，☆表示不含益生菌。

* 这是我自制的康普茶。康普茶中的添加糖越多，评分就越低。

† 奶酪中很多益生菌都集中在奶酪表皮，所以最好连着奶酪皮（只要不是蜡做的）一起吃。

发酵饮品中的微生物多样性

下图中每一个横条纹都代表了一种不同的微生物菌株。每一批发酵的产品，其微生物的绝对含量都不同。要想最大化发酵饮品的好处，并享受到多样化和充足微生物的健康益处，最重要的就是确保其中的微生物处于活性状态。

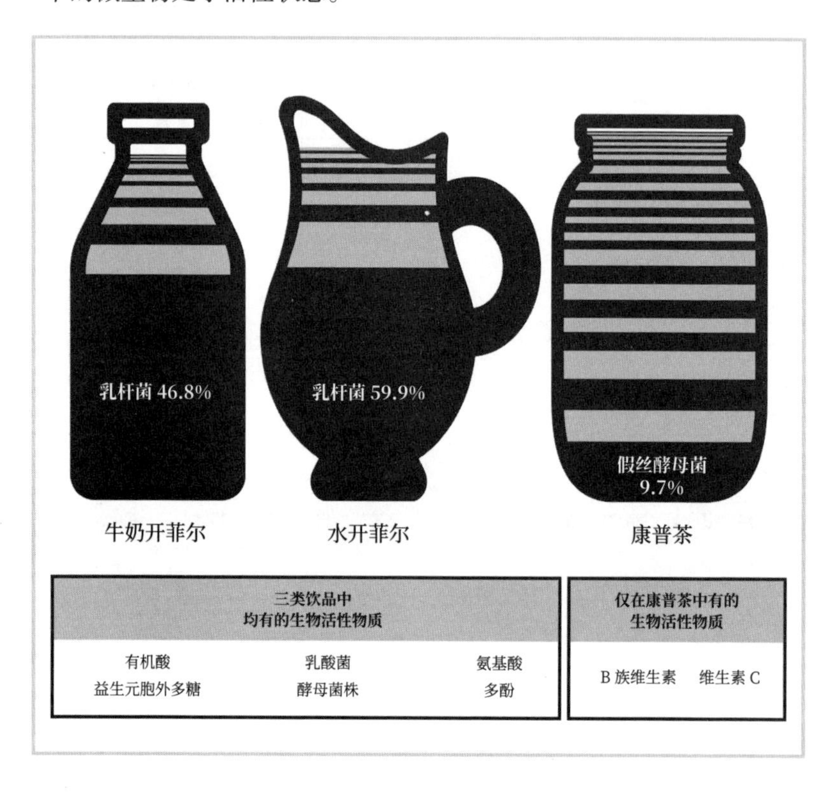

食物中钙的来源（排序从最高到最低）

食物	每份含钙量	占推荐每日摄入量（RDI）[①]百分比
豆腐（点卤）	860mg/126g（1/2 杯）	86%
扁桃仁（整颗）	354mg/143g（1 杯）	25%
沙丁鱼	350mg/92g（1 杯）	35%
牛奶（全脂）	350mg/237ml（1 杯）	35%
天然（原味）酸奶	300mg/245g（1 杯）	30%
苋菜	280mg/132g（1 杯）	28%
嫩卷心菜叶	266mg/190g（1 杯）	26%
无花果干	162mg/1 个	16%
白豆	130mg/179g（1 杯）	13%
罂粟籽	126mg/9g（1 杯）	13%
超市全麦吐司	110mg/10g（1 茶匙）	11%
毛豆	100mg/155g（1 杯）	10%
大黄	87mg/240g（1 杯）	9%
圣培露矿泉水	40mg/240ml（1 杯）	4%

① 此处钙的推荐每日摄入量为每天 1000 毫克，该标准与澳大利亚膳食推荐指南一致，与《中国居民膳食营养素参考摄入量》18~49 岁成年人的推荐摄入量（RNI）800 毫克略有差异。

日常使用香料、调味品、草本香料的建议

香料	
豆蔻	浓郁、清甜，有辛辣味和香味，可以直接买种子、带壳的产品，也有研磨成粉的成品。
辣椒	有不同甜味和辣度，我们可以谨慎地认为：长期吃辣椒能提高痛觉阈值，保持肠道健康，并减少慢性炎症反应。
肉桂	同样含有丁香酚，可以买到粉末和桂皮棒，是一种无须加糖也能给食物增加甜味的香料。
丁香	可以有效治疗牙龈疼痛，帮助宝宝缓解出牙不适。含有丁香酚，这是丁香提取物中主要的活性物质，具有抗炎和抗菌作用，不过尚缺乏足够的人类试验证据。少量添加能为烤苹果或热红酒增添风味。
孜然	是一种香味浓郁的香料，拥有超过 100 种化合物和挥发性物质。关于它有许多有助于减肥的宣传，不过证据尚不明确。
姜	关于姜，尽管有很多未经证实的健康宣传，但它可能对缓解恶心和关节炎有帮助。姜既能生吃，也可以姜粉的形式作为调料。
犹太盐 / 海盐（不含碘）	一种更为纯净的食盐，晶体颗粒更大，因此氯化钠浓度更低。它很适合用来自制泡菜，尤其你想减少盐分摄入的话。
芥末	它是来自卷心菜家族的有刺激性味道的种子，经常用在咖喱中。
肉豆蔻	与桂皮是绝配，它也含有丁香酚。
红椒粉	在菜肴出锅的时候再加，以免破坏它的颜色和风味，它是由干的红辣椒磨成粉制作而成的。
胡椒	富含有保护作用的抗氧化物，整颗的胡椒粒可以放上好几年，最好是现吃现磨。
藏红花	它是地球上单位重量最昂贵的东西之一，不过暂时没有明确证据表明它对健康有什么特殊益处。
食盐	盐是能强化食物风味的日常必需品，不过它大量隐藏在超加工食品中，通常是细颗粒状。
姜黄（姜黄素）	这是一种能很好平衡调和菜肴风味，使其入口温润的调味品，可以把它加到任何橙色的食物中，如红薯、胡萝卜或者鸡蛋中。每天吃点儿姜黄可能对健康有益。
香草	尽管这种香料有潜在的抗氧化和抗菌作用，不过这种从兰科植物中提取的豆子最负盛名的还是它独特的香味，其中最主要的化学物为香兰素，闻起来让人舒缓放松。它还与母乳作用类似，能安抚宝宝。
山葵酱	研磨新鲜的山葵根能释放出大量不同的香味物质，研磨 5 分钟后刺激性风味最浓，20 分钟后会逐渐消散，味道更加平和，有层次感。

（续表）

草本香料	
罗勒 *	营养价值很高，含有丰富的维生素 A、维生素 C 和维生素 K，也富含抗氧化的多酚。你可以在厨房轻松种一盆罗勒，然后随时采摘新鲜的叶子加到比萨、意大利面、沙拉和汤里。
香菜 *	跟罗勒的营养价值类似。不过有 1/5 的人由于基因的原因，会觉得它吃起来有肥皂味。
莳萝 *	与土豆、泡菜、鱼类和各种蔬菜都很搭配。
马郁兰	一种用途广泛的草本香料，与所有地中海菜肴或番茄酱打底的菜肴都很配。
薄荷 *	非常易于种植的一种香料——跟野草一样好养活！它可以用来泡薄荷茶，也可以切碎放进沙拉、鸡尾酒或无酒精鸡尾酒中，或者直接放入清水里增加风味。
牛至	有浓郁的泥土味，最适合薄薄一层撒在沙拉、肉类、禽肉、鱼类和意大利面上，可以跟马郁兰互换。
香芹菜 *	跟罗勒的营养价值类似。有卷叶和平叶两种，可以交替食用。
迷迭香	富含多酚的耐寒植物，加在肉类、大豆和豆类菜肴里非常美味。
百里香	与马郁兰和牛至很相似，不过略带点儿薄荷和柠檬的清新风味。

注: * 表示最好吃新鲜的。

辛辣度评分

成分	辣度单位（史高维尔）
纯辣椒素 *	10 000 000
美国警用级别辣椒喷雾	2 500 000~5 000 000
卡罗来纳死神椒	1 000 000~2 200 000
印度鬼椒	85 500~100 000
哈瓦那红辣椒	350 000~580 000
苏格兰帽椒	100 000~350 000
塔巴斯科辣椒	30 000~50 000
曼扎诺辣椒	12 000~30 000
赛拉诺辣椒	6 000~23 000
墨西哥辣椒	3 500~10 000
塔巴斯科辣椒酱	2 500~5 000
波布拉诺辣椒	1 000~2 500
红椒粉	100~900
甜椒	0

注: * 这只是一种作为对比的成分，添加到任何食品中或者作为配料销售都是非法的，因为食用它对身体有害。如果你想挑战自己，试试苏格兰帽椒就够了。

烹饪油的烟点

油脂的稳定性是指油脂加热到高温时的氧化稳定性，以及它本身的抗氧化特性。在选择烹饪油时，既要考虑其稳定性，也要考虑其中的多酚含量。特级初榨橄榄油含有最多的抗氧化物与最好的氧化稳定性，因此，它适合用来烹饪、烘焙、煎炸，即使高温烹调也可以。

类型	烟点	氧化稳定性	多酚含量（毫克/100克）
椰子油	175~200℃	★★★★★	0
花生油	225~235℃	★★★★	0
特级初榨橄榄油	170~207℃	★★★★	60
初榨橄榄油	205~215℃	★★★★	35
橄榄油	195~245℃	★★★	20
葡萄籽油	185~205℃	★★	2
葵花籽油	220~240℃	★★	1
印度酥油	245~255℃	★★	0
菜籽油	190~230℃	★★	3
核桃油	160℃	★★	8
牛油果油	270~300℃	★	6
黄油	150~175℃	★	0
芝麻油	175~210℃	★	2
亚麻籽油	107℃	★	5

了解超加工食品

下表列举了不同加工程度的食物形式，包括浅加工、加工到超加工三类。我们选择食物的时候，应当尽量选择不加工的食物，偶尔可以选择一些加工食物，尽量不选择超加工食品。而目前，人们摄入的大部分能量都来自超加工食品。

未加工 / 浅加工（天然食物）	加工食品	超加工食品
玉米棒	罐头甜玉米	玉米脆片
番茄	番茄泥	番茄味意面酱
花生	纯花生酱	花生巧克力棒
草莓	草莓酱	草莓奶酪
牛排	纯牛肉碎	冷冻牛肉汉堡
青豆	速冻青豆	松脆加工蔬菜零食
石磨全麦粉	全麦酸面包	切片吐司
生金枪鱼（生鱼片）	金枪鱼罐头	金枪鱼速食饭
印度香米	印度香米蒸谷米 *	早餐膨化脆脆米
绿茶茶叶	抹茶拿铁	市售冰绿茶
香蕉	家庭烘焙香蕉蛋糕	市售香蕉蛋糕
全脂生牛乳	活菌全脂酸奶	无糖低脂风味酸奶
橙子	鲜榨橙汁	纯果乐橙汁
咖啡豆	意式浓缩咖啡	焦糖摩卡星冰乐
带皮烤土豆	特级初榨橄榄油炸土豆（去皮）	普通薯条
蒸鳕鱼排	自制面包糠炸鱼	冷冻鱼柳

注：* 蒸谷米实际上是米饭中很好的选择，因为预蒸后冷却会产生一部分抗性淀粉，因此会降低糖负荷。

NOVA食品分类系统

分类	定义	示例
未加工或最低加工食品（MPF）	主要包括植物、动物或真菌的可食用部分，不经过任何加工；或是对天然食物进行极少的加工，目的是更好地保存，或使其更安全、更方便食用或更可口。	新鲜水果、蔬菜、谷物、豆科植物、肉类和奶类。
经过加工的烹饪原料（PCI）	从第一类食物中提取出用于烹饪的物质，或是经浅加工的调味品，该类别为非直接食用食材。	脂肪、食用油、糖、淀粉、盐。
加工食品（PF）	工业制造的产品，把第二类加工调味品加入第一类最低加工食品中的产物。	盐水蔬菜罐头、水果罐头、奶酪、自制酸奶。
超加工食品（UPF）	一系列食品原料的组合，多数都是食品工业专用的成分，并且需要经过一系列工业化加工过程，还可能需要复杂的设备和技术。 超加工食品的特征是原料不包括或只是偶尔包括糖、蛋白质和油脂的衍生物，以及为了让最终产品外观更佳的装饰性添加剂。	甜味和咸味的包装零食、重组肉制品、冷冻比萨和甜食； 高果糖玉米糖浆、麦芽糖糊精、分离蛋白和氢化油； 色素、香精、增味剂、乳化剂、增稠剂、人工甜味剂。

资料来源：Monterio et al.

术语表

丁酸盐：是一种有益于健康的短链脂肪酸，由肠道微生物在消化富含膳食纤维的食物时产生。它有助于维持肠道黏膜屏障的完整性，进而对免疫系统功能和抗炎过程起到至关重要的作用。

焦糖化：是一个缓慢、低温烹饪糖类的过程，并导致食物的氧化，进而赋予食物独特的棕色和浓郁又略带坚果味的甜味，从而改变糖的外观和味道。

DNA（**脱氧核糖核酸**）：是我们遗传物质的基本组成部分，以双螺旋的形式存在于染色体中。

内分泌干扰物（EDCs）：是存在于塑料、化肥和某些药物中的化学物质，它们与人类的内分泌激素通路相互作用，对人类的生育能力以及其他组织的发育进程产生影响。

流行病学：是以大规模人群为研究对象的一门科学，旨在寻找导致疾病的病因。

表观遗传学：是在无须改变DNA结构的基础上，通过化学信号开启或关闭基因的一种机制。这在婴儿身上和在生长发育过程中都是正常的调节过程。表观遗传学可以被饮食和化学物质调控，其影响可以跨越多个世代。

酯化（间酯化）：是一种相对健康的油脂处理方法，与反式脂肪酸相比更为有益。这一新的酯化反应方法可以将液态脂肪转化为固态或可涂抹的脂肪。然而，我们无法确定其相较于氢化脂肪是否更安全，还需要考虑其所经历的具体加工过程。

脂肪：这是一个有多种含义的术语，在科学上与脂质同义，不过不必害怕它。脂肪在室温下通常是固态，油则是在室温下呈液态的脂肪类型，这种液态的油也能通过化学处理固化。

发酵：是一种需要微生物参与的过程，食物在此过程中会被微生物分解，产生能够改变和保存食物的化学物质，比如啤酒或红酒中的酒精，或者是发酵乳制品、酸面包和泡菜中的乳酸。

膳食纤维：一般指难以消化的复杂碳水化合物，它们能够被结肠中的肠道微生物利用。根据其与肠道中水分的作用形式，膳食纤维可以大致分为可溶性膳食纤维和不溶性膳食纤维（尽管这种分类方法的实用性有限）。膳食纤维中含有许多我们尚不完全了解的化学物质，因此膳食纤维是一个非常广泛的概念，涵盖数百种甚至数千种不同的化学成分和营养物质。水果、豆类、部分蔬菜、全谷物和坚果是膳食纤维含量最丰富的食物。此外，人工制造的膳食纤维也可以用作食品添加剂。

FODMAP 饮食：这是一种常被推荐给肠易激综合征患者的食疗方案。该饮食法排除了许多食物中含有的可发酵寡糖、双糖、单糖和多元醇。然而，由于它是一种限制性饮食，可能导致膳食摄入不足，长期干预的话证据不充分。

自由基：是一类小分子物质，是细胞正常运作的副产物。如果自由基积累太多，可能对身体有害。自由基可以被多酚等抗氧化物清除。

果糖：是一种属于碳水化合物的糖，它是食糖的组成部分，甜度更高。果糖存在于大部分水果中，并且可以从玉米糖浆中人工提取，并添加到软饮料中。

真菌：是一个庞大的古老生物群（王国），包括酵母菌、霉菌和食用菌等。食用某些真菌可以带来许多健康益处，并且其热量较低。

基因：基因是构成 DNA 的一组物质，其作用是指示我们的身体制造特定的蛋白质。我们每个细胞中大约含有 2 万个基因。由于对基因的确切定义一直在不断演变，因此这个估计数量可能会变化。

血糖生成指数（GI）：是用于衡量不同食物在血液中引起血糖和胰岛素升高程度的指标。低 GI 食物是许多饮食模式的基础。与高膳食纤维、低 GI 食物（例如西芹）相比，高 GI 食物（例如土豆泥）能够迅速释放糖分，导致血糖和胰岛素迅速达到高峰。然而，GI 是一个过度简化的指标，我们尚不清楚该指标对肥胖的影响机制以及它如何在每个个体身上产生不同的反应。

温室气体（GHG）：是指二氧化碳、甲烷等气体，它们能够吸收和发射红外辐射，从而截留全球的热量，导致全球气候变暖。

炎症反应：是身体对损伤或外来微生物入侵的自然免疫反应，例如在受到污染的伤口周围引发的疼痛和肿胀反应，也可能由身体的慢性应激激活炎症通路而引发。食用超加工食品以及膳食纤维摄入不足也可能导致进餐后的炎症反应，称为餐后炎症。肥胖、2 型糖尿病和其他疾病与全身系统性低度炎症反应有关。

炎症性肠病（IBD）：是包括克罗恩病和溃疡性结肠炎在内的一组相对罕见的疾病。它们是慢性、反复发作的肠道炎症疾病，具体发病原因尚不清楚。与肠易激综合征不同，通过内窥镜检查和从结肠取样可以诊断出炎症性肠病。如果治疗不当，这些疾病可能危及患者的生命，并对他们的生活产生重大影响。

胰岛素：是一种能够对血糖做出反应，以调节血糖水平的激素，决定多少糖被合成肝糖原，以及多少脂肪储存在脂肪细胞中。

胰岛素抵抗：是指在身体摄入葡萄糖后，胰岛素的升高程度未达到预期水平，从而迫使胰腺分泌更多的胰岛素来帮助控制血糖，最终可能导致糖尿病。

间歇性断食：是指在“断食”日减少或不摄入能量，包括流行的“5+2”饮食或隔日断食等模式。由于一周内总摄入热量减少，因此这种模式有助于减重，对某些人来说是一种可持续的饮食方式。请不要将其与限时进食模式混淆，后者指的是每天在12~16小时（包括夜间）内完全不摄入食物的模式。

菊粉：不要与胰岛素混淆（两者英文单词比较接近）。菊粉是一种益生元纤维，存在于朝鲜蓟、韭菜、洋葱、菊苣和其他许多植物中，目前也是一种时尚的膳食纤维补充剂。低聚果糖（如菊粉）是这些蔬菜中天然存在的，而低聚半乳糖（GOS）则主要由乳糖合成。两者都不是灵丹妙药，我们需要多样化的纤维摄入以便最大限度地获得肠道微生物多样性和健康。

肠易激综合征（IBS）：是一种常见的慢性肠道疾病，没有明显的器质性病理变化。它会导致疼痛、肠气过多、排便不规律和生活质量下降，但通常不会危及生命。

开菲尔：是一种发酵的牛奶饮品，其微生物组成比酸奶多几倍，已被证明具有健康益处。它可以用糖水或果汁制成，对纯素食主义者较为友好。

生酮饮食：是一种旨在利用酮体获取能量的饮食模式，至少70%的能量来自脂肪。这种饮食模式已被发现对缓解儿童癫痫有效。它与低碳水化合物饮食不同，后者在治疗 2 型糖尿病方面非常有效，并且有支持其有效性的证据。

辛奇：是一道韩国辛辣味发酵蔬菜，通常包含卷心菜、大蒜、萝卜、洋葱和辣椒，具有多种健康益处。

康普茶：是一种经过发酵的茶饮料，含有多种有益健康的微生物，发酵过程中还可能产生少量酒精。

瘦素：是由大脑释放的一种激素，与体脂水平密切相关。当我们摄入足够的食物时，瘦素会向大脑发送饱腹信号。

脂质：是脂肪的科学术语，但也包括许多其他分子，如脂肪酸。当脂质与蛋白质结合时，被称为脂蛋白，它们在体内循环并具有不同的形态和大小。

低密度脂蛋白（LDL）：是一种不太健康的运输脂质的形式，它们会在血管中积聚并导致动脉堵塞（动脉粥样硬化）。

低脂产品：可能只意味着比普通产品少一点脂肪，或者仅表明其中的脂肪被糖、淀粉或大豆蛋白等蛋白质替代，并用了多种化学物质以达到更好的口感。通常来说，相对于全脂产品，低脂产品并不是更加健康的选择。

美拉德反应：是一种将碳水化合物（还原糖）与蛋白质（氨基酸）加热至 140°C 以上时产生的褐变反应或化学反应，在这个过程中，食物会释放出额外的风味和气味物质，赋予食物独特的味道。

代餐粉：旨在帮助超重、肥胖或糖尿病前期的人快速减肥。添加有维生素和矿物质，以及满足目标水平的宏量营养素，但通常含有较多人造色素、香精、乳化剂和人工甜味剂，因此被归类为超加工食品。

地中海饮食（MD）: 经常被误解为大量食用意大利面和比萨的一种饮食模式。实际上，地中海饮食包括豆类、坚果、全谷物、水果、蔬菜、发酵乳制品、特级初榨橄榄油，偶尔食用肉类和鱼类。这种饮食模式对整体健康有益的证据最为充分。地中海饮食以时令、未经加工的食物为主。

荟萃分析: 是一种将不同研究或试验结果综合起来得出总结性结果的研究方法。荟萃分析能提供比任何单一研究更可靠的证据，但如果选取的研究本身存在大量偏倚或数据缺失，结果仍可能具有误导性。

新陈代谢: 是指身体和所有细胞利用和消耗能量的方式。新陈代谢受到多种因素的影响，如温度、运动、疾病、体重和食物成分等。

微生物组: 是指存在于我们肠道、口腔或土壤中的整个微生物群落，可以通过基因检测的方法进行检测。我们最好将微生物组视为我们身体的一个"新器官"，它们如同无数个化工厂，产生对免疫系统、大脑和新陈代谢起关键作用的物质，如维生素。

微生物群落: 是指生活在我们肠道、皮肤和口腔中，由不同物种组成的微生物社群。微生物群落和微生物组这两个概念可以互换使用，区别在于检测方法。

微塑料: 是指环境中塑料垃圾分解后产生的极小颗粒。它们主要存在于水体和土壤中，也可能存在于食物和饮用水中。微塑料可能对环境和生物产生负面影响，因为它们可以被生物吸收并在其体内积累。

哺乳动物雷帕霉素靶蛋白（mTOR）信号通路: 是一条与营养感应相关的细胞通路，它在调控多个组织中的细胞生长方面发挥作用。该通路与肥胖、衰老和癌症等相关，并且对发育和生长至关重要。乳制品和某些药物（如雷帕霉素）可以影响 mTOR 通路的功能。

神经递质：是一类存在于大脑中的化学物质，能够促使神经细胞（神经元）传递信号和情绪控制，其中包括血清素和多巴胺等物质。一些神经递质主要由肠道微生物产生，并可以通过饮食进行调节。

NOVA 分级：是一种根据加工程度对食物进行分类的方法，包括未加工或最低程度加工食品（MPF）、超加工食品（UPF）等。在一些国家，这一分级方法被用于标识超加工食品，同时在科研中也有助于分析我们摄入的食物类型与慢性疾病之间的关联。

营养素：是指食物中含有的一类化学物质，经临床研究发现有对人体具有医疗意义的功能。目前，我们只了解到了食物中潜在的有益化学物质的一小部分，未来还会不断扩充这方面的知识。

观察性研究：是一种流行病学研究类型，通过比较风险因素（如食物）与疾病等结果之间的关系进行推论。仅基于横断面研究的证据较弱，但在长期追踪人群的前瞻性观察研究或队列研究中，证据更可靠。所有观察性研究都可能受其他难以测量的因素影响而产生偏倚。

油酸：是一种脂肪酸，属于单不饱和脂肪酸，是橄榄油的主要成分之一。

ω-3 脂肪酸：是一种多不饱和脂肪酸，存在于许多富含油脂的鱼类中，通常被用作守护心脏和大脑健康的补充剂。它是一种我们自身无法合成的必需脂肪酸。ω-3 脂肪酸主要包括三种类型，即 DHA（二十二碳六烯酸）、EPA（二十碳五烯酸）和 ALA（α-亚麻酸）。ALA 是身体合成 DHA 和 EPA 的必需前体，存在于植物中，而

DHA 和 EPA 主要存在于富含脂肪的鱼类和草饲动物产品中。然而，人体并不总能有效转化 ALA，因此直接摄入 DHA 和 EPA 被认为是有益的。

ω-6 脂肪酸：是一种多不饱和脂肪酸，存在于许多食物（如大豆油、棕榈油、鸡肉、坚果和种子）中，是一种必需脂肪酸。没有足够的证据表明其对健康不利，ω-3 脂肪酸和 ω-6 脂肪酸的比例常被用作膳食健康的指标，但这种方法其实未被证实。

棕榈油：是从热带雨林的棕榈树种植园中廉价生产的油，它是导致森林破坏和野生动物濒危（如红毛猩猩）的主要原因之一。棕榈油广泛应用于超加工食品和廉价食品中，尽管它是一种可口廉价的脂肪，但并没有健康益处。

多酚：是食物在被微生物消化后释放出的一类化学物质，其中许多是有益健康的。多酚包括黄酮类化合物和白藜芦醇，具有抗氧化特性。它们存在于蔬菜、水果、坚果、茶、咖啡、巧克力、啤酒和红酒中。

多不饱和脂肪酸（PUFAs）：是一种脂类，由具有双键的长链脂肪酸组成，是许多食物的组成部分，通常被认为对健康有益。

后生元：是一种微生物，产生对身体有益的化学物质（如短链脂肪酸）。现在，它是新型治疗药物的一部分，例如产生 γ-氨基丁酸的益生菌。

益生元：是指任何能促进有益菌生长的食物成分，其作用类似于肥料，存在于所有母乳和植物中。人体中的菌群通常以益生元为食。常见的益生元有菊粉，它大量存在于耶路撒冷菊芋（洋姜）、球菊芋、芹菜、大蒜、洋葱和菊苣根中。

PREDICT 研究：是一系列大型营养干预研究，由个性化营养公司

ZOE资助。该研究涉及数千名普通志愿者，他们食用相同的餐食，并通过动态血糖监测、血脂水平和微生物组检测来评估受试者对食物的反应，其目标是推进个性化饮食方案的制订。

益生菌：是指一类含有对健康有益的活性微生物的食物或补充剂。例如，发酵的酸奶、泡菜、康普茶等食物中含有益生菌，最好每天通过食物摄入益生菌，而不是依赖补充剂。

白藜芦醇：是一种天然酚类物质，存在于蓝莓、红葡萄皮和蔓越莓等食物中。过去人们错误地认为红酒之所以对健康有益是因为其中含有白藜芦醇，但实际上并非如此。

饱和脂肪酸：是一种不含有双键的脂类，大量存在于椰子油、棕榈油、乳制品和肉类中。以前认为饱和脂肪酸对健康有害，但最近的研究结果与之前的不一致，还取决于具体情况。

测序：是一种用于识别生物体中所有关键的DNA和基因的检测程序。通常会将DNA分解成数百万个小片段，并重新组装（通常称为鸟枪法测序）。这项技术可用于详细鉴定人体内微生物种类以及与疾病相关的基因。

短链脂肪酸（SCFA）：是一类被称为“后生元”的产物，它们是肠道微生物消化膳食纤维后的副产物。例如，丁酸盐有助于维护健康的肠道屏障，对实现良好的免疫系统功能和减少炎症至关重要。

烟点：是指烹饪用油或脂肪开始燃烧并产生烟雾的温度。不同的油脂有不同的烟点。一些人认为在超过烟点的情况下使用油脂会产生有害或致癌物质，但实际上，烹饪油的热稳定性可能比其烟点更为重要，而饱和脂肪酸通常更加稳定。

酸面包：使用传统发酵方法制作的面包，通常只需要发酵剂、面粉和水。

细胞培养肉：是一种在实验室中培养真正的肉类或鱼类蛋白质的新方法，用于加工食品中。这种产品的价格可能会越来越便宜，并成为一种更有利于动物保护的肉类替代品。

含糖饮料（SSB）：指的是添加了糖的饮料，与蛀牙、肥胖和健康状况不佳有关，例如碳酸饮料、果汁和浓缩果汁。

糖：这个词有多种含义，既可以是可溶性碳水化合物的另一个常用词，也可以指我们所吃的白砂糖，即蔗糖，它是葡萄糖和果糖的混合物。带英文后缀“-ose”的单词通常表示该化学物质是一种糖，例如乳糖（lactose）。

四个 K：是指英文名称以 K 开头的四种发酵食品——康普茶、辛奇、开菲尔和酸菜（特指发酵的酸菜）。

限时进食（TRE）：是一种遵循我们身体和微生物组生物钟的饮食方法，要求在特定的时间段内完成进食，其余的 12~18 小时（包括夜间）不进食。例如，在晚上 9 点吃晚餐，第二天上午 11 点吃早餐。根据目前正在进行的研究表明，每天禁食 14~16 小时是改善代谢和减重的最佳禁食时长，并且非常可行。不要将其与间歇性断食混淆，限时进食仅关注进食的时间段，从长远来看可能更可持续。

TMAO（氧化三甲胺）：是一种与肠道微生物组相关的化学物质，由三甲胺代谢产生。三甲胺主要存在于动物性食物中。TMAO 与心脏健康状况不佳和脑卒中风险有关。它是一种对健康无益的后生元，但它只由某些肠道微生物代谢产生，因此只影响携带这些微生物的宿主人群。

反式脂肪酸：也称为氢化脂肪，是经过化学反应处理的不饱和脂肪酸，处理后会变成固态且易于烹饪，但在人体内难以分解。它常被用作乳制品的替代品和制作垃圾食品。反式脂肪酸是心脏病和癌症的主要诱因之一。在某些国家已经被禁止使用，并在一些国家逐渐被淘汰。

超加工食品（UPF）：是由从食物中提取的成分（如脂肪和淀粉）加工混合而成的食品，并添加了色素、香料和稳定剂。这些食品在英国和美国的人均总能量摄入中超过 50%，但并没有提供对健康有益的植物营养素、纤维或食品基质。

鲜味：鲜味被认为是第五种味觉感知，类似于肉的味道。它源自谷氨酸，而这种氨基酸在蘑菇中被发现。最近还有可能出现第六种味觉感知，称为“浓厚味”（kokumi），可以理解为“令人满足的味道”。

病毒：是数量五倍于细菌的极小微生物，许多微生物以它们为食（这些吞噬者被称为“噬菌体”）并以此控制它们的数量。病毒存在于我们的身体中，大多数对人体是无害的，它们在健康方面可能也扮演一定的角色。

内脏脂肪：是指积聚在肠道和肝脏周围的腹腔内部脂肪。过多的内脏脂肪与心脏病和糖尿病有关，比腹腔外的脂肪更加有害。

维生素：是一类对人体化学反应起关键作用的分子，人体无法自行合成。我们可以通过食物、阳光（例如帮助身体合成维生素 D）以及肠道微生物来获取大部分维生素。

酵母：是真菌界的一员，能够将糖转化为酒精和二氧化碳。酵母常用于制作面包和酒精。它们对促进肠道微生物的健康可能有益。通常它们愉快地存在于我们的肠道中，很少致病（例如念珠菌感染）。

致谢

本书涵盖领域如此之多，写作期间我得到了来自各界的诸多帮助，它是整个团队付出卓绝努力的成果。在本书出版过程中，与我有着长期合作关系，来自乔纳森·凯普出版社非常出色的编辑碧亚·海明，以及我的经纪人——来自柯蒂斯·布朗版权代理公司的索菲·兰伯特，在我顺利完成本书初稿，并不断修订完善书稿方面起到了至关重要的作用。非常感谢天才科学家和营养学家费德里卡·阿马蒂以及医学生露西·麦肯在最后一年对本书表格和图片的汇总整理，这得以让本书以更快的速度完成。罗斯·戴维森对本书做了非常到位的修改删减和编审工作。阿姆里塔·维杰和艾米莉·利明则帮助我启动了本书相关的项目，这两位后来都成了我非常优秀的博士生。而一直对我赤诚相待的维多利亚·瓦兹克斯和黛比·哈特，自始至终都在给予我全力支持和保护；很幸运，我身边有一批十分聪颖的营养学和微生物学的专家，他们来自我参与创立的个性化营养公司 ZOE 公司或我所供职的伦敦国王学院，其中 ZOE 的联合创始人，乔治·哈德吉奥乔和乔纳森·沃尔夫还通读了全书草稿。

我的同事，也是我的好友——营养学家莎拉·贝里与我共同领导了 ZOE PREDICT 队列研究，她知识渊博、工作热忱，而且创新不断。来自意大利特伦托的尼古拉·塞加塔——所有关于微生物组领域最新研究背后的那个重要智囊人物，与他及他的团队合作绝对是一大乐趣。斯潘塞·海曼先生对本书有关巧克力的章节做出了巨大的贡献。当然，与真正的厨师们交流总是令人难忘，我有幸能先后与两位英国大厨——赫斯顿·布卢门撒尔以及杰米·奥利弗在几次愉快的用餐中碰撞出了思想的火花。在撰写本书的过程中，我竭尽所能地获取更多信息，所阅读的书、科研综述与文章，其数量远比我提及或记住的要多。其中阅读清单上的常客包括：哈洛德·马基的《食物与厨艺》，还有一些非常棒的音频播客资料，比如 BBC（英国广播公司）的《食物计划》（*The Food Programme*）、BBC 国际频道的《食物链》（*The Food Chain*）、美国的科学播客“腹足纲动物”系列，以及 ZOE 的营养播客“科学与营养”。

还有许多对本书有贡献的人，他们为我解答问题或者核查事实，本书若有任何纰漏，与他们无关，都是我的问题。在此特列出他们的姓名以表诚挚感谢：

哈亚·哈提卜、拉兹洛·巴拉比西亚、约翰·布伦德尔、莱斯利·布克宾德、露丝·鲍耶、海伦·布朗宁、理查德·戴维斯、亨利·丁布尔比、罗宾·菲茨杰拉德、克里斯托弗·加德纳、阿米尔·格尔、詹姆斯·霍夫曼、乔治·哈德吉奥乔、黛博拉·哈特、尼基·霍恩齐、卡罗琳·勒罗伊、劳拉·麦肯齐、克里斯蒂娜·门尼、达里乌什·莫扎法里恩、塞布·奥斯林、贝克斯·帕尔默、布朗温·珀西瓦尔、苏珊娜·普伊格、玛丽亚·罗德里格斯、丹·萨拉迪诺、卢卡·西里乔尔、罗兹·史密斯、托马斯·斯佩克特和他的团队、克莱尔·史蒂文斯、安娜·瓦尔德斯、杰西·安什斯普、约翰·文森特、马特·沃克、乔纳森·沃尔夫、帕特里克·怀亚特和整个 ZOE 团队。

注释

扫描以下二维码，获取本书注释。